Handbuch der Zoologie
Band VIII Mammalia
Teilband 58

Martin S. Fischer
Hyracoidea

Handbuch der Zoologie

Eine Naturgeschichte der Stämme des Tierreiches

Gegründet von Willy Kükenthal
Fortgeführt von M. Beier, M. Fischer, J.-G. Helmcke, D. Starck, H. Wermuth

---

Band VIII Mammalia Teilband 58

Herausgeber J. Niethammer, H. Schliemann, D. Starck
Schriftleiter H. Wermuth

W DE G Walter de Gruyter · Berlin · New York 1992

Martin S. Fischer

Hyracoidea

Walter de Gruyter · Berlin · New York 1992

Autor

Dr. Martin S. Fischer
Eberhard-Karls Universität Tübingen
Auf der Morgenstelle 28
D-7400 Tübingen

Schriftleiter

Dr. Heinz Wermuth
Falkenweg 1
D-7149 Freiburg

Herausgeber

Professor
Dr. Jochen Niethammer
Zoologisches Institut der Universität Bonn
Poppelsdorfer Schloß
D-5300 Bonn

Professor
Dr. Harald Schliemann
Zoologisches Institut und Zoologisches Museum
Martin-Luther-King-Platz 3
D-2000 Hamburg 13

Professor
Dr. med. Dr. phil. h.c. Dietrich Starck
Balduinstraße 88
D-6000 Frankfurt am Main 70

Verlag

Walter de Gruyter
Genthiner Straße 13
D-1000 Berlin 30
Tel. (0 30)2 60 05-0
Telefax (0 30)2 60 05-2 51

Walter de Gruyter, Inc.
200 Saw Mill River Road
Hawthorne, N.Y. 10532
USA Tel. (9 14)7 47-01 10
Telefax (9 14)7 47-13 26

Das Buch enthält 121 Abbildungen und 8 Tabellen.

Satz und Druck: Tutte-Druckerei GmbH, Salzweg-Passau – Buchbinder: Luderitz & Bauer GmbH, Berlin – Printed in Germany:

∞ Gedruckt auf säurefreiem Papier, das die US-ANSI-Norm über Haltbarkeit erfüllt.

Die Deutsche Bibliothek-CIP-Einheitsaufnahme

Handbuch der Zoologie : eine Naturgeschichte der Stämme des Tierreiches / gegr. von Willy Kükenthal. Fortgef. von M. Beier ... – Berlin ; New York : de Gruyter.

Teilw. mit Parallelt.: Handbook of zoology

NE: Kükenthal, Willy [Begr.]; Beier, Max [Hrsg.[; Handbook of zoology

Bd. 8. Mammalia / Hrsg. J. Niethammer ...
Teilbd. 58. Hyracoidea / Martin S. Fischer. – 1992
ISBN 3-11-012934-5
NE: Fischer, Martin S.

Danksagung

Als erstes möchte ich mich bei den Herren Professoren D. STARCK, H. SCHLIEMANN und J. NIETHAMMER für das entgegengebrachte Vertrauen bedanken, als sie mir die Aufgabe stellten, unser heutiges Wissen über die Hyracoidea umfassend darzustellen. Der nun vorliegende Handbuchbeitrag kam nur durch die Unterstützung von vielen Kollegen und Mitarbeitern zustande. Besonders möchte ich mich bei Herrn Prof. Dr. W. MAIER (Tübingen) für seine stetige Hilfe und Anregungen bedanken. Für die kritische Durchsicht des Manuskriptes danke ich Frau Dr. ERIKA MICKOLEIT (Tübingen), sowie den Herren Dr. G. MICKOLEIT (Tübingen), Prof. Dr. J. NIETHAMMER (Bonn), Prof. Dr. H. M. PETERS (Tübingen), Prof. Dr. H. SCHLIEMANN (Hamburg) und Prof. Dr. Dr. D. STARCK (Frankfurt). Der Handbuchbeitrag verdankt seine Qualität in der Illustration der zeichnerischen Leistung von Frau MARGRET ROSER und den photographischen Fertigkeiten von Frau MARTINA HOHLOCH. Am Beginn der Arbeit waren mir zahlreiche bibliographische Hinweise von Herrn Dr. H. N. HOECK (Kreuzlingen) hilfreich, wofür ich ihm Dank schulde. Herrn cand. biol. M. KÜHNAPFEL danke ich sehr für seine Hilfe beim Zusammenstellen des Literaturverzeichnisses. Herr Dr. L. J. FOURIE (Bloemfontein) überließ mir dankenswerter Weise ein Exemplar seiner Dissertation, sowie weitere in Südafrika angefertigte Arbeiten, welche in Deutschland nicht verfügbar waren. Den Damen und Herren der Universitätsbibliothek Tübingen bin ich für die unermüdliche und kompetente Hilfe bei den Literaturrecherchen verbunden.

Inhalt

1. Einleitung und Erforschungsgeschichte

Schliefer werden erstmals im Alten Testament erwähnt. Im 3. und 5. Buch Moses (Levit. XI 5 und Deut. XIV 7) zählen sie zu den unreinen Tieren, da sie wiederkäuten, aber keine gespaltenen Hufe hätten. Laut Psalm 104, 18 suchen Schliefer Zuflucht in Steinklüften, und in Salomons Weisheitssprüchen (Sprüche 30, 26) wird ihre Klugheit gepriesen: „Schliefer sind nur ein schwaches Volk, dennoch legen sie im Felsen ihre Wohnungen an." In der Septuaginta (LXX) ist das hebräische „Saphan" mit „Choerogryllius" oder „Chirogryllus" übersetzt, doch war es bis vor 200 Jahren unsicher, was darunter zu verstehen sei. Der Name „Choerogryllius" wurde auch für andere Tiere verwendet (PAULYS Realenzyklopädie 1956), so z.B. in der amharischen Übersetzung der LXX für das Stachelschwein (HOMMEL 1879). In der Vulgata wird er mit „Lepusculus" übersetzt, was schließlich zu der folgerichtigen, aber falschen, deutschen Übersetzung „Kaninchen" durch Luther führte. In diesem Irrtume befangen, bemerkt der Theologe PETERS (1906) in seiner Auseinandersetzung mit der Zweifelsfreiheit biblischer Aussagen zu Recht, Hasen seien keine Wiederkäuer. Erst von SHAW (1738) und endgültig von BRUCE (1790) wurde geklärt, daß mit dem biblischen „Saphan" der Schliefer gemeint sei (LYDEKKER 1907, BENOIT 1935, HARDY 1947), wenngleich dies der damaligen Vorstellungskraft der Bibelleser wohl wenig half.

Angeblich sei das Wort „Hispania" von „I-sapan" abzuleiten (siehe z.B. HAHN (1959)). Die Phönizier sollen um 1000 v.Chr. die Iberische Halbinsel wegen der dort angetroffenen Unzahl von Kaninchen mit dem Namen der ihnen aus ihrer Heimat bekannten Schliefer benannt haben. Eine Quelle für diese Geschichte konnte ich jedoch nicht ausfindig machen.

Die Naturgeschichte der Schliefer beginnt mit KOLBE (1719), der erstmals Einzelheiten über das „Bastard-Murmeltier" vom Kap berichtet und den Namen „Das" (Dachs) oder „Dassie" aus systematischen Erwägungen zurückweist. Vorausgehende Mitteilungen von Kapitän JORIS SPILBERGEN und JAN VAN RIEBEECK vom Anfang des 17. Jahrhunderts beziehen sich vornehmlich auf die hohe Güte des Fleisches der Schliefer. ALPIN (1735) und SHAW (1738) erwähnen das Vorkommen des „Agnum filiorum Israel" im Nahen Osten, und auf SHAWS irrtümliche Wiedergabe des arabischen „Ghanam Israel" geht auch der französische Name „Daman" zurück. 1760 traf der erste konservierte Schliefer in Europa ein und wurde von VOSMAER (1761) kurz beschrieben. Dasselbe Exemplar bezog PALLAS (1766) in die erste Artbeschreibung ein, und es diente dann CUVIER (1804) zur ersten gründlichen osteologischen Beschreibung von *Hyrax*, denn seltsamerweise hatte PALLAS den Schädel und die Füße nicht beschrieben, sondern im Balg belassen. In den folgenden Jahren wurden in Holland erstmals lebende Tiere gehalten, wovon eines die Vorlage zu PALLAS' Abbildung gab (Abb. 1). Besonders berühmt war die Menagerie „Blauwe Jan", wo ein adultes Schliefermännchen vorgeführt wurde, welches später in den Besitz von VOSMAER gelangte, der 1767 eine kurze Monographie über dessen Lebensgewohnheiten verfaßte. Anhand von drei Tieren beschrieb PALLAS die Anatomie der von ihm *Cavia capensis* genannten neuen Art. PALLAS veröffentlichte diese Beschreibung 1766 in den Miscellanea zoologica und ein Jahr später in den Spicilegia zoologica. V. LINNÉ übernimmt im Appendix tomi I, der im Anschluß an den 3. Band 1768 erschienen ist, den Artnamen von PALLAS. Zur selben Zeit wird ein Klippschlieferschädel, der in einem ausgetrockneten Brunnen in Sidon gefunden wurde, von DAUBENTON (1767) einem noch unbekannten Tier zugeschrieben. BUFFON (1789) entging die richtige Identifikation des Schädels durch PALLAS (1776 zit. nach GEORGE 1875), und er beschrieb eben diesen Schädel als denjenigen des „Loris du Bengale" (Abb. 1).

MELLIN (1782) und BRUCE (1790) verdanken wir die ersten Angaben über die Lebensweise des „Klipdas" oder „Ashkoko". Damals erhielt der Schliefer von STORR (1780) und HERMANN (1783) jeweils einen neuen Gattungsnamen. Es dauerte hundert Jahre, bis LATASTE (1886b) die Priorität des Namen *Procavia* STORR vor *Hyrax* Hermann erkannte. Der Name Hyrax leitet sich aus dem Griechischen ab und bedeutet Maus, Spitzmaus oder auch Igel. STORR und HERRMANN stellten die Schliefer weiterhin zu den Nagern. Bei der unter dem Verfasser STORR (1780) zitierten Publikation „Prodromus methodi mammalium" handelt es sich um eine Dissertation aus der medizinischen Fakultät Tübingen, die allerdings von FRIDERICO WOLFFER aus Bonlanden verteidigt wurde. Erst das „Schwäbische Magazin von gelehrten Sachen auf das Jahr 1780" gibt eindeutig Auskunft über die Autorenschaft: ‚Hr. D. Storr, unter dessen

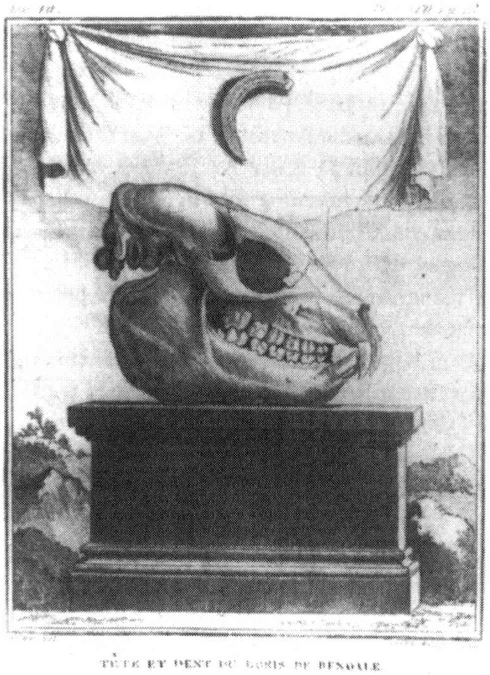

Abb. 1. Ansichten von Schliefern aus dem 18. Jahrhundert. Linke Spalte von oben nach unten: SCHREBER (1792), BUFFON (1789), SCHREBER (1792). Rechte Spalte von oben nach unten: BUFFON (1782), BRUCE (1790), PALLAS (1766). Kurioserweise hielt BUFFON (1789) den Schädel von *Procavia* für einen „Loris de Bengale". Bei dem von SCHREBER (1792) beschriebenen „*Hyrax husonius*" handelt es sich nicht um einen nordamerikanischen Schliefer, sondern um ein „durch das Ausstopfen entstelltes Exemplar eines nicht genau untersuchten Tieres". Die erste Darstellung eines Schliefers stammt von PALLAS (1766).

Vorsitz Herr Wolffer die angezeigte Dissertation vertheidigt hat, gibt in derselben vorläufige Rechenschaft von seiner Methode ..." (S. 506). Es entsprach wohl der damals üblichen Praxis, daß der Vorsitzende die Dissertation schrieb und der Kandidat die Druckkosten übernahm. Durch die Abtrennung der Gattung *Procavia* von *Cavia* wird die von PALLAS (1766) und LINNÉ (1768) vorgenommene Benennung *Cavia capensis* obsolet.

Die Aufzeichnung der wechselhaften Stellung der Schliefer im System der placentalen Säugetiere kommt einer kleinen Odyssee gleich, die zu Beginn des folgenden Kapitels kurz referiert wird. SCHREBER (1792) benannte weitere Schlieferarten, *Hyrax syriacus* und *Hyrax hudsonius* (Abb. 1). Leider handelt es sich bei dem „americanischen Klippschliefer", den ILLIGER (1811) sogar in den Rang einer eigenen Ordnung Lipura hob, um ein „durch das Ausstopfen entstelltes Exemplar eines nicht genau untersuchten Tieres" (WAGNER 1844). Erst 1802 beschrieb WIEDEMANN eingehend den Schädel des Klippschliefers (ohne Abbildung) und äußerte Zweifel an der Zugehörigkeit der Schliefer zu den Nagern.

Durch die Forschungsreisen von HEMPRICH und EHRENBERG (1828) erweitert sich auch das Wissen über nordafrikanische und abessinische Schliefer (*Hyrax habessinicus*). Gleichzeitig beschreibt SMITH (1827) den ersten Baumschliefer (*Hyrax arboreus*). KAULLA legt 1830 in Tübingen als Dissertation die erste „Monographia hyracis" vor. Eine in Lund angefertigte anatomische Abhandlung über *Hyrax capensis* (NAUMANN 1848) ist mir bislang leider nicht zugänglich. Schließlich sind die Monographien von BRANDT (1869) und vor allem von GEORGE (1875) Meilensteine in der Erforschung der Schliefer.

Wegen der nun einsetzenden Differenzierung vieler Forschungsgebiete, der Trennung von Biologie und Anatomie und der zunehmenden Fülle von Erkenntnissen über die Hyracoiden soll der Rückblick auf die Erforschungsgeschichte hier enden; im folgenden werden kurze historische Rückblikke am Anfang der jeweiligen Kapitel gegeben. Vor allem unser Wissen über die Morphologie der Hyracoiden setzt sich aus so vielen Bausteinen zusammen, daß es unbillig erscheint, einzelne Arbeiten besonders hervorzuheben. Die Untersuchungen über die Physiologie der Schliefer in den letzten 25 Jahren brachten vor allem auch ein neues Verständnis für ihre Verhaltensbiologie. Vergleicht man den 1964 im „Handbuch der Zoologie" erschienenen Beitrag von RAHM über „Das Verhalten der Klippschliefer" mit unserem heutigen Wissensstand, dann erkennt man, welcher große Wissenszuwachs in den letzten Jahren stattgefunden hat.

2. Die Stellung der Hyracoidea im System der Eutheria

2.1. Geschichte der Klassifikation der Schliefer

Die Kontroverse über die Stellung der Hyracoidea im System der Säugetiere dauert nunmehr seit 200 Jahren an. BRANDT (1869) referiert die vielen verschiedenen Ansichten hierzu aus dem 18. und 19. Jahrhundert. Bis 1800 besteht die einhellige Meinung, die Schliefer gehörten zu den Nagern, was sich in allen Namensgebungen ausdrückt: Murmeltier (KOLBE 1719), *Cavia* (PALLAS 1766), *Procavia* (STORR 1780) und *Hyrax* (HERMANN 1783). CUVIER (1800) bricht mit dieser Vorstellung und stellt die Schliefer als 6. Gruppe zu den „Pachydermes". Diese erstmals von GEOFFROY & CUVIER (1795) vorgeschlagene Gruppe entspricht der „Ordo III. Belluae" von STORR (1780) und umfaßt zunächst nur die fünf Gruppen *Elephas*, *Rhinoceros*, *Hippopotamus*, *Tapirus* und *Sus*. 1804 präzisiert CUVIER die systematische Stellung des Daman und ordnet ihn zwischen Tapir und Nashorn ein. Die sechs Gruppen der Pachydermen finden sich auch in der „V Ordo multungula (Vielhufer)" von ILLIGER (1811) wieder, der für die Schliefer die Familie „Lamnunguia (Nagelhufer)" errichtet. Dem Vorschlag von CUVIER folgen die meisten Systematiker des 19. Jahrhunderts, was GEORGE (1875) mit den Namen vieler bedeutender Systematiker belegt. DE BLAINVILLE (1816) nimmt erstmals eine Trennung der „Ongulogrades" in Unpaarhufer („Pachydermes, Solipèdes") und Paarhufer („Non – Ruminans ou Brutes, Ruminans") vor. Diese Idee führt schließlich zu der klassischen

Unterteilung der Ungulata in Artiodactyla und Perissodactyla („Ex. Horse, Tapir, Rhinoceros, Hyrax") durch OWEN (1847).

Gleichzeitig und unter maßgeblichem Einfluß von MILNE EDWARDS (1844), welcher die Form der Placenta als das wichtigste Kriterium für die Klassifikation der Säugetiere ansah, erklärte man die Schliefer zur eigenständigen Gruppe innerhalb der Säugetiere, z. B. DE BLAINVILLE (1845). Folgerichtig erhoben dann HUXLEY (1869) und GILL (1872) diese zu einer Ordnung innerhalb der „deciduate monodelphous Mammalia." Da auch die Elefanten eine deziduate, zonare Placenta besitzen, werden diese beiden Gruppen erstmals nebeneinander gestellt, wobei es HUXLEY (1869) durchaus für möglich hält, daß die Elefanten mit den Nagetieren verwandt sein könnten. Seither werden die Hyracoiden fast ausnahmslos als eigene Säugetierordnung geführt.

Die Ansicht, Schliefer seien Nagetiere oder mit diesen eng verwandt, taucht ab der 2. Hälfte des 19. Jahrhunderts immer seltener auf, z. B. LONSKY (1903). Auch ungewöhnliche Vorschläge, wie diejenigen von OKEN (1816), Schliefer seien innerhalb der Ordnung „Sucksucke" und der Gruppe der „Schlotten" mit den Faultieren verwandt oder stünden innerhalb der „pflanzenfressenden Beutelthiere" neben Wombat, Koala, „Kängu-Ruh" und „Beutel-Ratzen" OKEN (1838), finden sich seit dem ausgehenden 19. Jahrhundert nicht mehr. Seither konzentriert sich die Streitfrage über die systematische Stellung der Schliefer auf die Alternative perissodactyles Huftier oder „kleiner Verwandter" der Elefanten und Seekühe.

COPE (1882) unterscheidet nach der Anordnung der Hand- und Fußwurzelknochen vier Ordnungen: Taxeopoda (Hyracoidea, Condylarthra), Proboscidea, Amblypoda und Diplarthra (Perissodactyla, Artiodactyla). Dieser Klassifikation liegen jedoch vorgefaßte Prinzipien der Evolution von Carpus und Tarsus der Ungulata zu Grunde. FLOWER & LYDEKKER (1891) fassen die ersten drei Ordnungen dieser Klassifikation zusammen und stellen sie als Subungulata den Ungulata vera (= Diplarthra) gegenüber. WEBER (1904) schließt sich dieser Einteilung nicht an, sondern wertet die Hyracoidea weiterhin als selbständige Ordnung der Ungulata, allerdings den Proboscidea benachbart. GREGORY (1910) löst die Verbindung von Artiodactyla und Perissodactyla auf, und erstere bilden nun die Überordnung Paraxonia. In der Überordnung Ungulata stellt GREGORY neben manche fossile Gruppe die Sirenia, Proboscidea und Hyracoidea und als diesen nächstverwandt die Mesaxonia (Perissodactyla). Aus heutiger Sicht wird damit die Frage nach der systematischen Stellung der Hyracoidea mit der vermuteten Zusammengehörigkeit der vier Gruppen Proboscidea, Sirenia, Hyracoidea und Mesaxonia genauer gefaßt.

Es würde zu weit führen, die Geschichte der Klassifikation der Hyracoiden im 20. Jahrhundert hier auszubreiten. Drei Ansichten bestimmen die Kontroverse:

1. Hyracoiden sind eine archaische Gruppe, die unmittelbar in den „Protungulaten" wurzelt (z. B. MATTHEW 1937, JOLEAUD 1937, WHITWORTH 1954, LAVOCAT 1958, RUSSELL 1963, VAN VALEN 1971, SUDRE 1979, RASMUSSEN & SIMONS 1988);
2. Hyracoiden werden weiterhin zu den Perissodactylen gestellt (z. B. FRECHKOP 1936, FRIANT 1944–1971, WHITWORTH 1954, GRASSÉ 1955, HENNIG 1983, FISCHER 1986);
3. Die Mehrzahl der Autoren schließen sich dem Subungulata- (= Paenungulata-)Konzept an (z. B. SCHLOSSER 1923, WEBER 1928, SIMPSON 1945, SALE 1960, THENIUS 1969–1980, NOVACEK 1986, 1989, 1990). SIMPSON (1945) erkennt, daß ILLIGER (1811) das Taxon Subungulata für caviamorphe Rodentia verwendet hatte und schlägt den seit 1945 zumeist benutzten Begriff Paenungulata vor.

Nach den paradigmatischen Veränderungen in der zoologischen Systematik ist auch die Diskussion über die systematische Stellung der Hyracoidea neu entbrannt, zusätzlich geschürt durch z. T. kontroverse Ergebnisse der serologischen und molekularen Verwandtschaftsforschung. WEITZ (1953) testete die immunologische Reaktion von Elefant und Hyrax, wobei sich eine gegenseitige immunologische Reaktion zeigte, jedoch keine von Hyraxserum auf Anti-Pferdeserum. Auch SHOSHANI, GOODMAN, PRYCHODKO & MORRISON (1978) fanden bei der von ihnen angewandten Immunodiffusionstechnik eine Verwandtschaft von Sirenia, Proboscidea, Hyracoidea und Tubulidentata. Immuno-Distanzuntersuchungen mit Albumin führten ebenfalls zu dieser Gruppierung (RAINEY, LOWENSTEIN, SARICH & MAGOR 1984). Dagegen erbrachte der Vergleich der Plasmaproteine und des Haemoglobin in elektrophoretischen Untersuchungen keine Übereinstimmungen zwischen *Loxodonta* und *Procavia* (BÜTTNER-JANUSCH, BÜTTNER-JANUSCH & SALE 1964). Die Peroxidasenreaktion der Eosinophilen war beim Elefanten positiv, dagegen bei *Dendrohyrax* und *Procavia* wie auch bei Rhinocerotiden negativ (OYE, UNDRITZ & LANG 1956).

Die Primärstruktur des Haemoglobin von *Procavia capensis habessinica* und *Elephas maximus* weicht in je einer übereinstimmenden Substitution auf der α und β-Kette von der aller bisher bekannten Säugetiere ab (KLEINSCHMIDT & BRAUNITZER

1983). Im Vergleich der α und β-Haemoglobinkette mit der anderer Säugetiere war die Verwandtschaft von Hyracoidea und Proboscidea die „sparsamste Lösung" (SHOSHANI, GOODMAN, CZELUSNIAK & BRAUNITZER 1985). *Trichechus inunguis* zeigt dieselbe Substitution auf dem Locus α 110 wie *Elephas* und *Procavia*, nicht jedoch die zweite oben erwähnte. Eine weitere Substitution (β 44) tritt bei wenigen anderen Säugetieren auf (KLEINSCHMIDT, CZELUSNIAK, GOODMAN & BRAUNITZER 1986). Das Augenlinsenprotein α-crystallin zeigt als Hinweis auf eine nähere Verwandtschaft der paenungulaten Gruppen und *Orycteropus* drei übereinstimmende Substitutionen, von denen eine (70 Lys-Glu) ausschließlich bei diesen Gruppen auftritt (DE JONG, GLEAVES & BOULTER 1977, DE JONG, ZWEERS & GOODMAN 1981, DE JONG & GOODMAN 1982). Neueste Ergebnisse brachten eine große Überraschung. Die Sequenz des α-crystallin von *Elephantulus rufescens* ist identisch mit derjenigen von *Procavia capensis* (DE JONG, WISTOW & LEUNISSEN 1990).

Heute sind sich die meisten morphologisch arbeitenden Systematiker darüber einig, daß – wie schon GREGORY (1910) vorgeschlagen hat – Proboscidea, Sirenia, Hyracoidea und Mesaxonia eine monophyletische Gruppe bilden (MCKENNA & MANNING 1977, FISCHER 1986, NOVACEK & WYSS 1986, PROTHERO, MANNING & FISCHER 1988, TASSY & SHOSHANI 1988, JANIS 1988, FISCHER 1989a, NOVACEK 1989, FISCHER & TASSY 1990, Fischer & TASSY im Druck). Innerhalb dieser Gruppe kann das Schwestergruppenverhältnis von Proboscidea und Sirenia (= Tethytheria) als nunmehr gut abgesichert gelten (TASSY 1981, TASSY & SHOSHANI 1988, FISCHER 1990, FISCHER & TASSY im Druck). Kontroverse Vorstellungen hinsichtlich der Verwandtschaft der Hyracoidea beruhen vor allem auf der Schwierigkeit, konsistente Merkmale in allen vier Gruppen zu finden. Die derzeit in der Diskussion befindlichen Merkmale werden in Abb. 2 vorgestellt. FISCHER (1986, 1989a) widerlegte die Beweiskraft vieler der früher für die Begründung der Paenungulata herangezogenen Merkmale. Umgekehrt haben NOVACEK & WYSS (1986) zeigen können, daß ein von FISCHER (1986) als Apomorphie angenommenes Merkmal des postcranialen Skeletes nicht bei frühtertiären Equiden auftritt. NOVACEK (1986), SHOSHANI (1986), WYSS, NOVACEK & MCKENNA

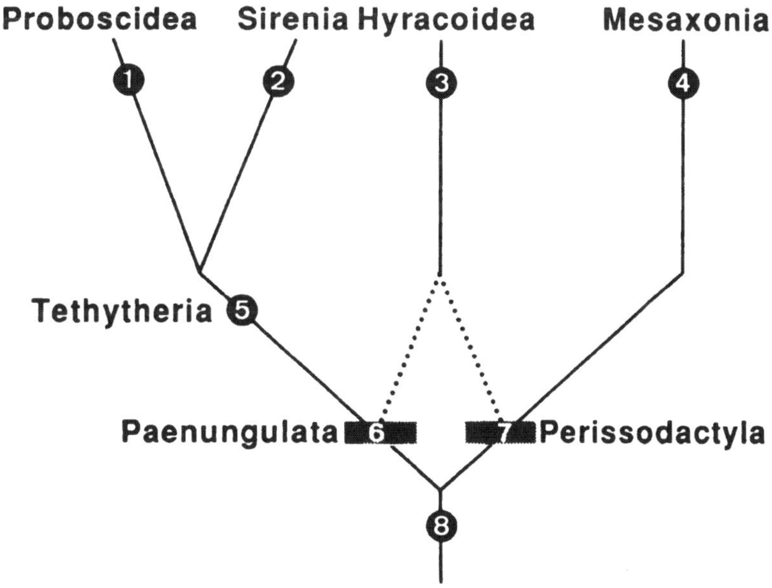

Abb. 2. Die systematische Stellung der Hyracoidea wird kontrovers diskutiert. Die Elefanten (Proboscidea) und Seekühe (Sirenia) sind mit hoher Wahrscheinlichkeit eine monophyletische Gruppe (= Tethytheria-Konzept). Das Schwestergruppenverhältnis zwischen den Hyracoidea und Mesaxonia (Unpaarhufern) wird im wesentlichen mit folgenden Merkmalen begründet: dem Auftreten von Tubendivertikeln (s. S. 99ff), dem Verlauf der A. carotis interna (s. S. 101), der Übereinstimmung im Bau der Fortbewegungsorgane (s. S. 42ff), der Persistenz des Tuber maxillae nach Durchbruch der hinteren oberen Molaren (s. S. 65). Da OWEN (1847) die Hyracoiden in seine ursprüngliche Definition der Perissodactyla eingeschlossen hatte, wird dieser Name nun für die Schwestergruppe Hyracoidea + Mesaxonia verwendet. Die Annahme, die Hyracoidea seien mit den Elefanten und Seekühen unmittelbar verwandt (= Paenungulaten-Konzept), wird außer mit Aminosäuresequenzdaten mit folgenden relevanten Merkmalen begründet: der taxeopoden Anordnung der Handwurzelknochen (s. S. 43), dem amastoiden Zustand der Temporalregion (s. S. 60), und dem Auftreten einer gürtelförmigen Placenta und quadrilobulären Allantois (s. S. 115f).

(1987), NOVACEK, WYSS & MCKENNA (1988) und NOVACEK (1989) verfechten das Paenungulaten-Konzept, FISCHER (1986, 1989a), PROTHERO, Manning & FISCHER (1988) und FISCHER & TASSY (1990, im Druck) bevorzugen als Schwestergruppe der Hyracoidea die Mesaxonia. PROTHERO & SCHOCH (1989) gehen so weit, die Hyracoidea als Unterordnung der Perissodactyla zu klassifizieren. Da in der ursprünglichen Definition der Perissodactyla OWEN (1847) die Hyracoidea eingeschlossen sind, müßte, wenn sich der Vorschlag von PROTHERO & SCHOCH (1989) durchsetzt, der heute übliche Begriff Perissodactyla für die Unpaarhufer durch Mesaxonia ersetzt werden. Das von MCKENNA (1975) vorgeschlagene Taxon Phenacodonta für die Schwestergruppe Hyracoidea + Mesaxonia erübrigte sich damit.

3. Stammesgeschichte der Hyracoidea

Trotz eines verhältnismäßig guten Fossilberichtes ist die Stammesgeschichte der Hyracoidea noch weitgehend unverstanden. Die Klassifikation fossiler Hyracoiden erfolgt bislang nicht auf der Grundlage einer konsequent phylogenetischen Analyse. Einer der Gründe hierfür ist die fehlende Rekonstruktion des Grundplanes der Hyracoidea, womit Entscheidungskriterien über die Lesrichtung von Merkmalen erst gefunden würden. In dem jüngst erschienenen Aufsatz „Evolution of Hyracoidea" (RASMUSSEN 1989) wird unter Evolution die Aneinanderreihung fossiler Formen in zeitlicher und geographischer Abfolge verstanden.

Anstelle eines phylogenetischen Ordnungsprinzipes kann die Einteilung der fossilen Formen in eine paläogene, neogene und pleistozäne Gruppe oder Radiation erfolgen (PICKFORD & FISCHER 1987, RASMUSSEN 1989). In Tabelle 1 ist auf höhere Gruppenkategorien verzichtet worden, und die derzeit anerkannten, fossilen Arten werden in alphabetischer Reihenfolge diesen drei temporären Gruppen zugesellt. Falls *Megalohyrax championi* tatsächlich Beziehungen zu den Megalohyracoiden des Oligozän besitzt (RASMUSSEN & SIMONS 1988), wäre dies die einzige paläogene Gruppe, die bis ins Miozän überdauert (Tabelle 2).

Mit Ausnahme der pleistozänen Arten unterscheiden sich fossile Schliefer von heutigen in folgenden Merkmalen: Besitz der vollen, ursprünglichen Bezahnung der Eutheria; der letzte Molar ist der größte Backenzahn; M_3 hat ein großes Talonid; während I^1 und $I_{1,2}$ vergrößert sind, bleiben $I^{2,3}$ und I^3 klein; es treten lang- und kurzschnauzige Formen auf, und an allen erhaltenen Exemplaren mit Schädeldach ist eine Crista sagittalis erkennbar. Schon die frühesten Formen zeigen eine hohe Komplexität und Differenzierung des Gebisses. Ein auffälliges, doch in seinem Auftreten nicht gattungsspezifisches Merkmal ist die Bildung einer tiefen Grube, ja sogar einer Kammer an der Innenseite des Unterkiefers. Die Kammer setzt sich ausnahmsweise in den Ramus ascendens fort; die Eingangsöffnung kann sehr groß (*Bunohyrax*) oder auch sehr eng sein (*Pachyhyrax, Megalohyrax*). Über die Funktion dieser ungewöhnlichen Struktur gibt es verschiedene, unbegründete (und teils aberwitzige) Annahmen; z. B. faßte SCHLOSSER (1910, 1911) die Kammer als Resthöhle eines lange persistierenden Meckelschen Knorpels auf, und RASMUSSEN (1989) sah einen Zusammenhang mit den Tubendivertikeln des Mittelohres. Außerdem wird spekuliert, sie diene als Resonanzraum bei der Lautgebung z. B. ANDREWS (1907), als Nahrungsspeicherraum, oder sie beherberge große Drüsenpakete. HÜNERMANNS Annahme (1985), die Aushöhlung des Unterkiefers stünde in Zusammenhang mit einer Rückverlagerung der inneren Kaumuskulatur und daran anschließenden Reduktion von Knochenmaterial im Bereich des Ramus horizontalis, ist die einzige prüfbare Hypothese.

Tabelle 1. Liste der fossilen Hyracoiden. Innerhalb des Paläogen, Neogen und Pleistozän sind die Arten in alphabetischer Reihenfolge aufgeführt. Die Spalte „Synonyme" berücksichtigt auch Erstnachweise oder wichtige Arbeiten zu der jeweils genannten Art.

Art	Lokalität	Synonyme	Bearbeiter
Paläogen (Eozän + Oligozän)			
Bunohyrax fajumensis (Andrews, 1904)	Fayum, Ägypten	*Geniohyus fajumensis*	Andrews 1904, 1906
		Saghatherium majus	Andrews 1906
		Bunohyrax fajumensis	Schlosser 1910, 1911
		Geniohyus minutes	Schlosser 1910
		Bunohyrax sp.	Schlosser 1911
		Geniohyus aff. *mirus*	Schlosser 1911
		Geniohyus micrognathus	Schlosser 1911
		Geniohyus subgigas	Matsumoto 1926
		Geniohyus mirus	Matsumoto 1926
		Bunohyrax affinis	Matsumoto 1926
		Megalohyrax suillus	Matsumoto 1926
		Bunohyrax fajumensis	Meyer 1978
Bunohyrax cf. *B. fajumensis* Rasmussen, 1989	Malembe, Angola	*Paleaochoerus dartevellei*	Hoojer 1963
		Bunohyrax aff. fayumensis	Pickford 1986a
Bunohyrax major (Andrews, 1904)	Fayum, Ägypten	*Geniohyus major*	Andrews 1904, 1906
		Bunohyrax major	Schlosser 1910, 1911
		Geniohyus gigas	Matsumoto 1926
		Bunohyrax major	Matsumoto 1926
		Bunohyrax major	Meyer 1978
Geniohyus adiposum (Pickford 1986b)	Bugti, Pakistan	*Anthracotherium adiposum*	Forster-Cooper 1924
Geniohyus diphycus Matsumoto, 1926	Fayum, Ägypten	*Geniohyus diphycus*	Meyer 1978
Geniohyus magnus (Andrews, 1904)	Fayum, Ägypten	*Saghatherium antiquum*	Andrews 1903
		Saghatherium magnum	Andrews 1904, 1906
		Saghatherium magnum	Schlosser 1911
		Saghatherium majus	Schlosser 1911
		Geniohyus magnus	Matsumoto 1926
		Geniohyus magnus	Meyer 1978
		Geniohyus magnus	Rasmussen & Simons 1988
Geniohyus mirus Andrews, 1904	Fayum, Ägypten	*Geniohyus mirus*	Andrews 1906, 1907
		Saghatherium majus	Andrews 1906
		Geniohyus mirus	Schlosser 1910, 1911
		Non *Geniohyus mirus*	Matsumoto 1926
		Geniohyus mirus	Meyer 1978
Megalohyrax eocaenus Andrews, 1903	Fayum, Ägypten	*Megalohyrax minor*	Andrews 1904, 1906
		Megalohyrax eocaenus	Andrews 1906
		Mixohyrax niloticus	Schlosser 1910, 1911
		Mixohyrax suillus	Schlosser 1910, 1911
		Mixohyrax andrewsi	Schlosser 1910, 1911
		Megalohyrax eocaenus	Matsumoto 1922, 1926
		Megalohyrax minor	Matsumoto 1922, 1926
		Megalohyrax niloticus	Matsumoto 1922, 1926
		Megalohyrax suillus	Matsumoto 1922
		Bunohyrax major teilw.	Matsumoto 1926
		Megalohyrax eocaenus	Meyer 1978
		Megalohyrax eocaenus	Rasmussen & Simons 1988
Megalohyrax gevini Sudre, 1979	Gour Lazib, Algerien	Hyracoide indéterminé	Gevin, Lavocat, Mongereau & Sudre 1975
Microhyrax lavocati Sudre, 1979	Gour Lazib, Algerien	Hyracoide indéterminé	Gevin, Lavocat, Mongereau & Sudre 1975
Pachyhyrax crassidentatus Schlosser, 1910	Fayum, Ägypten	*Pachyhyrax crassidentatus*	Meyer 1978
		Pachyhyrax crassidentatus	Rasmussen & Simons 1988
Pachyhyrax cf. *P. crassidentatus* Rasmussen, 1989	Malembe, Angola	*Anthracotheriidarum*, g. et sp. indet.	Hoijer 1963
		Geniohyus aff. mirus	Pickford 1986a
Saghatherium antiquum Andrews & Beadnell, 1902	Fayum, Ägypten	*Saghatherium minus*	Andrews & Beadnell 1902
		Saghatherium antiquum	Andrews 1906
		Saghatherium magnum	Andrews 1906
		Saghatherium minus	Andrews 1906
		Saghatherium majus	Andrews 1906
		Saghatherium antiquum	Osborn 1906
		Saghatherium antiquum	Schlosser 1910, 1911
		Saghatherium magnum	Schlosser 1910, 1911
		Saghatherium majus	Schlosser 1910, 1911
		Saghatherium antiquum	Matsumoto 1926
		Saghatherium macrodon	Matsumoto 1926
		Saghatherium euryodon	Matsumoto 1926
		Saghatherium antiquum	Meyer 1978
Saghatherium humarum Rasmussen & Simons, 1988	Fayum, Ägypten		

Tabelle 1 (Fortsetzung)

Art	Lokalität	Synonyme	Bearbeiter
Paläogen (Eozän + Oligozän)			
Saghatherium sobrina Matsumoto, 1926	Fayum, Ägypten	*Saghatherium antiquum*	Andrews 1906
		Saghatherium antiquum	Schlosser 1911
		Saghatherium minus	Schlosser 1911
		Saghatherium sobrina	Matsumoto 1926
		Saghatherium annectens	Matsumoto 1926
Seggeuris amourensis Crochet, 1986 (Mahboubi et al., 1986)	El Kohol, Algerien		
Selenohyrax chatrathi Rasmussen & Simons, 1988	Fayum, Ägypten		
Thyrohyrax domorictus Meyer, 1973	Fayum, Ägypten	*Thyrohyrax domorictus*	Rasmussen & Simons 1988
Thyrohyrax pygmaeus (Matsumoto, 1922)	Fayum, Ägypten	*Megalohyrax pygmaeus*	Matsumoto 1922, 1926
		Pachyhyrax pygmaeus	Meyer 1978
		Saghatherium magnum teilw.	Andrews 1907
Thyrohyrax sp. Rasmussen & Simons, 1988	Fayum, Ägypten		
Titanohyrax andrewsi Matsumoto, 1922	Fayum, Ägypten	*Megalohyrax minor*	Andrews 1905
		Megalohyrax minor	Schlosser 1910, 1911
		Megalohyrax eocaenus	Schlosser 1910, 1911
		Titanohyrax schlosseri	Matsumoto 1922, 1926
		Titanohyrax andrewsi	Matsumoto 1926
		Titanohyrax andrewsi	Meyer 1978
		Titanohyrax andrewsi	Rasmussen & Simons 1988
Titanohyrax angustidens Rasmussen & Simons, 1988	Fayum, Ägypten	*Megalohyrax palaeotherioides*	Schlosser 1910, 1911
		Titanohyrax palaeotherioides	Matsumoto 1922, 1926
	Syrte, Libyen	*Megalohyrax palaeotherioides*	Arambourg & Magnier 1961
		Titanohyrax andrewsi teilw.	Meyer 1978
	Jabal al Hasáwnah, Libyen	*Titanohyrax palaeotherioides*	Spinar & Rocek 1978, Anonymus 1978
Titanohyrax mongereaui Sudre, 1979	Gour Lazib, Algerien	Hyracoide indéterminé	Gevin, Lavocat, Mongereau & Sudre 1975
Titanohyrax ultimus Matsumoto, 1922	Fayum, Ägypten	*Titanohyrax ultimus*	Matsumoto 1926
Titanohyrax sp. indet. Rasmussen, 1989	Zella, Libyen	*Megalohyrax palaeotherioides*	Arambourg & Magnier 1961, Arambourg 1965, Savage 1969, 1971
Hyracoidea indet.	Dor el Talha, Libyen		Savage 1969
Hyracoides: cf *Pachyhyrax* de petite taille, cf. *Saghatherium*	Chambi, Tunesien		Hartenberger, Martinez & Said 1985
Hyracoides (Bunohyrax sp.)	Nementcha, Algerien		Coiffait, Coiffait, Jaeger & Mahboubi 1984
Neogen (Miozän + Pliozän)			
Kvabebihyrax kacheticus Gabunia & Vekua, 1966	Georgien, UdSSR		
Megalohyrax championi (Arambourg, 1933)	Mt. Losodok, Kenya	*Pliohyrax championi*	Arambourg 1933
	Rusinga Island, Mfwanganu Island, Kenya	*Megalohyrax championi*	
	Rusinga, Island, Karungu Kenya	*Megalohyrax* cf. *M. pygmaeus*	Whitworth 1954
			Whitworth 1954
		Pachyhyrax championi	Meyer 1978
	Muruarot Hill, Kenia	*Megalohyrax championi*	Madden 1972
	Bukwa, Uganda	*Megalohyrax championi*	Walker 1969
	Al-Sarrar, Saudi Arabien	*Pachyhyrax* aff. *championi*	Thomas et al. 1982
Meroehyrax bateae Whithworth, 1954	Rusinga Island, Kenya, Bukwa, Uganda	*Meroehyrax bateae*	Walker 1969
Parapliophyrax mirabilis Lavocat, 1961	Beni Mellal, Marokko	*Parapliohyrax mirabilis*	Ginsburg 1977
	Kerouan, Tunesien		Pickford im Druck
Parapliohyrax ngororaensis Pickford & Fischer, 1987	Baringo District, Kenya	*Parapliohyrax* sp. nov.	Bishop & Pickford 1975
Pliohyrax graecus (Gaudry, 1862)	Pikermi, Griechenland	*Leptodon graecus*	Gaudry 1862
	Samos, Griechenland	*Leptodon graecus*	Schlosser 1899
	Samos, Griechenland	*Pliohyrax graecus*	Forsyth Major 1899 a, b
	Pikermi, Griechenland	*Pliohyrax graecus*	Melentis 1965, 1966
	Halmyropotamus, Griech.	*Pliohyrax graecus*	Melentis 1965, 1966
	Garkin, Anatolien, Türkei	*Pliohyrax graecus*	Becker-Platen, Sickenberg & Tobien 1975, Hünermann 1985
	Esme-Akcaköy, Türkei		Becker-Platten, Sickenberg & Tobien 1975
		Pliohyrax graecus	Pickford & Fischer 1987
Pliohyrax cf. *graecus* (Gaudry, 1862)	Teruel, Spanien		Alcalá, Sesé & Morales 1986
Pliohyrax kruppii	Samos, Griechenland		Osborn 1989

Tabelle 1 (Fortsetzung)

Art	Lokalität	Synonyme	Bearbeiter
Neogen (Miozän + Pliozän)			
Pliohyrax occidentalis Viret & Thenius, 1952	Montpellier, France	*Pliohyrax graecus*	Pickford & Fischer 1987
		Postschizotherium occidentalis	Thenius 1988
		Neoschizotherium occidentalis	Tung Yung-Sheng & Huang Wan-Po 1974
Pliohyrax orientalis Tung Yung-Sheng & Huang Wan-Po, 1974	Shansi, China		
Pliohyrax rossignoli (Viret, 1947)	Soblay, Frankreich	*Neoschizotherium* sp.	Viret 1947
		Neoschizotherium rossignoli	Viret & Mazenot 1948
		Pliohyrax rossignoli	Viret 1949 a, b
		Neoschizotherium rossignoli	Tung Yung-Sheng & Huang Wan-Po 1974
Pliohyrax sp.	Esme-Akcaköy. Türkei		Sickenberg & Tobien 1971
	Kreta, Griechenland		Kuss 1976
	Can Llobateres Vallès, Spanien		Crusafont Pairó & Golpe Posse 1974, Golpe-Posse & Crusafont Pairó 1981
	Molayan, Afghanistan Taghar, Afghanistan		Heintz, Brunet & Battail 1981, Brunet, Heintz & Battail 1984
Postschizotherium chardini von Koenigswald, 1932	Nihowan Basin, China	Chalicotéridé genre nouveau indét.	Teilhard de Chardin & Piveteau 1930
		Postschizotherium chardini	von Koenigswald 1932
	Choukoutien, China	Chalicotherid (?*Postschizotherium*)	Teilhard de Chardin & Pei 1934
		Postschizotherium cf. *chardini*	Teilhard de Chardin 1938, 1939
		Postschizotherium chardini	von Koenigswald 1966
Postschizotherium intermedium von Koenigswald, 1966	Kingyangpintsun im Yüshe Becken, China	*Postschizotherium chardini*	Teilhard de Chardin & Licent 1936
		Postschizotherium sp.	Teilhard de Chardin 1939
		Postschizotherium ?	Pei 1939
		Postschizotherium intermedium	von Koenigswald 1966
Postschizotherium licenti von Koenigswald, 1966	unbekannt Yüshe Basin, China	*Postschizotherium* sp.	Teilhard de Chardin 1939
Postschizotherium sp.	Jalalabad, Afghanistan		Kotsakis 1985
Prohyrax hendeyi Pickford	Arrisdrift Namibia	*Prohyrax* sp. nov.	Hendey 1978
		Prohyrax sp.	Pickford & Fischer 1987, Pickford im Druck
Prohyrax tertiarius Stromer, 1923	Langenthal, Namibia	*Prophyrax tertiarius*	Stromer 1926
		Prohyrax tertiarius	Hopwood 1929
		Procavia tertiaria	Churcher 1956
?*Prohyrax tertiarius*	Muruarot, Kenya		Madden 1972, Pickford im Druck
cf. *Prohyrax*	Loperot, Kenya		Pickford 1981
Sogdohyrax soricus Dubrovo, 1978	Tadschikistan UdSSR		
Hyracoidea gen. indet., Hyracoidea Saghatheriine, cf. *Prohyrax*	Jebel Zelten, Libyen		Savage 1971, Savage & Hamilton 1973
Hyracoidea indet.	Turkana, Kenya		Williamson & Savage 1986
Hyrax	Konya-Hatunsaray-Kayadib, Türkei		Sickenberg & Tobien 1971
Pleistozän			
Gigantohyrax maguirei Kitching, 1965	Makapansgat, Südafrika		
Gigantohyrax sp. indet	Omo Basin, Äthiopien		Howell & Coppens 1974
Heterohyrax, sp. indet	Omo Basin, Äthiopien		Howell & Coppens 1974
Procavia antiqua Broom, 1934	Taung, Südafrika	*Procavia antiqua*	Broom 1948
	Sterkfontein, Südafrika	*Procavia robertsi*	Broom & Schepers 1946, Broom 1948
	weitere Fundorte in Südafrika	*Procavia antiqua*	Churcher 1956
Procavia cf. *P. antiqua*	Langebaanveg, Südafrika		Hendey 1976
Procavia transvaalensis Shaw, 1937	Sterkfontein, Südafrika		
	Uitkomst Südafrika	*Procavia obermeyerae*	Broom & Schepers 1946, Broom 1937
	weitere Fundorte in Südafrika	*Procavia transvaalensis*	Churcher 1956
Procavia sp.	Humpota Plateau, Angola		Pickford, Fernandes & Aco 1990

Tabelle 2. Zeitliches Auftreten der fossilen Gattungen der Hyracoidea.

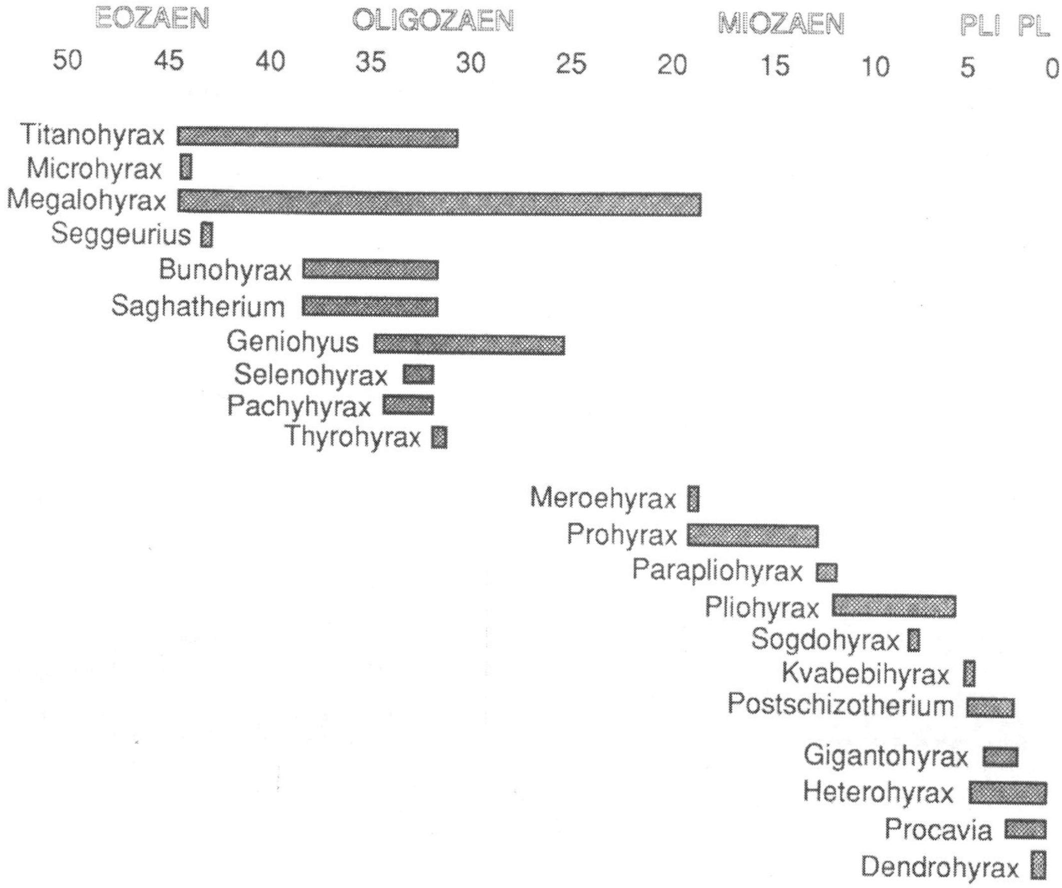

3.1. Klassifikation fossiler Hyracoiden

Meistens werden alle fossilen Hyracoiden (mit Ausnahme der pleistozänen Formen) in einer mit plesiomorphen Merkmalen begründeten Familie zusammengefaßt und den rezenten Procaviiden gegenübergestellt. Der Name für diese „Familie" wechselte mehrfach: Saghatheriidae (ANDREWS 1906), Paleohyracidae (SCHLOSSER 1911), Pliohyracidae (MEYER 1978, RASMUSSEN 1989). MATSUMOTO (1926) unterschied drei Familien fossiler Schliefer (Geniohyidae, Titanohyracidae, Pliohyracidae) und WHITWORTH (1954) zwei Familien (Procaviidae, Geniohyidae). PICKFORD & FISCHER (1987) begrenzen die Pliohyracidae auf miozäne und pliozäne Hyracoiden (ohne *Megalohyrax*). Dieselbe Gruppe wird von RASMUSSEN (1989) als Unterfamilie der Pliohyracidae und von GABUNIA & VEKUA (1974) als Unterfamilie der Procaviidae angesehen. Erst PATTERSON (1965) erkannte, daß die Myohyracidae, die früher meist unter Vorbehalt als eigene Familie oder sogar Ordnung SIMPSON (1945) abgetrennt wurden, zu den Macroscelididae gehören.

Auch die Vorstellungen über die verwandtschaftlichen Beziehungen der verschiedenen Hyracoidengruppen zueinander gehen weit auseinander. *Saghatherium* wird häufig wegen seiner geringen Größe als Stammform der rezenten Schliefer angesehen, z.B. MATSUMOTO (1926), WHITWORTH (1954), CHURCHER (1956). Nach RASMUSSEN (1989) scheidet diese Gruppe wegen schon vorhandener Spezialisierungen im Gebiß als Vorfahr aus, dieser sei vielmehr, wie schon MEYER (1973, 1978) annahm, in *Thyrohyrax* zu suchen. CHURCHER (1956) nähert die rezenten Arten *Prohyrax* an, WHITWORTH (1954) und FISCHER (1986) den Pliohyraciden.

Angesichts der Fülle ungelöster Probleme in der Stammesgeschichte und konträrer Ansichten sollen nachfolgend die verschiedenen fossilen Formen nur vorgestellt werden. Ich verzichte dabei auf die Darstellung zahnmorphologischer Details und verweise auf THENIUS (1989). Die Taxonomie der fossilen Hyracoiden und die hier verwendeten Artnamen richten sich nach den Revisionen von MATSUMOTO (1926) und MEYER (1978), sowie für einige Gruppen nach RASMUSSEN & SIMONS

(1988). V. KOENIGSWALD (1966) revidierte die Gattung *Postschizotherium*.

3.2. Paläogene Hyracoiden

Der derzeit älteste bekannte Hyracoidenzahn aus mittel- oder untereozänen Schichten Algeriens ist von SUDRE (1979) als *Titanohyrax mongereaui* beschrieben worden. Die Interpretation des hinteren Innenhöckers als Metaconulus und nicht als Hypoconus hat er mittlerweile korrigiert (SUDRE briefl Mitt.). Mit den fast in derselben Schicht gefundenen *Microyhrax lavocati* und *Megalohyrax gevini* stoßen wir auf ein Phänomen, welches bereits aus den oligozänen Schichten des Fayum bekannt war, nämlich auf die enormen Größenunterschiede der Hyracoiden schon am Beginn ihrer Fossilgeschichte. Dies drückt sich auch in der Namensgebung aus: *Micro-*, *Megalo-* und *Titanohyrax*. SERGI (1915) sah sich veranlaßt, wegen der „apparsi simultaneamente e improvvisamente" einen polyphyletischen Ursprung der Hyracoiden anzunehmen.

Von *Microhyrax lavocati* ist ein Unterkieferfragment (P_3-M_3) erhalten. Wegen der als ursprünglich geltenden Morphologie der Praemolaren und Molaren könnte *Microhyrax* die Stammform aller Arten mit bunoselenodontem Gebiß sein (SUDRE 1979). Außer in der Größe bestehen keine Übereinstimmungen mit *Thyrohyrax* oder *Saghatherium*, im Zahnbau dagegen mit *Geniohyus diphycus* und *Bunohyrax fajumensis*. Die von SUDRE (1979) aufgezählten, diagnostischen Hyracoidenmerkmale von *Microhyrax* („1/ l'orientation du paralophide; 2/la forme du métaconide; 3/ la forme de l'entoconide et les caractères de la postcristide") treten nach Auskunft von Dr. J. HOOKER (British Museum, Natural History), einem Kenner frühtertiärer Perissodactylen, alle auch z. B. bei *Hyracotherium* auf. Gleichzeitig besitzen *Microhyrax* und frühtertiäre Perissodactylen keine ausschließlich bei diesen Gruppen auftretenden Synapomorphien. Auffallend ist nur die parallele Gebißentwicklung, ausgehend von einem sehr ähnlichen Grundmuster (Homoiologie), ein Umstand, welcher auch schon früh erkannt und bei der Namensgebung der ältesten Pferde berücksichtigt wurde. „Without intending to imply that the present small extinct Pachyderm was more closely allied to the *Hyrax* than as being a member of the same order (Pachyderma, d. Verf.), and similar in size, I propose to call the new genus, which it unquestionably indicates, *Hyracotherium*, with the specific name *leporinum*" (OWEN 1841).

Aus Algerien sind aus eozänen Schichten weitere Hyracoiden bekannt (COIFFAIT, COIFFAIT, JAEGER & MAHBOUBI 1984, MAHBOUBI, AMEUR, JAEGER & CROCHET 1984, 1986). Von *Seggeuris amourensis* Crochet, 1986 blieben nur einzelne Zähne erhalten. Die Praemolaren sind nur schwach molarisiert. *Seggeuris* wurde wegen der geringen Differenzierung der Praemolaren und des als ursprünglich angenommenen, bunodonten Gebisses zwar zu den Geniohyinae gestellt, doch ist eine spezifische Übereinstimmung mit *Geniohyus* nicht erkennbar.

3.3. Die Hyracoiden aus dem Fayum

Die teilweise ungewöhnlich fossilreichen Schichten der Jebel Qatrani-Formation im Fayum (Ägypten) geben Einblick in eine etwa 9 Millionen Jahre dauernde Faunengeschichte Afrikas. Mit Hilfe der radiometrischen Datierung der Basaltkappe, welche die oberste Schicht bedeckt, wurde ein Alter von etwa 31 Mio. Jahren ermittelt. Insgesamt sind 8 verschiedene Hyracoidengattungen beschrieben worden, von denen allein in den oberen Schichten in einer 30 m × 10 m × 1 m (L × B × H) großen Fundstelle 6 Gattungen gefunden wurden (RASMUSSEN & SIMONS 1988). Hyracoiden waren Fundhäufigkeit und Diversität zufolge die dominierenden terrestrischen Herbivoren im Oligozän. Die Erforschung der Hyracoiden aus dem Fayum haben ANDREWS (1903–1907) und SCHLOSSER (1910, 1911) begonnen und SIMONS (1968) fortgesetzt. MATSUMOTO (1921, 1926) revidierte die 24 beschriebenen Arten erstmals, MEYER (1978) zum zweiten Mal. Fortgesetzte Ausgrabungen im Fayum brachten weitere, bisher unbekannte Hyracoiden zutage (*Thyrohyrax* Meyer, 1973, *Selenohyrax* Rasmussen & Simons, 1988). Die Gattungen werden nach dem Grad der Molarisierung der Praemolaren, dem Grad und der Art der Jochbildung und der Anatomie des Unterkiefers unterschieden. Erfreulicherweise sind nicht nur Zähne, sondern auch Schädelfragmente und postcraniales Material erhalten, doch bereitet deren Zuordnung zu bestimmten Gattungen Schwierigkeiten. Die Schädelanatomie ist leider bisher nicht ausreichend beschrieben. Es lassen sich bunodonte bis bunoselenodonte Formen (*Geniohyus, Bunohyrax, Pachyhyrax*) von ausgesprochen selenodonten Gattungen (*Titanohyrax, Selenohyrax*) unterscheiden. *Thyrohyrax, Megalohyrax* und *Saghatherium* zeigen verschiedene Spezialisierungen, ausgehend von einem bunoselenodonten oder bunolophodonten Kronenmuster.

Die möglicherweise ursprünglichsten, oligozänen Hyracoiden sind die drei *Geniohyus*-Arten. *Geniohyus mirus* wurde zunächst als Schweineartiger identifiziert (ANDREWS 1904a) und ist tatsächlich etwa so groß wie heutige Schweine. *Geniohyus diphycus* ist die kleinere Ausgabe von *G. mirus*, und *Geniohyus magnus* ist entgegen seinem Namen die kleinste Form. Der Name „*magnus*" wurde unter der Annahme vergeben, es handele sich um die größte Form von *Saghatherium*. Neben den vergrößerten bunodonten Zahnhöckern treten bei *Geniohyus* akzessorische Höckerchen auf, so daß Ähnlichkeiten mit den polybunodonten Zähnen von Schweinen bestehen. Die Praemolaren sind nicht molarisiert. Wie bei *Bunohyrax* tritt an P^{1-4} kein Hypoconus auf. An der Innenseite des Ramus horizontalis mandibulae befindet sich eine ausgedehnte Grube.

In der Gattung *Bunohyrax* lassen sich ebenfalls drei verschieden große Formen unterscheiden: *B. majus*, *B. fayumensis* (mittelgroß) und eine noch unbeschriebene, kleine Form (RASMUSSEN 1989). Gegenüber der ausgesprochenen Bunodontie von *Geniohyus* läßt sich das Kronenmuster von *Bunohyrax* als bunoselenodont beschreiben. Die Praemolaren sind submolariform, die unteren Backenzähne besitzen wohlausgebildete Querjoche. Nicht an allen Unterkiefern treten Fensterbildungen auf, jedoch in der Regel bei den kleineren Formen. Deshalb nimmt MEYER (1978) an, diese Bildung komme nur bei Weibchen vor.

Pachyhyrax, den RASMUSSEN (1989) von bunohyraxartigen Vorfahren ableitet, war mittelgroß mit bunoselenodontem Gebiß. Die Gattung gilt heute als monospezifisch, nachdem RASMUSSEN & SIMONS (1988) *Pachyhyrax pygmaeus* zu *Thyrohyrax* und *Pachyhyrax championi* zurück zu *Megalohyrax* gestellt haben.

Megalohyrax eocaenus besaß die Größe eines stattlichen Tapirs (Abb. 3). Die Molarisierung der Praemolaren ist gegenüber den bisher genannten Mitgliedern der „suiform group of hyracoids" (RASMUSSEN 1989) weiter fortgeschritten, und p^{3-4} besitzen einen kräftigen Hypoconus. I^2 und I^3 sind nur noch kleine, stumpfkronige Zähne, zwischen denen eine Lücke bleibt. Bemerkenswerterweise läßt sich diese Form in allen Schichten der Jebel Qatrani-Formation nachweisen.

Die mittelgroßen bis sehr großen Titanohyracoiden besitzen ein ausgesprochen selenodontes Gebiß mit wohlentwickeltem Ectoloph. Ein Hypoconus ist an allen Praemolaren erkennbar. Der einzige Fund der ältesten Form, *Titanohyrax ultimus*, ist ein M^2 von beeindruckender Größe (41 × 46 mm). Die Kammer im Unterkiefer ist bei *Titanohyrax* nurmehr ein enger Kanal. Da *Megalohyrax palaeotheroides* Schlosser, 1910 (= *Titanohyrax palaeotheroides* Matsumoto, 1921) von MEYER (1978) als Nomen nudum angesprochen wurde, erfolgte die Neubeschreibung als *Titanohyrax angustidens* Rasmussen & Simons, 1988. SPINAR & ROCEK (1978) erwähnen den Fund eines fast vollständigen Skeletes eines jungen, katzengroßen Exemplares, sowie zweier Schädel von *Titanohyrax palaeotheroides* (Schlosser, 1910). Das Skelet ist im „Explanatory booklet" zum Kartenblatt „Jabal al Hasáwnah" abgebildet. Es wurde zwar nicht versäumt, das Tier auch in einem typischen Burian-Lebensbild darzustellen, doch leider ist der Fund bis heute noch nicht bearbeitet. Dies ist umso bedauerlicher, als es sich um das einzige bekanntgewordene Skelet eines tertiären Hyracoiden handelt. RASMUSSEN & SIMONS (1988) ist diese Form bei der Neubeschreibung entgangen.

Selenohyrax hat hochspezialisierte Zahnkronen, denn die Selenodontie ist durch zusätzliche Faltungen der Joche erheblich kompliziert. Eine mandibuläre Kammer ist vorhanden. Ihr Auftreten ist nicht an ein Geschlecht gebunden (RASMUSSEN & SIMONS 1988).

Die kleinen Hyracoiden der unteren Schichten der Jebel Qatrani-Formation sind die Saghatheriden, die allesamt jedoch größer als die heutigen Schliefer waren. Die Zahnkronen sind bunoselenodont, und die Molaren, bezogen auf die Praemolaren, sehr vergrößert. Der untere Eckzahn ist praemolariform, M_3 besitzt ein großes Hypoconulid. Der Schmelz an der Lingualseite von Meso- und Metastyl ist teilweise knötchenartig verdickt. P^{1-4} besitzen einen Hypoconus aber keinen Mesostylus. Der Unterkiefer zeigt keine Auffälligkeiten. MOUSTAFA (1974) beschreibt kurioserweise im Rahmen paläopathologischer Untersuchungen einen verletzten Unterkiefer von *Saghatherium*.

Thyrohyrax ist eine kleine Form, deren Zahnkronenmuster demjenigen von *Heterohyrax* und *Dendrohyrax* ähnelt. Nach MEYER (1973, 1978) ist die Entwicklung der Kammer im Unterkiefer bei *Thyrohyrax domorictus* am stärksten entwickelt, doch gibt es immer wieder auch Exemplare ohne Kammer. RASMUSSEN & SIMONS (1988) erweitern die früher monospezifische Gattung um vier Exemplare einer noch unbeschriebenen Art und um die „*Pygmaeus*-Gruppe". Die Zuordnung dieser Gruppe bereitet Schwierigkeiten: nach ANDREWS (1907) gehöre sie zu *Saghatherium*, nach MATSUMOTO (1926) zu *Megalohyrax* und nach MEYER (1978) zu *Pachyhyrax*.

Südlich des Äquators ist bislang nur eine paläogene Lokalität in Angola gefunden worden, welche

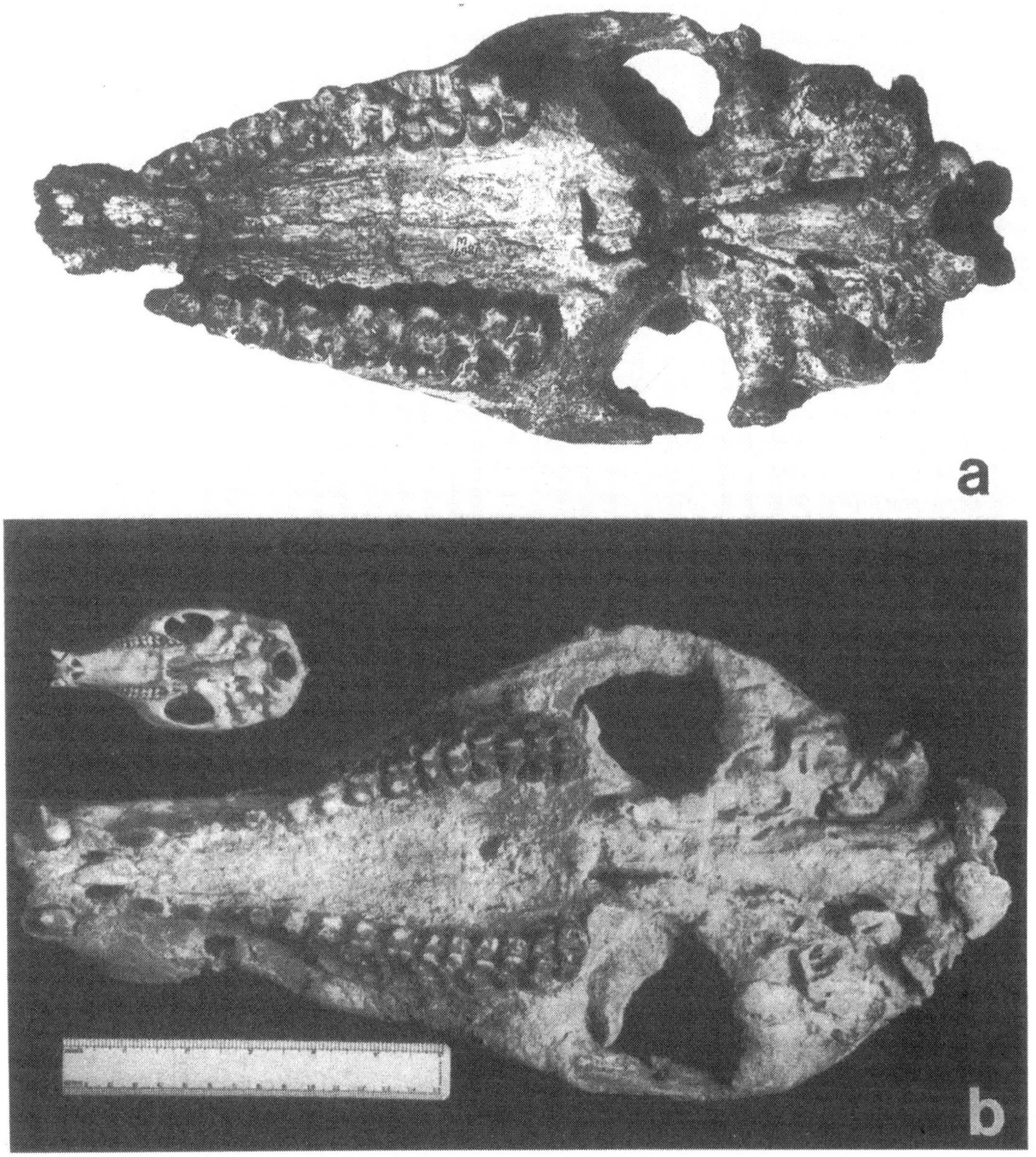

Abb. 3. a) *Megalohyrax championi* (Miozän, Kenia) (aus WHITWORTH 1954). b) *Megalohyrax eocaenus* (Oligozän, Ägypten) im Größenvergleich mit *Heterohyrax brucei* (aus RASMUSSEN 1989, Oxford University Press). Nicht maßstäblich.

etwas jüngeren Alters als das Fayum ist (PICKFORD 1986a). Von dort sind zwei M_3 beschrieben. Eine Revision der Anthracotheren von Bugti (Pakistan) ergab, daß eine Form, *Anthracotherium adiposum* Forster-Cooper, 1924, tatsächlich ein Hyracoide ist, den PICKFORD (1986b) als *Geniohyus* identifizierte. Dies ist somit der erste paläogene Fund (spätes oberes Oligozän) außerhalb Afrikas.

3.4. Neogene Hyracoiden

Nach der Blütezeit der Hyracoiden im Oligozän begegnen wir im unteren Miozän nurmehr 2 Arten, nämlich *Megalohyrax championi* und *Meroehyrax bateae*. Von der letztgenannten Art sind bisher nur Unterkieferreste und untere Backenzähne bekannt, was den Vergleich erschwert.

Nach PICKFORD (im Druck) ist *Meroehyrax* sehr wahrscheinlich nicht kongenerisch mit *Prohyrax*, wie MEYER (1978) postulierte. Die Gattungszugehörigkeit von *Megalohyrax championi* ist umstritten (Tab. 1). Diese Art ist an verschiedenen Fundstellen nachgewiesen, deren Alter sich über einen Zeitraum von 23–16 Mio. Jahren erstreckt. Die Zahnkronenhöhe hat gegenüber oligozänen Formen zugenommen, das Kronenmuster entspricht dem selenolophodonten Typus (Abb. 3). Das postcraniale Material, welches mit hoher Wahrscheinlichkeit *Megalohyrax championi* zugeschrieben werden kann, erlaubt den Schluß, daß es sich bei dieser Form um ein großes, cursoriales Tier gehandelt hat. Außer in der serialen Anordnung der Tarsalia stimmt der Fußbau im wesentlichen mit demjenigen der Unpaarhufer überein (WITWORTH 1954, FISCHER 1986). *Megalohyrax* zugeschriebene Funde sind ebenfalls aus Pakistan (PICKFORD 1986b) und Saudi Arabien bekannt (HAMILTON, WHYBROW & MCCLURE 1978, THOMAS, SEN, KHAN, BATTAIL & LIGABUE 1982).

PICKFORD & FISCHER (1987) haben vorgeschlagen, alle neogenen Hyracoidengattungen, mit Ausnahme von *Megalohyrax championi* und *Meroehyrax*, in einer Gruppe, die sie als monophyletisch betrachten, zusammenzufassen. Deren älteste Vertreter sind *Pliohyrax* zugeschriebene Formen aus Esme-Akcakoy (Türkei), Kreta und Spanien (MN 9). Diese Gruppe ist somit auch zeitlich von *Megalohyrax* (MN 5) deutlich getrennt. Das abgeleitete Merkmal dieser Gruppe ist der Besitz eines praemolarisierten oberen und unteren Eckzahnes und eines hinteren Joches am M^3, das aus einem stark verlängertem Ectoloph hervorgeht. Die Stellung von *Postschizotherium* und *Sogdohyrax* konnte mangels geeigneten Materials noch nicht endgültig geklärt werden. Eine mögliche Apomorphie von *Sogdohyrax* und den eben genannten Gruppen ist der partialhypsodonte Bau der Zahnkrone, d. h. die Hypsodontie ist auf die buccale Zahnseite beschränkt. Die mio- und pliozänen Formen sind eine sehr homogene Gruppe. Neben den genannten Merkmalen stimmen alle folgenden neogenen Hyracoiden im ungewöhnlich hohen Grad der Molarisierung der vorderen Bezahnung überein; bei *Prohyrax* und *Parapliohyrax* sind sogar I^2, I^3 und I_3 praemolariform.

Der Holotypus von *Prohyrax tertiarius* ist ein Maxillarfragment (STROMER 1924, 1926). Die Datierung dieses Stückes ist umstritten. Während STROMER (1924, 1926) und HENDEY (1978) für die Typuslokalität unteres oder mittleres Miozän annehmen, sind nach Ansicht von CHURCHER (1956) die Sedimente sekundär umgelagert, und die Faunenvergesellschaftung lege ein oberpliozänes oder unterpleistozänes Alter nahe. *Prohyrax tertiarius* war 1 1/2 mal so groß wie *Procavia capensis*, *Prohyrax hendeyi* war sogar mehr als doppelt so groß (PICKFORD im Druck). In den mittelmiozänen Schichten von Arrisdrift (Namibia) (17–14 Mio. Jahre) ist *P. hendeyi* die häufigste Art. Der Holotypus ist ein fast vollständiger Schädel, auch postcraniale Funde sind häufig. Insbesondere Ell-

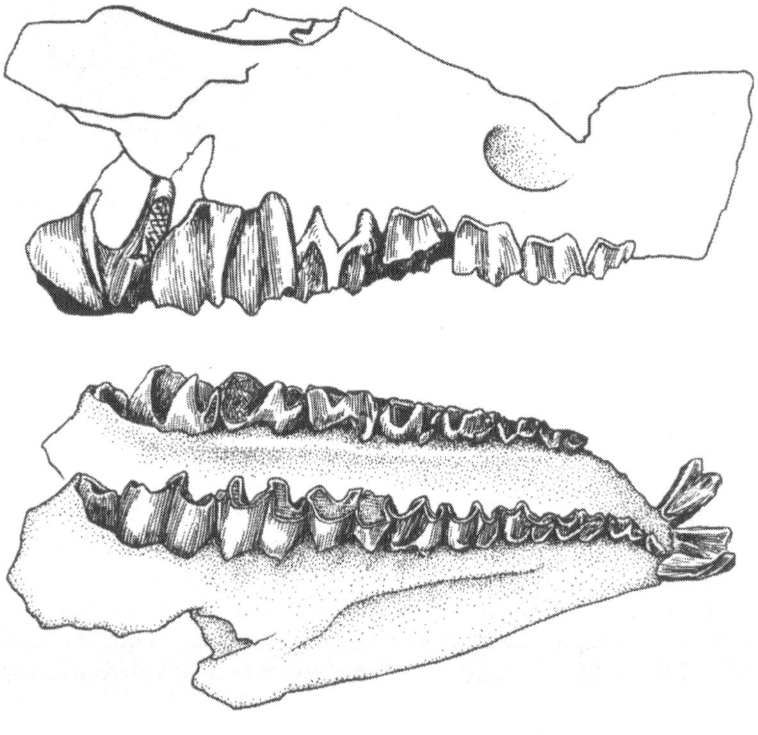

Abb. 4. *Parapliohyrax ngororaensis* (Miozän, Kenia). Die Praemolarisierung des Vordergebisses greift sogar auf die I^2, I^3 (nicht abgebildet) und I_3 über (aus PICKFORD & FISCHER 1987).

Abb. 5. *Pliohyrax graecus* (Miozän, Griechenland). Schädel aus der Sammlung des Basler Naturhistorischen Museums (Sa 24). Man beachte die starke Molarisierung und Praemolarisierung des Gebisses. Am M^3 bildet das verlängerte Ectoloph ein hinteres Joch. Die Schädellänge ohne Occipitalregion beträgt 32 cm (Photo W. Suter, Naturhistorisches Museum Basel).

bogen- und Kniegelenk weisen auf cursoriale Fortbewegung hin (PICKFORD im Druck). Die Unterarmelemente sind gegeneinander unbeweglich. Am Sprunggelenk ist der Malleolus medialis schwächer entwickelt und hat nur geringen Kontakt mit dem Talus. Die Fibula ist nicht mit der Tibia verschmolzen. Die Metapodien zeigen eine Betonung des Mittelstrahles.

Parapliohyrax ist aus Lokalitäten von Nordafrika und Kenia (12 Mio. Jahre) bekannt (Abb. 4). Besonders auffällig ist bei diesen mittelgroßen, miozänen Formen eine Grube an der Außenseite des Unterkiefers und die Bildung einer palatinalen Tasche. Sowohl *Parapliohyrax mirabilis* als auch *Parapliohyrax ngororaensis* sind durch umfangreiche Schädel- und Zahnfragmente überliefert (LAVOCAT 1961, GINSBURG 1977, PICKFORD & FISCHER 1987).

Mit Beginn des Vallesian (MN 9) treffen wir erstmals auf Funde neogener Hyracoiden in Eurasien (KOTSAKIS 1985, 1987). Die Verbreitung erstreckt sich von Europa bis China, wo die Gattung *Postschizotherium* bis ins untere Pleistozän (Nihowan und andere Lokalitäten) (Alter bis 2 Mio. Jahre) zu finden ist (KOTSAKIS 1985, JANIS 1987). Fundorte von *Pliohyrax* sind von Spanien bis Afghanistan bekannt.

Pliohyrax graecus wurde von GAUDRY (1862) als *Leptodon graecus* beschrieben und zu den Rhinocerotidae gestellt. SCHLOSSER (1886) erkannte, daß es sich bei dieser Form um einen Hyracoiden handelt. 1898 hatte OSBORN *Pliohyrax kruppi* vorgestellt (publiziert 1899), die genaue Beschreibung dieses Schädels liegt erst seit kurzem vor (FISCHER & HEIZMANN im Druck). FORSYTH MAJOR (1899a, b) wird zu Unrecht unterstellt, er habe *Leptodon graecus* und *Pliohyrax kruppi* als *Pliohyrax graecus* synonymisiert. Von *Pliohyrax* ist aus verschiedenen Lokalitäten umfangreiches Schädelmaterial bekannt geworden, darunter ein ungewöhnlich gut erhaltener, bislang unbeschriebener Schädel (Abb. 5). HÜNERMANN (1985) beschrieb Teile des Hirnschädels, des Ober- und Unterkiefers und einige postcraniale Fragmente von einem Individuum, dessen Erhaltungszustand eine Rekonstruktion erlaubt (Abb. 6). Die von I^2 bis M^3 geschlossene Zahnreihe ist auch bei *Pliohyrax* durch ein kurzes Diastema von I^1 getrennt. Im Unterkiefer sind die ersten beiden Schneidezähne etwa gleich groß und vom kleinen I_3 durch eine Lücke getrennt.

Von *Kvabebihyrax* ist vorzügliches Material erhalten, darunter ein Schädel mit artikuliertem Unterkiefer (GABUNIA & VEKUA 1966 a, b, c, 1974, 1978, GABUNIA 1968). Bei dieser kurzschnauzigen Form sitzen die Augenhöhlen ungewöhnlich hoch am Schädel. Der Schädel ist 29,3 cm lang (Basion – Prosthion 26,9 cm). GABUNIA & VEKUA halten wegen der auffallend kurzen Nasenbeine und tiefer Gruben auf der Facialseite einen Rüssel für denkbar (Abb. 7). Die Partialhypsodontie ist bei *Kvabebihyrax* sehr ausgeprägt.

Sogdohyrax war mit 35 cm geschätzter Schädellänge noch größer als *Kvabebihyrax*. Allein die obere Zahnreihe ist 20 cm lang, der M^3 mißt $46{,}5 \times 26$ mm. Mit diesen Abmessungen werden die Spitzenmaße der größten Form von *Postschizotherium* erreicht. Das charakteristische Merkmal von *Postschizotherium* ist der abrupte Übergang von P^4 zu M^1. Die in den dreißiger Jahren vor allem von TEILHARD DE CHARDIN (1930–1939) Chalicotheren zuschriebenen Unter-

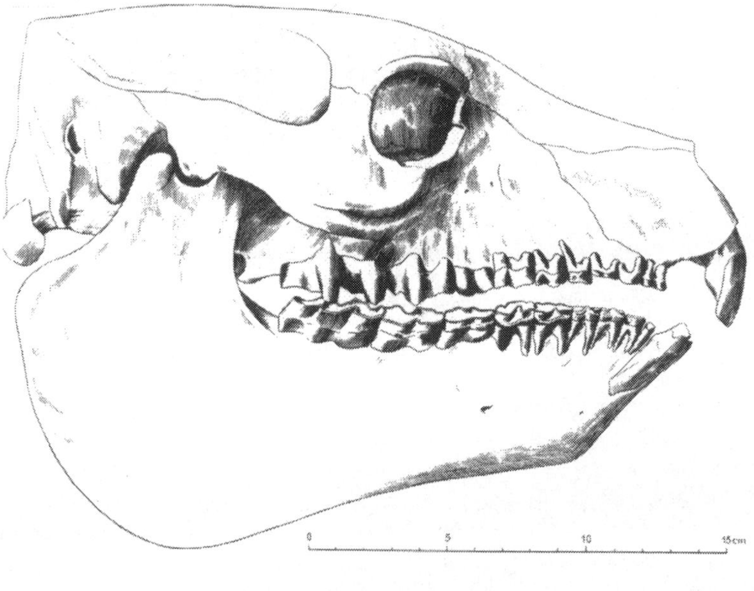

Abb. 6. Rekonstruktion des Schädels von *Pliohyrax* nach einem sehr gut erhaltenen Stück aus der Türkei (aus HÜNERMANN 1986).

Abb. 7. Lebensbild von *Kvabebihyrax kacheticus*. Wegen der auffallend hochsitzenden Augen wird eine semiaquatische, flußpferdähnliche Lebensweise angenommen (aus GABUNIA & VEKUA 1978).

kiefer- und Zahnfragmente wurden erst von VIRET (1947, 1949a, b) als solche von Hyracoiden erkannt. V. KOENIGSWALD (1966) unterscheidet drei Arten im wesentlichen nach der Größe, dem Grad der Hypsodontie und dem Querschnitt des I_2. PICKFORD & FISCHER (1987) haben darauf hingewiesen, daß v. KOENIGSWALD (1966) irrtümlich den oberen und unteren M2 als M3 ansah. Hierdurch wurde fälschlicherweise der Verlust des hinteren Joches als diagnostisches Merkmal angenommen und zur Abgrenzung anderer Arten benutzt (DUBROVO 1978). Im vorderen Gebiß ist der von v. KOENIGSWALD (1966) als C inf. bestimmte Zahn als I_3 aufzufassen (QIU 1981). FISCHER (in Vorb.) hat jüngst den ersten Schädel eines neogenen Hyracoiden aus China in der Sammlung des American Museum of Natural History entdeckt (Abb. 8). Der Schädel hat eine Basallänge von über 28 cm, der vordere Schnauzenteil ist abgebrochen. Er weist große Ähnlichkeit z. B. in der Länge der Zahnreihe mit *Pliohyrax* auf.

3.5. Pleistozäne Procaviiden

Es wurde schon darauf hingewiesen, daß die Ableitung der rezenten Procaviiden von den bekannten fossilen Gruppen bisher nicht gelungen ist. FISCHER (1986) hat die am M3 heutiger Schliefer auftretenden hinteren, fünften Wurzeln als Hinweis auf eine Stammform verstanden, die, ebenso wie die Pliohyraciden des Miozän und Pliozän, ein distal verlängertes Ectoloph besaß. Der älteste bekannte Zahn, welcher einem Procaviiden zugerechnet werden kann, wurde in Nakali (Kenia) gefunden und sein Alter auf 9–10 Mio. Jahre bestimmt (FISCHER 1986). Danach klafft eine Überlieferungslücke von 6 Mio. Jahren, bevor das Zahnfragment eines *Heterohyrax* aus Äthiopien den Fossilbericht fortsetzt (HOWELL & COPPENS 1974).

In spätpliozänen und pleistozänen Ablagerungen verschiedener Lokalitäten in Südafrika, darunter berühmten Höhlenfüllungen z. B. Taung, wurden drei kontemporäre Procaviidenarten gefunden. *Gigantohyrax* ist etwa um das 1 1/2-fache größer als *Procavia transvaalensis* (Abb. 9) und diese wiederum 1 1/2 mal so groß wie *Procavia antiqua* und die heutigen Arten. Die Schädelbasislängen der 3 Arten sind: 200 mm, 125 mm und 81,5 mm (KITCHING 1965). Nach CHURCHER (1956) sind *Procavia transvaalensis* und *Prohyrax tertiarius* nahe verwandte Formen, und beide seien steppenbewohnende Hyracoiden gewesen. *Procavia antiqua* sei diesem Lebensraum weniger eindeutig zuzurechnen aber die Stammform der heutigen *Procavia*. *Dendrohyrax* und *Heterohyrax* seien ebenso wie die frühen *Procavia*-Arten von waldbewohnenden Tieren abzuleiten.

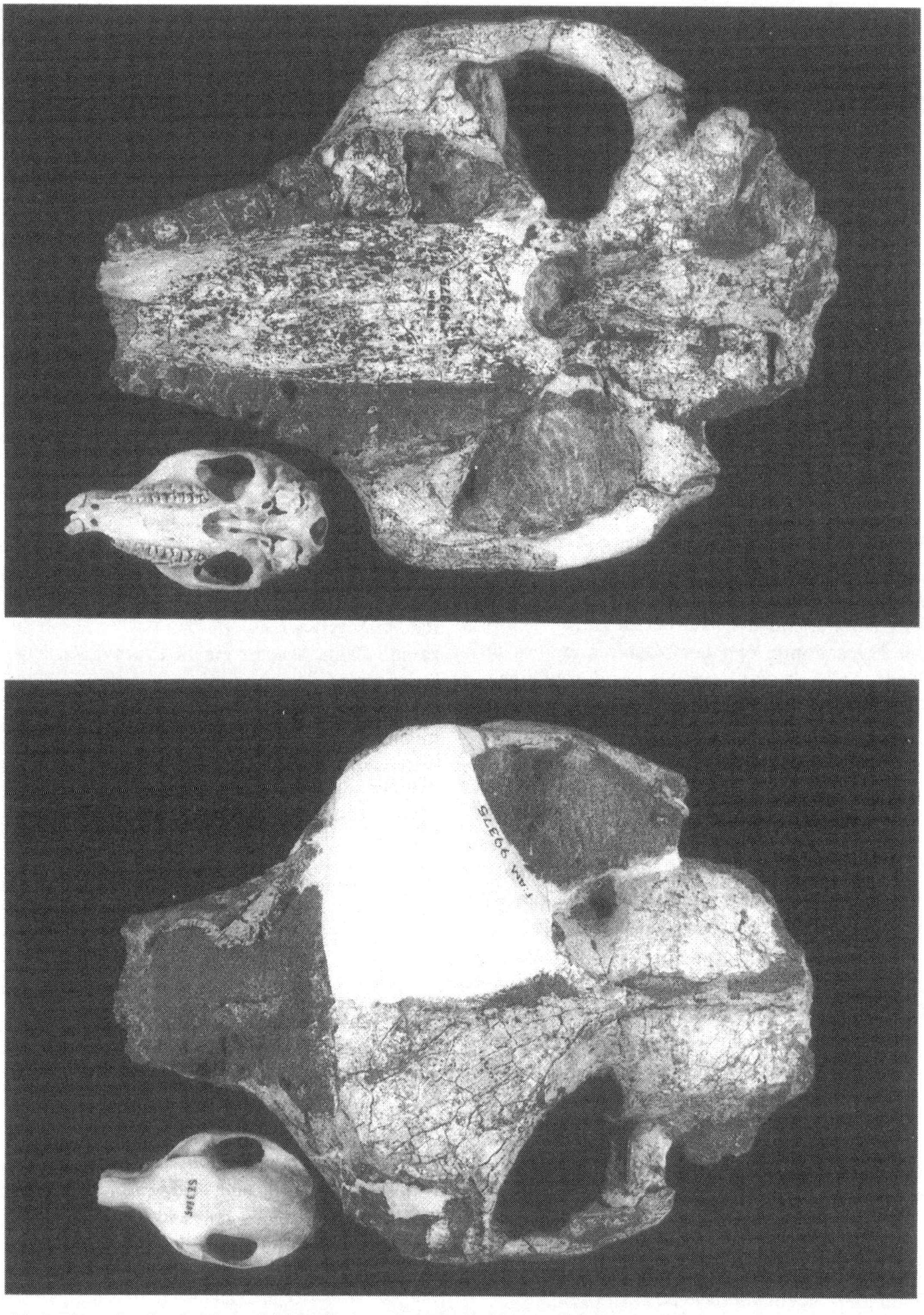

Abb. 8. Ein noch unbeschriebener Schädel eines neogenen Hyracoiden aus China im Größenvergleich mit *Procavia capensis*. (Frick collection American Museum of Natural History, New York.)

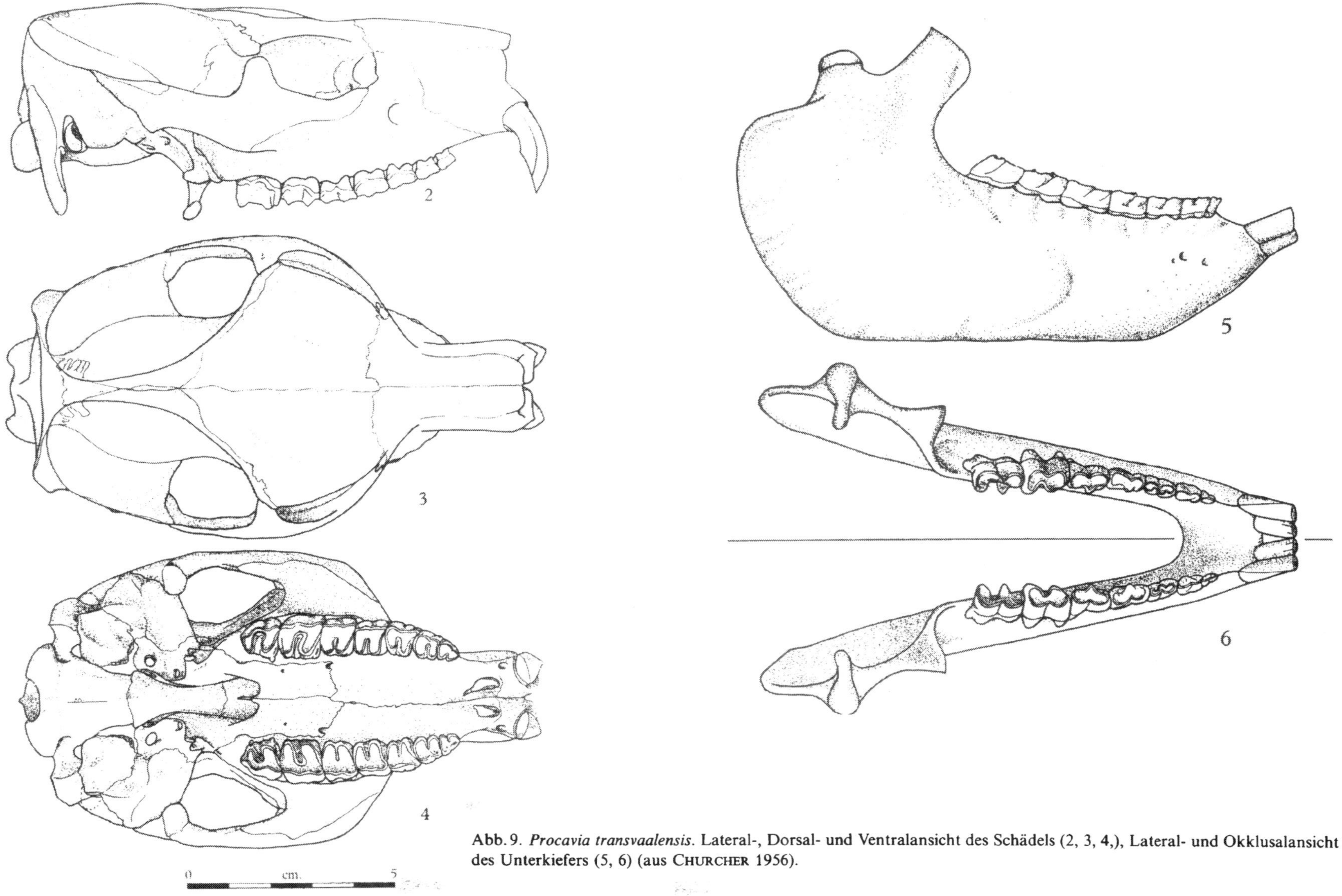

Abb. 9. *Procavia transvaalensis*. Lateral-, Dorsal- und Ventralansicht des Schädels (2, 3, 4,), Lateral- und Okklusalansicht des Unterkiefers (5, 6) (aus CHURCHER 1956).

4. Taxonomie

Über die Taxonomie der rezenten Procaviidae herrscht noch keine Übereinstimmung. Sowohl die Anzahl der Gattungen als auch der Arten in den jeweiligen Gattungen ist umstritten. Es besteht insbesondere Uneinigkeit darüber, ob *Heterohyrax* eine eigene Gattung oder eine Untergattung von *Dendrohyrax* ist, und ob die Gattung *Procavia* monospezifisch ist oder 4–5 Arten umfaßt.

Die Veränderungen in der taxonomischen Einteilung der Procaviiden spiegeln gleichzeitig die Geschichte der Taxonomie wider. Bis zum Zeitpunkt der ersten umfassenden Revision der Gruppe durch HAHN (1934) galt das essentialistische, typologische Artkonzept. Schon kleine morphologische Unterschiede reichten aus, um schließlich eine Vielzahl von Arten zu beschreiben (z.B. BRAUER 1913–1934, MATSCHIE 1893–1899). Möglicherweise unter dem Einfluß von RENSCH (1929) verändert HAHN die Taxonomie der Procaviiden. Er erkennt eine Reihe von Polymorphismen, betont damit die Verschiedenheit und nicht die Unterschiede von Populationen und reduziert die Anzahl der beispielsweise von BRAUER (1934) anerkannten 79 Arten auf 8. Das biologische Artkonzept setzte sich allerdings noch nicht durch. Nun werden geographische Varianten zwar nicht mehr als Arten benannt, aber wie MAYR (1982, S. 289) schreibt: „In due time, such varieties were described as subspecies but were still treated quite typologically." HAHN (1934) verzeichnet 75 Unterarten. Abgesehen vom generischen Problem stellt sich für *Procavia* die Frage, ob die disjunkt verbreiteten Populationen als Unterarten oder Arten eines Rassen- oder Artenkreises (polytypische Art oder Superspezies) aufgefaßt werden müssen. Ungeklärt ist weiterhin, ob die Separation der Populationen schon zu vollständiger sexueller Isolation geführt hat. Ohne Untersuchung der phylogenetischen Beziehung der rezenten Vertreter der Procaviiden zueinander ist eine Lösung des taxonomischen Problems schwer vorstellbar. Sie hätte umgekehrt großen Einfluß auf zoogeographische und paläobiogeographische Überlegungen, da *Procavia* vermutlich eine der Gattungen mit der weitesten Verbreitung in Afrika ist.

4.1. Die Gattungen der Procaviidae

Erst LATASTE (1886) erkannte die Priorität des Gattungsnamens *Procavia* STORR, 1780 gegenüber *Hyrax* HERMANN, 1783. Unter dem Einfluß von THOMAS (1892) wird der bis dahin ausschließlich gebräuchliche Gattungsname *Hyrax* aufgegeben. Die Gattungsnamen *Dendrohyrax* und *Heterohyrax* gehen auf GRAY (1868) zurück, der die erste Revision der Gruppe vornahm.

Nach LATASTE (1886), BARBOZA DU BOCAGE (1889/90) und THOMAS (1892) ist die Familie Procaviidae monogenerisch. Letzterer meint, daß „*Procavia abyssinica*" und „*Procavia dorsalis*" eine fast perfekte Abstufung der Merkmale verbinde.

ELLERMAN & MORRISON-SCOTT (1951), ELLERMAN, MORRISON-SCOTT & HAYMAN (1953) und ROCHE (1972) teilen die Procaviiden in zwei Gattungen: *Procavia* und *Dendrohyrax*. Wichtigste Unterscheidungssmerkmale sind die Kronenhöhe der Backenzähne und das Längenverhältnis der Prämolaren und Molaren. SALE (1960) fragt als einziger, ob die Trennung von *Procavia* und *Heterohyrax* in zwei Gattungen gerechtfertigt sei.

In der Mehrzahl der taxonomischen Arbeiten wird an der Validität der drei Gattungen *Procavia, Heterohyrax* und *Dendrohyrax* festgehalten, z.B. HAHN (1934), BOTHMA (1967, 1971), HOECK (1978), CORBET (1979), CORBET & HILL (1980, 1986), ALLAERTS, THYS VAN DEN AUDENAERDE & VAN NEER (1982), SMITHERS (1983) und WALKER (1983).

Eine aus den Angaben aller genannten Autoren zusammengestellte Übersicht der zur Diagnose der Gattungen geeigneten Merkmale zeigt die Homogenität der heutigen Schliefer und gleichzeitig die Schwierigkeit, eindeutige Kriterien der Gattungsabgrenzung zu gewinnen (Tabelle 3).
Variationen innerhalb der auf Tabelle 3 genannten Merkmale:

Zu Merkmal 2: Der Postorbitalbogen ist beim angolanischen *Heterohyrax* geschlossen (THOMAS 1892, HAHN 1934). Auch an Schädeln aus der „*Procavia ruficeps* – Gruppe" wurden geschlossene Augenringe festgestellt (HEIM DE BALSAC 1934, PETIT 1937, DEKEYSER 1950). Andererseits ist bei südafrikanischen Vertretern von *Dendrohyrax arboreus* der Postorbitalbogen häufig nicht vollständig geschlossen (ELLERMAN & MORRISON-SCOTT

Tabelle 3. Morphologische Merkmale, die bei der generischen Abgrenzung innerhalb der Procaviidae verwendet werden.

	Procavia	*Heterohyrax*	*Dendrohyrax*
1	Basallänge des Schädels 44–58 mm	Basallänge 42–53 mm	Basallänge 34–48 mm
2	Postorbitalbogen fast stets offen	fast stets offen	in der Regel sehr früh geschlossen
3	bei Schädeln älterer Exemplare Interparietale mehr oder weniger von Parietale überwachsen	Interparietale vor Druchbruch von M1 mit Parietale verschmolzen keine Überwachsung des Interparietale durch das Parietale	erst bei alten Exemplaren Interparietale mit Parietale oder Supraoccipitale verwachsen, niemals von Parietale überwachsen
4	15% der Schädel mit Wormschen Knochen (= Praeinterparietale)	nur in 9% der Fälle	nur in 4% der Fälle
5	Temporalleisten aneinanderstoßend oder wenig voneinander entfernt	flache, einander genäherte Temporalleisten	Temporalleisten in der Regel weit voneinander getrennt
6	geringe Schnauzenbreite, I sup. stehen eng beieinander	I sup. weiter auseinander	I sup. weit getrennt
7	Länge M^{1-3} größer als P^{1-4}	Länge M^{1-3} in etwa gleich P^{1-4}	Länge M^{1-3} geringer als P^{1-4}
8	Backenzähne hochkronig	niederkronig	niederkronig
9	buccale Flanke der oberen Molaren glatt, Ectoloph gestreckt	Mesialer und distaler Teil der buccalen Flanke um senkrechte Achsen von Parastyl bzw. Mesostyl gedreht	Buccale Flanke nach innen gefaltet Parastyl, Mesostyl und geringerem Umfange Metastyl bilden Kanten
10	Breite M^2 ∅7,5 mm, M^3 ∅7,2 mm	M^2 ∅6,2 mm, M^3 ∅5,4 mm	M^2 ∅6,2 mm, M^3 ∅5,4 mm
11	Zahl der Zitzen 1–2 = 6 oder 0–2 = 4	Zahl der Zitzen 1–2 = 6 oder 0–2 = 4	Zahl der Zitzen 0–1 = 2, 1–1 = 4, 1–2 = 6
12	kurzer Anus-Praeputium-Abstand	Anus-Praeputium-Abstand groß	kurzer Anus-Praeputium-Abstand
13	kurzer, einfach gebauter Penis	Penis mit abgesetzter Glans und Frenulum	einfach gebauter, schwach gebogener Penis
14	Territorialruf: „repetitious bark"	Territorialruf: schrill und lang	Territorialruf: „several cracking sounds"

1951, SMITHERS 1983), ebenso wie bei *Dendrohyrax dorsalis emini* (THOMAS 1892).

Zu Merkmal 3: *Dendrohyrax* ist von *Heterohyrax* nur durch die in fortgeschrittenem Alter einsetzende Verwachsung von Interparietale und Parietale zu unterscheiden. Bei *Procavia* wird das Interparietale von lateral nach medial und von vorne nach hinten vom Parietale überwachsen (HAHN 1934). Die Überwachsung ist eine Folge der Ausdehnung des Ursprungsgebietes des M. temporalis (THOMAS 1892). *Dendrohyrax* und *Heterohyrax* zeigen diesen Vorgang nur im Bereich der seitlichen, flügelartigen Fortsätze des Supraoccipitale, nur ausnahmsweise wird in diesen Gruppen das Interparietale vom Parietale überschuppt.

Zu Merkmal 5: Nach HATT (1936) ist der Schläfenleistenverlauf sehr unbeständig. Immerhin scheint *Dendrohyrax* durch den Besitz kräftiger, an der Schädelseite parallel und außerhalb des Interparietale verlaufender Temporalleisten abgrenzbar zu sein. Bei *Procavia* und *Heterohyrax* „wandern" diese im Verlaufe des Schädelwachstums mediad; hierin drückt sich die Ausdehnung des Ursprungsgebietes des M. temporalis aus.

Zu Merkmal 6: Der Abstand der Incisiven hängt von der Schnauzenbreite ab, welche bei *Procavia* am geringsten ist. Das Merkmal wurde von ROBERTS (1951) und OLDS & SHOSHANI (1982) wiederverwendet, obwohl schon HAHN (1934) auf seine Untauglichkeit hinwies.

Zu Merkmal 7: Dieses Merkmal läßt eine eindeutige Unterscheidung von *Dendrohyrax* und *Procavia* und unter Umständen auch von *Dendrohyrax* und *Heterohyrax* zu, da auch die niederkronigen Formen von *Procavia* konsistent in diesem Merkmal sind.

Zu Merkmal 8: Die Kronenhöhe der Molaren ist das wichtigste Kriterium bei der Aufteilung der Procaviiden in zwei Gruppen, z.B. BOTHMA (1966), CORBET (1978). In Nordafrika treten innerhalb der „*Procavia ruficeps* – Gruppe" regelmäßig niederkronige Formen auf (HAHN 1934, BRAESTRUP 1936, ALLAERTS et al. 1982). *Procavia capensis welwitschii* wurde von ROBERTS (1938, 1946) wegen den niederkronigen Molaren zu *Heterohyrax* gestellt; die „*welwitschi*-Gruppe" ist jedoch eindeutig *Procavia* zuzuordnen (COETZEE 1966). Die Frage, ob die Kronenhöhe in der Evolution der Procaviiden zu- oder abgenommen hat, ist bislang unbeantwortet.

Zu Merkmal 11: Die Zahl der Zitzen kann zur Diagnose einzelner Gruppen dienen, inwieweit damit aber generische Unterschiede verbunden sind, ist offen. *Procavia* und *Heterohyrax* haben drei Paar Zitzen, einzige Ausnahme sind *Heterohyrax brucei chapini* (HATT 1933, BOTHMA 1971) und *Procavia capensis oweni* (RODE 1936) mit nur zwei Paaren inguinaler Zitzen. Bei *Dendrohyrax dorsalis* und *Dendrohyrax validus* tritt nur ein inguinales Zitzenpaar auf, bei *Dendrohyrax arbo-*

reus dagegen die Kombinationen 0–1 = 2, 1–1 = 4 und 1–2 = 6 (HAHN 1934).

Zu Merkmal 12: Die Untersuchung zweier *Dendrohyrax arboreus* und eines *Dendrohyrax validus* (HOECK 1978) erlaubt noch keine Aussage über die Validität des Merkmals im Hinblick auf die generische Abgrenzung von *Dendrohyrax*. Darüber hinaus fallen die drei ermittelten Werte in die Streuung von *Procavia* (vgl. Kapitel Geschlechtsorgane). Mit dem Anus-Praeputium-Abstand ist *Heterohyrax* eindeutig zu bestimmen (COETZEE 1966).

Zu Merkmal 14: Abgesehen von der Schwierigkeit, ethologische Merkmale zu reproduzieren, kann auch ihr Verhaltenskontext umstritten sein. Nach HOECK (1978) ist der Ruf „repetitious bark" der Territorialruf von *Procavia capensis johnstoni*-Männchen. Dagegen ist laut FOURIE (1977b) die Funktion dieses Rufes bei *Procavia capensis* nicht eindeutig auszumachen. RAHM (1969) weist darauf hin, daß die Rufe verschiedener Populationen von Baumschliefern sehr unterschiedlich sein können.

Für die noch ausstehende phylogenetische Analyse der Procaviide können vermutlich Merkmale des Verdauungstraktes herangezogen werden (RAHM 1980), z. B. der Ansatz des Lig. caecocolicum oder das Versorgungsgebiet der A. colica media. *Dendrohyrax* wird nicht von den schlieferspezifischen Zecken und Läusen befallen. Auch Flöhe der Gattung *Procaviopsylla* sind bisher nur auf *Procavia* und *Heterohyrax* nachgewiesen.

Auf der Grundlage der vorgestellten Merkmale ist eine Entscheidung über die Anzahl der validen Gattungen der Procaviiden schwierig und kann nur nach einer neuerlichen, gründlichen Revision gefällt werden. Möglicherweise können hierbei biochemische Verfahren hilfreich sein. Die elektrophoretischen Untersuchungen von SCHEIL & HOECK (1985) zeigen Unterschiede im Amylase-Isoenzym-Muster von *Procavia capensis johnstoni* und *Heterohyrax brucei*, zwei Gruppen, deren Trennung allerdings nicht in Frage steht. Problematisch wird die generische Aufspaltung der Procaviiden, wenn sich bestätigt, daß es eine natürliche Hybridpopulation zwischen *Heterohyrax brucei manningi* und *Dendrohyrax validus* gibt, die bislang *Dendrohyrax validus schusteri* benannt wurde (KINGDON 1971). Im vorliegenden Beitrag werde ich aus pragmatischen Gründen dem mehrheitlichen Konsens folgend die Procaviiden in drei Gattungen unterteilen (Abb. 10–14).

Die Differentialdiagnose für die drei Gattungen lautet:

Procavia: Formen mit überwiegend hochkronigen Backenzähnen; Länge von $M^{1-3} > C + P^{2-4}$; größte Breite von M^2 ∅ 7,5 mm und von M^3 ∅ 7,2 mm; buccale Flanke der oberen Molaren glatt und Ectoloph gestreckt; Interparietale bei alten Exemplaren vom Parietale überwachsen; Postorbitalbogen in der Regel offen; Anus-Praeputium-Abstand kurz; kurzer einfach gebauter Penis; Zitzenzahl 1–2 = 6, nur bei *P. c. oweni* 0–2 = 4. Territorialruf: „repetitious bark".

Heterohyrax: Formen mit brachydonten Backenzähnen; Länge von M^{1-3} entspricht etwa derjenigen von $C + P^{2-4}$; größte Breite von M^2 ∅ 6,2 mm und M^3 ∅ 5,4 mm; mesialer und distaler Teil der buccalen Flanke der Molaren um die senkrechten Achsen von Parastyl und Mesostyl gedreht; Interparietale verwächst meist frühzeitig mit dem Parietale, keine Überwachsung durch das Parietale (hohe Variabilität); Postorbitalbogen mit Ausnahme von Exemplaren aus Angola offen; weiter Anus-Praeputium-Abstand; Penis mit abgesetzter Glans und Frenulum; Zitzenzahl 1–2 = 6, nur bei *Heterohyrax brucei chapini* 0–2 = 4; Territorialruf schrill und lang, nur vom Männchen abgegeben.

Dendrohyrax: Formen mit brachydonten Backenzähnen; Länge von $M^{1-3} < C + P^{2-4}$; buccale Flanke nach innen gefaltet, Parastyl, Mesostyl und in geringerem Umfange Metastyl bilden hervorragende Kanten; Interparietale niemals vom Parietale überwachsen; Temporalleisten in der Regel voneinander getrennt und parallel an der Außenseite des Schädels verlaufend; Postorbitalbogen meist geschlossen; Anus-Praeputium-Abstand kurz; einfach gebauter Penis; Sohlen pinkfarben, nur *Dendrohyrax arboreus ruwenzori* zeigt die übliche schwarze Färbung; Zitzenzahl bei *Dendrohyrax validus* und *Dendrohyrax dorsalis* 0–1 = 2, bei *Dendrohyrax arboreus* 0–1 = 2, 1–1 = 4 oder 1–2 = 6; Territorialruf eine Folge von Lauten.

4.2. Taxonomie der Gattung Dendrohyrax

ROCHE (1972) ist der einzige Autor in jüngerer Zeit, der die Unterteilung der Gattung in drei Arten anzweifelt und eine Revision fordert, ein Wunsch, dem man sich anschließen möchte. Die Diagnose der drei Arten geht im wesentlichen auf HAHN (1934) zurück und lautet:

Dendrohyrax dorsalis (Fraser, 1852): Basallänge des Schädels 96–117 mm; Temporalleisten

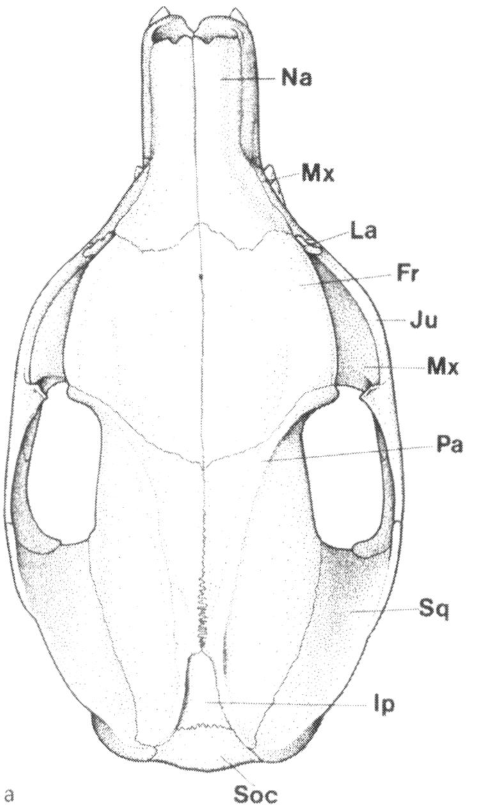

a

nach hinten bogenförmig verlaufend; Cd stets vorhanden; Nase fast nackt; weißer Kinnfleck; kurze, straffe Haare; die Haare um das Rückenorgan viel länger als die übrigen Rückenhaare, die nackte Stelle im Rükkenorgan 42–72 mm lang; 1 Paar inguinaler Zitzen. 5 Unterarten von zweifelhafter Validität: *dorsalis, emini, marmotus, nigricans* und *sylvestris*.

Dendrohyrax validus True, 1890: Basallänge des Schädels 77,9–98,3 mm; Temporalleistenverlauf wie bei D. dorsalis; Cd fehlt; Nase dicht behaart, Haare weich und dicht, die unbehaarte Stelle im Rückenorgan 20–40 mm lang; 1 Paar inguinaler Zitzen. 2 Unterarten: *validus* (Festland) und *neumanni* (Sansibar).

Dendrohyrax arboreus (Smith, 1827): Basallänge des Schädels 78,2–93,3 mm; Temporalleisten verlaufen gerade; Cd fällt in mittlerem Alter aus; Nase dicht behaart; weiches und dichtes Fell; kahle Stelle im Rückenorgan 23–30 mm lang; Zitzenzahl variabel. 8 Unterarten, deren Validität einer Überprüfung bedarf ROCHE (1972); *adolfifriederici, arboreus, bettoni, braueri, crawshayi, mimus, ruwenzori, stuhlmanni*.

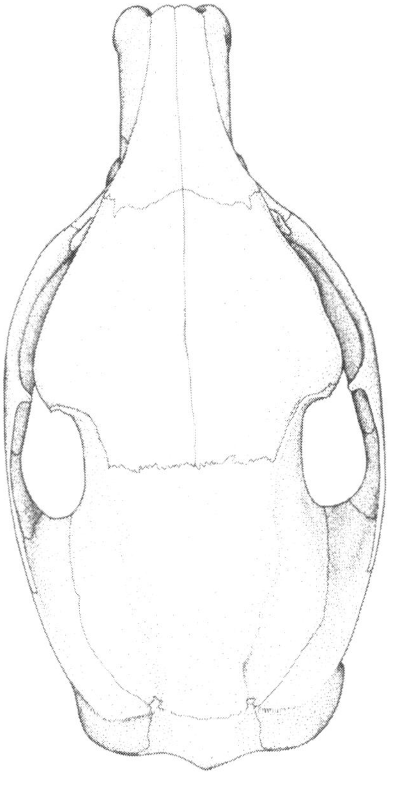

b

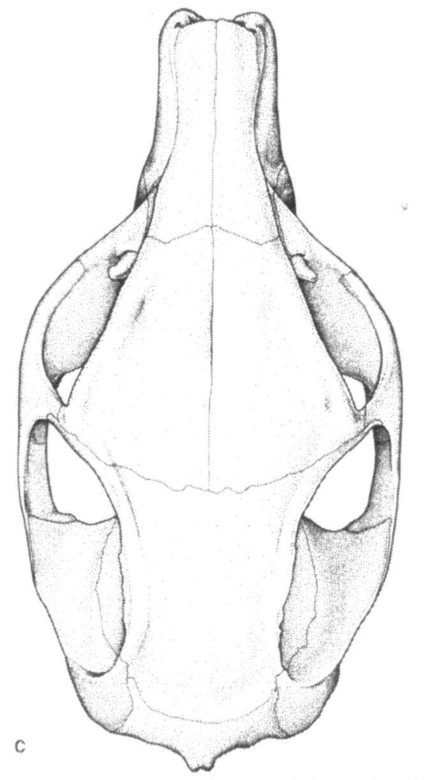

c

Abb. 10. Dorsalansicht des Schädels von a) *Procavia capensis*, b) *Heterohyrax brucei* und c) *Dendrohyrax dorsalis*. Abk.: Fr = Frontale, Ip = Interparietale, Ju = Jugale, La = Lacrimale, Mx = Maxillare, Na = Nasale, Pa = Parietale, Soc = Supraoccipitale, Sq = Squamosum.

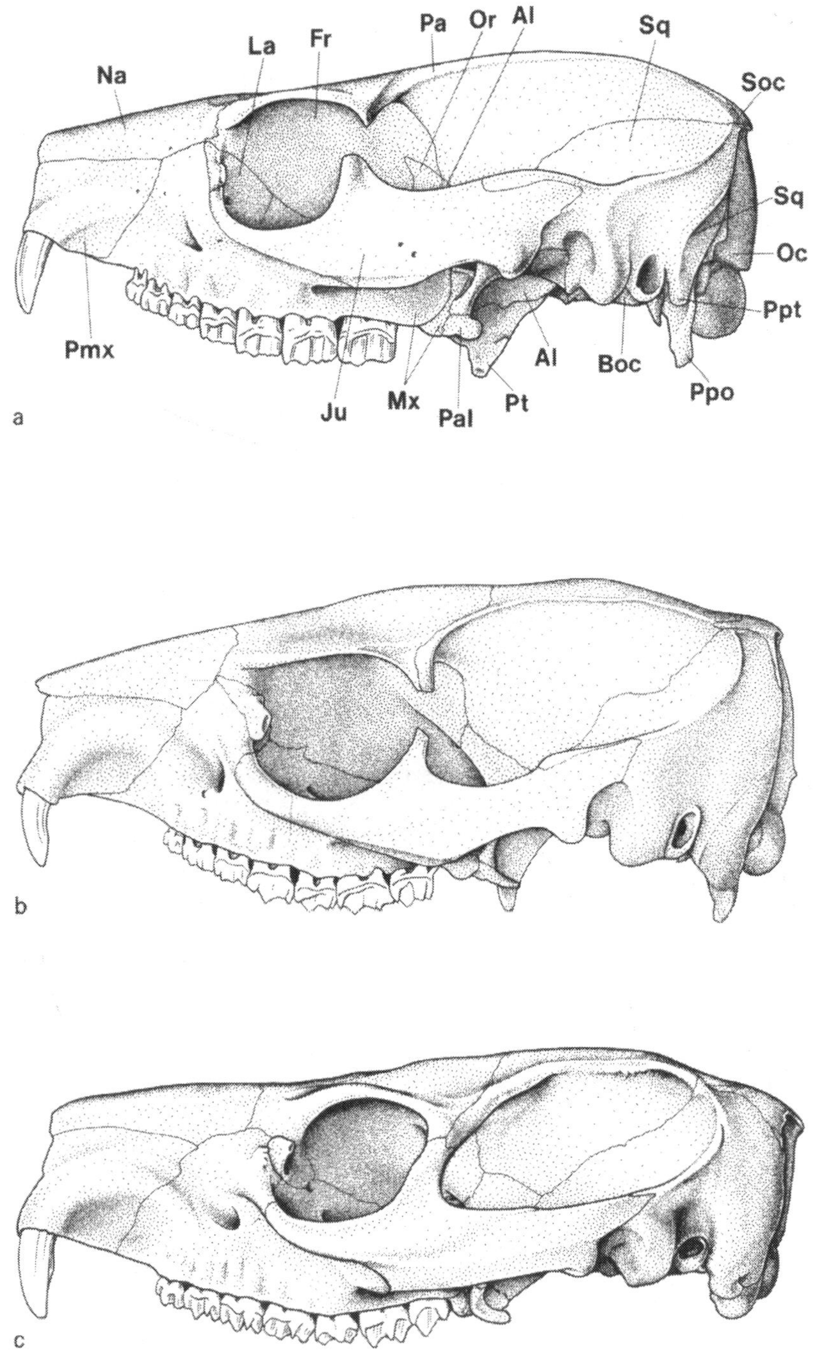

Abb. 11. Lateralansicht des Schädels von a) *Procavia capensis*, b) *Heterohyrax brucei* und c) *Dendrohyrax dorsalis*. Abk.: Al = Alisphenoid, Boc = Basioccipitale, Fr = Frontale, Ju = Jugale, La = Lacrimale, Mx = Maxillare, Na = Nasale, Oc = Occipitale, Or = Orbitosphenoid, Pa = Parietale, Pal = Palatinum, Pmx = Praemaxillare, Ppo = Proc. paroccipitalis, Ppt = Proc. posttympanicus, Pt = Pterygoid, Soc = Supraoccipitale, Sq = Squamosum.

4.3. Taxonomie der Gattung Heterohyrax

Heterohyrax wird von den meisten Autoren als monospezifisch angesehen. In neuerer Zeit unterteilte allein BOTHMA (1971) die Gattung in 3 Arten (*antineae, brucei, chapini*). Im vorliegenden Beitrag folge ich der erstgenannten Annahme. Der gültige Artname lautet *Heterohyrax brucei* (Gray, 1868).

4.4. Taxonomie der Gattung Procavia

HAHN (1934) anerkennt in der Gattung *Procavia* vier Arten (*capensis, johnstoni, habessinica, ruficeps*), BOTHMA (1971) fünf Arten (vorhergehende vier + *welwitschii*). Einzige anatomische Diagnosekriterien sind das Vorhandensein des C_{inf} (Früher P_1, vgl. S. 72), das Auftreten von ein oder zwei Wurzeln an diesem Zahn und die Farbe des Rückenfleckes. Alle Maßangaben (z. B. Basal-

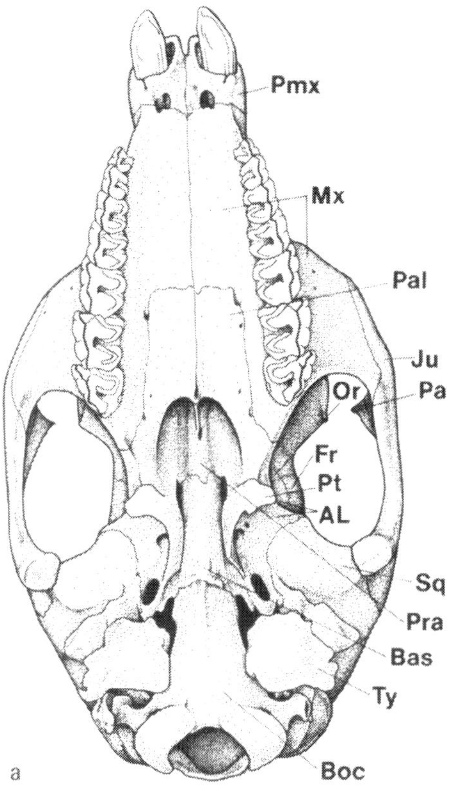

a

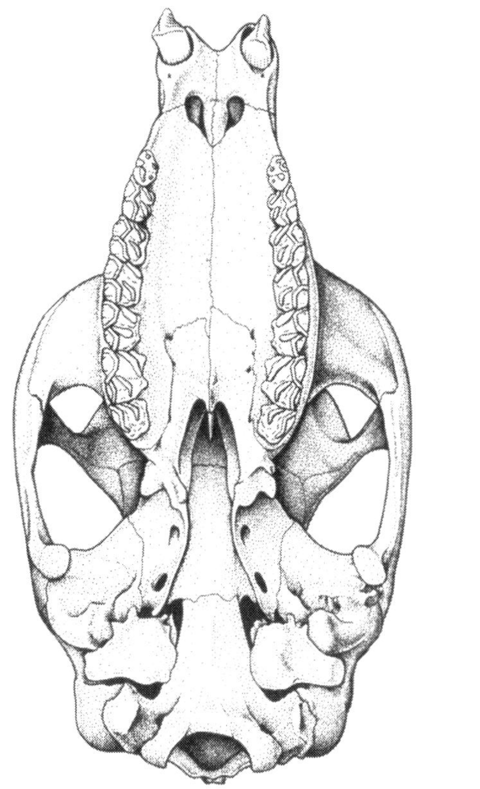

c

Abb. 12. Ventralansicht des Schädels von a) *Procavia capensis*, b) *Heterohyrax brucei* und c) *Dendrohyrax dorsalis*. Abk.: Al = Alisphenoid, Bas = Basisphenoid, Boc = Basioccipitale, Fr = Frontale, Ju = Jugale, Mx = Maxillare, Or = Orbitosphenoid, Pa = Parietale, Pal = Palatinum, Pmx = Praemaxillare, Pra = Praesphenoid, Pt = Pterygoid, Sq = Squamosum, Ty = Tympanicum.

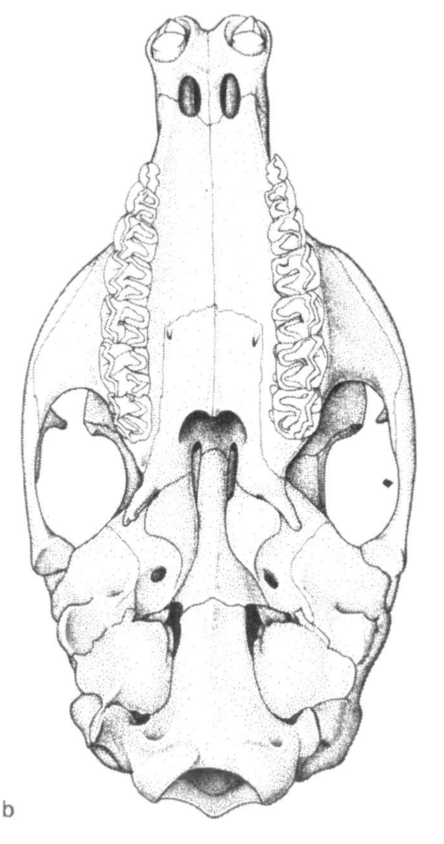

b

länge des Schädels, Länge M^{1-3}) zeigen größte Überlappungen.

BOTHMA (1966a) hat darauf hingewiesen, daß Fellfärbungsunterschiede mit der jährlichen Niederschlagsmenge korreliert zu sein scheinen. Wie in der Sahara sind auch in Südafrika zwei Farbphasen bekannt. Da die Größe des Rückenfleckes ebenfalls variiert, gibt BOTHMA (1967) eine Unterteilung von *Procavia capensis* in Unterarten vollständig auf. Dagegen glaubt er, aufgrund der Färbung des Rückenfleckes 2 Arten bilden zu können: *Procavia capensis* und *Procavia welwitschii*.

Nachdem gezeigt werden konnte, daß keine der von HAHN (1934) und BOTHMA (1971) benutzten Merkmale Bestand haben, denn der C_{inf} (früher P_1) fehlt bei verschiedenen Populationen in Äthiopien (ELLERMAN & MORRISON-SCOTT 1951, CORBET 1979), ebenso wie der C_{inf} dort zweiwurzelig sein kann (MORRISON-SCOTT 1939), haben ELLERMAN & MORRISON-SCOTT (1951), ELLERMAN, MORRISON-SCOTT & HAYMAN (1953), HARRISON (1968), ROCHE (1972) und CORBET (1979) nach je-

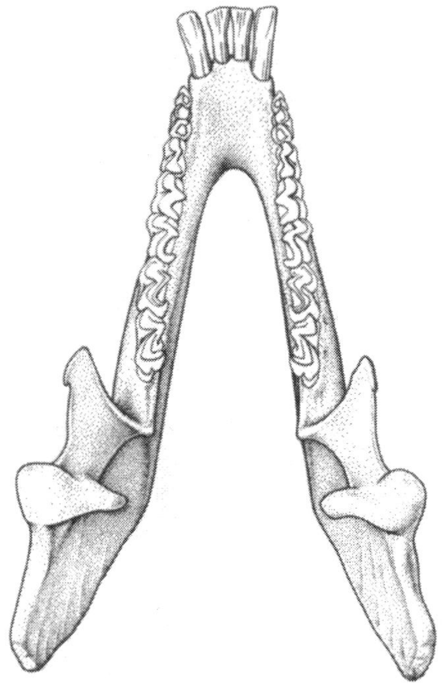

a

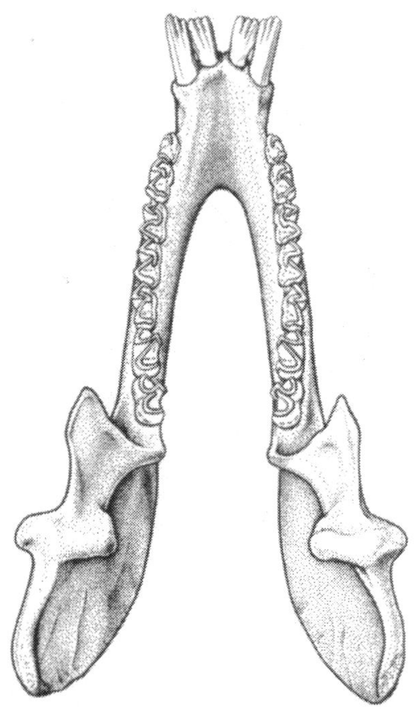

c

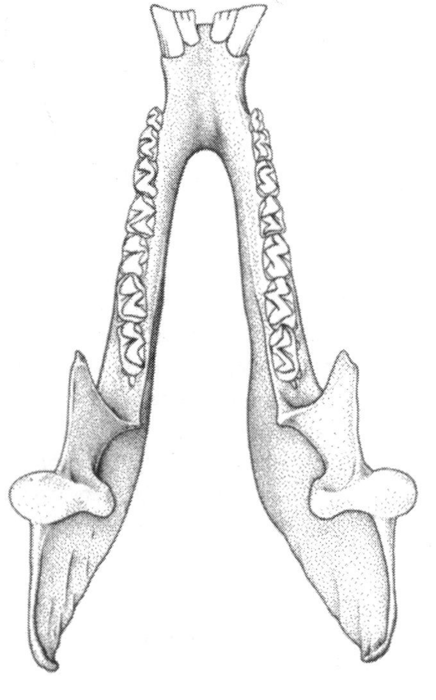

b

Abb. 13. Okklusalansicht des Unterkiefers von a) *Procavia capensis*, b) *Heterohyrax brucei* und c) *Dendrohyrax dorsalis*.

weils eingehender Prüfung an Material aus verschiedenen Museen als Konsequenz vorgeschlagen, *Procavia* als monospezifisch anzusehen. Olds & Shoshani (1982) folgen diesem Vorschlag. Setzer (1956) nimmt zwar im Sudan zwei Arten als sympatrisch vorkommend an, doch widerspricht ihm Corbet (1979), der glaubt, daß in diesem Falle eine falsche Zuordnung einer Form vorliege. Sympatrie zweier zu unterscheidender Arten ist bei *Procavia* bislang nicht nachgewiesen worden. Obwohl eine formale Revision noch aussteht, scheinen die vorgebrachten Argumente hinreichend, um für den vorliegenden Beitrag ebenfalls eine monospezifische Gattung *Procavia* anzunehmen. Der valide Artname ist *Procavia capensis* (Pallas, 1766).

Die bisherige taxonomische Aufteilung in mehrere Arten verdeckt den Umstand, daß wahrscheinlich eine einzige Art von *Procavia* außerordentlich weit verbreitet ist. Sie weist eine hohe Flexibilität beispielsweise in der Sozialstruktur oder in den Nahrungsgewohnheiten auf. Die Untersuchung dieses Phänomens ist unter biologischen Gesichtspunkten interessant. Corbet (1979) hat begonnen, einzelne Gruppen von *Procavia* verschiedenen Vegetationszonen zuzuordnen, so *Procavia capensis syriaca* den Savannen von Nordtansania über Ägypten bis Arabien und Libyen oder *Procavia capensis habessinica* der Äthiopischen Hochebene.

Eine Aufzählung der Unterarten ist beim gegenwärtigen Stand der Taxonomie nicht sinnvoll. Im

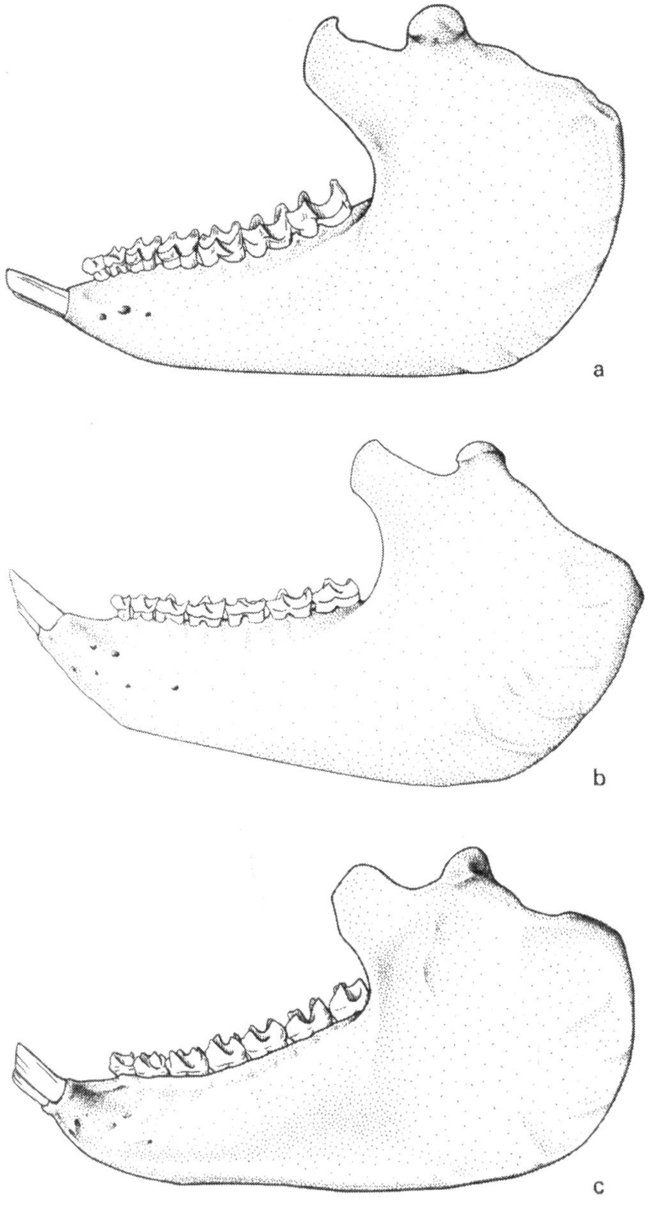

Abb. 14. Lateralansicht des Unterkiefers von a) *Procavia capensis*, b) Heterohyrax brucei und c) *Dendrohyrax dorsalis*.

Text verwendete Namen von Unterarten wurden meist von den dabei zitierten Autoren übernommen.

Thomas (1892) und Ellerman & Morrison-Scott (1951) haben m. E. zu Recht dargelegt, daß Schreber (1792) mit „*Hyrax syriacus*“ den Schliefer aus dem Nahen Osten meinte, auch wenn er hier den von Bruce (1790) beschriebenen äthiopischen „Askoko“ einreihte. Eine Umbenennung in „*sinaitica*“ und damit einhergehend von *Heterohyrax brucei* in *Heterohyrax syriacus* wie sie von Gray (1868), Brauer (1917) und Hahn (1934) vorgenommen wurde, ist daher überflüssig.

5. Die Verbreitung der Procaviidae

Die Verbreitung der Procaviidae ist in vier Karten von HAHN (1934) genau wiedergegeben. HAHN (1934) hat fast alle taxonomischen und das Vorkommen betreffenden Arbeiten berücksichtigt. Seine Verbreitungskarte der Procaviidae wurde von RAHM (1964) ergänzt (Abb. 15). Da RAHM für die neu hinzugekommenen Lokalitäten aber keine Autoren angibt, werden hier die nach 1934 erschienenen Quellen nach Arten oder -gruppen zusammengefaßt und nach Ländern aufgelistet (Tabelle 4 u. 5).

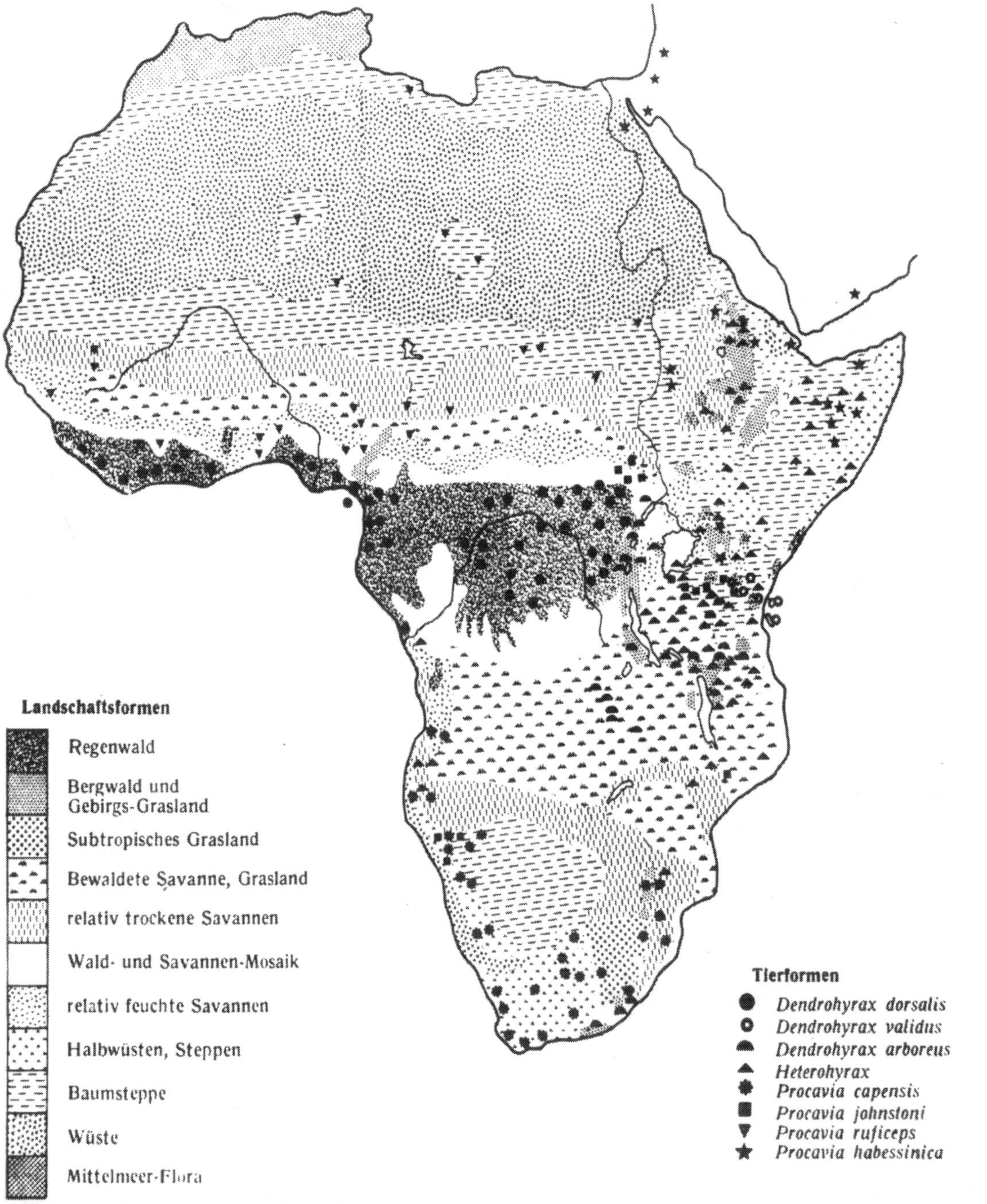

Abb. 15. Die Verbreitung der Procaviidae (aus RAHM 1964). In der Abbildung werden vier Arten von *Procavia* unterschieden, entgegen der im vorliegenden Beitrag vertretenen Ansicht, daß die Gattung *Procavia* monospezifisch ist.

Tabelle 4. Verbreitungsnachweise rezenter Procaviidae.

Art	Land/Gebiet	Autoren
Dendrohyrax validus		
D. validus	Kenia	Seibt, Hoeck & Wickler 1976
D. v. (mit UA.)	Tansania	Loveridge 1923, Swynnerton & Hayman 1951
D. v. neumanni	Tansania (Sansibar)	Pakenham 1984
Dendrohyrax dorsalis		
D. d. (mit UA.)	„Afrique noire française"	Dekeyser 1955
D. dorsalis	„Afrique équatoriale française"	Blancou 1958a, b
D. d. sylvestris	Elfenbeinküste	Rahm 1954, 1957, 1961, Roth & Merz 1986
D. dorsalis	Westafrika	Happold 1973a, b
D. d. sylvestris	Ghana	Hayman 1935, Cansdale 1948
D. d. nigricans	Kamerun	Monard 1951, Sanderson 1940, Perret & Aellen 1956, Jeannin 1936
D. d. sylvestris	Liberia	Kuhn 1965, Coe 1975
D. d. (mit UA.)	Nigeria	Rosevear 1953, Happold 1987
D. dorsalis	Sierra Leone	Happold 1973a, b
D. dorsalis	Zaire	Schouteden 1948
D. d. emini	Zaire	Hatt 1936, Cordier 1949, Rahm & Christiansen 1963, Rahm 1966
D. d. latrator	Zaire	Hatt 1936
D. d. nigricans	Zaire	Malbrant & Maclatchy 1949
D. d. emini	Zentralafrika	Mertens 1929
Dendrohyrax arboreus		
Dendrohyrax arboreus	Angola	D'Anchieta 1882, Monard 1935
D. a. braueri	Angola	Hayman 1963
D. a. (2 UA.)	Kenia	Allen & Lawrence 1936
D. a. crawshayi	Kenia	Loring (zit. in Shortridge 1934), Coe 1962, 1965, Coe & Foster 1972
D. arboreus	Moçambique	Smithers & Lobao Tello 1976
D. arboreus	Namibia	Shortridge 1934, Bigalke 1958
D. arboreus	südliches Afrika	Ellerman, Morrison-Scott & Hayman 1953, Smithers 1983
D. a. arboreus	Republik Südafrika	Roberts 1951, Zumpt 1958, Vincent 1962, Bigalke & Bateman 1962
D. a. stuhlmanni	Tansania	Swynnerton & Hayman 1951
D. arboreus	Zaire	Shouteden 1948
D. a. adolfifriederici	Zaire	Frechkop 1943, Verschuren 1972
D. a. ruwenzorii	Zaire	Verschuren 1972
D. arboreus	Zimbabwe	Grimwood, Benson & Ansell 1958, Ansell 1960
Heterohyrax brucei		
H. b. bocagei	Angola	Hill & Carter 1941, Hayman 1963
H. brucei	Botswana	Smithers 1971
H. b. (2 UA.)	Kenia	Loveridge 1923, Allen & Lawrence 1936, Coe 1972
H. brucei (mit UA.)	Moçambique	Smithers & Lobao Tello 1976
H. brucei	Somalia	Funaioli & Simonetta 1966
H. b. hoogstraali	Sudan	Setzer 1956
H. brucei	südliches Afrika	Ellerman, Morrison-Scott & Hayman 1953
H. brucei	Republik Südafrika	Pienaar 1964, Roberts 1951, Zumpt 1958
H. b. (mit UA.)	Tansania	Allen & Loverridge 1933, Swynnerton & Hayman 1951, Lawrence & Loveridge 1953, Swynnerton 1958
H. b. chapini	Zaire	Hatt 1936, Schouteden 1948
H. brucei	Zaire	Schouteden 1948
H. brucei	Zimbabwe	Grimwood, Benson & Ansell 1958
***Procavia capensis*-Gruppe**		
P. c. welwitschii	Angola	Hill & Carter 1941
P. capensis	Botswana	Smithers 1971, 1983
P. capensis	Moçambique	Smithers & Lobao Tello 1976
P. c. welwitschii	Namibia	Shortridge 1934, Roberts 1946, 1951, Bigalke 1958, Coetzee 1969
P. capensis	Namibia	ebd.
P. capensis	Südliches Afrika	Thomas & Hinton 1923, Ellerman, Morrison-Scott & Hayman 1953, Smithers 1983
P. c. (mit UA.)	Republik Südafrika	Roberts 1951, Zumpt 1958, Vincent 1962, Bigalke & Bateman 1962, Pienaar 1964
P. capensis	Zambia	Osborne 1987
P. capensis	Zimbabwe	Chubb 1909, Smithers & Wilson 1979
***Procavia habessinica*-Gruppe**		
P. h. burtoni	Ägypten	Flower 1932, Hoogstraal, Wassif & Kaiser 1957, Hoogstraal 1964

Tabelle 4 (Fortsetzung)

Art	Land/Gebiet	Autoren
Procavia habessinica-Gruppe		
P. h. syriaca	Ägypten (Sinai)	Flower 1932, Wassif & Hoogstraal 1954, Osborn & Helmy 1980
P. h. (mit UA.)	Äthiopien	Beaux 1931
P. h. syriaca	Israel	Bodenheimer 1958, Harrison 1968
P. h. syriaca	Jordanien	Harrison 1968
P. h. daemon	Kenia	Allen & Lawrence 1936, Jackson & Gartlan 1965
P. h. syriaca	Libanon	Lewis, Lewis & Atallah 1968, Harrison 1968
P. habessinica	Oman	Thomas 1900, Harrison 1980
P. h. jayakari	Saudi-Arabien + Yemen	Morrison-Scott 1938, Harrison 1968
P. habessinica	Somalia	Funaioli & Simonetta 1966
P. h. (m. UA.)	Sudan	Setzer 1956
***Procavia johnstoni*-Gruppe**		
P. j. mackinderi	Kenia	Thomas 1900, Loveridge 1923, Coe 1962, 1965, Coe & Foster 1972
P. johnstoni	Malawi	Sweeney 1959
P. johnstoni	Moçambique	Spassov & Roche 1988
P. j. matschiei	Tansania	Allen & Loveridge 1933, Swynnerton & Hayman 1951, Swynnerton 1958
P. j. lopesi	Zaire	Hatt 1936, Schouteden 1948
***Procavia ruficeps*-Gruppe**		
P. r. (m. UA)	Nordafrika	Rode 1944, Dekeyser 1955, Blancou 1958a, b
P. ruficeps	Ägypten	Osborn & Helmy 1980
P. ruficeps	Algerien	Schwarz 1933, Foley & Lesourd 1938, Devillers 1939, De Smet 1989
P. r. bounhioli	Algerien	Heim de Balsac 1934
P. ruficeps	Benin	Happold 1973a, b
P. ruficeps	Elfenbeinküste	Lamotte 1942, Rahm 1961
P. ruficeps	Ghana	Cansdale 1948, Happold 1973a, b
P. sp. (ruficeps?)	Guinea-Bissau	Sa e melo Cristino 1958
P. ruficeps	Guinea	Happold 1973a, b
P. ruficeps	Kamerun	Jeannin 1936, Sanderson 1940, Monard 1951, Perret & Aellen 1956
P. r. oweni	Liberia	Coe 1975
P. ruficeps	Libyen	Scortecci 1939, Schmidt-Hoensdorf 1943/44, Kock 1979
P. r. bounhioli	Libyen	Hufnagl 1972
P. r. latastei	Mali	Braestrup 1936, Happold 1973
P. ruficeps	Mauretanien	Happold 1973a, b
P. ruficeps	Niger	Dekeyser 1950
P. r. (m. UA.)	Nigeria	Rosevear 1953, Happold 1987
P. ruficeps	Senegal	Dekeyser 1956
P. ruficeps	Sierra Leone	Happold 1973
P. r. (m. UA.)	Sudan	Setzer 1956
P. r. (m. UA.)	Tschad	Mertens 1929, Petit 1937, Dalloni 1935

Tabelle 5. Die einheimischen Namen der Schliefer. Die mit ? versehenen Ethnien konnten bislang nicht eindeutig identifiziert werden.

Ethnien/Länder	Namen	Gattung	Autoren
Nordafrika, Naher Osten und Arabien			
?Ababda Araber	buar	*Procavia*	Hoogstraal et al. 1957
Araber	Tes el hadjer	*Procavia*	Rode 1944
Araber	s. u.		
?Bernouan	N'grikoue	*Procavia*	Rode 1944
?Bishareen	kalidop	*Procavia*	Hoogstraal et al. 1957
Nubier	Kehko, Qequo		Schweinfurth 1871 Brandt 1869
Peul	M'bea feto	*Procavia*	Rode 1944
Sinai Beduinen	Wabar	*Procavia*	Hoogstraal et al. 1957
?Tamacheq	Ekaokane	*Procavia*	Dekeyser 1950
Tuareg	Akoka	*Procavia*	Thomas & Hinton 1921
Tuareg	Kaukau	*Procavia*	Hufnagl 1972
Ägypten	Wabbr, Wobbr Webri, Webr	*Procavia*	Flower 1932
Äthiopien (Amharisch)	Ashkoko	*Heterohyrax*	Bruce 1790
Äthiopien (südl.)	Sessa	*Heterohyrax*	Winton 1900
Israel	Shaphan	*Procavia*	
Sudan	Koulibali, Kouloubali Qeqo, Qeqeh		 Rode 1944 Hartmann 1868

Tabelle 5 (Fortsetzung)

Ethnien/Länder	Namen	Gattung	Autoren
Sudan (Mvolvo)	Kottah, Ketoh		Schweinfurth 1871
Tschad (Tibesti)	Adegebo	*Procavia*	Dalloni 1935
Ostafrika			
Ankole	Uruwango	*Dendrohyrax*	Kingdon 1971
Bunyoro	Maparaka	*Dendrohyrax*	Kingdon 1971
?Chewa	Mbela		Lawrence & Loveridge 1953
Chigago	Mhimbi	*Heterohyrax*	Loveridge 1923
Dschagga, Tshagga	M'ha	*Dendrohyrax*	Abbott in Matschie 1895
Tshagga	Kivuburu	*Dendrohyrax*	Hunter in Matschie 1895
Tshagga	Kibiru	*Dendrohyrax*	Johnston in Matschie 1895
Galla	Orsolee	*Heterohyrax*	Kingdon 1971
Ganda	Njoga	*Dendrohyrax*	Kingdon 1971
Giriama	Kwanga	*Dendrohyrax*	Seibt et al. 1976
Karamojong	Adukwa	*Heterohyrax*	Allen & Lawrence 1936
Kikami	Mhelele	*Dendrohyrax*	Loveridge 1923
?Kinyaturu	Pimbi		Allen & Loveridge 1933
?Kisabei	Kwenera	*Heterohyrax*	Allen & Lawrence 1936
?Kitaita	Ngivu	*Heterohyrax*	Allen & Lawrence 1936
?Kitaita	Mbelele	*Dendrohyrax*	Allen & Lawrence 1936
Konjo	Echiyama	*Dendrohyrax*	Kingdon 1971
?Lugishu	Kigenerwa	*Heterohyrax*	Allen & Lawrence 1936
Luo	Okillw	*Procavia*	Kingdon 1971
?Luragoli	Lihenele	*Heterohyrax*	Allen & Lawrence 1936
?Lutereki	Haterera	*Heterohyrax*	Allen & Lawrence 1936
Makonde	Raepe	*Dendrohyrax*	Matschie 1895
?Manganja	Mbela		Lawrence & Loveridge 1953
Masai	Mutunyet	*Procavia*	Allen & Lawrence 1936
Masai	Mutunyet	*Heterohyrax*	Allen & Lawrence 1936
?Ngoni	Mbela		Lawrence & Loveridge 1953
Nyamwesi	Tukumbi	*Dendrohyrax*	Matschie 1895
Nyamwesi	Pimbi		Matschie 1895
?Nyanja	Mbela		Lawrence & Loveridge 1953
?Sebei	Mutiliondet	*Heterohyrax*	Kingdon 1971
Somali	Baune	*Heterohyrax*	Drake-Brockman 1910
Sukuma	Tukumbi		Matschie 1895
Sukuma	Pimbi		Matschie 1895
Swahili	Pimbi	*Procavia,*	Allen & Loveridge 1933
		Heterohyrax	Allen & Loveridge 1933
Swahili	Perere	*Dendrohyrax*	Matschie 1895
Tussi	Kanjamukori		Matschie 1895
?Wambubu (?Wambulu)	Taepe	*Dendrohyrax*	Matschie 1895
Usambaragebiet	Pelele	*Dendrohyrax*	Kundaeli 1976
Westafrika, Zentralafrika			
Abe	Alobé	*Dendrohyrax*	Rahm 1969
Agni	Hoyia	*Dendrohyrax*	Rahm 1969
Atié	Quahia	*Dendrohyrax*	Rahm 1969
Avukaia	Ando	*Procavia*	Verschuren 1958
?Babinga	Yoka	*Dendrohyrax*	Malbrant & Maclatchy 1949
Baghirmi	Quaktoto	*Procavia*	Rode 1944
Bambara	Kulu-Bani	*Procavia*	Happold 1973
Baule	Hoyia	*Dendrohyrax*	Rahm 1969
Dyula	Farabani	*Procavia*	Happold 1973
Dyula	Ahoya	*Dendrohyrax*	Happold 1973
?Ebrié	Quaia	*Dendrohyrax*	Rahm 1969
?Eschira	Gnimbi	*Dendrohyrax*	Malbrant & Maclatchy 1949
?Eveia	Gnimbi	*Dendrohyrax*	Malbrant & Maclatchy 1949
Fulani	Jama wuddere	*Procavia*	Happold 1973
Gambe	Ando	*Procavia*	Verschuren 1958
Gouro	Vla	*Dendrohyrax*	Rahm 1969
Haussa	Rema, Agwada	*Procavia*	Happold 1973
Kimbunde	Ohuíta, Huíta		Hayman 1963
Kwele	Supieb	*Dendrohyrax*	Malbrant & Maclatchy 1949
Luena	Tschimbatala		Hayman 1963
Luena	Tschimbalatata		Hayman 1963
Luena	Tschimbalaísse		Hayman 1963
Mangbetu	Nendoka	*Dendrohyrax*	Verschuren 1958
?Pahouin	Niouk	*Dendrohyrax*	Malbrant & Maclatchy 1949
?Punu	Gnimbi	*Dendrohyrax*	Malbrant & Maclatchy 1949
?Saké	Suboue	*Dendrohyrax*	Malbrant & Maclatchy 1949
Susu	Khoy	*Procavia*	Rode 1944
Tschokwe	Sele		Hayman 1963

Tabelle 5 (Fortsetzung)

Ethnien/Länder	Namen	Gattung	Autoren
Westafrika, Zentralafrika			
Twi	Owea	*Dendrohyrax*	Happold 1973
Yoruba	Ofâfâ	*Dendrohyrax*	Happold 1973
Walendu	Nze	*Procavia*	Verschuren 1958
Angola	Guita	*Heterohyrax*	Barboza du Bocage 1889
Guinea	Eiwia		Brandt 1869
Kamerun	Nyok		Monard 1951, Perret & Aellen 1956
Südafrika			
Afrikaans	Dassie	*Procavia*	
High-dutch	Dasje	*Procavia*	
?Bechuana	Péla, Tela	*Procavia*	Shortridge 1934
?Berg Damara	!Aub	*Procavia*	Shortridge 1934
?Chila	Chibila	*Procavia*	Shortridge 1934
?Chilavale	Shibila	*Procavia*	Shortridge 1934
?Chinkoya	Shibila	*Procavia*	Shortridge 1934
?Chitunda	Cibatala	*Dendrohyrax*	Shortridge 1934
?HeiIIkum Buschmann	!Aub	*Procavia*	Shortridge 1934
Herero	Ohéri	*Procavia*	Shortridge 1934
?Kaonde	Chibila	*Procavia*	Shortridge 1934
?Karanga	Mbira	*Procavia*	Roberts 1951
!Kung Buschmann	!Aung	*Procavia*	Shortridge 1934
?Nama Hottentoten	!Aub	*Procavia*	Shortridge 1934
Rhodesian Ndebele	Imbila	*Procavia*	Roberts 1951
?Sikololo	Chibila	*Procavia*	Shortridge 1934
Sotho South	Pela	*Procavia*	Roberts 1951
Sotho Transvaal	Pela, thobela thwebela	*Procavia*	Roberts 1951
Sotho Transvaal	tshenene, tshenya	*Heterohyrax*	Roberts 1951
Swazis	Imbila	*Procavia*	Sclater 1900
Tsonga (Shangaan)	Mbila	*Procavia*	Roberts 1951
Tswana	Pela	*Procavia*	Roberts 1951
Venda	Mbila	*Procavia*	Roberts 1951
Xhosa	Imbila	*Procavia*	Roberts 1951
Zulu	Imbila	*Procavia*	Roberts 1951

Der in Südafrika gebräuchliche Name Dassie wird von dem holländischen Diminutiv von Das (= Dachs) nämlich Dasje abgeleitet. Kapitän Joris von Spilbergen hat 1601 die Schliefer „Steen-dasch" (= Steindachs) genannt (SKEAD 1972). KOLBE (1719) benutzt in der deutschen Orginalausgabe den Namen „Daxe".

Bei den Arabern heißt die *Procavia* Ganamu bani Isra'il, Ghanem beni Israel, Gannim Israel oder Ghanam Israel, d.h. „Kleinvieh (oder Schaf) der Kinder Israel" (HARTMANN 1868, BRANDT 1869, GEORGE 1870, HOMMEL 1879, MORRISON-SCOTT 1939).

Der französische Name „Daman" geht auf eine irrtümliche Wiedergabe des arabischen „Ganamu" oder „Ghanam" durch SHAW (1738) zurück. Der Irrtum ist eindeutig zu belegen, da sich SHAW auf ALPIN (1755) bezieht, der die Schliefer „Agnum filiorum Israel" nennt. Er wurde u.a. schon durch HEMPRICH & EHRENBERG (1828) aufgedeckt, doch hatte der Name vor allem durch Cuvier schon weite Verbreitung erfahren.

Neben „hyrax" ist „coney" eine häufige englische Bezeichnung für Schliefer. Coney war bis Mitte des 18. Jahrhunderts der gebräuchliche Name für Kaninchen und er taucht selbst Anfang unseres Jahrhunderts noch in amtlichen Dokumenten auf (LYDEKKER 1907). Etymologisch ist „coney" wohl von griech. kunikles, lat. cuniculus abzuleiten. Der invalide Gattungsname aber umgangssprachlich häufig benutzte Name „hyrax" ist die latinisierte Form des griechischen „hurax" (= Spitzmaus).

Nur für die *Procavia ruficeps*-Gruppe und *Dendrohyrax arboreus* hat sich durch neue Fundbeschreibungen das Verbreitungsgebiet erheblich vergrößert, sonst ist lediglich das Netz der Lokalitäten engmaschiger geworden. Kennzeichnend für die Procaviidae ist innerhalb der meisten Arten eine disjunkte Verbreitung, was sich zwangsläufig aus der Habitatwahl ergibt. Das kleinste Gebiet bewohnt *Dendrohyrax validus*, welcher nun auch in Kenia nachgewiesen werden konnte. Über den Bestand dieser Art ist nichts bekannt, aber eine Gefährdung kann wegen der fortschreitenden Zerstörung der Bergwälder in Tansania nicht ausgeschlossen werden. *Dendrohyrax dorsalis* kommt nur in den Regenwäldern West- und Zentralafrikas vor. *Dendrohyrax arboreus* ist jetzt auch aus dem östlichen Angola, Zambia, nördlichen Zimbabwe und Moçambique bekannt geworden. Damit hat sich das bekannte Vorkommen im südwestlichen Teil des südlichen Afrika erheblich erweitert. Auch für *Heterohyrax brucei* wurden Funde aus dem Westen des südlichen Afrika berichtet. Trotzdem fehlt noch eine Verbindung zu den schon bekannten Vorkommen im nordöstlichen Namibia und Angola.

Eine Verbreitungskarte für *Procavia* anzufertigen, setzt die notwendige Klärung der Taxonomie der Gattung voraus (s. Taxonomie). Die *Procavia capensis*-Gruppe ist auf das südliche Afrika, die *Procavia habessinica*-Gruppe auf das östliche und nordöstliche Afrika, den Nahen Osten und die arabische Halbinsel begrenzt. Für das letztgenannte Gebiet gibt es nunmehr zahlreiche Nachweise. Die *Procavia johnstoni*-Gruppe ist nur in Ostafrika, Malawi und Moçambique anzutreffen. Für die *Procavia ruficeps*-Gruppe ist die deutlichste Zunahme von Erstnachweisen zu verzeichnen. Neben den bekannten Vorkommen in den Saharabergen Hoggar, Aïr und Tibesti ist sie von Mauretanien bis in den Sudan und in Westafrika von Guinea-Bissau bis Kamerun anzutreffen.

6. Morphologie

6.1. Integument

6.1.1. Fellfärbung

Ausführliche Angaben zur Fellfärbung in den verschiedenen Taxa finden sich bei Hahn (1934). Grob vereinfacht und die hohe Variabilität außer acht gelassen, sind die Felle von *Dendrohyrax dorsalis* dunkelbraun bis schwarz, die Haare mit z. T. rötlichen, ockerfarbenen oder weißlichen Binden und Spitzen und von *Dendrohyrax validus* schwarzbraun bis schokoladenbraun. *Dendrohyrax arboreus* ist heller gefärbt als die vorausgehenden Arten. Mit fahlbraunem Kopf und weißen Bauchhaaren erscheint er grau bis schwarz gesprenkelt. Hahn (1934) beschreibt bei *Heterohyrax* die Grannen als rauchfarbig oder hellbraun mit dunkler und heller Binde und kurzer schwarzer Spitze. Die Wollhaare sind ähnlich gefärbt. Bei *Procavia* ist der Rücken mittel- bis dunkelbraun, der Bauch hell, häufig chamois gefärbt. Bei *Procavia* wurde wiederholt Albinismus beobachtet (Hall 1958, Sale 1979, Cunningham van Someren 1973). Angaben zur Morphologie des Haares finden sich bei Toldt (1935).

Fellfärbungsunterschiede scheinen mit der jährlichen Niederschlagsmenge korreliert zu sein (Bothma 1966b). Helle Färbungen treten an Lokalitäten mit einer jährlichen Durchschnittsniederschlagsmenge von 125–250 mm auf, dunkle Varianten an Orten mit 1000–1500 mm. An verschiedenen Orten z. B. in der Sahara oder in Südafrika sind helle und dunkle Farbphasen bekannt (Abb. 16).

Bei Feten von *Procavia* mit einer Scheitel-Steiß-Länge von 40 mm sind erste Epidermisverdickungen in der Scheitelgegend zu finden (Broman 1946a). Fellhaaranlagen in der gesamten Rumpfhaut treten ab SSL 58 mm auf.

6.1.2. Tasthaare

Die Schliefer besitzen auffallend viele, geordnet über Kopf und Rumpf verteilte Vibrissen. Am Kopf unterscheiden wir Supra- und Infraorbitalgruppen, Ober- und Unterlippengruppen, paarige Jochbogengruppen und eine unpaare Submentalgruppe. Die in Längsreihen sitzenden Tasthaare des Rumpfes lassen sich einer medialen Dorsalreihe, einer lateralen Doppelreihe und einer medialen und lateralen Ventralreihe zuordnen. Schließlich sind am Hals eine Querreihe von 8 Tasthaaren und an den Extremitäten mehrere vereinzelte Tasthaare zu erkennen. Die Tasthaare entstehen schon bei einer SSL von 10 mm und somit bedeutend früher als die Fellhaare (Abb. 17). Interessant ist die Entstehung von Tasthaaren aus derselben lateralen Ventralreihe von Epidermisverdikkungen wie die Milchdrüsen (Broman 1946a).

6.1.3. Rückenorgan

Alle drei Gattungen der Hyracoiden besitzen in Höhe des 14.–18. Brustwirbels am Hinterrücken ein Rückenorgan. Es ist bei beiden Geschlechtern vorhanden und dient meist als visuelles und olfaktorisches Stimulans. Ein gegenüber dem umge-

Abb. 16. Fellfärbungsvarianten bei *Dendrohyrax dorsalis emini*. Das rechte und linke Exemplar stammen von derselben Lokalität, das mittlere von einer benachbarten. Das linke Exemplar wurde im November, das mittlere im Dezember und das rechte im April in Zaire geschossen (aus HATT 1936).

benden Fellhaar meist heller gefärbter Haarkranz (Rückenfleck) umgibt eine große Duftdrüse (Rückendrüse) (Abb. 18). Deren Ausführgänge münden auf eine nur mit feinen weißen Härchen bedeckte, nackt erscheinende Stelle (Abb. 19). Da der Rückenfleck nicht bei allen Arten deutlich von den Fellhaaren zu unterscheiden ist, wurde sein Vorkommen beispielsweise bei *Heterohyrax* früher mehrfach zu Unrecht bestritten, z. B. BLANFORD (1869) oder die Funktionstüchtigkeit der Rückendrüse gar auf die verschiedenen *Dendrohyrax*-Arten beschränkt (HAHN 1934).

Der Rückenfleck ist innerhalb der Gattung *Dendrohyrax* am deutlichsten ausgeprägt. Die spindelförmige, kahle Stelle ist maximal 70 × 15 mm groß. Bei *Dendrohyrax dorsalis* werden die Haare des Rückenfleckes bis zu 9 cm lang und erreichen damit die doppelte Länge der übrigen Fellhaare (RAHM 1957). Sie sind an der Basis schwarz und an der Spitze weiß. Bei *Dendrohyrax validus* ist die kahle Stelle im Rückenfleck etwas kleiner (bis 40 mm lang). Die Haare sind an der Basis schwarz, im mittleren Drittel gelblichweiß und im oberen hellrostbraun (MOLLISON 1905 a). Bei *Dendrohyrax arboreus* ist die kahle Stelle ungefähr gleich groß wie bei *Dendrohyrax validus*. Bei *Heterohyrax* ist der Rückenfleck nur etwa halb so groß und hellgelb bis orangegelb gefärbt. Der Rückenfleck von *Procavia* kann bis 55 mm lang werden und ist entweder schwarz oder hellgelb bis weißlich.

Die Rückendrüse ist eine große Drüse mit apokriner Extrusion. Sie ist als Verwölbung an der Hautoberfläche zu erkennen. Nach SCHAFFER (1940)

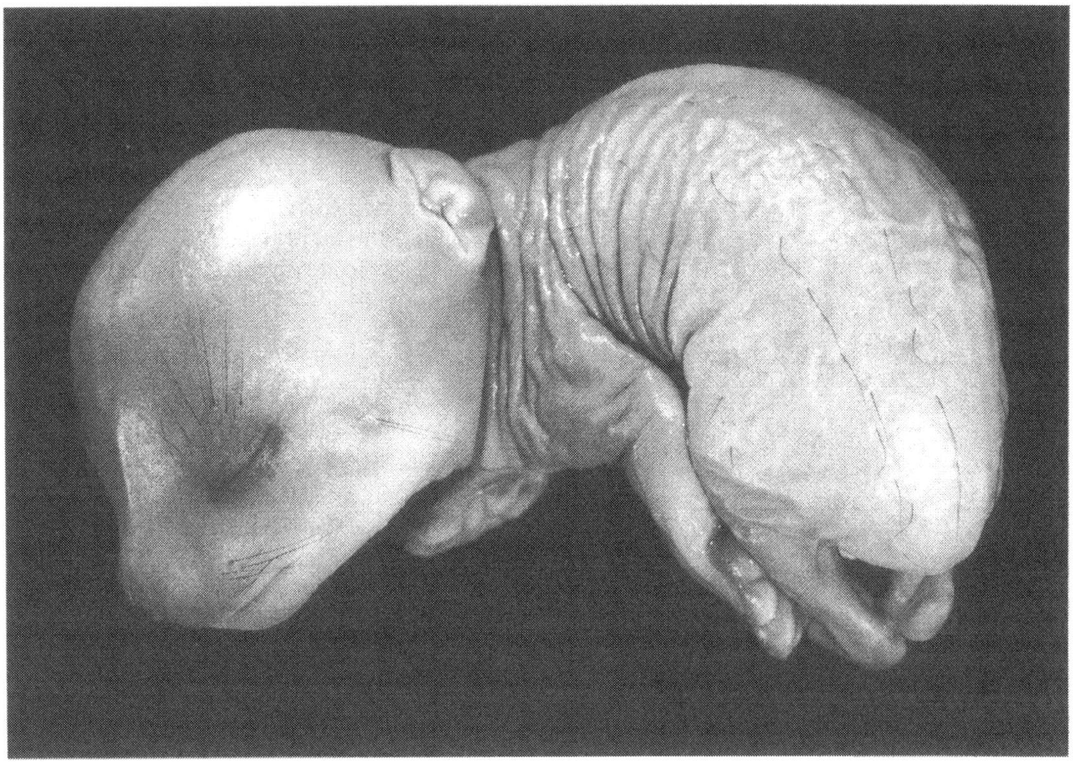

Abb. 17. *Procavia capensis*. Fetus mit einer Scheitel-Steiß-Länge von 80 mm. Während der Körper noch unbehaart ist, sind die Tasthaare schon deutlich zu erkennen.

sind die zahlreichen Einzeldrüsen in zwei Längsbändern angeordnet, die eine durch Bindegewebe hervorgerufene Läppchengliederung erkennen lassen (Abb. 20). GABE & DRAGESCO (1971) stimmen mit SCHAFFERS Befunden überein, während MONOD & DEKEYSER (1968) außer der Anordnung in Längsbändern auch noch eine solche in einer einheitlichen Masse beobachteten. Auffallend ist die geringe Zahl von Haarbalg-Talgdrüsen. MOLLISON (1905a) gibt an, daß das Organ bis ins subcutane Bindegewebe vom umgebenden Gewebe durch seine blaßrötliche Farbe scharf abgegrenzt sei. Dagegen reicht die Rückendrüse nach MONOD & DEKEYSER (1968) nur bis ins Stratum reticulare des Corium. Bei der Einzeldrüse handelt es sich um eine tubulöse Drüse mit meist dichotom verzweigten Röhren und stark geknäueltem Endstück. Die einzelnen Knäuel sind sowohl untereinander als auch von der Nachbardrüse durch bindegewebiges Stroma getrennt. Die Verzweigung erfolgt erst in den tieferen Cutisschichten. Die Endstücke der Drüsen werden von einer Lamina basalis, einer myoepithelialen Lage und dem hohen prismatischen Epithel gebildet. Der basale Abschnitt des Ausführganges liegt noch im Bereich der erwähnten Läppchengliederung. Sein Schlußstück verläuft meist senkrecht zur Hautoberfläche. Der basale Abschnitt weist beim Adulttier Cisternenbildungen auf. Der Ausführgang mündet beim Fetus an der Caudalseite des Haarbalges, beim Adultus auf die freie Hautoberfläche und ist durch einen Epithelpfropf verschlossen (MOLLISON 1905a).

Das Sekret der Rückendrüse ist eine weißliche, ölige Flüssigkeit mit bisamartigem Geruch (MOLLISON 1905a). Histochemische Untersuchungen von GABE & DRAGESCO (1971) bestätigen die Annahme SCHAFFERS (1940), der aus der bläschenartigen Natur des Sekretes geschlossen hat, daß Lipide beteiligt sein müssen. GABE & DRAGESCO (1971) finden zwei Arten von Lipiden, nämlich neutrale, möglicherweise Triglyceride, und saure, bei welchen es sich um Phospholipide oder Steroide handeln könnte. Der hohe Anteil an Lipiden spräche für eine Interpretation der Rückendrüse als intraspezifischem Kommunikationsorgan. Nach LEDERER (1950 zit. in BROWN 1985) setzen sich die Drüsenprodukte aus einer alkoholischen Fettsäure, sowie Sterolen zusammen.

Auch SALE (1970b) sieht die Aufgabe des Rückenorganes ausschließlich in der innerartlichen Kommunikation, z. B. zwischen Muttertier und Neugeborenem (SALE 1965d). Die Entwicklung der Drüse hängt vom Alter des Tieres und dem Grad der sexuellen Reife ab. Sekretion wurde bei Jungtieren nie beobachtet. Die Drüsentätigkeit ist während der Paarungszeit am intensivsten. *Procavia-*

Abb. 18. *Dendrohyrax arboreus*. Das Rückenorgan ist als heller Fleck vom umgebenden Fellhaar abgegrenzt. Die Färbung des Flecks ist sehr variabel.

Weibchen können am Geruch der Rückendrüse sexuell aktive und inaktive Männchen unterscheiden und werden vom Geruch stimuliert (Stoddart & Fairall 1981). Es wurde nie beobachtet, daß das Sekret der Territoriumsmarkierung dient.

Für den Haarkranz des Rückenfleckes konnte Sale (1970b) drei verschiedene Aufstellwinkel und Signale unterscheiden. Piloerektion bis 45° bedeutet Alarm, bis 90° Drohung und das vollständige Öffnen der Blume, wobei die Haare um 180° umgelegt werden, findet mitten im Paarungsvorspiel statt.

Broman (1946a) untersuchte die Morphogenese der Rückendrüse und fand deren Anlage schon bei ca. 60 mm langen *Procavia*-Feten. Der Rückenfleck kann erst etwas später (80 mm) nachgewiesen werden. Er ist deutlich gegen die stärker pigmentierte Haut abzugrenzen und etwa sechsmal größer als die Rückendrüse. Die Rückendrüsenregion enthält ungefähr 70 Drüsenanlagen, welche durch Bindegewebe verbunden eng zusammenhängen.

6.1.4. Zehenendorgan

Die Unsicherheit in der Interpretation der Zehenendorgane der Schliefer zeigt sich schon allein in der Vielzahl von Benennungen: „dem Homo ähnliche Nägel", Plattnagel, hufartige Nägel, Nagelhufe, Hüfchen u. a.. Die Hornplatten sind nur an den Mittelphalangen symmetrisch, wohingegen die Platten der seitlichen Phalangen die dem Mittelstrahl abgewandte Seite fast unbedeckt lassen (Abb. 21). Nach Fischer (1986) zeigen die Zehenendorgane der heutigen Schliefer Strukturen, welche typisch für Hufe von Unpaarhufern sind. An der Unterseite der Hornplatten treten verhornte Leisten auf, von denen mehrere in der Medianebene verschmolzen und erhöht sind (Abb. 22). Dieser „Sporn" greift in einen Einschnitt im Nagelbett. Darüber hinaus konnte bei miozänen Schliefern aus Ostafrika eine typische huftragende Endphalanx nachgewiesen werden (Abb. 41). Die Endphalanx der 2. Zehe rezenter Hyracoiden ähnelt den fossilen Endphalangen. Die mikroskopisch-anatomische Untersuchung des Phalangenendes ergibt, daß die terminale Lage nicht vom Ballen, sondern in huftypischer Weise von der Krallensohle gebildet wird, in welche lange Fortsätze der Lederhautpapillen einstrahlen (Weber 1928, Fischer 1986).

Das Zehenendorgan der 2. Zehe zeigt eine besondere Form, die von George (1875) treffend mit dem Haus der Meeresschnecke *Scaphander lignarius* verglichen wurde (Abb. 21). Die asymmetrische Hornplatte überragt das Zehenende weit und ist ventral und medial geöffnet. Embryonal wird die Platte allerdings symmetrisch angelegt (Nassonow 1898). Proximale Umbiegungen scheinen den Eckstreben bei Hufen vergleichbar zu sein. Diese „Putzkralle" dient ausschließlich der Hautpflege, selbst in der Ohrmuschel (Hoeck 1976c). Entgegen früherer Vermutung wird sie beim Klettern nicht eingesetzt, sondern immer dorsalflektiert getragen und berührt niemals die Erde.

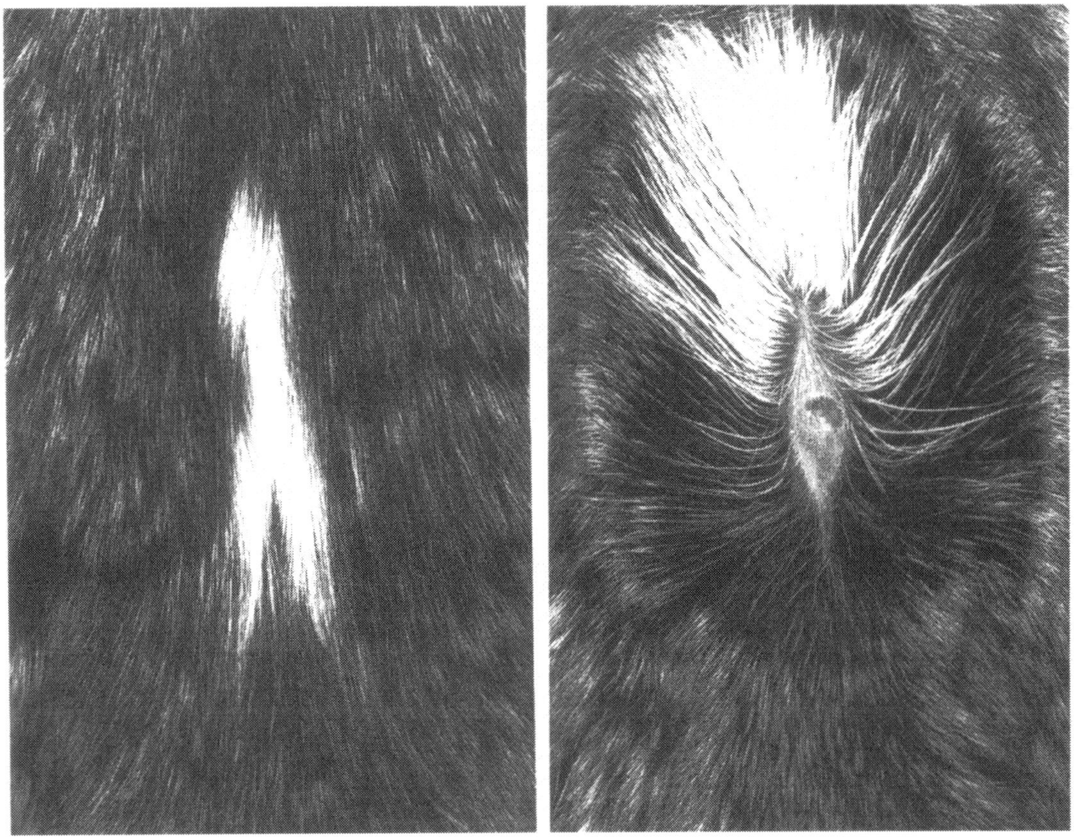

Abb. 19. *Dendrohyrax arboreus*. Die Haare des hellen Rückenfleckes können so weit aufgerichtet werden, daß eine dünn behaarte Stelle sichtbar wird. Hier münden die Ausführgänge der Rückendrüse.

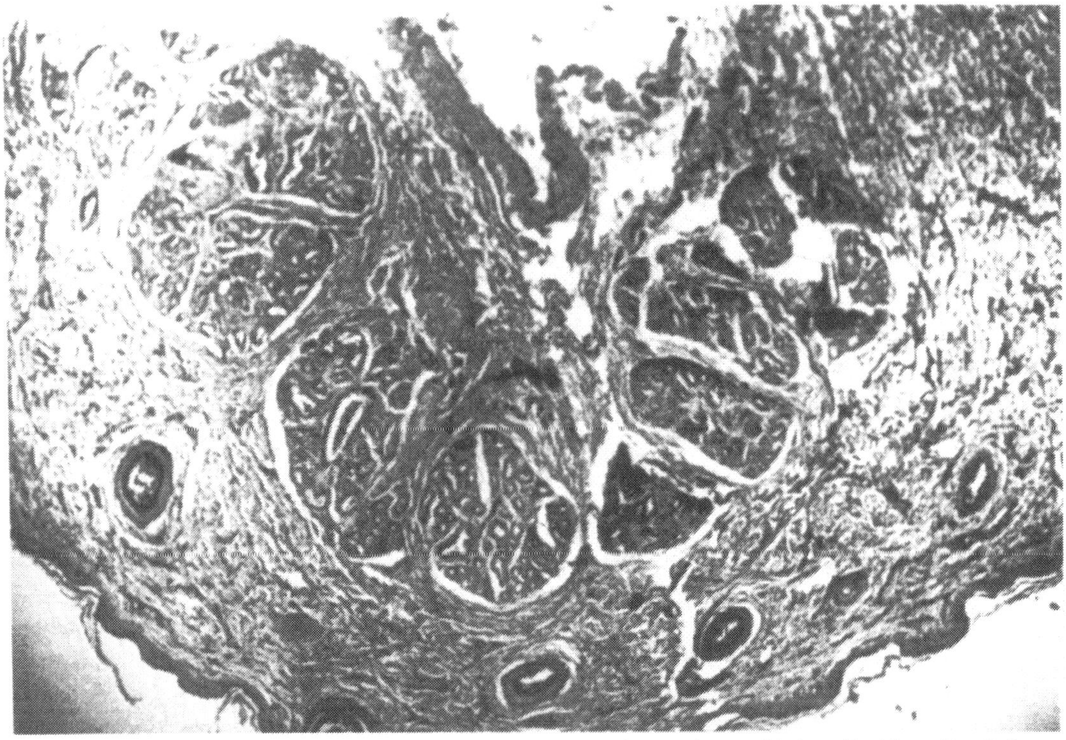

Abb. 20. *Procavia capensis*. Längsschnitt durch die Rückendrüse eines jungen, fast geschlechtsreifen Tieres. Das Drüsengewebe ist in einzelnen Läppchen angeordnet (aus SALE 1970).

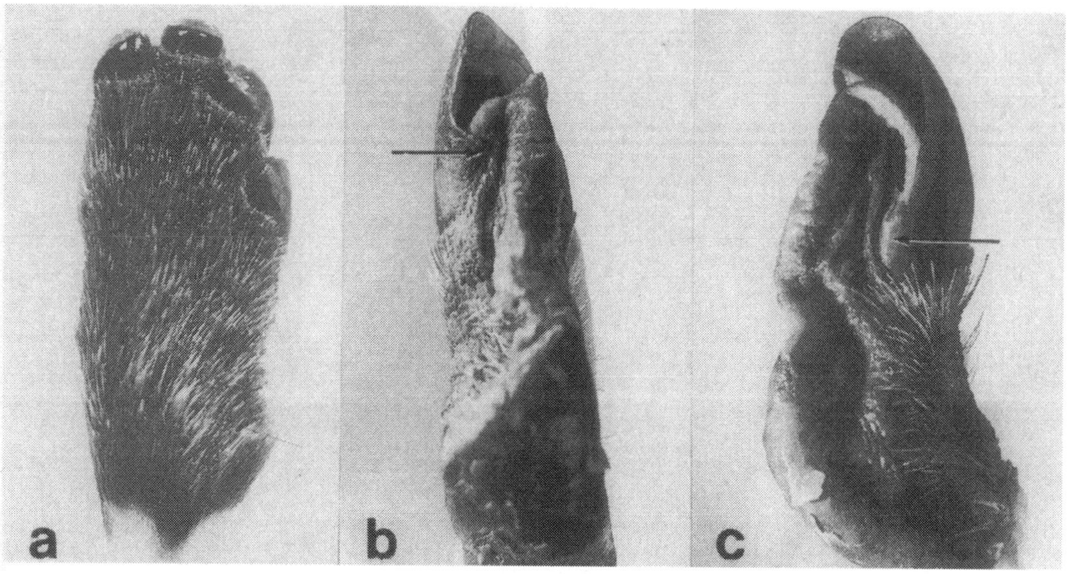

Abb. 21. *Procavia capensis.* a) Die Zehenendorgane der Hand. b) Ventralansicht der Putzkralle der 2. Zehe. c) Medialansicht. Die Pfeile weisen auf das Umbiegen der Hufplatte hin (aus FISCHER 1986).

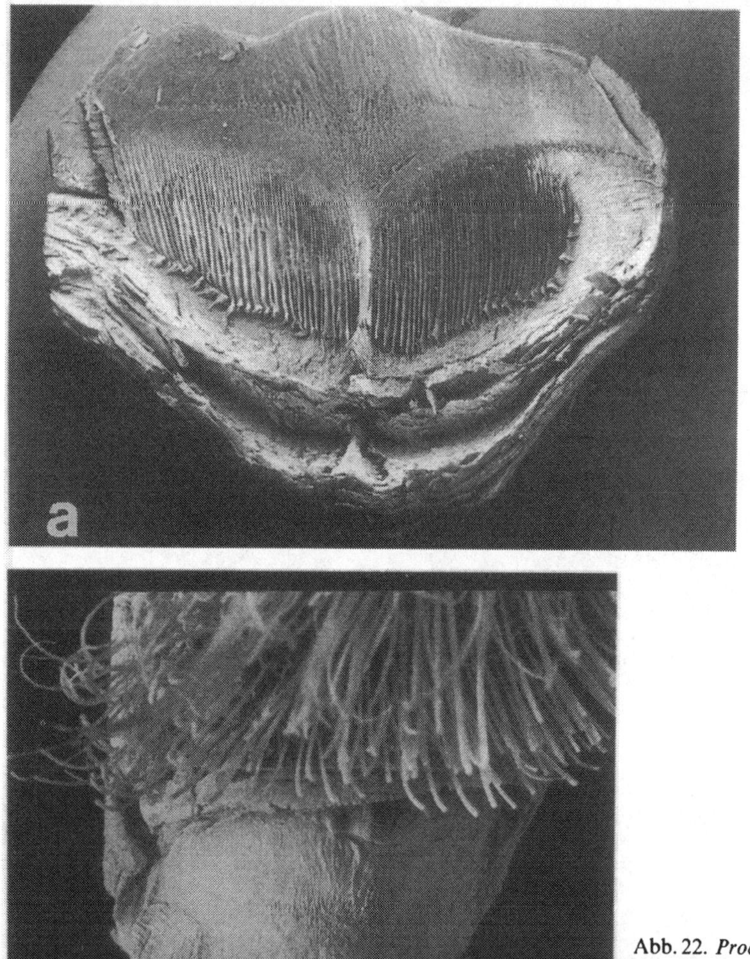

Abb. 22. *Procavia capensis.* a) Rasterelektronenmikroskopische Aufnahme der Unterseite der Hufplatte der 3. Zehe. Die sog. Matrize des Zehenendorgans zeigt die Hornlamellen und die Vergrößerung der mittleren Lamellen. b) Die Patrize des Zehenendorgans. Die Hornlamellen hinterlassen einen deutlichen Abdruck (aus FISCHER 1986).

6.1.5. Sohlen

Die Sohlen der Procaviidae zeigen eine sonderbare kautschukartige Beschaffenheit. Die vier sichtbaren Finger sind bis zur Endphalanx, der fünfte Finger ist mit dem vierten auf seiner gesamten Länge durch Haut vereint. Sie sind daher in ihrer Abduktions- und Adduktionsfähigkeit sehr eingeschränkt. Der Daumen ist stark verkürzt und immer unter der Haut versteckt. Von den drei Zehen des Hinterfußes sind nur die dritte und vierte Zehe basal häutig zusammenhängend. Bei *Procavia* ist die Sohle tiefschwarz, bei den meisten Dendrohyraciden ist sie hell. Die Sohlen werden ständig feucht gehalten und fühlen sich wegen der hohen Verdunstungsrate kalt an (Abb. 23). Die Feuchtigkeit verhindert die Schwielenbildung der dikken Epidermis. Bereits DOBSON (1876) ermittelte beim Schliefer die fünfzehnfache Schweißdrüsenzahl von derjenigen des Menschen. Demnach finden sich 6250 Einzeldrüsen pro cm^2. Diese Zahl wird auch von GABE & DRAGESCO (1971) bestätigt, welche darüber hinaus die Histologie der Drüsen genauer beschreiben. Es sind ungewöhnlicher Weise ekkrine Schweißdrüsen, wie sie sonst nur bei Primaten auftreten. Sie sind in Läppchen angeordnet, welche jeweils von einer Bindegewebshülle umgeben sind. Dies führe nach Meinung der letztgenannten Autoren dazu, daß das Stratum reticulare eine Gesamtheit ineinandergefügter Einheiten bilde, was wiederum günstig für die angenommene Haftfunktion der Sohlen sei.

Die „bei Säugethieren und Warmblütlern überhaupt geradezu unerhörte Fähigkeit" (BREHM 1883) sich an steilen bis senkrechten Flächen fortbewegen zu können, wurde verschiedentlich auf eine saugnapfähnliche Wirkung der Schwielen in Zusammenspiel mit der Palmar- und Plantarmuskulatur gebracht (SCHWEINFURTH 1871, DOBSON 1876, MOHNICKE 1879, WEBER 1928). GRASSÉ (1955) unterstrich, daß diese Ansicht nicht empirisch belegt sei und nahm eher an, daß es sich um ein Adhäsionsphänomen handele. FISCHER (1983) fand keine besondere Disposition derjenigen Muskulatur, welche die Sohle zu einem Saugnapf formen könnte. ADELMAN TAYLOR & HEGLUND (1975) konnten zeigen, daß *Procavia* den Vergleichstieren (*Rattus, Centetes* und *Canis*) in seiner Fähigkeit, sich auf einer sich neigenden Tretmühle fortzubewegen, deutlich überlegen ist. Durch Atropingabe wurde die Schweißsekretion gehemmt. Der Haftreibungskoeffizient nahm beim Schliefer um 42 % ab, verglichen mit 16–18 % bei Hund und Ratte. Dies spricht zwar für die Bedeutung eines von Schweißdrüsen erzeugten feuchten Filmes an den Sohlenflächen, doch ist die Wirkung des Atropin auf Acetylcholinrezeptoren zu unspezifisch, um eine Störung der nervösen Steuerung der Motorik auszuschließen.

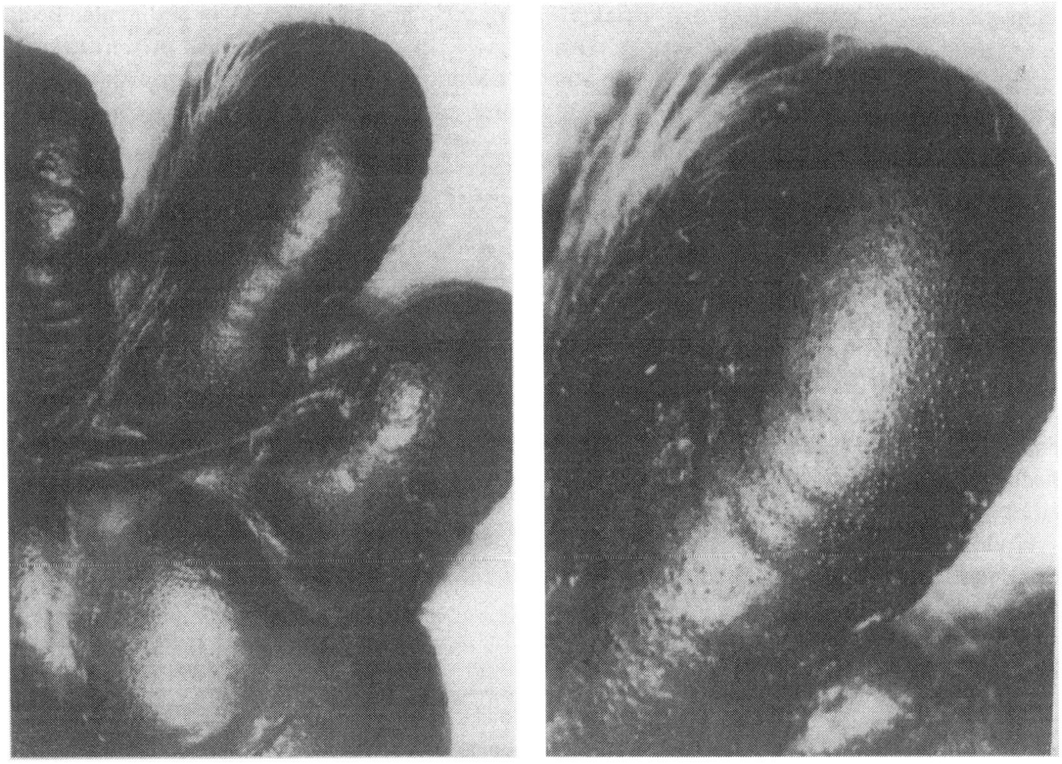

Abb. 23. *Heterohyrax brucei.* Dicht stehende Poren sondern Schweiß ab (aus BARTHOLOMEW & RAINY 1971).

6.1.6. Zitzenzahl

Die Anzahl der Zitzen variiert in den verschiedenen Gattungen der Procaviidae. Es wird auf das vorausgehende Kapitel „Taxonomie“ verwiesen.

6.2. Anatomie des Rumpfes

Die Wirbelsäule zeichnet sich durch eine ungewöhnlich hohe Anzahl von Brustwirbeln, eine relativ lange Lendenregion und eine weitgehende Reduktion des Schwanzes aus (Abb. 24). Die Zahl der Wirbel schwankt geringfügig, weshalb sich auch unterschiedliche Angaben in der Literatur finden. Ihre Gesamtzahl beträgt rund 48 (7 Halswirbel, 19–22 Brustwirbel, 6–9 Lendenwirbel, 5–7 Sakralwirbel und 4–10 Schwanzwirbel). Die Wirbelsäule rezenter Procaviiden ist etwa 40 cm lang, davon entfallen auf die Halswirbelsäule 6 cm, Brustwirbelsäule 15 cm, Lendenwirbelsäule 10 cm, Sacrum 3 cm, Schwanzwirbelsäule 6 cm. Der 13. oder 14. Brustwirbel ist antiklin. Auffallend ist der sehr abgeplattete Zahnfortsatz am Epistropheus und dessen kräftiger, beilförmiger Dornfortsatz. Die Procc. spinosi der ersten 12–13 Brustwirbel sind verlängert und apikal verschmälert, die folgenden verbreitern sich dagegen so stark, daß die letzten Thorakalwirbel hierin den vordersten Lendenwirbeln gleichen. Die Querfortsätze des letzten Lendenwirbels sind mit dem Ilium syndesmotisch verbunden. Nur 2–3 Sakralwirbel beteiligen sich am Iliosakralgelenk. Den letzten Schwanzwirbeln fehlen selbst Spuren von Fortsätzen.

Das Sternum besteht aus 6–8 Knochenstücken. Die Spitze ist zu einem länglichen, knorpeligen Fortsatz ausgezogen, caudal setzt ein langes, spatelförmiges Xiphisternum mit freiem Ende an. Von den 19–22 Rippen sind 6–8 wahre und 6 falsche Rippen, die letzten Rippen enden in der Muskulatur.

Murie & Mivart (1865) beschreiben keine Auffälligkeiten in der Rumpfmuskulatur. Maurer (1905) erwähnt, daß der ungewöhnlich kräftige M. serratus posticus keine Beziehung zum M. intercostalis internus hat und darin von anderen Säugetieren abweicht.

6.3. Fortbewegungsorgane

6.3.1. Fortbewegungsweise

Eine umfassende Untersuchung der Fortbewegung der Schliefer mit Hilfe röntgenkinematographischer und anderer Techniken wird derzeit vom Autor durchgeführt (Fischer in Vorb.). Im folgenden werden erste, noch unveröffentlichte Ergebnisse vorgestellt. Schliefer bewegen sich in den Gangarten Schritt, Paß, Trab und Galopp fort, wobei vor allem auch kurze, kleine Sätze charakteristisch sind. Bei Bedrohung schieben sich die Tiere langsam vorwärts, dabei wird der Körper an den Boden gepreßt. Schliefer sind, entgegen bisherigen Vorstellungen, nur unter bestimmten Bedingungen plantigrad; selbst im Schritt werden häufig nur die Phalangen und Metapodien aufgesetzt, in den schnelleren Gangarten überwiegen semidigi-

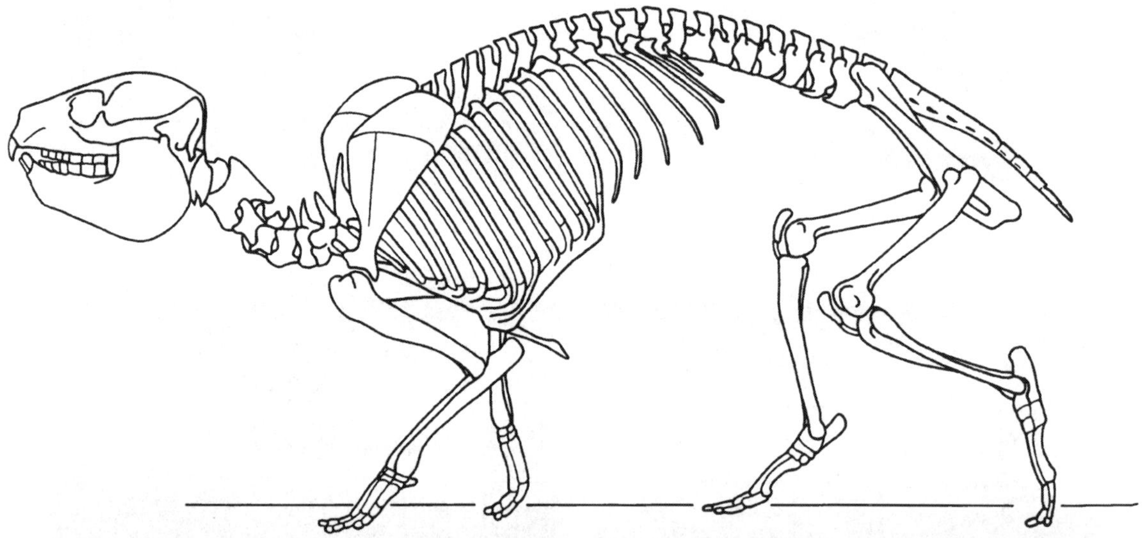

Abb. 24. *Procavia capensis syriaca*. Die Zeichnung ist nach einem Skelet, das nach röntgenkinematographischen Bildern montiert wurde, angefertigt worden. (Zoologische Schausammlung Universität Tübingen, Präparator H. Kopp).

tigrade Stellungen. Auffallend ist die Steilstellung der Hand. Die Putzkralle an der 2. Zehe wird immer vom Untergrund dorsalflektiert gehalten. Schliefer sind die einzigen, behende kletternden Huftiere. Das Klettern erfolgt, solange es die Steigung zuläßt, seitwärts, nur bei senkrechten Objekten (Stäbe, mögl. Lianen) in der Weise des Stemmkletterns, wobei die Vorderextremitäten gemeinsam oder abwechselnd aufgesetzt werden (Abb. 25). Bei geeigneten Örtlichkeiten zeigen die Tiere Kaminklettern. Bei *Heterohyrax* und *Procavia* steht das Klettern nur im Dienste des Nahrungserwerbs.

Der Abstieg erfolgt beim Baumschliefer, anders als bei *Procavia*, mit dem Kopf voran (Abb. 26) (MALBRANT & MACLATCHY 1949, RICHARD 1964, RIO & GALAT 1982). Der maximale Durchmesser eines glatten Stammes, welcher vom Baumschliefer noch erstiegen werden kann, liegt bei 50 cm (RICHARD 1964), der minimale entspricht in etwa der Breite des Fußes (RIO & GALAT 1982). Baumschliefer leben vorzugsweise in der Kronenregion des Regenwaldes; weil der Durchmesser des Stammes der Urwaldriesen zu groß ist, benutzen die Tiere Lianen zum Auf- und Abstieg (MALBRANT & MACLATCHY 1949). Bis zu 40° Neigung steigen die Tiere im Kreuzgang ab, bei stärkeren Gefällen

Abb. 25. *Heterohyrax brucei* beim Erklimmen eines Baumstammes (aus Hoeck 1977).

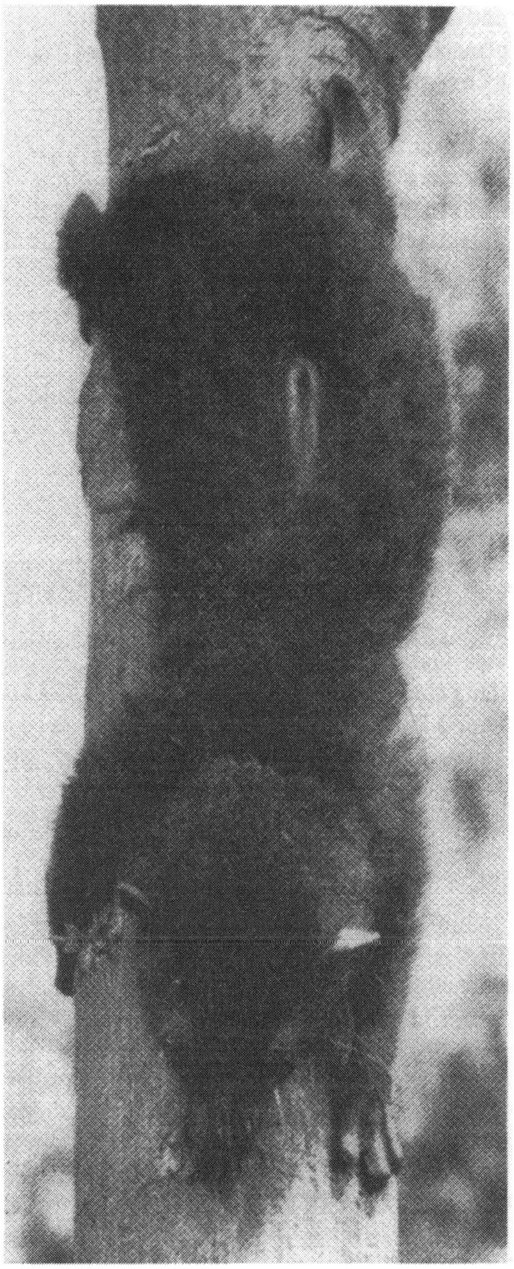

Abb. 26. Baumschliefer (*Dendrohyrax dorsalis*) klettern auch kopfunter geeignete Baumstämme hinab (aus RAHM 1964).

im Stemmklettern, das in ein blockiertes Gleiten übergeht, und erst ab 85° kommt es zum unkontrollierbaren Sturz. Solange der Untergrund noch umgriffen werden kann, ist seine Beschaffenheit für das Klettern gleichgültig. Bewundernswert ist die Geschmeidigkeit des Körpers der Schliefer – sie können sich um 180° drehen, die Fußsohlen so weit eindrehen, daß sie dem Bauch zugekehrt sind oder sich mit der Putzkralle im Ohr kratzen. Auf die adhäsive Wirkung der Sohlen wurde bereits hingewiesen.

Verschiedene Autoren haben auf die scheinbare Diskrepanz zwischen der Fortbewegungsweise und der Anatomie heutiger Schliefer aufmerksam gemacht. „Si Cuvier avait voulu inférer le mode de locomotion du Daman à partir de l' anatomie de ses pattes, il n'en eut certainement pas fait un grimpeur et encore moins un grimpeur émérite" (RICHARD 1964). BÖKER & PFAFF (1931) und BÖKER (1935) schließen aus ihren Untersuchungen über die Ontogenese der Proportionen der Extremitätensegmente auf eine sekundäre Lebensweise in Urwald und felsigem Gelände. RICHARD (1964), SALE (1969) und GAMBARYAN (1974) nehmen ebenfalls einen Wechsel der Lebensweise an, THENIUS (1979, 1980) sieht die heutigen Schliefer sogar als sekundäre Sohlengänger an, die von langbeinigen, dreizehigen Laufformen abstammen. Nach FISCHER (1986) dürften die heutigen Hyracoiden von ursprünglich cursorialen, unguligraden Formen abstammen. Nur so werden viele Gegebenheiten in der Anatomie der rezenten Procaviiden verständlich. Die Reduktion der Clavicula und der seitlichen Zehen sowie die Ausbildung einer für Läufer charakteristischen Muskulatur oder von Hufen ist nicht mit einer primären Anpassung an das Klettern in Einklang zu bringen. Außerdem fehlen heutigen Schliefern Krallen oder eine Greifhand. Der wahrscheinlich im Zusammenhang mit der Anpassung an eine läuferische Fortbewegung eingetretene Verlust der Supinationsfähigkeit von Hand und Fuß wird bei heutigen Schliefern durch ein einzigartiges intracarpales bzw. intraarsales Gelenk kompensiert (s. u.). JENKINS (1971) bezog *Heterohyrax* in seine röntgenkinematographischen Untersuchungen als Vergleichstier ein. Danach werden die Vorder- und Hinterextremitäten parasagittal sehr nahe am Körper vorbeigeführt, der Humerus-Parasagittal-Winkel beträgt < 10°, das Femur überstreicht einen Exkursionsbogen von 15°–25°, der Unterschenkel wird nahezu parasagittal geführt. Weder Oberarm noch Oberschenkel zeigen eine nennenswerte Abduktion. *Heterohyrax* kommt mit diesen Werten Läufern gleich. Rezente Schliefer repräsentieren in Anatomie und Fortbewegungsweise also keinen plantigraden, ursprünglichen Protoungulaten, der auf dem Niveau condylarthrer Huftiere „stehenblieb".

6.3.2. Anatomie der Fortbewegungsorgane

Die Vorderextremität sitzt wegen des kurzen Halses nahe am Kopf, die Hinterextremität liegt dagegen wegen des langen Rumpfes relativ weit hinten. Das Verhältnis der Längen von Arm und Bein beträgt 3 : 4, an der Hinterextremität ist die Tibia etwas länger als das Femur und der Tarsus. Während der Ontogenese werden die einzelnen Extremitätenabschnitte unterschiedlich stark verkürzt. Während beim Fetus Stylo-, Zygo- und Autopodium gleich lang sind, bleibt der Fuß in der spätfetalen und postnatalen Entwicklung im Längenwachstum zurück (BÖKER & PFAFF 1931, BÖKER 1935). Nach Ansicht dieser Autoren können gemäß dem Dolloschen Gesetz verlorengegangene Konstruktionsteile wie die 1. und 5. Zehe nicht wiedererworben, wohl aber können Längenverhältnisse geändert werden.

6.3.2.1. Vorderextremität

6.3.2.1.1. Skelet

Am Schultergürtel der Hyracoiden fehlt eine Clavicula. Nur einmal konnte eine kleine Knorpelspange im M. brachiocephalicus als Rest nachgewiesen werden (FISCHER 1983). Das Schulterblatt fossiler und rezenter Formen hat einen annähernd dreieckigen Umriß (Abb. 27). Die Spina scapulae steigt ungefähr in der Mitte des Schulterblattes zu ansehnlicher Größe auf, verliert sich dann aber in Höhe des Collum scapulae. Ein Acromion fehlt den Hyracoiden.

Der Oberarm ist etwa um 20 % länger als der Unterarm. Er ist lateromedial zusammengedrückt und zeigt somit einen längsovalen Querschnitt. Tuberculum majus und Crista deltoidea sind kräftig ausgebildet. Ein Foramen entepicondyloideum fehlt. Im Ellbogengelenk sind keinerlei Drehbewegungen möglich, das Capitulum radii ist verbreitert, proximal bildet es die ausschließliche Gelenkung mit der Trochlea humeri. Die Eminentia intertrochlearis und ein kielartiger Vorsprung am Radius bilden zusammen mit dem Proc. anconeus die straffe Führung des Humerus im Ellbogengelenk. Ein artikuliert erhaltenes Ellbogengelenk eines miozänen Hyracoiden zeigt die genannten Merkmale in prononcierterer Weise. Der Radius liegt in seinem proximalen Abschnitt vollständig cranial, distal dagegen dorsomedial der Ulna. Die beiden Unterarmelemente sind gegeneinander nicht beweglich, bei älteren Tieren sind häufig Synostosen im Bereich der Membrana interossea zu beobachten. Die distalen Enden von Radius und Ulna sind durch Bindegewebe fest verbunden und in Pronationsstellung fixiert, wobei die Ruhestellung der Hand allerdings in einer intermediären Position erfolgt (Supinationsbogen nach STARCK 1974) (FISCHER 1986). Ein kielartiger Vorsprung an der distalen Gelenkfläche des Radius trennt die proximalen Gelenkflächen von Naviculare und Lunatum. Letzteres sitzt unter dem vorspringenden Radius und hat keinen Kontakt zur Ulna, welche mit dem Triquetrum in einem tiefen Sattelgelenk artikuliert.

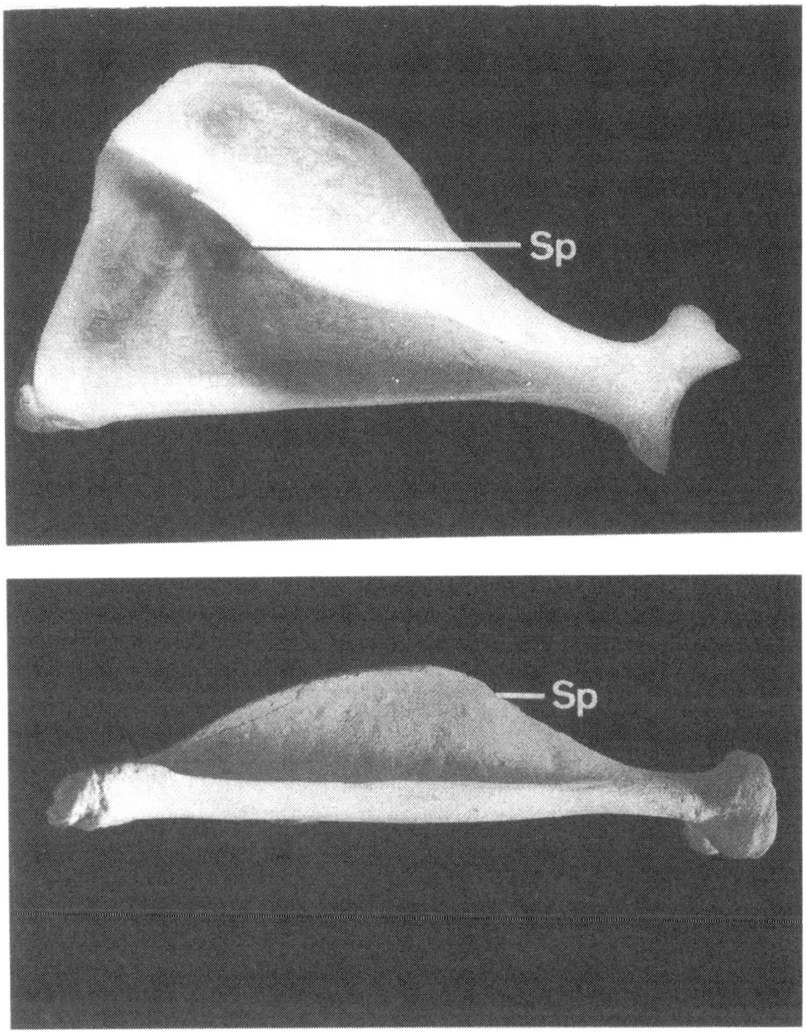

Abb. 27. *Procavia capensis*. Lateralansicht (oben) und Caudalansicht der rechten Scapula. Die Spina scapulae (Sp) endet ohne Acromion im Collum scapulae (aus Fischer 1986).

Die Hand wird überwiegend im proximalen Handgelenk gebeugt, 90° Flexion bei nur 20° Extension (Yalden 1971). Die Flexion kann in zwei Teilbewegungen zerlegt werden, wobei nach 50° Beugung die nächsten 40° als Bewegung der 3 proximalen Handwurzelknochen über der Beugekante von Radius und Ulna erfolgen.

Von großer systematischer Bedeutung ist der seriale oder taxeopode Bau der Handwurzel: das Lunatum artikuliert hier ausschließlich mit dem Capitatum (Abb. 28, 31). Ursing (1934) weist darauf hin, daß das Lunatum auch mit dem Centrale carpi und auf der Volarseite mit dem Hamatum in Verbindung steht. Als Folge der sich volarwärts verschmälernden Handwurzelknochen ist der Carpus als Ganzes dorsolaterad stark konvex gebogen (Abb. 29). Dieser Bogen wird durch das stark entwickelte Pisiforme und das etwa gleich weit volar reichende Naviculare verlängert. Am Pisiforme ist eine große Epiphyse ausgebildet (Ursing 1934). Durch die seriale Anordnung der Handwurzelknochen wird erreicht, daß die Grenze zwischen der ersten und zweiten Carpalreihe in einer Ebene liegt. Die erste Reihe bildet für die zweite eine einheitliche, konkave, sich auf beiden Seiten verschmälernde Fläche (Abb. 29, 31). Die konvexe Gelenkfläche der kanonischen Elemente der Carpalreihe wird durch das in eine Lücke zwischen Multangulum minus und Capitatum eingeschaltete Os centrale carpi geschlossen. Dieses Knöchelchen wurde von Wertheimer (1885) endgültig nachgewiesen. Die Carpalelemente beider Reihen nehmen von medial nach lateral in der Größe zu.

Durch Manipulation der Hand an einem frisch toten Kadaver gelang der Nachweis, daß nahezu die gesamte Supinationsbewegung der Hand im Intercarpalgelenk stattfindet (Fischer 1986) (Abb. 30). Dabei gleitet die zweite Carpalreihe insgesamt auf der ersten und zwar so weit, daß das Hamatum nur noch geringfügigen Kontakt mit dem Triquetrum behält. Durch den Nachweis dieser einzigartigen Gelenkmechanik im Carpus der Procaviiden kann nun erklärt werden, weshalb die

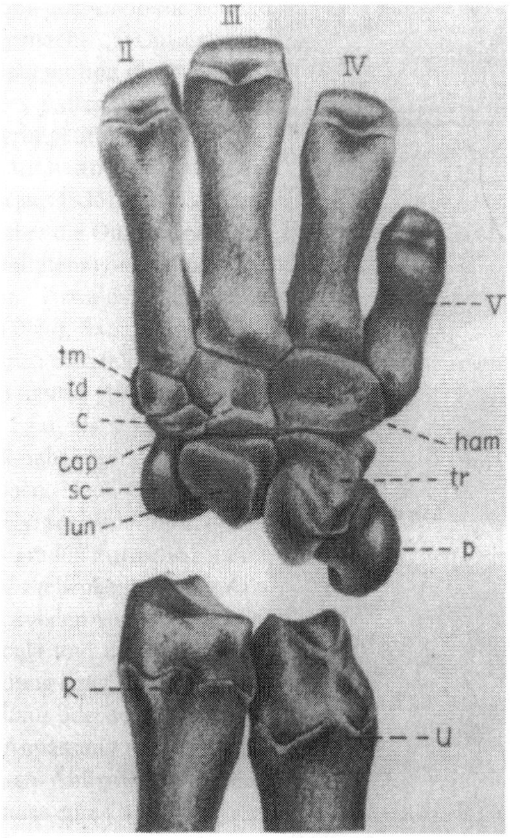

Abb. 28. Rechtes Handskelet von *Procavia capensis* (aus Ursing 1934). Abk.: c = Centrale carpi, cap = Capitatum, Ep = Epiphyse am Pisiforme, ham = Hamatum, lun = Lunatum, p = Pisiforme, sc = Scaphoid, td = Multangulum minus (Trapezoid), tm = Multangulum majus (Trapezium), tr = Triquetum, R = Radius, U = Ulna.

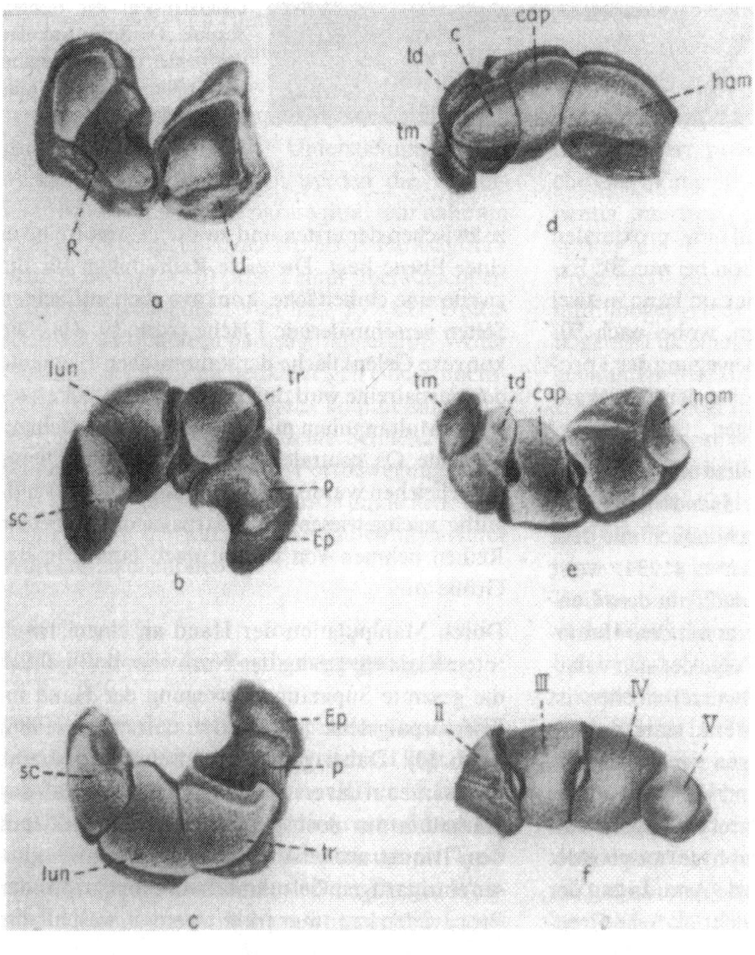

Abb. 29. Carpalia der rechten Hand von *Procavia capensis*. Distalansicht von Radius und Ulna (a), der proximalen Carpalreihe (c) und der distalen Carpalreihe (e). Proximalansicht der proximalen (b) und distalen Carpalreihe (d) sowie der Metacarpalia (f) (aus Ursing 1934). Abk.: siehe Abb. 28.

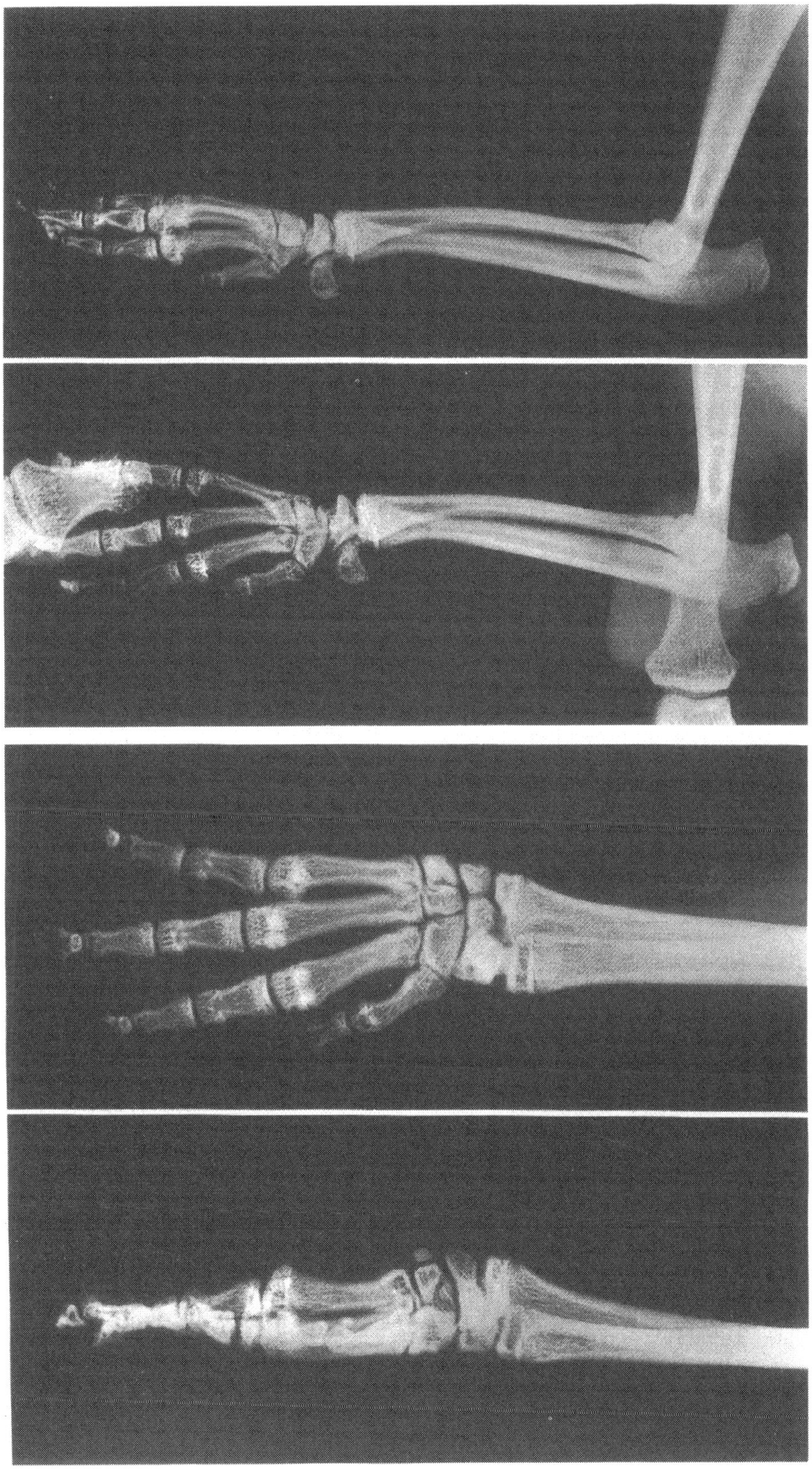

Abb. 30. *Dendrohyrax arboreus*. Röntgenbild der linken Vorderextremität aufgenommen an einem intakten Kadaver. Demonstration der Rotation der Hand im Intercarpalgelenk. Nach der manipulierten Supinationsdrehung befinden sich Radius und Ulna und die proximale Carpalreihe in unveränderter Stellung, die Rotation findet ausschließlich zwischen der proximalen und distalen Carpalreihe statt (aus FISCHER 1986).

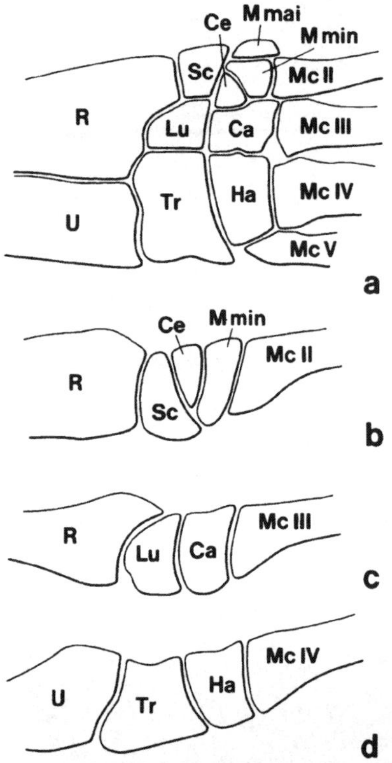

Abb. 31. Schematische Darstellung des Carpus von *Dendrohyrax*. a) Dorsalansicht der rechten Hand. b) Längsschnitt durch den Carpus in Höhe des Scaphoid (Sc), c) in Höhe des Lunatum (Lu) und d) in Höhe des Triquetrum (Tr) (nach YALDEN 1971). Abk.: Ca = Capitatum, Ce = Centrale carpi, Ha = Hamatum, Lu = Lunatum, M.mai = Multangulum majus (Trapezium), M. min = Multangulum minus (Trapezoideum), Mc II, III, IV, V = Metacarpalia II–V, R = Radius, Sc = Scaphoid, Tr = Triquetrum, U = Ulna.

Hand in Supinationsstellung beobachtet werden konnte, obwohl doch die beiden Unterarmelemente gegeneinander fixiert sind. Neben Rotationsbewegungen ist im Intercarpalgelenk auch Beugung von etwa 20° möglich (YALDEN 1971).

Die Gelenkflächen für die Metacarpalia II–IV sind schwach konkav, die Metacarpalia sind laterad verschoben und haben demgemäß ectale Kontakte mit den Carpalia. Ein Metacarpale I tritt nur gelegentlich auf, noch seltener wurde am vorhandenen Metacarpale I eine kopfartige Basalphalanx gefunden, doch selbst dann ist der „Daumen" immer unter der Hand verborgen, und das zugehörige Zehenendorgan fehlt. Nach der Länge geordnet folgen dem Mittelstrahl der zweite, vierte und fünfte Finger. Die distalen Gelenkflächen an den Metacarpalia besitzen nur noch schwache Kiele in der ventralen Circumferenz, bei miozänen Formen waren diese sehr hoch. Die Finger besitzen nahezu keine gegeneinander unabhängige Beweglichkeit, da sie bis zu den Endphalangen durch eine Interdigitalhaut fest verbunden sind (Abb. 23). Abmessungen am Skelet der Vorderextremität ergaben folgende Durchschnittswerte: Scapula 5–6 cm, Humerus 7 cm, Ulna 6 cm, Radius 4 cm, Carpus 0,8 cm, Metacarpus 1,5 cm, Phalangen 3. Finger 1,5 cm.

6.3.2.1.2. Morphogenese des Handskeletes

Hierüber liegen Arbeiten von FISCHER (1903), URSING (1934), HOLMGREN (1952) und SLABY (1963, 1967) vor. SLABY (1967) legt besonderen Wert auf den Umstand, daß in den früheren Stadien „Steiners Stadium der sogenannten Crossopterygier - Stufe ersichtlich" ist. Als erstes wird das Capitatum angelegt, was möglicherweise im Zusammenhang mit der Mittelstrahldominanz steht (Abb. 32). Interessanterweise stellt sich frühzeitig die starke Wölbung des Carpus und die Größe von Triquetrum und Hamatum ein. Das Os centrale carpi ist im Verhältnis zu den anderen Carpalelementen immer klein und erreicht nie die Volarfläche (Abb. 33). Bei *Dendrohyrax* soll das Os centrale carpi mit dem Multangulum minus verwachsen (FISCHER 1903). URSING (1934) hält die Interpretation von FISCHER (1903) eines weiteren Carpalelementes als zweites Os centrale carpi nicht für stichhaltig. Auch das Auftreten eines sog. Praepollex ventral vom Naviculare sieht URSING (1934) wohl zu Recht nicht als Relikt eines praeaxialen Strahles an, sondern als sekundären Bestandteil der Hand, welcher die mediale Volarseite stützt. Schon v. BARDELEBEN (1889) hat das Vorkommen eines Praepollex oder Praehallux bei Hyrax ausgeschlossen. Die Reduktion des ersten Strahles läßt sich bereits frühzeitig in der Ontogenese erkennen. Nach JOUFFROY (1971 b) weist die Morphogenese des Tarsus darauf hin, daß die Hyracoiden von einer sicherlich *Phenacodus* verwandten, aber wohl noch ursprünglicheren Form abzuleiten sind.

6.3.2.1.3. Muskulatur der Vorderextremität

Über die Muskulatur der Vorderextremität liegen Angaben von MECKEL (1828), MURIE & MIVART (1865), BRANDT (1869), GEORGE (1875), WINDLE & PARSONS (1901) und FISCHER (1983) vor. In vergleichenden Arbeiten über einzelne Muskeln oder Muskelgruppen beschreibt KOLSTER (1901) den M. pronator teres, KAJAVA (1923) in einer ausgezeichneten Darstellung die volare Handmuskulatur, PALMGREN (1928) den M. biceps brachii und M. brachialis und ŠTÉRBA (1968) den M. trapezius und M. sternocleidomastoideus.

Im folgenden werden nur wichtige, von den üblichen Verhältnissen der Säugetiere abweichende

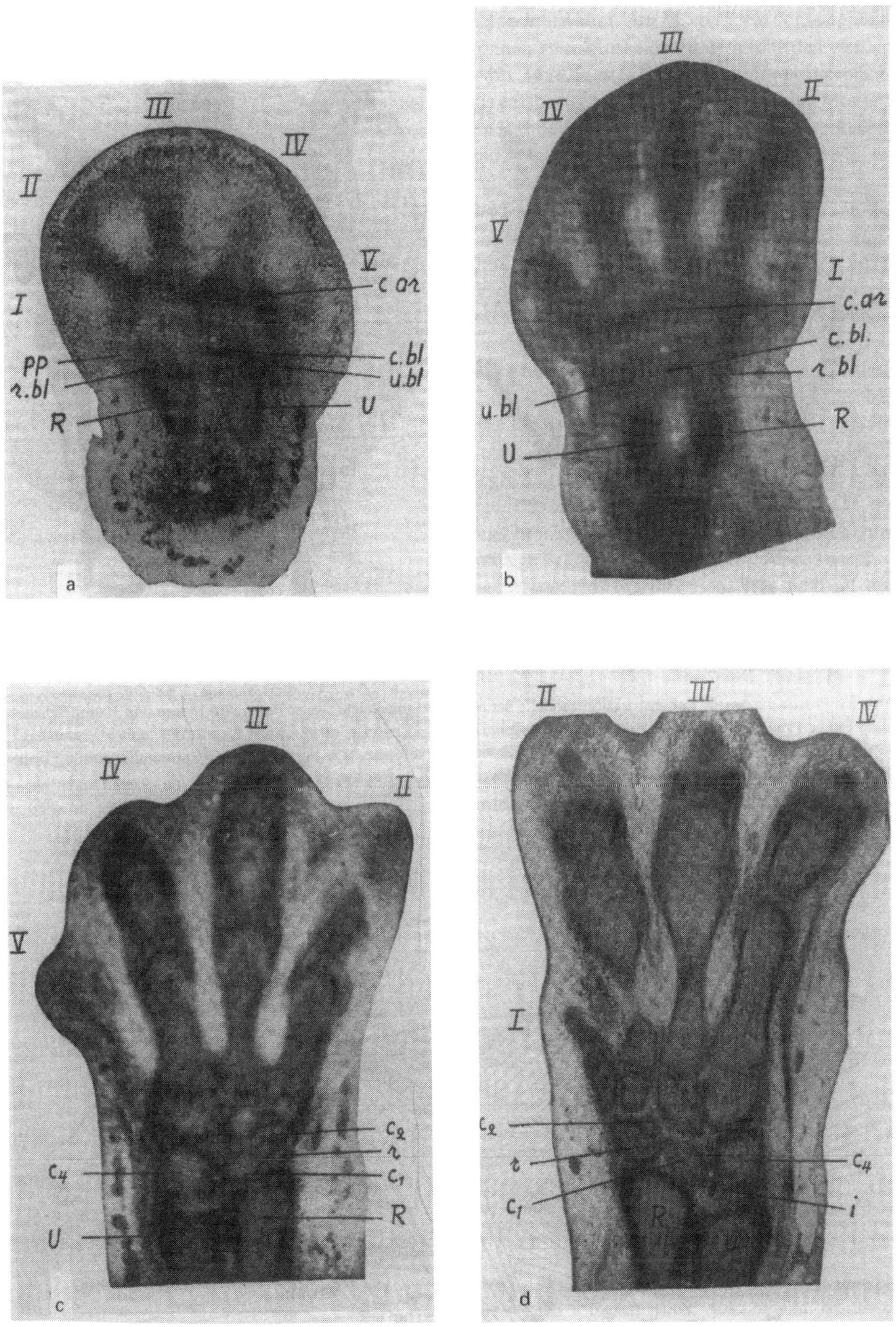

Abb. 32. *Procavia capensis*. Morphogenese des Carpus. Horizontalschnitte. Fetus mit einer Länge von a) 12 mm, b) 14 mm, c) 18 mm und d) 22 mm (aus HOLMGREN 1952). Abk.: c.ar = „carpal arch“, c.bl = zentrales Blastem, r.bl = radiales Blastem, u. bl. = ulnares Blastem, i = Intermedium, pp = Praepollex, r = Radiale, C_{1-4} = Centralia 1–4, R = Radius, U = Ulna.

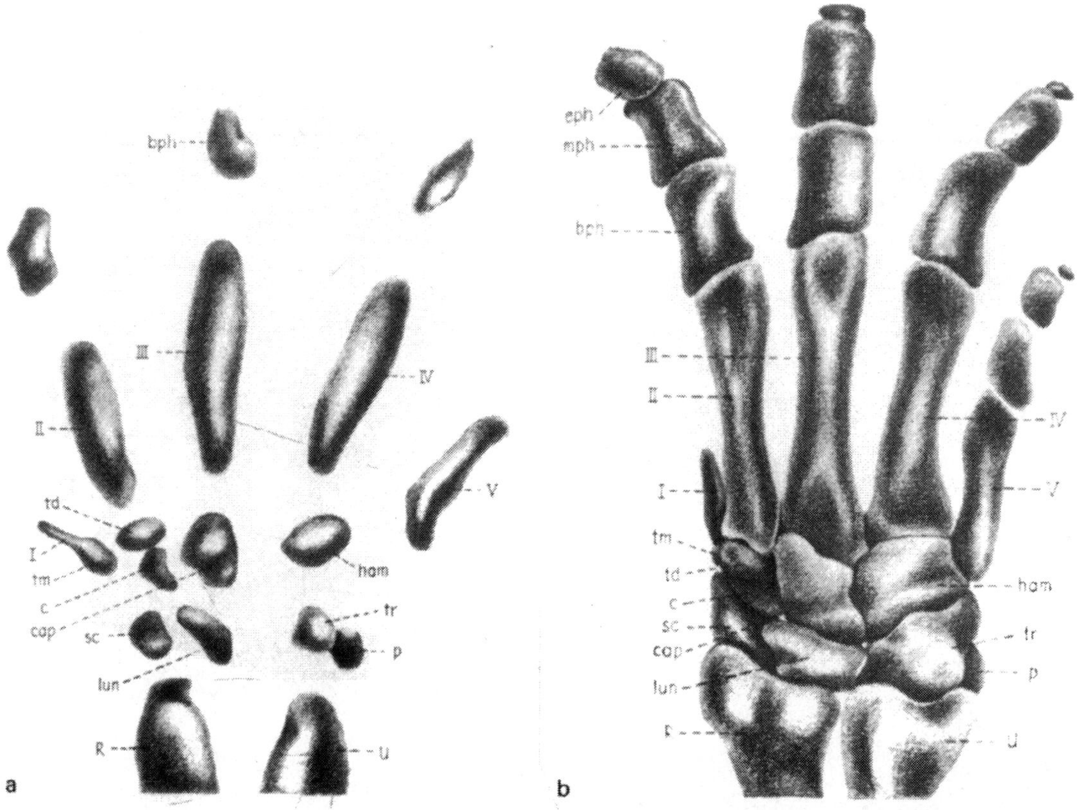

Abb. 33. *Procavia capensis.* Rekonstruktionsmodelle der rechten Handskelete zweier Feten von 15 mm und 32 mm Scheitel-Steiß-Länge (aus URSING 1934). Abk.: bph = Basiphalanx, c = Centrale carpi, cap = Capitatum, eph = Endphalanx, ham = Hamatum, lun = Lunatum, mph = Mittelphalanx, p = Pisiforme, sc = Scapoid, td = Multangulum minus (Trapezoid), tm = Multangulum majus (Trapezium), tr = Triquetum, R = Radius, U = Ulna.

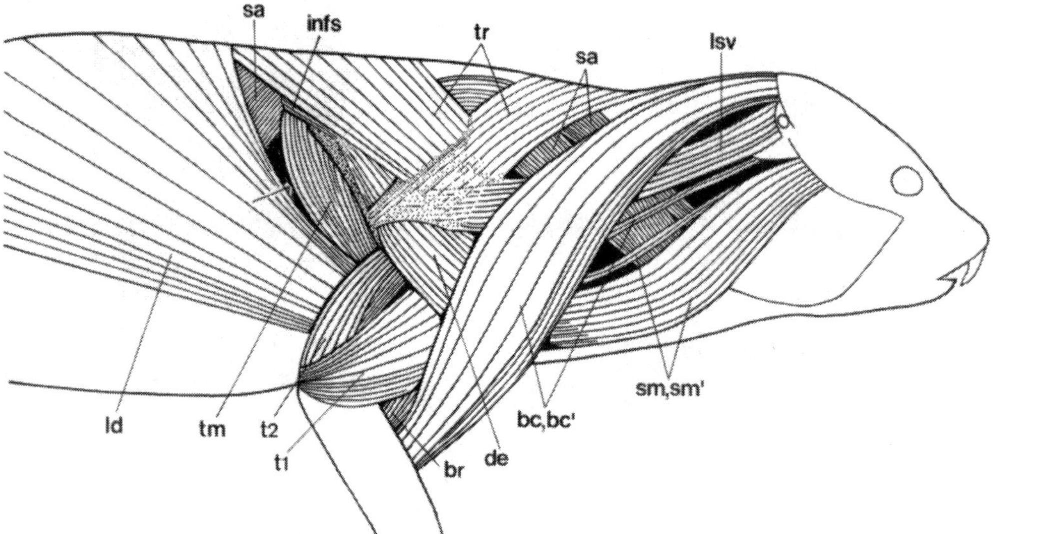

Abb. 34. *Procavia capensis.* Die oberflächliche Schicht der Schultergürtelmuskulatur. Ansicht der rechten Seite (aus FISCHER 1986). Abk.: bc, bc' = M. brachiocephalicus, br = M. brachialis, de = M. deltoideus, infs = M. infraspinatus, ld = M. latissimus dorsi, lsv = M. levator scapulae ventralis, sa = M. serratus anterior, sm, sm' = M. sternocleidomastoideus, t1 = M. triceps brachii caput laterale, t2 = M. triceps brachii caput longum, tm = M. teres major, tr = M. trapezius.

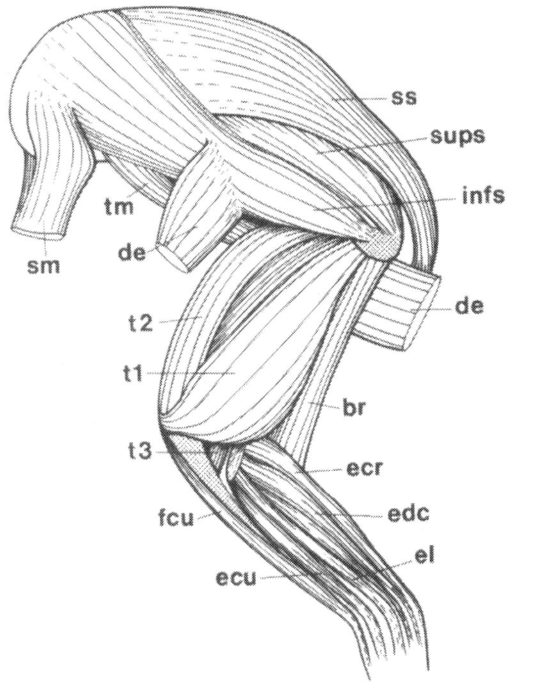

Abb. 35. *Procavia capensis*. Lateralansicht der Muskulatur der rechten Vorderextremität. Abk.: br = M. brachialis, de = M. deltoideus, ecr = M. extensor carpi radialis, ecu = M. extensor carpi ulnaris, edc = M. extensor digitorum communis, el = M. extensor lateralis, fcu = M. flexor carpi ulnaris, infs = M. infraspinatus, sm = M. serratus anterior, ss = M. sternoscapularis, sups = M. supraspinatus, t1 = M. triceps brachii caput laterale, t2 = M. triceps brachii caput longum, t3 = M. triceps brachii caput mediale, tm = M. teres major.

Befunde erwähnt. Am M. sternocleidomastoideus können zwei Muskelpaare unterschieden werden (Abb. 34). Die erste Portion des M. sternocephalicus entspringt am Manubrium sterni und inseriert am Rande des Ramus ascendens des Unterkiefers und aponeurotisch am M. masseter. Eine zweite, viel dünnere Portion zieht vom Sternum zum Proc. paroccipitalis. Infolge der Reduktion der Clavicula verbinden sich supraclaviculäre Muskeln, das sind Teile des M. trapezius und der Mm. cleidomastoideus et cleidooccipitalis, mit dem infraclaviculären M. deltoideus und bilden gemeinsam einen gleich mehrere Gelenke überspringenden Muskel, welcher vom Hinterhaupt bis zum Unterarm zieht. Dieser M. brachiocephalicus hat zwei Ursprungsportionen, die am Occiput und am Proc. paroccipitalis entspringen und erst in Höhe des Schultergelenkes verschmelzen. Der sehr kräftige Muskel setzt an der Ulna neben dem M. biceps brachii an. Am M. trapezius läßt sich eine kräftige Pars cervicalis von einer dünnen Pars thoracica trennen; die Insertion liegt nicht an der Spina scapulae, sondern am caudalen Rande der Scapula (*Procavia capensis*) oder an der Lateralseite des Humerus (*Dendrohyrax dorsalis*).

Nach Ansicht von SMITH & SAVAGE (1956) hängt die eckige Form der Scapula, wie sie auch die Procaviiden zeigen, mit der Teilung des M. serratus anterior in zwei Portionen zusammen, welche an-

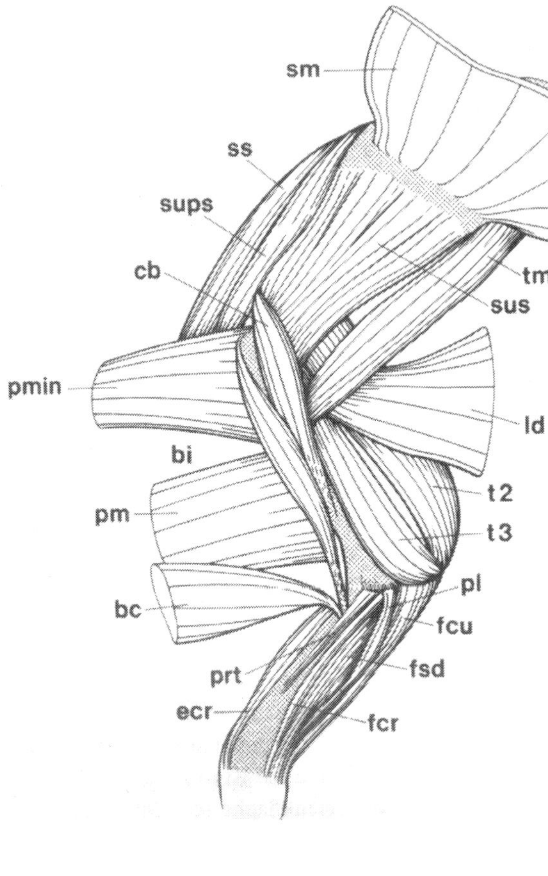

Abb. 36. *Procavia capensis*. Medialansicht der Muskulatur der rechten Vorderextremität. Abk.: bc = M. brachiocephalicus, bi = M. biceps brachii, cb = M. coracobrachialis, ecr = M. extensor carpi radialis, fcr = M. flexor carpi radialis, fcu = M. flexor carpi ulnaris, fsd = M. flexor digitorum superficialis, ld = M. latissimus dorsi, pl = M. palmaris, pm = M. pectoralis major, pmin = M. pectoralis minor, prt = M. pronator teres, sm = M. serratus anterior, ss = M. sternoscapularis, sups = M. supraspinatus, sus = M. subscapularis, t2 = M. triceps brachii caput longum, t3 = M. triceps brachii caput mediale, tm = M. teres major.

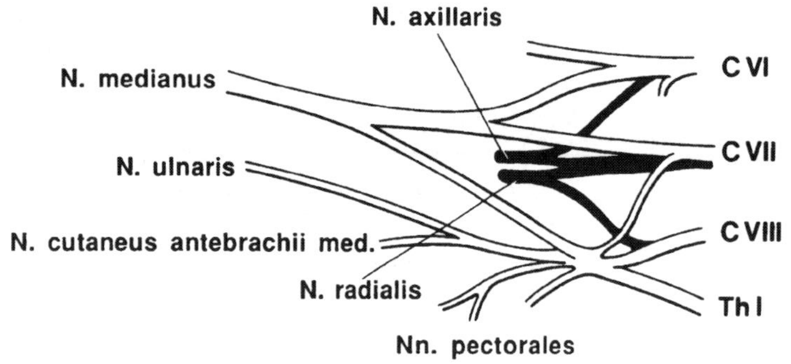

Abb. 37. Der Plexus brachialis bei *Procavia capensis*. C VI, C VII und C VIII die 6., 7. und 8. Cervicalwurzeln, Th I die 1. Thorakalwurzel (nach KAJAVA 1923).

tagonistisch an der Vorwärts- und Rückwärtsführung der Extremität beteiligt sind. Bei Schliefern ist der M. serratus anterior zwar ein einheitlicher Muskel, doch treten Serratuszacken nur am Ursprung an den Querfortsätzen der 3.–7. Halswirbel und an der 6.–11. Rippe auf.

Ein funktionell und systematisch besonders bemerkenswerter Muskel ist der M. sternoscapularis, der ausgehend von Sternum bogenförmig über das Schultergelenk zieht und erst am Angulus cranialis sowie aponeurotisch auf dem M. supraspinatus endet (Abb. 35). Ein Muskel mit solchem Verlauf ist bislang nur bei Unpaarhufern und Schliefern bekannt geworden. Bei den Schliefern kann er aufgrund seines Verlaufes das Schultergelenk beim Kopfunterklettern stabilisieren, gleichzeitig ist er ein Vorwärtsführer der Scapula. Röntgenkinematographisch konnte eine eindrucksvolle Exkursion der Scapula beobachtet werden (FISCHER in Vorb.).

Dem M. deltoideus fehlt die claviculäre und acromiale Portion, die Pars scapularis entspringt zweiköpfig am ventralen Rande der Scapula. Der M. triceps brachii ist eigentlich vierköpfig und von so enormer Stärke, daß GEORGE (1857) fälschlicherweise ein grabendes Dasein von Hyrax annahm (Abb. 36). Der M. supinator longus fehlt, der M. brachioradialis ist nur ein sehr dünner Muskel.

Der M. pronator teres inseriert im distalen Abschnitt des Radius und wirkt als Beuger. Im Gegensatz zur Extensorenseite ist die Flexorenseite des Unterarmes kompliziert gegliedert. Die Flexoren sind untereinander mehrfach verflochten. Es tritt ein schwacher M. palmaris longus auf, der in eine breite Palmarplatte ausläuft. Von dieser Platte entspringt der M. flexor brevis manus. Der Muskel setzt sich aus drei Bäuchen zusammen, deren Endsehnen zum 2., 4. und 5. Finger ziehen. Die beiden erstgenannten Endsehnen beteiligen sich an der Bildung der „Perforatus-Sehnen", die 3. inseriert an der Basis des 2. Phalangengliedes des 5. Fingers.

6.3.2.2. Hinterextremität

6.3.2.2.1. Skelet

Das Becken des Schliefer zeichnet sich durch die Verlängerung des praeacetabulären Abschnittes aus, wobei vor allem das Ilium auffallend verlängert ist. Das Längenverhältnis von prae- zu postacetabulärem Beckenabschnitt beträgt 2 : 1. Das Iliosacralgelenk liegt weit cranial. Die Alae ossis ilii sind cranial verbreitert, der Mittelabschnitt ist schlank. Wie die Röntgenkinematographie zeigt, ist unmittelbar vor dem Becken im hinteren Lumbalabschnitt eine regelrechte Beugungszone ausgebildet (FISCHER in Vorb.).

Das Femur steht in Ruhelage fast horizontal. Es fällt der entsprechend der Stärke des M. glutaeus medius sehr kräftige Trochanter major auf. Der Trochanter tertius kann verschieden deutlich ausgebildet sein, er dient als Ansatzstelle für eine Portion des M. glutaeus maximus. Der Femurkopf besitzt einen tiefen lateralen Einschnitt für das Lig. teres. Tibia und Fibula sind proximal und distal verschmolzen bzw. syndesmotisch eng verbunden. Die Fibula ist nurmehr ein dünner Stab, an dessen distalem Ende ein Malleolus lateralis nur als Verbreiterung angedeutet ist. Hier artikuliert die Fibula mit der Lateralseite des Talus in einer bogenförmigen Rinne. Bei miozänen Stammgruppenvertretern der Hyracoidea ist die Fibula noch stärker reduziert.

Das Talocruralgelenk der Hyracoiden ist durch einen weit vorspringenden Malleolus medialis ausgezeichnet, der mit einem besonderen stufenartigen Absatz am Talus artikuliert (Abb. 38). Bei den rezenten Schliefern ist die Gelenkfläche des Malleolus medialis auf den cranialen Sektor des Circumferenz beschränkt, weshalb ein Kontakt mit dem Absatz am Talus nur in Flexionsstellung zustande kommt. Dagegen hat der Malleolus medialis eines miozänen Hyracoiden aus der Sammlung der National Museums of Kenya die Form einer Rolle mit einer Gelenkfläche (ca. 240°), die mit

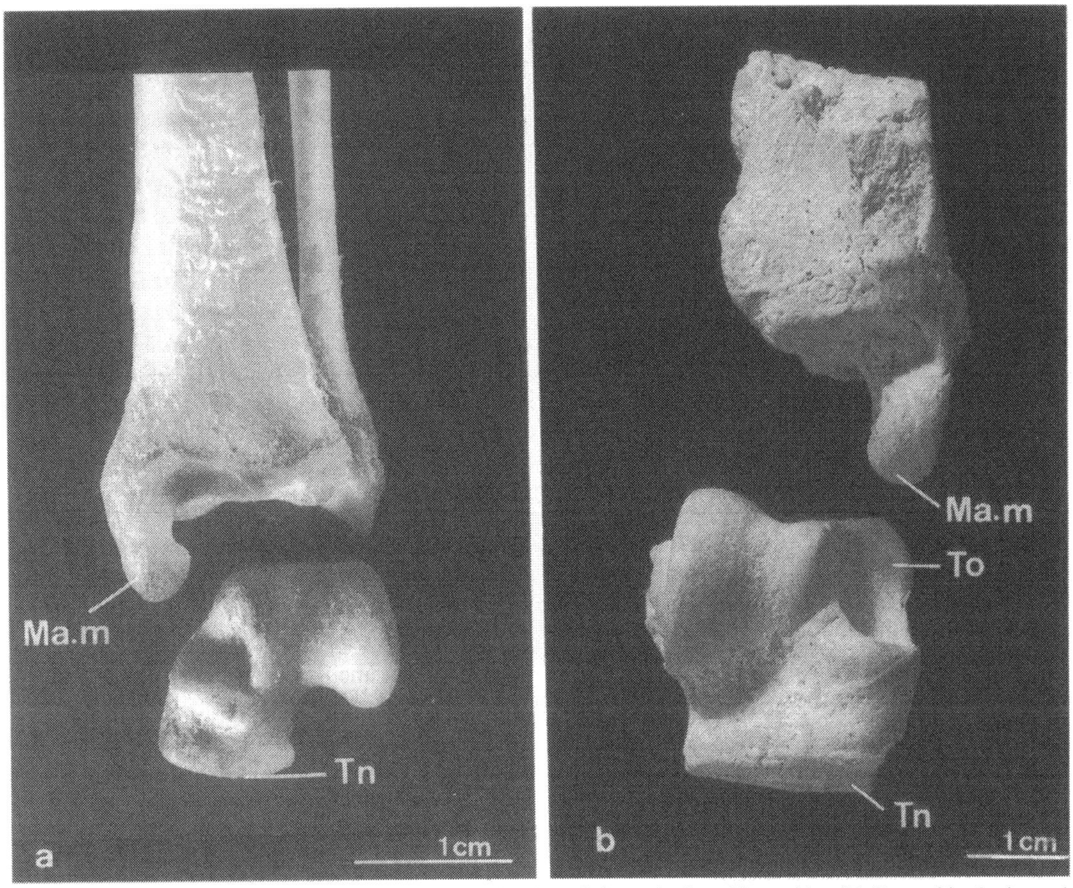

Abb. 38. Rechtes Sprunggelenk von *Dendrohyrax dorsalis* (a) und eines miozänen Hyracoiden (b). Hyracoiden besitzen ein charakteristisches Gelenk zwischen Malleolus medialis (Ma.m) und Talus (aus FISCHER 1986). Abk.: Ma.m = Malleolus medialis, Tn = Talonaviculargelenkfacette, To = „Talusohr".

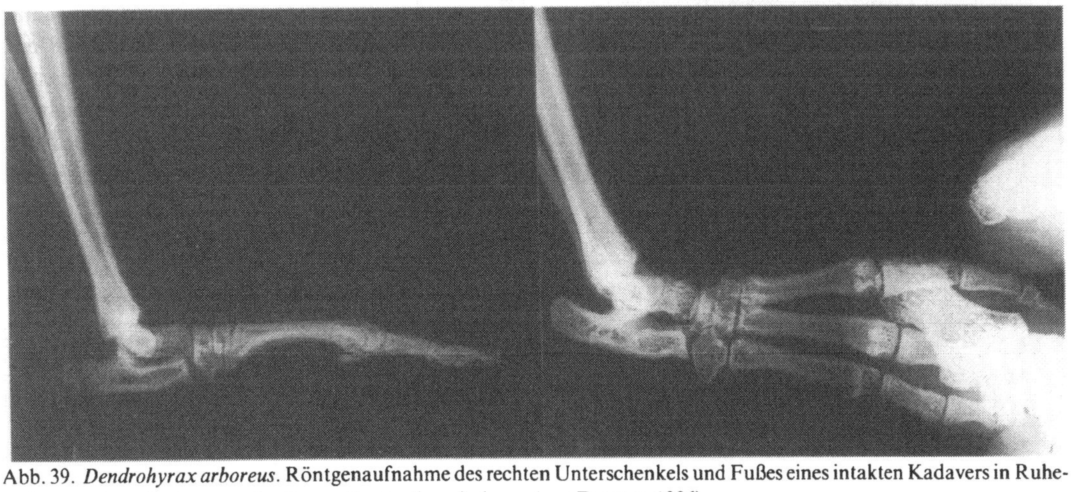

Abb. 39. *Dendrohyrax arboreus*. Röntgenaufnahme des rechten Unterschenkels und Fußes eines intakten Kadavers in Ruhestellung und nach einer manipulierten Supinationsdrehung (aus FISCHER 1986).

dem Talus ein regelrechtes Rollgelenk bildet (Abb. 38). Zwischen Malleolus medialis und Tuberculum mediale tali ist ein kurzes, sehr kräftiges Band gespannt.

Der Fuß ist um mehr als ein Drittel länger als die Hand und wirkt aufgrund der Dreizehigkeit sehr schlank. Er ist von außerordentlicher Beweglichkeit, angeblich kann er um mehr als 180° gedreht werden. Der Talus überlagert den Calcaneus, doch nur bei den heutigen Schliefern tritt distal eine zusätzliche Facette auf. Der lange Calcaneus zeigt eine im Vergleich zu anderen Säugetieren abweichende Orientierung, denn der Talus liegt nicht der Dorsalseite, sondern der Medialseite des Calcaneus auf. Bei oligozänen und miozänen Formen entspricht das Talocalcanealgelenk den üblichen Verhältnissen, die distale Facette fehlt, die Trochlea ist gegen das Collum tali weniger stark abgesetzt. Durch die Veränderungen in der proximalen Fußwurzel gelangen die Talonavicular- und Calcaneocuboidgelenke in eine Ebene. Dies ist die Voraussetzung für ein vergleichbares Phänomen wie an der Handwurzel. Am Fuß zeigten manipulierte Drehbewegungen am frischtoten Kadaver, daß der wesentliche Teil der Rotation in eben diesen Gelenken stattfindet (proximales Intertarsalgelenk oder Chopartsche Gelenklinie) (Abb. 39).

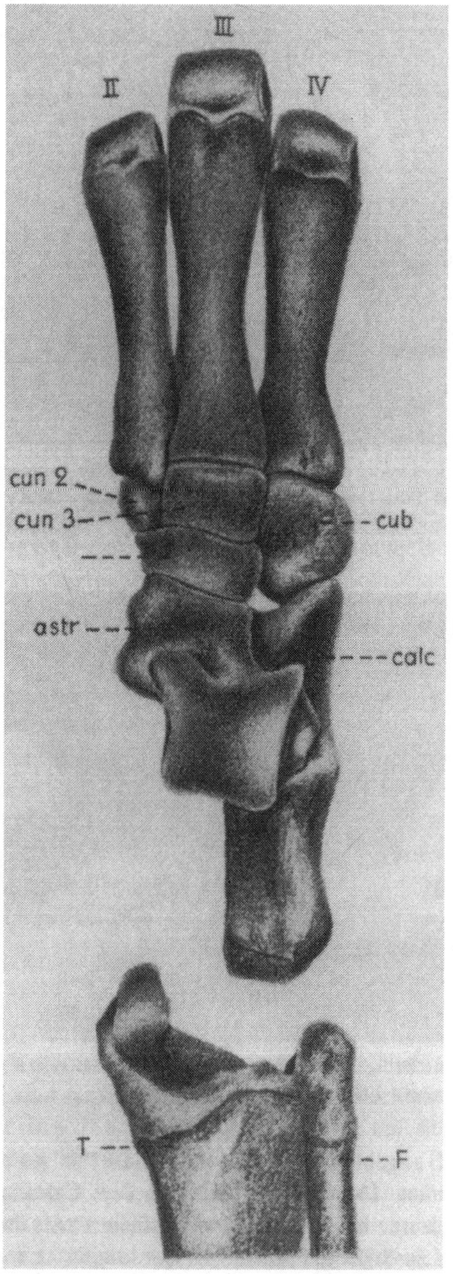

Abb. 40. Fußskelet von *Procavia capensis* (aus Ursing 1934). Abk.: astr = Astragalus (= Talus), calc = Calcaneus, cub = Cuboid, cun2, cun3 = Cuneiforme, 2, 3, F = Fibula, T = Tibia.

Nicht zu vernachlässigen sind aber „Öffnungsbewegungen" im Talocalcaneargelenk und geringfügige Bewegungen im proximalen Sprunggelenk. Eine Bedingung für die intertarsale Rotationsbewegung ist die taxeopode Anordnung der Fußwurzelknochen, d. h. der Talus artikuliert ausschließlich mit dem Naviculare und der Calcaneus mit dem Cuboid (Abb. 40). Ein von Osborn (1889) beobachteter Talocuboidkontakt bei *Dendrohyrax* scheint auch in dieser Gattung die Ausnahme zu sein (Jouffroy 1971 b). Das Talonaviculargelenk ist bei fossilen Formen plan bis schwach konvex, bei heutigen hingegen plan bis sattelförmig. Bei miozänen Formen tritt ein deutlicher Calcaneonavicularkontakt auf.

Das Naviculare ist abgeplattet, ein an dessen Plantarseite auftretender Knochenkern kann vermutlich mit einem Tibiale identifiziert werden (Ursing 1934). Die distalen Gelenkflächen für die Cuneiformia 2 + 3 sind durch ein Leistchen getrennt. Das Cuneiforme 1 ist ein stecknadelkopfgroßer Knochenkern, der an der Medioplantarseite des Naviculare zu finden ist. Das tatsächlich würfelförmige Cuboid heutiger Schliefer ist im Verhältnis zu den anderen Tarsalia wesentlich kräftiger als bei fossilen Formen. Möglicherweise war dort zumindest der 4. Strahl stärker reduziert. Am Cuboid miozäner Hyracoiden ist an der Lateroplantarseite jene Rinne, in der bei heutigen Schliefern die Endsehne des M. peronaeus longus verläuft, nicht zu erkennen. Das Cuneiforme 3 der Procaviiden artikuliert distal mit allen drei Metatarsalia, bei miozänen Formen jedoch nur mit dem Metatarsale III. Selten finden sich Reste eines Metatarsale V. Der Mittelstrahl ist noch stärker betont als an der Vorderextremität. Die terminalen Phalangen der 3. und 4. Zehe sind distal abgestutzt und verbreitert. Sie zeigen in Volaransicht eine fast viereckige Form. Die Endphalanx der 2. Zehe ist in Längsrichtung gespalten und erlaubt so die Befestigung der Putzkralle. Diese Ähnlichkeit mit den eindeutig huftragenden Phalangen miozäner Hyracoiden kann als Hinweis auf eine Abstammung von huftragenden Formen gewertet werden (Fischer 1986) (Abb. 41).

Die Länge der einzelnen Abschnitte der Hinterextremität von *Procavia* beträgt etwa: Becken 10 cm, Femur 7 cm, Tibia 7 cm, Fibula 6,5 cm, Tarsus 2,5 cm, Metatarsale III 1, 8, cm, Phalangen des 3. Fingers 2 cm.

6.3.2.2.2. Morphogenese des Fußskeletes

Die Morphogenese des Fußskeletes ist gegenüber der Entwicklung des Handskeletes sehr verzögert. Erst beim 32 mm-Embryo beginnt die Ossifikation (Ursing 1934). Auffallend ist die frühe und

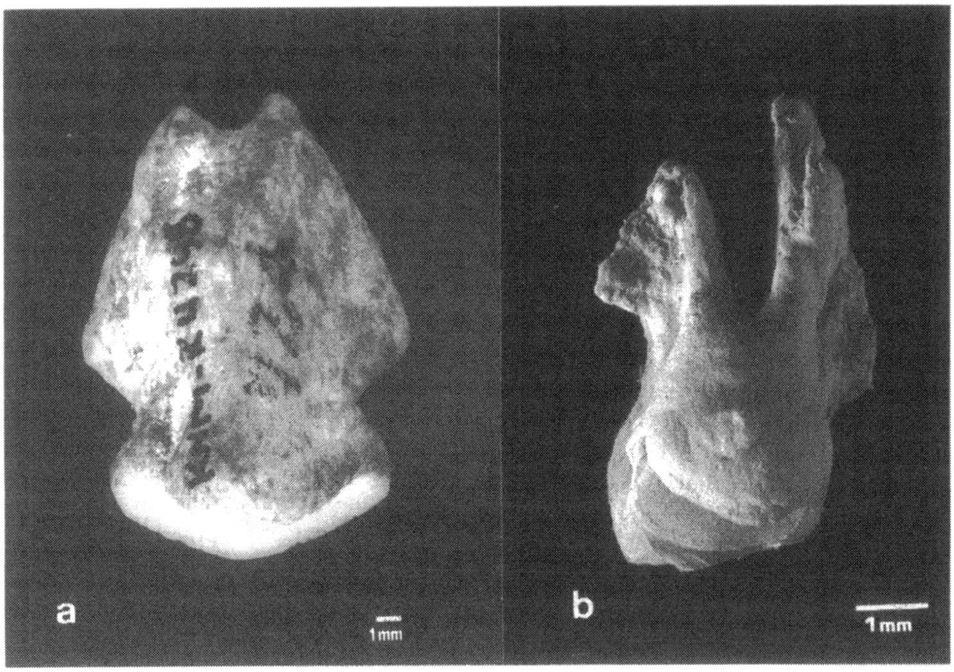

Abb. 41. a) 3. Phalanx eines miozänen Hyracoiden. b) Dorsalansicht der 3. Phalanx der 2. Zehe von *Procavia capensis* (aus Fischer 1986).

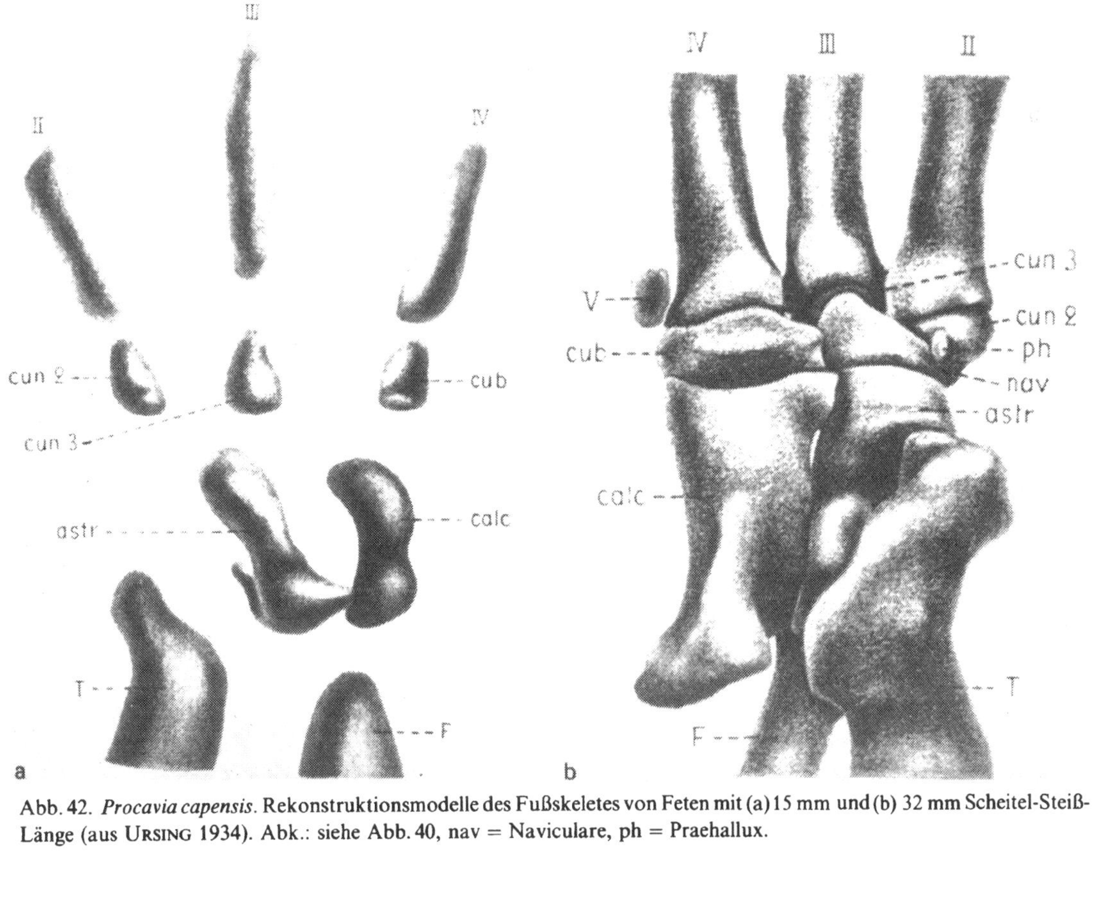

Abb. 42. *Procavia capensis*. Rekonstruktionsmodelle des Fußskeletes von Feten mit (a) 15 mm und (b) 32 mm Scheitel-Steiß-Länge (aus Ursing 1934). Abk.: siehe Abb. 40, nav = Naviculare, ph = Praehallux.

überaus kräftige Entwicklung des Malleolus medialis, der nach Fischer (1903) bis weit in den Bereich des Tarsus hinabreicht und in derselben Längsachse wie Talus und Calcaneus angeordnet ist. Entgegen seiner Größe im adulten Tarsalskelet, wird das Cuboid nur als kleines Element angelegt. Der Talus ist zunächst größer als der Calcaneus, ihre gemeinsamen Gelenkfacetten verschieben sich erst allmählich plantarwärts (Ursing 1934) (Abb. 42). Bei allen untersuchten Feten liegt der distale Abschnitt des Talus unter dem Calcaneus. Bei einem Embryo wurde ein Talocuboidkontakt beobachtet.

6.3.2.2.3. Muskulatur der Hinterextremität

Gourmain (1967) hat den Plexus lumbosacralis von *Procavia* untersucht (Abb. 43). Dieser erstreckt sich über 6 spinale Wurzeln vom 7. Lendenwirbel bis zum 3. Sakralwirbel. Der N. femoralis tritt am L7 + L8 aus, der N. obturatorius am L8 + L9 und der „N. ischiadicus" am L9 + S1 + S2. Nur der N. tibialis besitzt eine zusätzliche Wurzel am S3. Die lange praesacrale Wirbelsäule hat offensichtlich keinen Einfluß auf die Plexusbildung.

Außer den bereits bei der Beschreibung der Vorderextremitätenmuskulatur genannten Autoren, wurde von Jouffroy (1971 a) speziell die Muskulatur der Hinterextremität beschrieben. Im folgenden werden wieder nur Besonderheiten der Muskulatur der Hinterextremität erwähnt. Es fehlen M. sartorius und M. tenuissimus, sowie der meist supinatorisch wirkende M. tibialis posterior.

In der vorderen Gruppe der Hüft- und Oberschenkelmuskeln fällt auf, daß beim M. quadriceps femoris die axialen Komponenten viel kräftiger als die seitlichen sind. Neben den üblichen Muskeln der „kleinen Beckengesellschaften" ist ein M. obturator tertius bemerkenswert (Abb. 44), der nur bei wenigen Säugetierarten nachgewiesen wurde. Er tritt durch das Foramen obturatum hindurch und inseriert in der Fossa trochanterica. Die Mm. adductores magnus, brevis et longus sowie der M. pectineus sind einfach zu trennen (Abb. 45).

An der oberflächlichen Kruppenmuskulatur lassen sich eine oberflächliche (M. biceps femoris, M. femoro-coccygeus, M. tensor fasciae latae) und eine tiefe Schicht (M. glutaeus maximus) unterscheiden. Der M. glutaeus maximus hat zwei Ursprungsportionen, deren gemeinsamer Insertionsort der 3. Trochanter ist. Der M. glutaeus medius ist ein mächtiger Muskel, dessen Ursprungsgebiet nicht auf den cranialen Abschnitt des Ilium und das Sacrum begrenzt ist, denn es tritt eine „Glutaeus-Zunge" auf. Der M. biceps femoris zeigt eine deutliche Trennung in einen grobfaserigen (Pars tibialis) und einen feinfaserigen Teil (Pars femoris). Die Pars tibialis zieht an der Außenseite der Wade entlang bis zur Ferse und verbindet sich dort mit dem M. triceps surae. Der M. biceps femoris ist somit an der Plantarflexion beteiligt. Sowohl der M. semitendinosus als auch der M. semimembranosus entspringen zweiköpfig am Tuber ischiadicum und an den Schwanzwirbeln. Der M. semitendinosus beteiligt sich nicht an der Bildung der sogenannten Tendo accessoria der Achillesferse. Die starke Ausbildung dieser Muskeln hängt unter Umständen mit der ausgesprochenen Flexionsstellung des Knies während der gesamten Bewegungssequenz zusammen. Des weiteren tritt ein eigenständiger M. praesemimembranosus auf (Abb. 45). Der M. tibialis anterior, der Supinator des Fußes, entspringt bei *Procavia capensis* nur an der Tibia, bei *Dendrohyrax dorsalis* noch zusätzlich an der Fibula. Er inseriert bei letztgenannter Art mit verdoppelter Endsehne an der dorsomedialen Seite der Basis des Metatarsale II, bei *Procavia* tritt neben der Insertion mit einfacher Endsehne am gleichen Ort noch eine weitere distal an der Medialseite des Metatarsale III auf. Der Hauptpronator des Fußes ist der M. peronaeus longus, der am Capitulum fibulae beginnt, am Cuboid in die Planta abtaucht, quer über die Sohle zieht und am Cuneiforme 3 und an der Basis des Metatarsale II ansetzt. Der M. triceps surae bildet keine deutliche Achillessehne, der M. soleus setzt fleischig am Tuber calcanei an. In der Ursprungs-

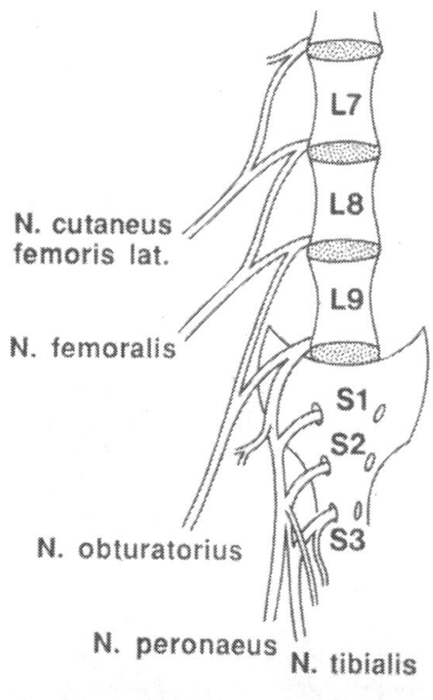

Abb. 43. Der Plexus lumbosacralis von *Procavia capensis syriaca*. L7, L8, L9 = 7., 8., 9. Lumbalwirbel, S1, S2, S3 = 1., 2., 3. Sakralwirbel (nach Gourmain 1967).

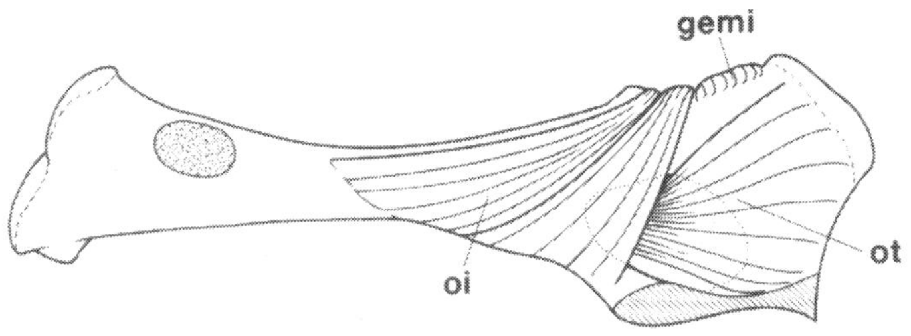

Abb. 44. *Procavia capensis.* Medialansicht der Muskulatur der rechten Beckenhälfte. Der M. obturator tertius (ot) ist bislang nur bei Procaviiden und Artiodactylen nachgewiesen. Abk.: gemi = M. gemellus inferior, oi = M. obturator internus.

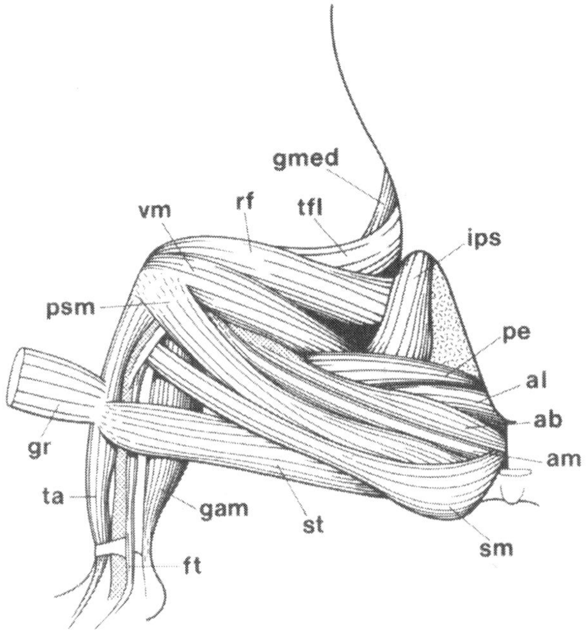

Abb. 45. *Procavia capensis.* Medialansicht der Muskulatur der rechten Hinterextremität. Abk.: ab = M. adductor brevis, al = M. adductor longus, am = M. adductor magnus, ft = M. flexor tibialis, gam = M. gastrocnemius medialis, gmed = M. glutaeus medius, gr = M. gracilis, ips = M. iliopsoas, pe = M. pectineus, psm = M. praesemimembranosus, rf = M. rectus femoris, sm = M. semimembranosus, st = M. semitendinosus, ta = M. tibialis anterior, tfl = M. tensor fasciae latae, vm = M. vastus medialis.

sehne des M. gastrocnemius lateralis können Fabellae oder Vesalsche Sesambeinchen auftreten. Der M. plantaris bildet in der als ursprünglich angenommenen Weise eine Plantaraponeurose, die u. a. als Ursprungsort des M. flexor digitorum brevis caput superficiale dient. Von den beiden Mm. flexores digitorum fibularis et tibialis ist vor allem der erstgenannte sehr kräftig.

6.3.2.3. Gefäße der Extremitäten

Durch die Untersuchung von Swart (1970) kennen wir die arterielle und venöse Gefäßversorgung verschiedener Abdominalorgane und der Hinterextremität. Hyrtl (1852) beschreibt die Arterien der Vorderextremitäten und insbesondere sogenannte Wundernetze, d. h. unipolare, arterielle Gefäßspaltungen an der Vorder- und Hinterextremität sowie an der A. maxillaris interna. Über die Funktion der Retia mirabilia liegen keine Angaben vor.

6.4. Schädel

Zur Anatomie des Schädels von Procaviiden liegen nur wenige Spezialarbeiten vor. Die einzelnen Schädelregionen sind in den Monographien von Brandt (1869) und George (1875) nur zum Teil hinreichend beschrieben, die Angaben von Hahn (1934) konzentrieren sich entsprechend seiner Themenstellung auf taxonomisch interessante Strukturen wie z. B. das Parietale, die Form der Temporalleisten und das Interparietale. Letzteres ist auch bei Jäger (1860) ausführlich dargestellt. Am besten untersucht ist die Tympanalregion (Van Kampen 1905, van der Klaauw 1922, 1930, Altmann 1932, Fischer 1989 b). Das Kiefergelenk, welches am Ende dieses Kapitels gesondert behandelt wird, ist von Lubosch (1911), Franks (1979, 1981) und Janis (1979, 1983) eingehend beschrieben worden. Der innere Nasenaufbau wurde von Paulli (1900) kurz skizziert. Lindahl (1948) rekonstruiert anhand von 14 Embryonalstadien die Entwicklung des Chondrocranium.

Die Morphogenese der Tympanalregion ist des weiteren in den speziellen Arbeiten von VAN DER KLAAUW (1922) und FISCHER (1989b) behandelt. Schließlich haben LINDAHL & LUNDBERG (1946) noch die frühe Entwicklung der Kopfarterien beschrieben. Im vorliegenden Kapitel habe ich vielfach die in der Literatur zu findenden Beschreibungen durch eigene Beobachtungen ergänzt.

Auf die wenigen gattungsspezifischen Unterschiede im Bau des Schädels wurde im Kapitel Taxonomie eingegangen. Allgemein fällt auf, daß das Cranium von *Dendrohyrax* im Vergleich zu demjenigen von *Heterohyrax* und *Procavia* flacher und occipitalwärts nicht ansteigend ist, und bei *Procavia* der Gaumen- und Kieferanteil kürzer als bei den beiden anderen Gattungen ist.

6.4.1. Os occipitale

Bei den Procaviidae lassen sich am Os occipitale deutlich ein perpendikulärer und ein auf das Schädeldach übergreifender horizontaler Teil unterscheiden. Die beim adulten Tier zu einem einheitlichen Hinterhauptsbein verschmolzenen Basi-, Ex- und Supraoccipitalia begrenzen gemeinsam das Foramen magnum. Zumindest bis in ältere Jugendstadien ist dieses dorsal ausgebuchtet (Incisura occipitalis superior) (Abb. 46). Das allmähliche Zuwachsen der Incisur kann in seltenen Fällen nur von den Exoccipitalia ausgehen, so daß es zum Ausschluß des Supraoccipitale bei der Begrenzung des Hinterhauptsloches kommt. Seitlich des Condylus occipitalis fällt der kräftige Proc. paroccipitalis auf, dem rostrolateral ein kurzer Proc. posttympanicus anliegt. Die Sutura occipitotemporalis ist bei *Heterohyrax* und *Procavia* mäßig, bei *Dendrohyrax* dagegen tief eingeschnitten. Das dem ausgerandeten Teil des Occipitale angrenzende Squamosum ist teilweise blasig aufgetrieben und pneumatisiert (Abb. 47). Das Supraoccipitale erstreckt sich bis auf die Schädeloberseite und zeigt dort eine charakteristische, sich an den Seiten rostrad flügelartig erweiternde Form (Abb. 10). Nur hier bildet es eine Sutur mit dem Parietale, während es sonst ausschließlich mit dem Interparietale in Nahtverbindung steht. Eine vor allem beim Adultus auftretende, deutlich vorspringende Leiste am Hinterrand des Schädeldaches ist keine Crista lambdoidea, wie sie bei fossilen Schliefern beobachtet werden kann, sondern eine Verstärkung am Übergange des vertikalen in den horizontalen Teil des Supraoccipitale. Der Canalis hypoglossi ist weit.

Am Aufbau der Occipitalregion sind, wie LINDAHL (1948) an sehr frühen Stadien nachwies, vier Wirbeläquivalente beteiligt. Es ist zwar nur ein For. nervi hypoglossi vorhanden, doch können die drei Wurzeln des N. hypoglossus bis in den Canalis hypoglossi durch bindegewebige Lamellen, die in einem Falle sogar knorpelig waren, getrennt sein und sich erst im Kanal vereinigen (LIN-

Tabelle 6. Schädelmaße von *Provavia capensis* in Abhängigkeit vom Alter (aus FOURIE 1983).

Age (months)	Sex	Greatest length of the skull	S. E.	n	Zygomatic width	S. E.	n	Maxillary tooth row length	S. E.	n	Greatest length of mandible	S. E.	n	Mandibular tooth row length	S. E.	n
12	♂♂	73,6	1,5	5	41,4	1,0	6	29,2	2,8	8	59,3	1,9	7	29,8	0,5	8
	♀♀	74,5	1,2	6	41,4	0,5	6	29,1	0,9	6	58,2	1,9	7	28,1	1,7	7
24	♂♂	83,8	1,1	7	49,2	1,0	7	35,7	0,5	8	70,4	1,3	6	34,6	0,4	6
	♀♀	82,8	1,2	8	47,7	0,7	8	35,9	0,5	8	71,1	1,5	8	35,7	0,4	8
36	♂♂	86,2	1,5	6	51,1	1,4	6	37,8	0,5	6	72,5	1,4	6	36,7	0,5	6
	♀♀	83,3	0,7	6	48,3	0,8	6	37,6	0,6	6	71,0	1,4	6	35,7	0,7	6
48	♂♂	88,4	1,1	6	52,5	1,2	7	37,3	0,7	8	75,6	1,2	5	35,5	1,1	5
	♀♀	86,6	1,4	6	50,4	0,6	5	38,1	0,8	7	73,7	1,5	5	36,1	1,1	5
60	♂♂	87,1	1,3	6	52,1	1,1	5	36,5	0,3	6	74,9	0,8	4	36,3	0,8	4
	♀♀	86,9	3,9	2	50,5	1,0	5	37,2	0,8	6	75,2	1,5	6	35,4	0,5	6
72	♂♂	89,8	1,5	5	52,2	0,7	4	37,4	0,5	5	75,4	0,6	5	36,1	1,0	5
	♀♀	86,8	0,4	5	51,4	0,6	5	36,4	1,1	5	73,8	0,5	5	34,6	0,8	5
84	♂♂	91,8	2,2	5	55,5	0,9	5	36,4	0,6	5	76,9	1,2	5	36,3	0,5	5
	♀♀	87,2	2,3	3	52,6	0,6	3	35,3	0,4	5	74,1	2,0	3	33,9	0,5	4
96	♂♂	89,7	2,2	5	55,9	0,6	5	36,8	0,7	5	–			–		
	♀♀	86,8	2,4	6	50,3	0,9	5	35,9	0,7	6	78,4	0,7	4	33,8	0,8	4
108	♂♂	87,8	2,8	2	52,2	1,4	2	35,4	0,7	3	78,6	–	1	33,7	–	1
	♀♀	91,5	1,1	6	55,1	1,1	5	37,2	0,6	7	78,4	0,6	5	37,4	0,9	5

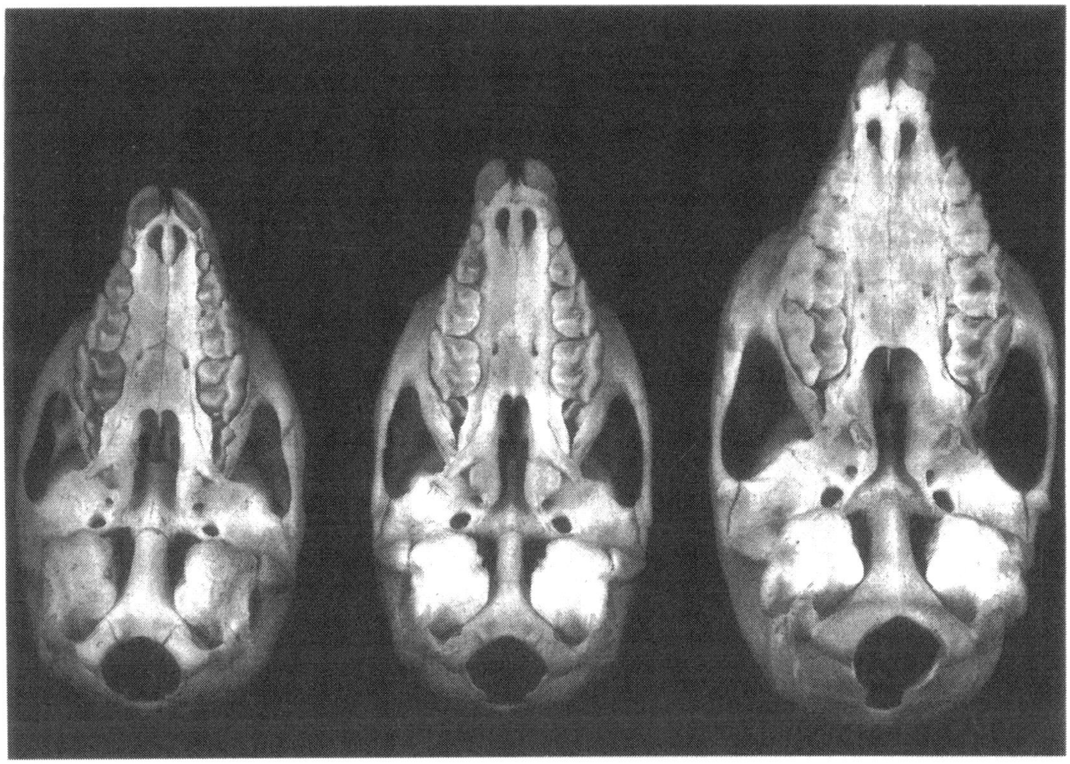

Abb. 46. *Procavia capensis*. Ventralansicht juveniler Schädel im Milchgebiß (links), am Beginn des Durchbruches von M^1 (Mitte) und mit dem M^1 im Gebrauch (rechts). Man beachte die Incisura occipitalis superior und die schon beim Neonatus fast in ihrer endgültigen Größe ausgebildete Bulla tympani.

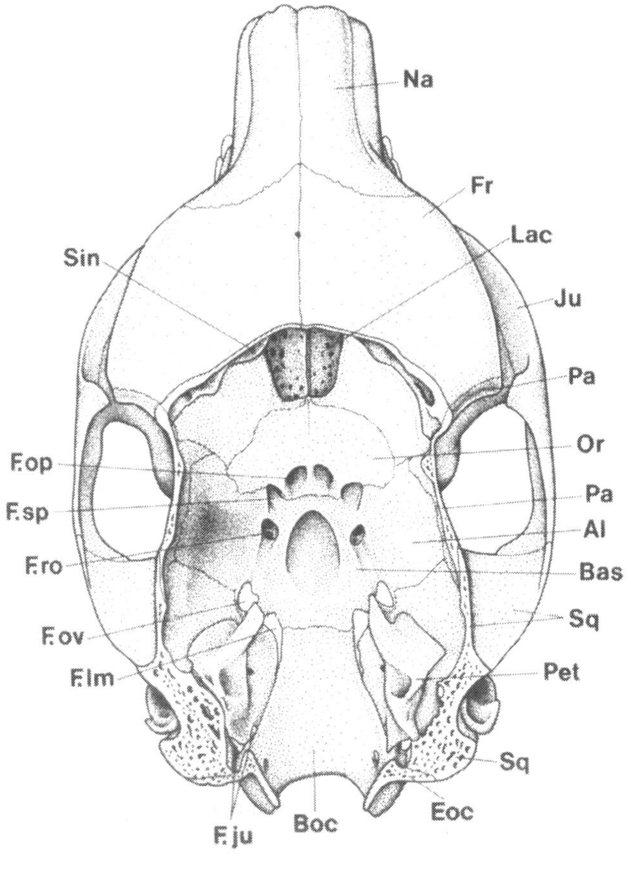

Abb. 47. Endocranialansicht eines Schädels von *Procavia capensis*. Das mittlere und hintere Schädeldach wurden entfernt. Abk.: Al = Alisphenoid, Bas = Basisphenoid, Boc = Basioccipitale, Eoc = Exoccipitale, F.ju = For. jugulare, f.lm = For. lacerum medium, F.op = For. opticum, F.ov. = For. ovale, F.ro = For. rotundum, F.sp. = For. sphenorbitale, Fr = Frontale, Ju = Jugale, Lac = Lamina cribrosa, Na = Nasale, Or = Orbitosphenoid, Pa = Parietale, pet = Petrosum, Sin = Sinus frontalis, Sq = Squamosum.

DAHL 1948). Die Pila occipitalis besteht zunächst an jeder Seite aus einem rostrad und einem dorsad aufgerichteten Schenkel, die sich durch den Grad ihrer Verknorpelung unterscheiden. Der vordere Schenkel schließt sich dem hinteren Rande der Ohrkapsel und dem vorderen Rande des hinteren Occipitalschenkels an. Die durch Ausdehnung in dorsale Richtung entstandene, sehr hohe Cartilago supraoccipitalis geht in das zunächst auffallend kurze Tectum posterius und die rostroventrad sich anschließende Lamina supracapsularis über (Abb. 48). Die aus dieser rostral hervorgehende Lamina parietalis ist sehr groß und nähert sich der Ala orbitalis, eine Commissura orbitoparietalis tritt jedoch nicht auf. Das Tectum posterius bildet eine dünne Spange aus, welche die frühzeitig (Kopflänge 14 mm) auftretende Incisura occipitalis superior dorsal begrenzt (LINDAHL 1948). Die Lamina alaris geht in eine ausgedehnte Commissura occipitocapsularis über, in deren rostraler Fortsetzung ein Proc. paracondyloideus auftritt. Die Commissura occipitoparietalis ist breit.

6.4.2. Knochen der Sphenoidalregion

Das Basisphenoid reicht fast bis an den Hinterrand des harten Gaumens und kommt so zwischen die Flügelfortsätze zu liegen (Abb. 12). Der mäßig tiefen Hypophysengrube (Fossa hypophyseos) fehlt ein Dorsum sellae (Abb. 47). Das im Vergleich zum Basisphenoid auffallend kurze Praesphenoid ist rostroventral des Foramen opticum in einen Sinus sphenoidalis erweitert, der mit dem Nasenraum in offener Verbindung steht (GEORGE 1875, PAULLI 1900). Der Abbau der Cupula posterior scheint erst spätfetal zu erfolgen, denn bei einem mir vorliegenden Feten mit einer Kopflänge von 46 mm ist der Nasenraum caudal noch geschlossen. Ein geburtsreifer Fetus von *Dendrohyrax arboreus* zeigt am mazerierten Schädel noch eine deutliche Sutur zwischen Sphenoid und Ethmoid. In der Medianebene liegt rostral vom Sinus sphenoidalis ein vertikal stehendes knöchernes Septum, das Mes- oder Sphenethmoid. Sein Vorkommen bei *Procavia capensis* wurde erstmals von BROOM (1962) erwähnt, der die Procaviidae damit, da er ja nach der Anzahl der Sphenoidalknochen eine systematische Unterteilung der Placentalia vornimmt, zu den Neotheridia stellt. Es ist noch unbekannt, ob das Mesethmoid selbständig oder ausgehend vom Praesphenoid ossifiziert. Der Mediosagittalschnitt eines späten Fetus von *Procavia capensis* (KL 44 mm) zeigt nur drei Ossifikationszentren im Bereich des Sphenoidalkomplexes. Das Orbitosphenoid grenzt vorwiegend an das Parietale, daneben aber auch an das Palatinum und Alisphenoid. Das For. opticum durchbohrt ausschließlich das Orbitosphenoid, während das For. sphenorbitale in der Regel medial vom Orbitosphenoid und lateral vom Alisphenoid begrenzt wird (Abb. 47). Ausnahmsweise kann das For. sphenorbitale auch nur im Alisphenoid liegen. Die Foramina in der Sphenoidalregion sind voneinander getrennt, nur das For. ovale verschmilzt häufig mit dem For. lacerum medium (LUBOSCH 1911). Der Proc. pterygoideus des Alisphenoid wird an seiner Wurzel vom Alisphenoidkanal ausgehöhlt. Von dorsal tritt am For. pterygoideum anterius zur A. maxillaris der zweite Trigeminusast. Der N. canalis pterygoidei (= N. vidianus) verläuft zwischen der Rachenschleimhaut und dem Pterygoid bzw. Alisphenoid, immer jedoch außerhalb des Canalis alisphenoidei, weshalb dessen Benennung als Canalis vidianus (BRANDT 1869) falsch ist.

Das Alisphenoid ist nur in geringem Maße an der Bildung der Schädelseitenwand beteiligt (Abb. 11). Es grenzt dorsal an das Orbitosphenoid und Parietale, nicht jedoch an das Frontale. Das auffallend dünne Pterygoid, welches wegen seiner Fragilität an vielen Schädeln abgebrochen ist, schließt sich caudal dem vertikalen Teil des Palatinum und der Innenseite des Alisphenoid an. Der Hamulus pterygoideus ist kaum verdickt, die Flügelgrube tief. Zwischen dem Pterygoid und dem caudal vorspringenden Palatinum verläuft in einer spaltförmigen Rinne die Endsehne des M. tensor veli palatini.

Am adulten Schädel ist die Schädelbasis gerade. Fetal tritt zunächst eine Basisknickung (KL 6 mm) an der Grenze zwischen Basal- und Hypophysenplatte auf, in späteren Stadien im Bereich der Hypophysenplatte und schließlich in Höhe der Pila prooptica (LINDAHL 1948). Die Hypophysenplatte verknorpelt selbständig zuerst unpaar und caudal vom Canalis hypophyseos. Der Verschluß des Hypophysenkanals erfolgt frühzeitig (KL 6,5 mm) durch eine von vorn nach hinten wachsende sagittale Knorpellamelle. Die Parachordalplatte wird als unpaares Element angelegt und verdoppelt sich erst bei der rostralen Ausdehnung. Während der Ontogenese ist die Chorda dorsalis zunächst nur rostral in die Basalplatte eingebettet, während sie im hinteren Abschnitt dorsal von dieser liegt. Erst in späteren Entwicklungsstadien verläuft im Inneren der Basalplatte. Es findet somit ein Wechsel vom „intermediären" zum „basilären Typ" (gemäß TOURNEUX) statt. Die Resorption der Chorda dorsalis wird bei Embryonen mit einer Kopflänge von 11 mm (SSL 22 mm) beobachtet.

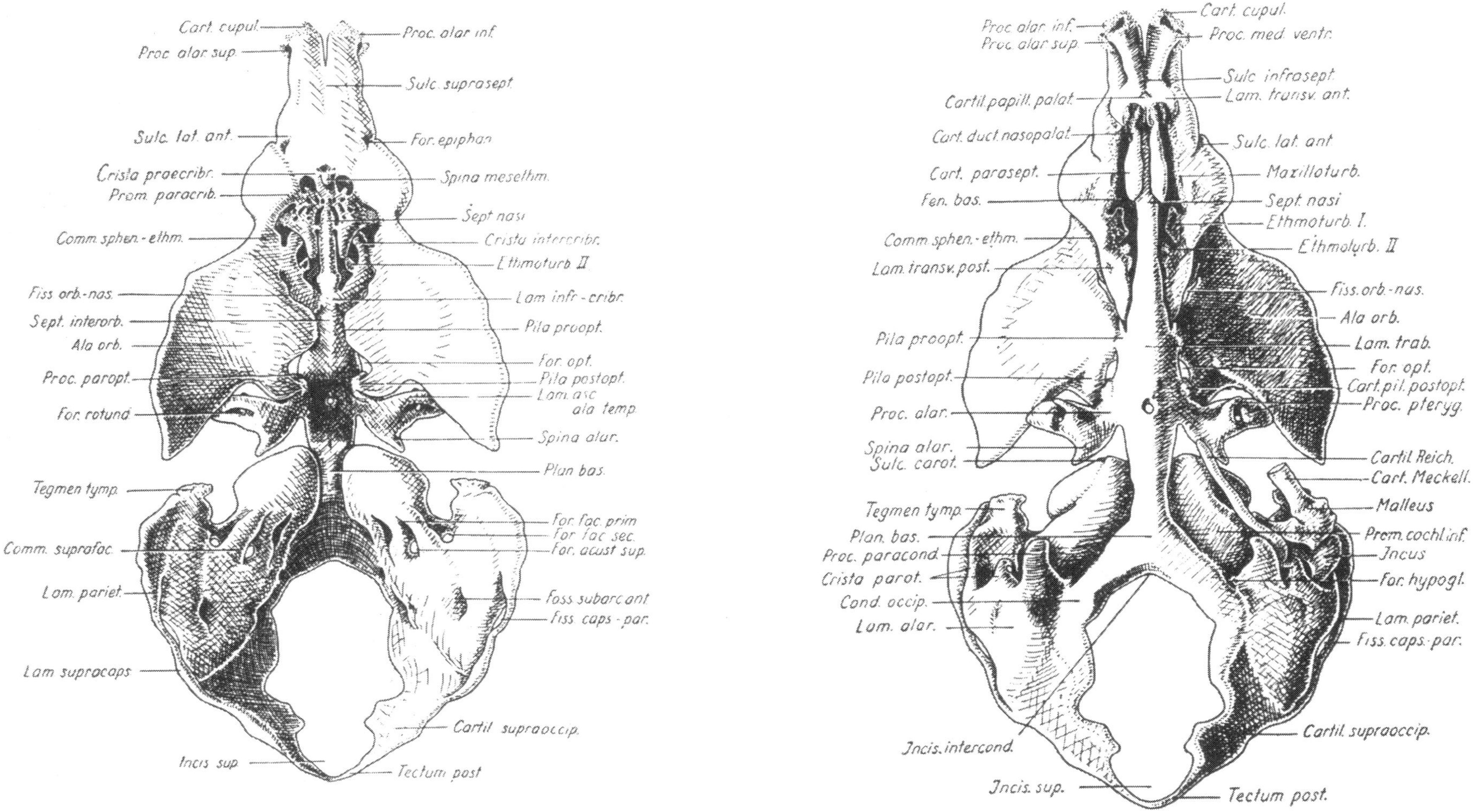

Abb. 48. *Procavia capensis*. Dorsalansicht und Basalansicht des rekonstruierten Chondrocranium eines Feten im „Stadium optimum“ (Scheitel-Steiß-Länge 33 mm, Kopflänge 14 mm) (aus LINDAHL 1948).

Die Procc. pterygoidei medialis et lateralis vereinigen sich ventral und bilden ab einer Kopflänge von 16,5 mm den Alisphenoidkanal. Zu diesem Zeitpunkt beginnt auch die Verknöcherung der Ala temporalis. Eine Commissura alicochlearis fehlt ebenso wie eine Commissura basicochlearis anterior. LINDAHL (1948) weist besonders auf das Auftreten eines For. rotundum in der Ala temporalis bei *Procavia* hin (Abb. 48).

6.4.3. Temporale

Das Squamosum steigt seitlich am Schädel in Kontakt mit dem Alisphenoid auf und beteiligt sich im caudolateralen Teil breitflächig an der Bildung der Schädelseitenwand. Eine vorspringende elliptische Temporalleiste auf der Außenseite des Schädels, die bei *Dendrohyrax* am auffallendsten ist, trennt die Facies temporalis von der hinteren Schläfenregion. Bei *Dendrohyrax* ist die Schädeloberseite abgeflacht, und die Lineae temporales ziehen an der Außenkante entlang. Bei *Heterohyrax* und *Procavia* verlaufen die Temporalleisten dagegen auf der Schädeloberseite, konvergieren nach hinten und nähern sich einander in der Medianebene (Abb. 10). Eine Crista sagittalis tritt bei rezenten Arten im Gegensatz zu fossilen nicht auf. Der Proc. zygomaticus ist sehr kurz.

Den äußeren Gehörgang umgeben wie zwei Pfeiler die Procc. postglenoideus et posttympanicus. Beide Fortsätze sind kräftig und infolge ihrer von der Paukenhöhle ausgehenden Pneumatisierung insbesondere bei *Dendrohyrax* blasenartig aufgetrieben. Die epitympanale Paukenhöhle beginnt sich spätfetal in den Proc. postglenoideus auszudehnen (FISCHER 1989), der im adulten Zustand ganz von pneumatisierten Zellen ausgefüllt ist (ALTMANN 1932). Der entwicklungsgeschichtlich etwas früher erfolgten Aushöhlung des caudalen Abschnittes des Squamosum folgt diejenige des Proc. posttympanicus. Der Sinus epitympanicus schafft dort ein System von offen miteinander kommunizierenden Kammern (FISCHER 1989) (Abb. 49 b). Der Zugang vom Recessus epitympanicus zur squamosalen Nebenhöhle wird durch eine ovale Öffnung in Höhe des Caput mallei und Corpus incudis geschaffen (For. pneumaticum nach VAN KAMPEN 1905). Der Proc. posttympanicus wächst während der Fetalentwicklung allmählich nach ventral aus und verbindet sich mit dem Proc. paracondyloideus. Dabei wird die Pars mastoidea von der Schädeloberfläche verdrängt. Der amastoide Zustand, der charakteristisch für Schädel von Hyracoiden ist, stellt sich spätestens bei einer Kopflänge von 26 mm ein (FISCHER 1989 b). Der Proc. posttympanicus endet in einem abgerundeten Zapfen an der Medialseite des Hinterhauptfortsatzes.

Neben dem eigentlichen Proc. postglenoideus tritt ein zweiter, zumeist niedrigerer Knochenhöcker auf, dessen Mediocaudalseite vom Alisphenoid gebildet wird. Letzteres beteiligt sich entgegen der Aussage von STARCK (1967) nicht an der Bildung der Fossa glenoidea. Die Höhe der beiden Höcker, welche die Kiefergelenkgrube caudal abschließen, ist variabel. Der laterale Höcker kann stark erhöht sein, der mediale nur noch angedeutet vorliegen. Jede Kombination dieser Möglichkeiten wurde von LUBOSCH (1911) gefunden. Das Kiefergelenk, die Kieferbewegung und die Mastikation werden am Ende des Kapitels gesondert beschrieben.

6.4.3.1. Bulla tympani und Paukenhöhlenwand

Angaben zur Bulla tympani der Procaviidae finden sich bei HYRTL (1845), BRANDT (1869), GEORGE (1875), VAN KAMPEN (1905), VAN DER KLAAUW (1922, 1930, 1931), ALTMANN (1932) und FISCHER (1989 b).

Abb. 49. *Procavia capensis.* a) Plattenrekonstruktionsmodell der rostralen Hälfte des Cavum tympani eines Fetus mit 43 mm Kopflänge, Blickrichtung von caudal. Die geräumige vordere Hälfte der Paukenhöhle wird mediodorsal vom Entotympanicum (ent) begrenzt. In Höhe des Vorderrandes der Ohrkapsel überquert die A. carotis interna (aci) das Hinterende des Luftsackes und verläuft entlang dem Entotympanicum dorsalwärts. Postnatal ändert sich dieser Verlauf. b) Plattenrekonstruktionsmodell des hinteren Abschnittes der Paukenhöhle. Die Schnittebene liegt in Höhe der Fenestra vestibuli. Man erkennt deutlich die Aushöhlung des Squamosum durch den Sinus epitympanicus (se) (aus FISCHER 1989 b). Abk.: aci = A. carotis interna, al = Alisphenoid, bo = Basioccipitale, bs = Basisphenoid, cht = Chorda tympani, ci = Commissura infrafacialis, cli = Crus longum incudis, cma = Cartilago meatus acustici, co = Capsula otica, cr = Cartilago Reicherti, cs = Commissura suprafacialis, csa = Canalis semicircularis anterior, dc = Ductus cochlearis, dta = Diverticulum tubae auditivae (Luftsack), ent = Entotympanicum, fo = Foramen ovale, fr = Foramen rotundum, fv = Fenestra vestibuli, gt = Ganglion trigeminale, in = Incus, lem = Lamina epithelialis meatus, ma = Malleus, mae = Meatus acusticus externus, man = Manubrium mallei, mty = Membrana tympani, nf = N. facialis, nm = N. mandibularis, nt = N. trigeminus, nty = N. tympanicus, opt = Ostium pharyngeum tubae auditivae, ott = Ostium tympanicum tubae auditivae, ph = Pharynxwand, pp = Processus paracondyloidus, pr = Promontorium, pz = Processus zygomaticus, rma = Recessus meatus acustici externi, sa = Sacculus, se = Sinus epitympanici, sq = Squamosum, st = Stapes, ty = Tympanicum.

▷

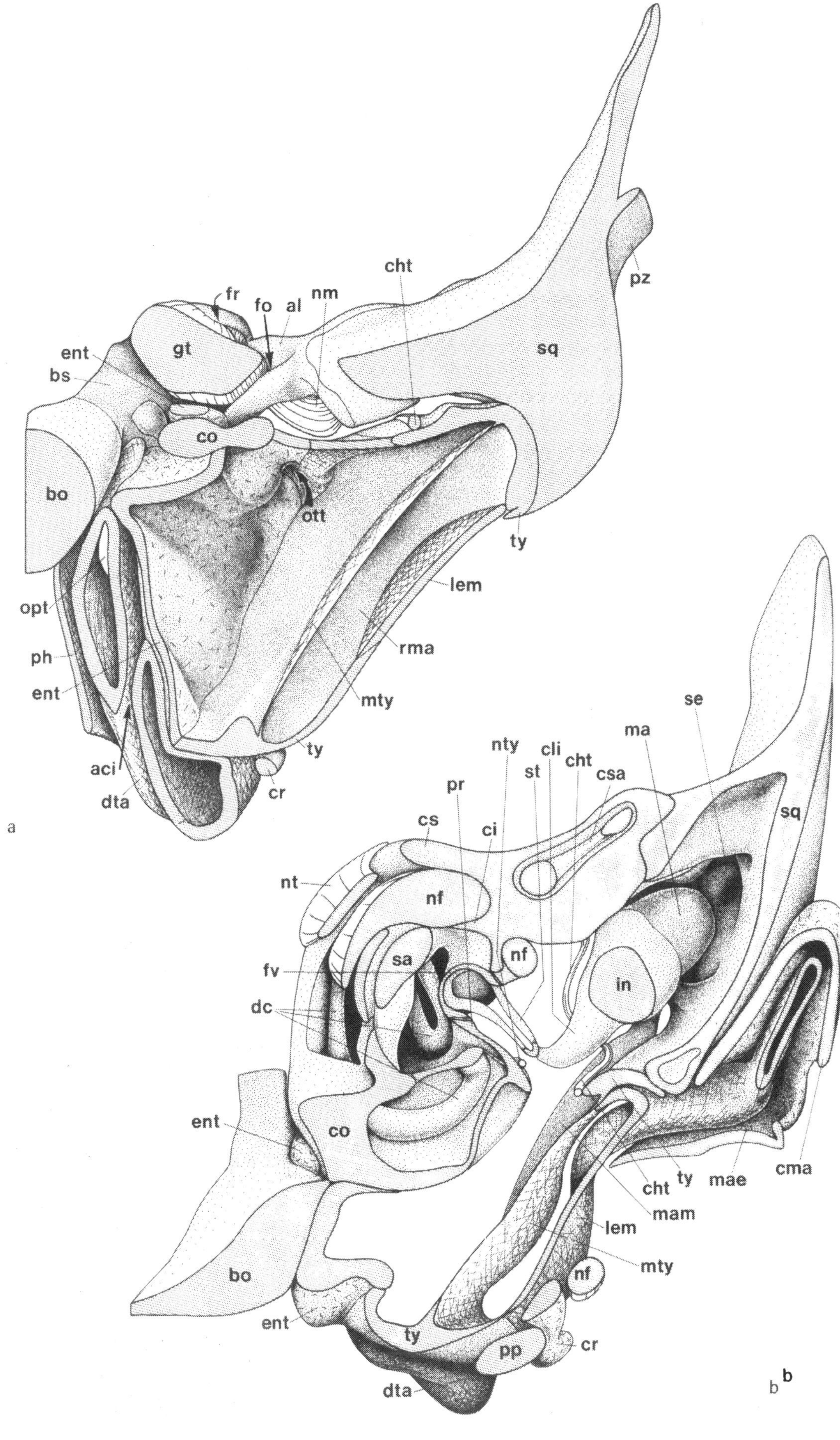
fr
fo
al
nm
cht
pz
gt
sq
ent
bs
co
bo
ott
ty
opt
lem
rma
ph
ent
mty
ty
aci
cr
dta
a
se
nty
cli
cht
ma
st
csa
pr
cs
ci
sq
nt
nf
sa
nf
fv
in
dc
ent
co
cht
ty
mae
cma
mam
lem
bo
mty
nf
ent
ty
pp
cr
dta
b

Die Bulla tympani der Procaviidae ist klein und ventral nur so wenig aufgebläht, daß die ventrale Bullawand immer noch höher als die Schädelbasis liegt. Nur der Umstand, daß der äußere Gehörgang vom Tympanicum aus verknöchert und im adulten Schädel eine beträchtliche Ausdehnung erfährt, läßt die Bulla tympani relativ groß erscheinen. Die Paukenlichtung hat ihre größte Ausdehnung im rostralen Abschnitt und verengt sich nach hinten zunehmend, das Volumen der Paukenhöhle ist gering. Die obere Wand der Paukenhöhle wird vom Petrosum, Squamosum und Tympanicum, ihr vorderer Abschnitt vom Tegmen tympani und Tympanicum gebildet. Dorsolateral schließt sich an das Tympanicum das Squamosum an und bildet hier die vordere obere Wand des Gehörganges. Der Recessus epitympanicus ist gegen die Paukenlichtung durch eine quere Kortikalislamelle abgeschlossen, welche die äußere und innere Rindenschicht des Squamosum miteinander verbindet (Altmann 1932). Im hinteren, subvestibulären Bereich der Paukenhöhle legt sich der Proc. posttympanicus dem Petrosum unmittelbar, doch stets durch einen Nahtspalt getrennt, an. Die untere, laterale und vordere Wand der Paukenhöhle wird von der entotympanal-tympanalen Bulla gebildet, die mediale Wand allein von Entotympanicum und Petrosum. Das Petrosum verengt durch ein weit in die Paukenhöhle vorspringendes Promontorium deren Lichtung beträchtlich.

Erst die Untersuchung der Ontogenese der Bulla tympani brachte ein genaues Verständnis ihres Aufbaues (Van der Klaauw 1922, Fischer 1989b). Der entwicklungsgeschichtlich älteste Teil ist das Tympanicum, dessen Anlagezeitpunkt jedoch noch unbekannt ist. Es bildet zunächst den üblichen, hier zu 9/10 geschlossenen Ring (Abb. 89). Nur dorsal des Manubrium mallei fehlt ein kurzes Ringstück. Während der Ontogenese wird eine allmähliche Aufrichtung des Tympanalringes beobachtet, beim Adulttier hat das Trommelfell eine Inklination von 55° gegenüber der Horizontalen. Bei einer fetalen Kopflänge von 33 mm beginnt die vom Tympanicum ausgehende Ossifikation der Lamina epithelialis meatus, die erst kurz vor der Geburt abgeschlossen ist. Am adulten Schädel entspricht dem Gebiet der Lamina epithelialis meatus der lateral ansteigende Teil der Bulla tympani (Abb. 49). Beim Neonatus ist der knöcherne äußere Gehörgang noch sehr kurz, er springt nur als schmale Kante lateral vor. Während der juvenilen Schädelentwicklung wächst der Gehörgang aus, wobei die caudoventrale Hälfte gegenüber der vorderen verlängert wird, so daß eine hintere, muschelförmige Lamelle entsteht (Abb. 46). Gleichzeitig mit dem Auswachsen erweitert sich das Lumen des Gehörganges vor allem in der ventralen Hälfte. Der Trommelfellvorhof und der proximale Gehörgang werden in diese Erweiterung nicht mit einbezogen, und die Größe der natalen äußeren knöchernen Ohröffnung bleibt unverändert erhalten. Am adulten Schädel zeigt sich dies durch ein ventrales, das Gehörganglumen verengendes Septum. Diese innere, knöcherne, halbe Scheidewand trennt also nicht die Paukenhöhle vom Gehörgang, sondern den Recessus meatus acustici externi vom postnatal auswachsenden Gehörgang.

Die medial des Ostium tympanicum tubae auditivae gelegene, rostrale und gesamte medialseitige Begrenzung der Bulla tympani wird vom Entotympanicum gebildet (Abb. 85). Das knorpelig angelegte Entotympanicum von Schliefern wurde erstmals von Parker (1874) in einer Fußnote erwähnt, die Ontogenese ist von Van der Klaauw (1922, 1930) und Fischer (1989b) untersucht worden. Die Anlage des Entotympanicum ist erstmals bei einem Fetus mit einer Kopflänge von 33 mm als Bindegewebsverdichtung zu beobachten, die Knorpelbildung setzt unmittelbar danach ein. Von Anbeginn ist das Entotympanicum die rostrale Abdeckung der Paukenhöhle und steht schon zum Anlagezeitpunkt mit der tubalen Bindegewebsplatte in Verbindung. Tubenknorpel und entotympanaler Knorpel stehen immer in Verbindung. Das Entotympanicum ist eine einheitliche Struktur, jedoch tritt kein caudales Entotympanicum auf (Fischer 1989b). Die von Van der Klaauw (1922) dahingehend gedeutete Knorpelmasse in der hinteren Paukenhöhlenwand ist ein medial gelegener Proc. tympanicus petrosi caudalis, der in unmittelbarer Verbindung mit dem Proc. recessus steht und in späteren Stadien (KL 43 mm) mit dem Entotympanicum verschmilzt. Das Entotympanicum ist wie die gesamte Bulla tympani bei der Geburt vollständig ossifiziert. Wie Van der Klaauw (1930) an 1085 Schädeln von Schliefern nachwies, ist keine Sutur zwischen Entotympanicum und Tympanicum mehr erkennbar, was auf die Bildung von Sekundärknorpel am Tympanicum zurückzuführen ist (Fischer 1989b). Bei neonaten Schädeln kann an der entotympanalen, medialen Bullaseite manchmal ein Sulcus caroticus nachgewiesen werden, der aber infolge der Verlagerung des Verlaufes der A. carotis interna postnatal verschwindet. Die Innenwand der Bulla tympani ist nicht glatt, sondern durch wenige, niedrige Leisten unterbrochen. Den Durchmesser des Trommelfellrahmens gibt Hyrtl (1845) an: Höhe 3 mm, Quere 3,4 mm.

Überraschenderweise besitzen die Procaviidae kein Goniale. Anstelle des Goniale übernimmt das Tympanicum die Verankerung des Malleus am Squamosum (FISCHER 1989b). Der Hammer ist also nicht freischwingend, wie FLEISCHER (1973) annimmt.

6.4.3.2. Petrosum

Das Petrosum ist nur mit dem Squamosum und Tympanicum verbunden; von der Schädelbasis ist es durch ein großes Foramen lacerum anterius getrennt. Schon am Chondrocranium fehlen die Commissurae alicochlearis et basicochlearis anterior. Die an den meisten Schädeln zu beobachtende, medial der Commissura basicochlearis posterior liegende Verbindung zwischen Ohrkapsel und Exoccipitale entsteht erst postnatal als eine vom Petrosum auswachsende Knochenbrücke, welche die V. jugularis von den Hirnnerven IX, X und XI trennt. Die Pars mastoidea wird, wie erwähnt, im Laufe der Ontogenese durch den sich stark entwickelnden Proc. posttympanicus von der Schädeloberfläche verdrängt.

An der Endocranialseite des Petrosum fällt in der Fortsetzung der Commissura suprafacialis eine rostral gerichtete Tentorialverknöcherung über dem Porus trigemini auf (Abb. 50). Der Hiatus canalis n. petrosi majoris (= Hiatus Fallopii) liegt nicht am Rand (CIFELLI 1982), sondern auf der Facies anterior partis petrosae. Vom Austritt des Nerven zieht ein Sulcus rostrad. Das Tegmen tympani ist gut entwickelt, dick und von reichlich pneumatischen Zellen durchsetzt (ALTMANN 1932). Die Fossa subarcuata wird von CIFELLI (1982) als sehr seicht, von ALTMANN (1932) dagegen zu Recht als deutlich ausgebildet bezeichnet (Abb. 50). Die Bogengänge heben sich wie üblich vor allen Dingen bei Jungtieren deutlich ab. Der innere Gehörgang ist mäßig entwickelt und durch eine quere Knochenleiste unterteilt. Am Beginn des Facialiskanals treten zwei Öffnungen auf, caudal das Foramen acusticum superius und rostral die Eingangsöffnung des Facialkanales. Während der N. facialis zu Beginn der Fetalzeit in einer offenen Rinne über die rostrale Kante des Ohrkapselblastems verläuft, tritt er in späteren Stadien (ab KL 8 mm) unter der Commissura suprafacialis hindurch ins Cavum supracochleare ein und zieht schließlich durch den sekundären Facialiskanal in die Paukenhöhle (LINDAHL 1948). Noch während der Fetalzeit wird das Cavum supracochleare verschlossen, und der Nerv

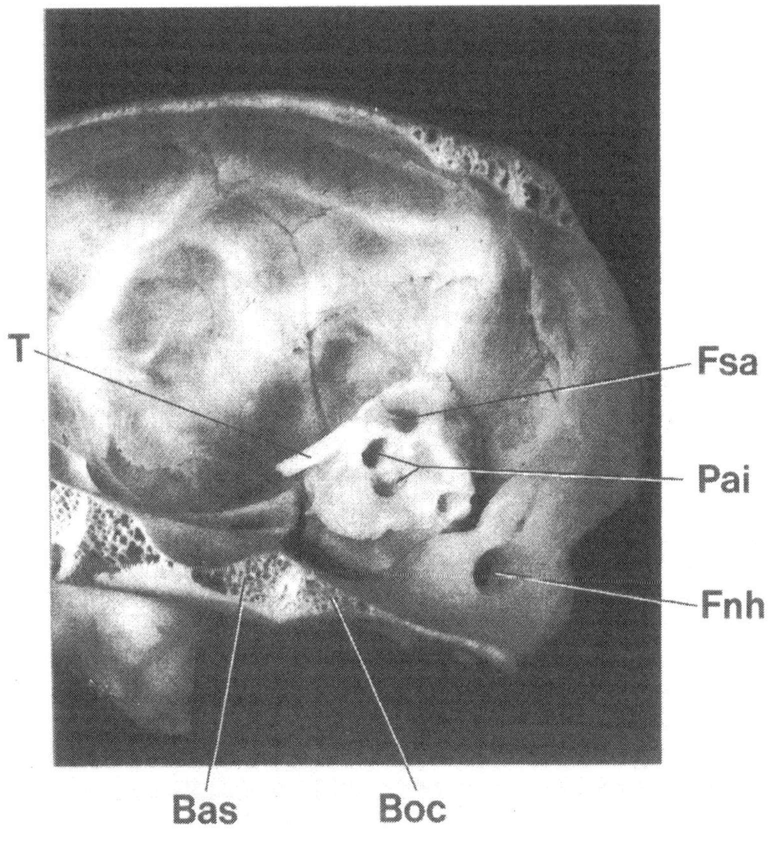

Abb. 50. *Procavia capensis*. Endocranialansicht des Petrosum. Auffallend ist eine rostral vorspringende Tentorialverknöcherung (T). Abk.: Bas = Basisphenoid, Boc = Basioccipitale, Fnh = Foramen nervi hypoglossi, Fsa = Fossa subarcuata, Pai = Porus acusticus internus.

verläuft nun durchgehend in einem Kanal (FISCHER 1989b). Die Apertura tympanica canalis facialis liegt etwa in Höhe der Articulatio incudomallearis, dorsal des ovalen Fensters. An der medialen Paukenhöhlenwand zieht der N. facialis in einem Halbkanal caudad. Das Foramen stylomastoideum liegt zwischen dem hinteren Rand des Tympanicum und dem Proc. posttympanicus. Auf die während der Ontogenese wechselnde Beziehung des N. facialis zum Hyalbogen wird bei der Beschreibung letztgenannter Struktur eingegangen.

Rostrodorsal des weit in die Paukenhöhle vorspringenden Promontorium wölbt sich eine große Prominentia cochlearis superior vor, welche die 2.–3 1/2. Windung des Ductus cochlearis birgt (Abb. 49b). Die beiden Vorwölbungen sind durch einen tiefen Sulcus septalis getrennt. Er markiert äußerlich die Stelle, an der das Septum innen den Schneckengang unterteilt. Das ovale Fenster, welches parallel zum Trommelfell orientiet ist, ist maximal 0,8 mm hoch und 1,6 mm breit. Es ist damit deutlich kleiner als das runde Fenster mit einer Höhe von 1,6 mm und einer Breite von 2 mm (ALTMANN 1932). Laut HYRTL (1845) ist das runde Fenster sogar doppelt so groß wie das ovale. Die Fenestra rotunda versteckt sich etwas hinter einem dorsalen Vorsprung des Promontorium. Die Membrana tympani secundaria ist im vorderen Abschnitt zwischen Promontorium und Proc. recessus und im hinteren zwischen Promontorium, Septum metacochleare und Proc. recessus ausgespannt. Der Ductus perilymphaticus zieht im Aquaeductus cochleae nicht unter dem Septum metacochleare, sondern unter einer ventral des N. ampullaris posterior liegenden Knochenbrücke hindurch ins Cavum leptomeningeum. Er mündet nach CIFELLI (1982) ventral, nach eigenen Beobachtungen caudomedial, und nach Ansicht von ALTMANN (1932) ist er nur noch rudimentär vorhanden. Die Unterteilung des Foramen perilymphaticum in den Aquaeductus cochleae und die Fenestra rotunda vollzieht sich am weit entwickelten Chondrocranium.

Unmittelbar vor der Fenestra ovalis und der Tegmenwurzel öffnet sich eine tiefe Grube, die rostral in einen kurzen Kanal übergeht und der Ursprungsort des M. tensor tympani ist (ALTMANN 1932). Der M. tensor tympani zeigt auffallender Weise keine Beziehung zur Tuba auditiva. Das Ostium tympanicum tubae auditivae liegt fetal im entotympanalen Teil der Bulla auditiva (Abb. 49a); am adulten Schädel mündet die Tuba auditiva in den oberen vorderen Rand der Bulla tympani, ohne daß sich das Petrosum an dessen Begrenzung beteiligt.

Entwicklungsgeschichtlich ist bemerkenswert, daß schon in frühen Stadien die Pars canalicularis dorsal und nur geringfügig caudal der Pars cochlearis liegt. Die Aufrichtung der Ohrkapsel aus ihrer stark seitlich geneigten in eine aufrechtere Position erfolgt zwischen den Stadien mit einer Kopflänge von 11 mm und 14 mm LINDAHL (1948).

6.4.4. Ethmoid, innerer Nasenaufbau

Die Procaviidae besitzen vier Ethmoturbinalia, welche in der üblichen Weise an der Lamina cribrosa ansetzen (BRANDT 1869, GEORGE 1875, PAULLI 1990). LINDAHL (1948) beschreibt am vollständig chondrifizierten Cranium drei Ethmoturbinalia; auch das Nasoturbinale verrät durch seinen Ansatz am dorsalen Abschnitt der Siebbeinplatte seine ethmoidale Herkunft. Da die Basallamelle des zweiten Endoturbinale in zwei Blätter gespalten ist, die jeweils einen Riechwulst bilden, treten somit fünf Riechwülste auf. Der insgesamt einfache, an Insectivoren erinnernde innere Nasenaufbau zeigt keine Besonderheiten (PAULLI 1900). Das erste der vier Ektoturbinalia ist nicht eingerollt, da die Kieferhöhle im Bereich seiner Basallamelle stark ausgebreitet ist. Zwischen dem im mittleren Abschnitt ventral verlängerten Teil des Nasoturbinale und dem Vorderrand der Seitenplatte liegt der Zugang zu den Oberkiefer-, Nasen- und Stirnbeinhöhlen. GEORGE (1875) beschreibt einen Sinus nasalis. Der ausgedehnte Sinus frontalis (Abb. 47) kommuniziert nicht unmittelbar mit der Nasenhöhle, sondern er verbindet sich zunächst mit dem Sinus maxillaris, an welchem man eine obere und untere Höhle unterscheiden kann, deren Grenze in Höhe des Foramen infraorbitale liegt. Die obere Kieferhöhle breitet sich im infraorbitalen Teil des Maxillare, die untere in den Tuber maxillare aus. Auf den Sinus sphenoidalis wurde bereits hingewiesen. Das Maxilloturbinale ist ein selbständiges Element, das der Medialseite der weit nach hinten reichenden Incisivenwurzel anliegt.

6.4.5. Deckknochen

6.4.5.1. Interparietale

Das Interparietale ist ein unpaarer, pentagonaler Knochen (Abb. 10). Nur ausnahmsweise und zwar nie an jungen, sondern nur an Schädeln alter Tiere tritt eine sagittale Naht auf. Es kann auch vorkommen, daß kleinere Stücke des Interparietale durch eine Naht abgetrennt erscheinen. Darüber hinaus können sogenannte Schaltknochen in der Sagittalnaht auftreten („Wormian" oder „Fontanel bones", Praeinterparietale). Charakteristischerweise findet sich ein solcher immer bei *Dendrohyrax arboreus ruwenzorii* in oder nahe dem Schnittpunkt der Sutura coronalis et sagittalis (HAHN 1934).

Den taxonomischen Wert, der dem Interparietale schon von HEMPRICH & EHRENBERG (1828) und GRAY (1868) beigemessen wurde, bestritt THOMAS (1892). Die Form des Interparietale ist altersabhängig und individuell verschieden (JÄGER 1860). Auch der Zeitpunkt der Verschmelzung mit dem Parietale (LATASTE 1886 b) ist in seinem diagnostischen Wert nicht eindeutig. Bei *Dendrohyrax dorsalis, Dendrohyrax validus* und *Heterohyrax* verwächst das Interparietale in der Regel mit dem Parietale, dagegen bei *Dendrohyrax arboreus* mit dem Supraoccipitale (HAHN 1934). Das Parietale von *Procavia* überwächst das Interparietale und manchmal auch den schädeloberseitigen Teil des Supraoccipitale, ohne daß diese Knochen resorbiert werden.

6.4.5.2. Parietale

Die Parietalia alter Tiere von *Dendrohyrax dorsalis* verwachsen miteinander, während bei den anderen Baumschliefern mit Ausnahme von *Dendrohyrax arboreus arboreus* die Sutur stets erhalten bleibt. Die Temporalleisten treten am adulten Schädel von *Dendrohyrax* im allgemeinen nur am Parietale hervor, zwischen ihnen liegt ein beträchtlicher Abstand. Bei *Procavia* und *Heterohyrax* nähern sie sich in der Medianlinie an und greifen auf das Interparietale über. Die Ursprungsfläche des M. temporalis dehnt sich – vermutlich in Zusammenhang mit der Hypsodontie der Molaren von *Procavia* – weit caudal aus.

Einzigartig innerhalb der Säugetiere ist die Beteiligung des Parietale an der Bildung des Postorbitalbogens (Abb. 10–12). In aller Regel hat nur *Dendrohyrax* einen geschlossenen, knöchernen Hinteraugenring. Bei *Procavia* und *Heterohyrax* ist dieser dagegen offen, bzw. am nicht mazerierten Tier bindegewebig geschlossen. Die Anteile von Frontale und Parietale an der Bildung des Postorbitalbogen sind sehr variabel bis hin zu Links-Rechts-Unterschieden.

6.4.5.3. Frontale, Nasale, Lacrimale, Jugale

Das Frontale steht rostral mit dem Nasale, Maxillare und Lacrimale in Kontakt, in der Orbita zusätzlich mit dem Palatinum und Orbitosphenoid, und hinter der Orbita mit dem Alisphenoid und ausgedehnt mit dem Parietale. Bei *Dendrohyrax* ist das Frontale supraorbital zu einem Wulst verdickt.

Anstelle der Frontolacrimalsutur kann es zu einem Nasolacrimal-Kontakt kommen. Kennzeichnend für das Nasale ist der weit herabgezogene Seitenteil. Das kleine Lacrimale sitzt im inneren, oberen Winkel der Orbita. Es trägt einen laterocaudad in die Orbita vorspringenden Höcker, hinter welchem sich das For. lacrimale verbirgt (Abb. 11). Das Lacrimale kann eine Sutur mit dem Jugale besitzen, die aber manchmal durch das sich über den vorderen Augenrand fortsetzende Maxillare verhindert wird.

Der Jochbogen wird im vorderen, ventromedialen Teil vom Maxillare, im mittleren und hinteren jedoch nur vom Jugale gebildet. Der Proc. zygomaticus des Squamosum ist auffallend kurz. Das Jugale erstreckt sich bis an den Hinterrand der Fossa glenoidea und beteiligt sich mit einer schräg stehenden Facette am Kiefergelenk. Der aufsteigende Ast zum Postorbitalbogen ist kurz.

6.4.5.4. Praemaxillare

Das Praemaxillare ist im Bereich der Incisivenalveole aufgetrieben. Der sehr kurze Gaumenanteil begrenzt das For. incisivum mit Ausnahme des Caudalrandes. Der sich zwischen dieses paarige Foramen schiebende Teil ist zu einem höckerartigen Kamm verdickt. Unmittelbar caudal der beiden großen Schneidezähne (I^1) tritt am Alveolarrand an den meisten Schädeln eine kleine Öffnung auf, die Alveole eines nicht ersetzten Milchschneidezahnes.

6.4.5.5. Maxillare

Der Gesichtsteil des Maxillare ist relativ kurz. Das For. infraorbitale liegt am adulten Schädel oberhalb von P^3, beim Neonatus jedoch oberhalb des dC oder dP^2. Auffallend ist die Bildung des Bodens der Augenhöhle durch das Maxillare (OWEN 1866, BRANDT 1869) (Abb. 10), was sich durch zwei Umstände erklären läßt. Der Proc. zygomaticus maxillaris bildet nicht nur die mediale, sondern auch die ventrale Fläche der Jochbogenwurzel. Durch die gleichzeitige starke laterale Verbreiterung wird so eine Vergrößerung der Ursprungsfläche des M. masseter erreicht. Vor allen Dingen aber wird das Tuber maxillae nach Durchbruch des M^3 nicht zurückgebildet, sondern persistiert als kräftiger, bis an das Alisphenoid reichender Fortsatz (Abb. 11). Der Gaumenteil des Maxillare wird durch das sich von caudal einschiebende Palatinum fast bis zur Mitte ausgerandet, die Maxillopalatinalsutur ist dabei auffallend gerade und durchschneidet das vorderste, größte Palatinalforamen.

6.4.5.6. Palatinum

Die Lamina verticalis des Palatinum ist als längliche, bis fast zur inneren Öffnung des For. infraorbitale reichende Platte in der Augenhöhle zu erkennen. Sie setzt sich caudal, eingezwängt zwischen Maxillare und Alisphenoid, in einen kräftigen Proc. pterygoideus palatini fort, der caudad vorspringt und häufig an der Spitze verdickt ist. Der horizontale Teil des Gaumenbeines dehnt sich am adulten Schädel bis zur Höhe des M^1 aus.

6.4.5.7. Anlagezeitpunkt der Deckknochen

Für einige der Deckknochen nennt LINDAHL (1948) den jeweiligen Anlagezeitpunkt, bezogen auf die fetale Kopflänge. Der erste sich bildende Deckknochen ist das Dentale (KL 7 mm). Es folgen bei einer Kopflänge von 10 mm das Squamosum, Jugale, Maxillare und Frontale, das Parietale ist noch blastematös und tritt, ebenso wie das Lacrimale, im nächsten Stadium (KL 11 mm) auf. Praemaxillare, Palatinum und Pterygoid sind ab einer Kopflänge von 14 mm nachweisbar.

6.4.6. Kiefergelenk, Kaubewegungen und Kiefermuskulatur

LUBOSCH (1911) beschrieb in einem umfangreichen Vergleich von 300 Schädeln das Kiefergelenk der Schliefer. Auffallend ist zunächst, daß „die craniale Fläche des Kiefergelenks bei den Hyrakoidea in einer derart mannigfachen Variation vorhanden (ist), wie sie sonst innerhalb ein und derselben Ordnung nur bei verschiedenen Familien vorkommt" (LUBOSCH 1911). Diese Variabilität besteht unabhängig von Artzugehörigkeit, Alter oder Geschlecht. Auf die Anatomie der Procc. postglenoidales wurde schon bei der Besprechung des Os temporale eingegangen. Die Kieferstellung ist anisognath, die Backenzahnreihen verlaufen entweder parallel oder konvergieren etwas nach vorne.

An der Bildung der cranialen Gelenkflächen beteiligen sich Squamosum und Jugale. Am Squamosum lassen sich eine Fossa glenoidalis und eine davor liegende, leicht konvexe Facies praeglenoidalis erkennen. Das Jugale beteiligt sich mit einer schräge stehenden, pfannenartigen Erweiterung an der Bildung der Fossa glenoidea, genauer der Facies praeglenoidalis. Die kontinuierliche Verbindung der Facies praeglenoidalis mit dem Jugale kann unterbrochen sein, so daß erstere in Form eines Condylus vorliegt. Nach LUBOSCH (1911) ist das bei sieben der 300 untersuchten Schädeln auftretende geschlossene Kiefergelenk die ursprüngliche Form: vom Processus postglenoideus zieht eine kräftige Leiste zum Jugale und bildet den seitlichen Abschluß der Gelenkgrube. In allen übrigen Fällen ist die Gelenkgrube nach lateral offen.

Am Unterkiefer sind der Ramus ascendens und die Angularpartie sehr breit im Gegensatz zu dem nur schwach ausgebildeten, nach rückwärts gekrümmten Proc. coronoideus (Abb. 14). Das Caput mandibulae liegt trotz des kräftigen Unterkieferastes nicht allzu hoch über der Kaufläche. Es hat die Form einer querliegenden Rolle, an der zwei Gelenkflächen unterschieden werden können (Abb. 13). Der äußere, mehr längs gestellte Condylus gelenkt vor dem lateralen Proc. postglenoideus und die querliegende Gelenkrolle vor dem niedrigeren medialen Gelenkfortsatz. Zwischen den beiden letztgenannten Strukturen ist die Gelenkkapsel sehr straff und durch ein kräftiges Band verstärkt, dagegen ist sie auf der Lateralseite lockerer. Im Kiefergelenk findet sich ein leicht verschiebbarer, bikonkaver Discus articularis, der nur aus fibrösem Gewebe besteht. JANIS (1983) beobachtete eine Zweiteilung des Discus, wobei die beiden Anteile in einem Winkel von ungefähr 150° zusammentreffen, was in etwa der Stellung der beiden Gelenkfacetten am Caput mandibulae entspricht. Während der Unterkiefergelenkkopf mit einer teilweise ansehnlichen Knorpelschicht überzogen ist, tritt am Squamosum der Knorpel nur in Form feiner Plättchen auf. Wie LUBOSCH (1911) an Dünnschnitten nachwies, tritt auch an der Gelenkfläche des Jugale Knorpel auf.

Die Kaumuskulatur der Schliefer ist durch das Zurücktreten des M. temporalis insbesondere gegenüber der Pars superficialis des M. masseter gekennzeichnet (MURIE & MIVART 1865, GEORGE 1875, LUBOSCH 1911, JANIS 1983). Dies drückt sich im Verhältnis der einzelnen Muskelgewichte aus, wenngleich bedacht werden muß, daß Muskelgewichte im Gegensatz zum physiologischen Querschnitt keine direkte Aussage über die Muskelkraft zulassen. Vom Gesamtgewicht der Kaumuskulatur entfallen 58,2 % auf den M. masseter, wovon allein die Pars superficialis 46,2 % ausmacht (JANIS 1983). Die Werte für den M. temporalis (22,8 %) und M. pterygoideus (19 %, davon 15,7 % für den M. pterygoideus medialis) lassen aber wegen der ungewöhnlichen Größe des M.

masseter die beiden Muskeln unverhältnismäßig klein erscheinen. Der M. masseter pars superficialis ist ein sehr komplex aufgebauter Muskel, der in eine mediale und laterale Portion sowie in einen caudal gerichteten Muskel zerlegt werden kann (Abb. 51). Die einzelnen Portionen bestehen aus Bündeln mit pinnatem und parallelem Faserverlauf (JANIS 1983). Die Pars superficialis hat ungewöhnlicherweise einen sehnigen Ursprung am Jochbogen. Die schwache Pars profunda des M. masseter zeigt den für Huftiere charakteristischen vertikalen Faserverlauf. Als dritter Adduktor tritt ein M. zygomaticomandibularis auf (Abb. 51), der von der Fascie des M. temporalis, dem Jochbogen und der Gelenkkapsel entspringt und im mittleren Abschnitt des Ramus ascendens und unterhalb des Caput mandibulae ansetzt. Der M. temporalis zeigt zwar auch eine komplexe Binnengliederung, ihm fehlen jedoch Fascieneinhüllungen oder eine sehnige Durchsetzung. Er inseriert fleischig am Proc. coronoideus. Neben der Pars superficialis des M. masseter ist der M. pterygoideus medialis der auffälligste Kaumuskel (Abb. 52). Auch er zeigt, neben einer Aufteilung in zwei Portionen, pinnate und parallelfaserige Muskelbündel. Er entspringt sehnig am Proc. pterygoideus des Alisphenoid. Der M. pterygoideus lateralis ist ein schwacher Muskel mit einfacher Architektur. Der M. digastricus ist nach Angaben aller oben zitierten Autoren einbäuchig. JANIS (1983) nimmt an, daß es der hintere Bauch des M. digastricus ist, der nun allein den gesamten Muskel bildet, da sie keine gesonderte Innervation des vorderen Abschnittes durch den N. mylohyoideus findet. Nach SABAN (1968) besitzen die Hyracoiden jedoch einen „faux digastrique", d.h. der Muskel wäre doppelt innerviert.

Die schon von LUBOSCH (1911) aus der Anatomie deduzierten und durch Lebendbeobachtungen ergänzten Aussagen über die Kieferbewegung der Schliefer wurden durch den Einsatz von Metallmarkern, Röntgenkinematographie und EMG (JANIS 1979, FRANKS 1979, 1981) im wesentlichen bestätigt. Die Schliefer kauen nicht gleichzeitig auf beiden Seiten. Die Besonderheit bei ihren Kaubewegungen ist ein heftiges Vorziehen des Unterkiefers und eine kreisende Bewegung, welche die längsgerichtete mit einer mediolateralen Komponente verbindet. Der asymmetrisch geführte „power stroke" erzeugt auf der aktiven Seite eine lingual gerichtete Drehung. Bei langsamer Kieferöffnung wird dieser Bewegungsablauf fortgesetzt. Nur durch die schnelle Kieferöffnung wird der Condylus der vordem inaktiven Seite nachgezogen, so daß nun beide Condyli in einer rostralen Position stehen. Durch schnellen Kieferschluß rutschen beide Unterkiefergelenkköpfe nach hinten und buccal, wobei der im folgenden aktive Condylus etwas weiter hinten liegt. MAYNARD SMITH & SAVAGE (1959) haben fälschlicherweise aus der Okklusion der Incisiven geschlos-

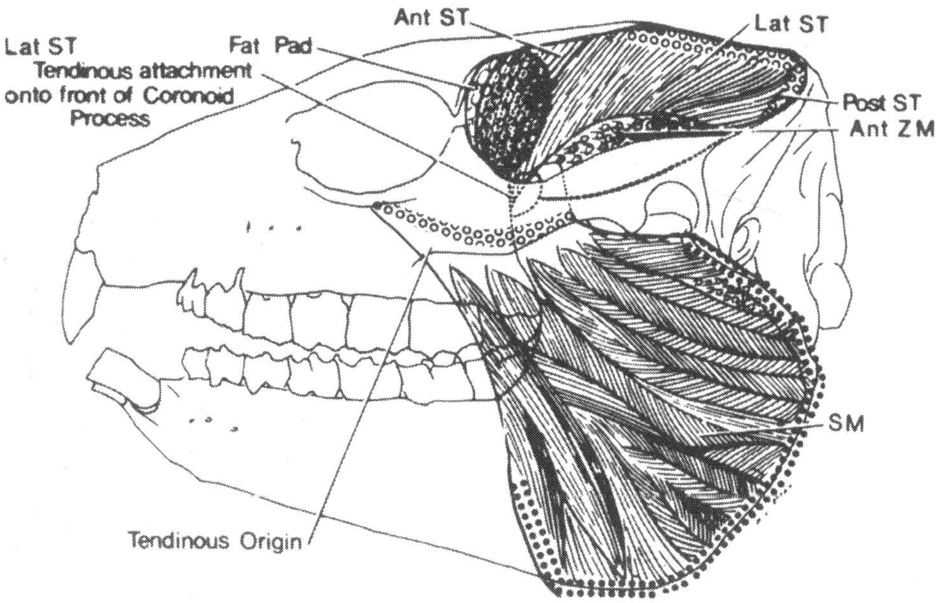

Abb. 51. *Procavia capensis habessinica*. Der M. masseter ist ein vielfach gefiederter Muskel mit komplexer Binnenstruktur (aus JANIS 1983). Abk.: Ant ST = M. temporalis pars superficialis anterior, Lat St = M. temporalis pars superficialis lateralis, Post St = M. temporalis pars superficialis posterior, SM = M. masseter pars superficialis, AntZM = M. zygomaticomandibularis anterior.

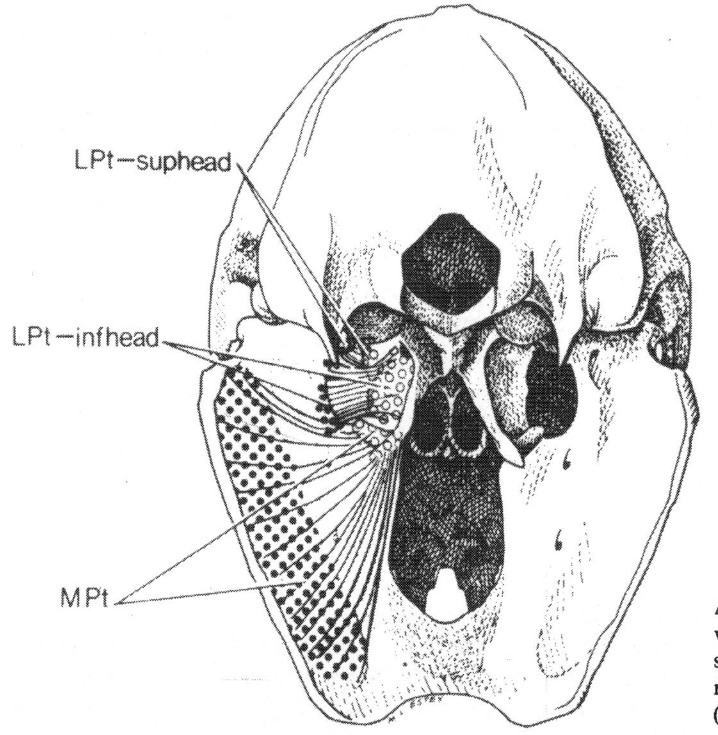

Abb. 52. Caudalansicht eines Schädels von *Procavia capensis*. Eingezeichnet sind der Verlauf des M. pterygoideus lateralis (LPt) und M. pterygoideus medialis (MPt) (aus JANIS 1983).

sen, daß eine Vorwärtsbewegung des Unterkiefers unmöglich sei.

Die beobachtete Kieferbewegung und die myologischen Befunde zeigen, daß das charakteristische Vorwärtsstoßen des Unterkiefers durch die besondere Differenzierung des M. masseter pars superficialis und M. pterygoideus medialis bewirkt wird. Der Kieferschluß und die seitlichen Bewegungen vollziehen sich in der üblichen Weise. FRANKS (1979) weist noch auf den besonderen Umstand hin, daß für die Anfangsphase der Kieferöffnung der M. geniohyoideus verantwortlich ist und der M. digastricus nur die weitere Kieferabduktion übernimmt.

Auch der Abrieb auf den Kauflächen spiegelt die kombinierte longitudinale und transversale Kieferbewegung wider. Neben dem Abschliff durch Scherung („phase I facets") finden sich vor allem auf der mesialen Kaufläche des Protoconus und Hypoconus bzw. der distalen Facetten von Hypoconid und Protoconid Schliffspuren in posteroanteriorer Richtung („phase II facets"). Ihre Orientierung bestätigt die Beobachtung eines kontinuierlichen aber die Richtung wechselnden Kieferschlusses, wenngleich die Längsbewegung erheblich geringere Spuren hinterläßt. Die Annahme einer allerdings schwachen, mahlenden Bewegung scheint gerechtfertigt. Interessanterweise benutzt JANIS (1979) die Procaviiden als Modell für die Mastikation eozäner Equiden, da auch bei diesen noch eine „phase II facet" auftritt.

6.4.7. Facialismuskulatur

Die Gesichtsmuskulatur von *Procavia* hat einen hohen Differenzierungsgrad erreicht (Abb. 53–55). Sie ist von zwei Schichten abzuleiten: dem M. platysma myoides und M. sphincter colli profundus; ein M. sphincter colli superficialis fehlt (SCHIEFER 1968). Das Platysma myoides ist sehr kräftig. Es entspringt etwa in der Höhe des Schultergelenkes an der Vorderextremität und von der Parotisfaszie. Der Muskel setzt an der Schleimhaut um die Mundwinkel herum an. Die tiefe Platysmaschicht, das Platysma cervicale, bildet die dreischichtige retroauriculäre Muskulatur, welche stark differenziert ist. SCHIEFER (1968) trifft eine Unterscheidung von fünf Abschnitten des M. sphincter colli profundus. Dabei ist vor allem die Pars intermedia dorsalis weitgehend in selbständige Muskelindividuen aufgeteilt, so im Bereich der praeauriculären und orbito-nasalen Muskulatur. Die kräftige Schnauzenmuskulatur schließlich leitet sich von der Pars oris ab.

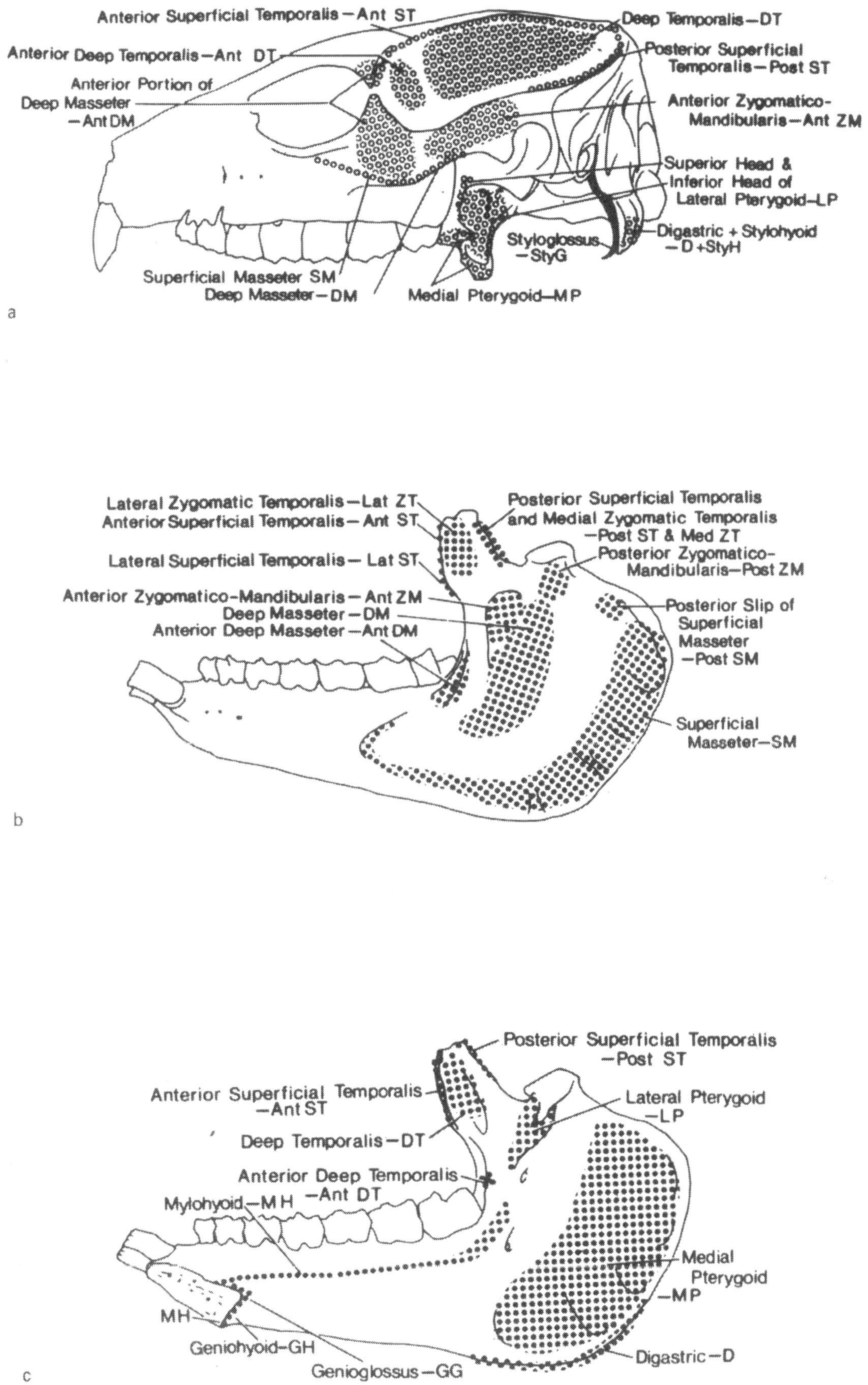

Abb. 53. *Procavia capensis habessinica.* Ursprungs- und Ansatzflächen der Kiefermuskulatur sowie einiger Zungenmuskeln. a) Seitenansicht des Schädels, b) Lateral- und c) Medialansicht des Unterkiefers. Kreise = Origo, Punkte = Insertio (aus Janis 1983).

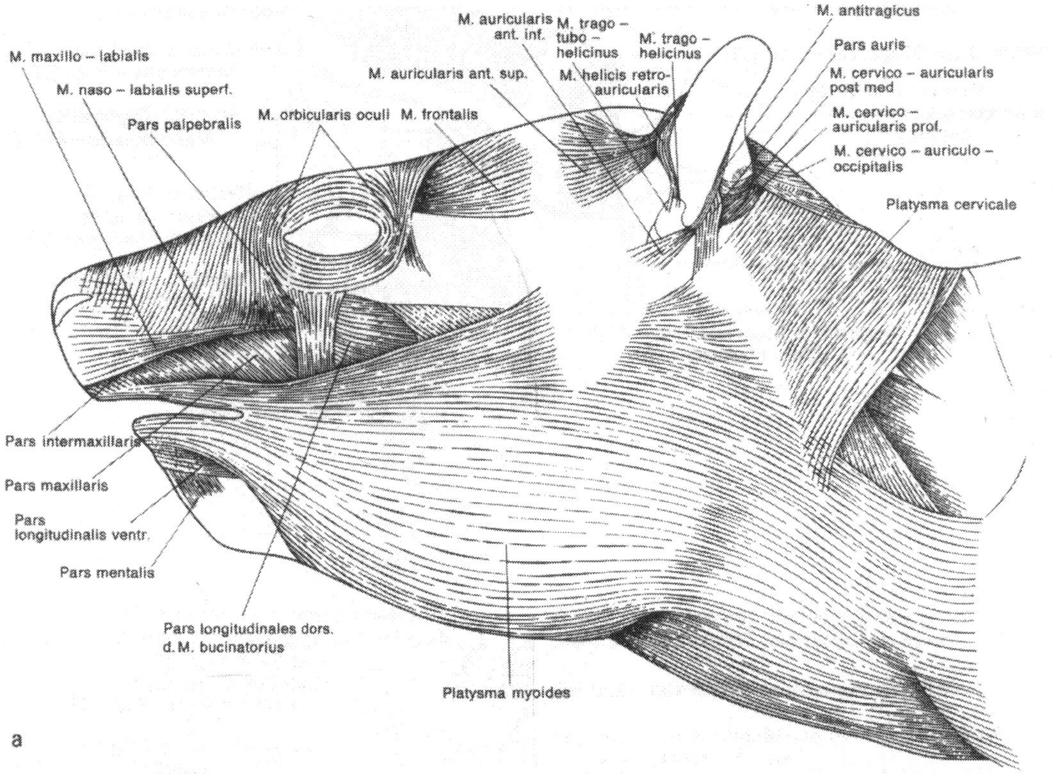
M. auricularis ant. inf.
M. trago – tubo – helicinus
M. trago – helicinus
M. antitragicus
Pars auris
M. cervico – auricularis post med
M. cervico – auricularis prof.
M. cervico – auriculo – occipitalis
Platysma cervicale
M. maxillo – labialis
M. naso – labialis superf.
Pars palpebralis
M. auricularis ant. sup.
M. helicis retro-auricularis
M. orbicularis oculi
M. frontalis
Pars intermaxillaris
Pars maxillaris
Pars longitudinalis ventr.
Pars mentalis
Pars longitudinales dors. d. M. bucinatorius
Platysma myoides

a

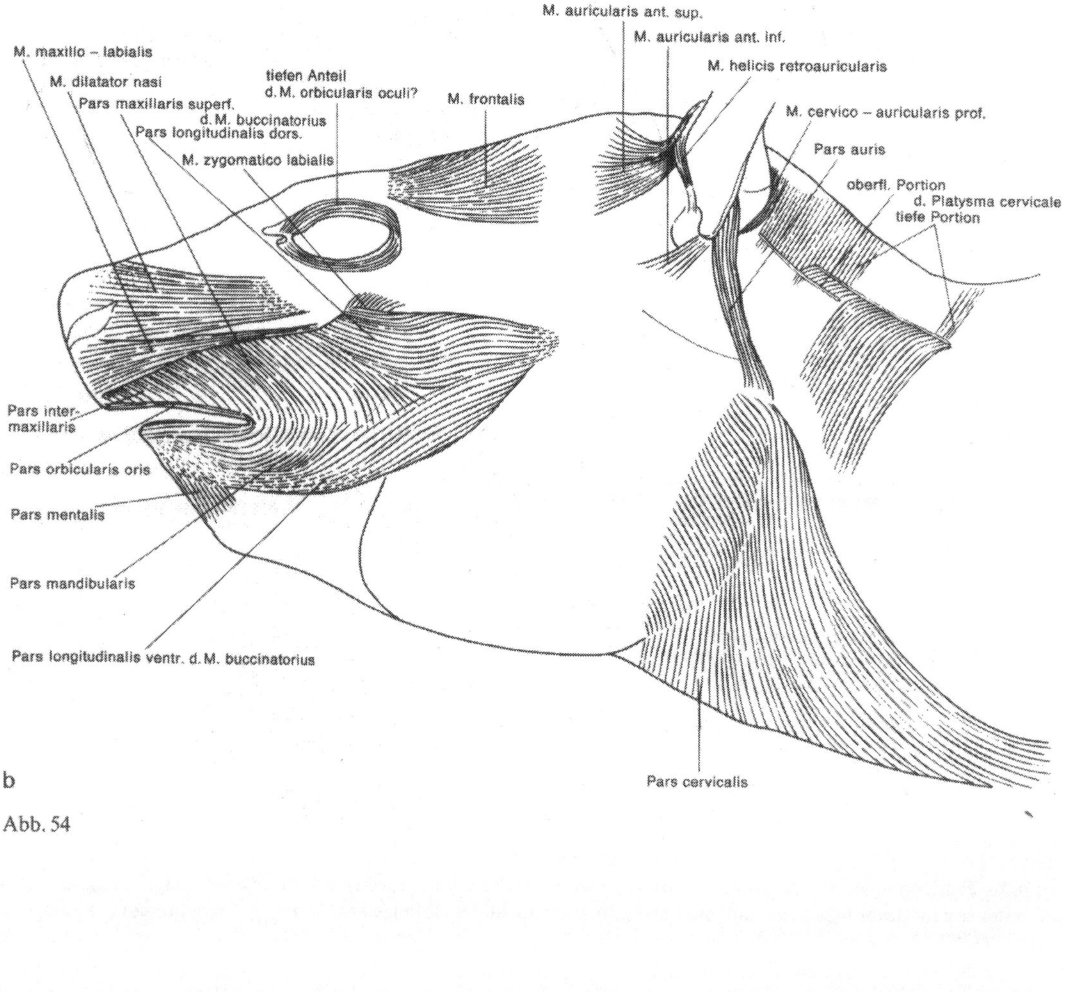
M. auricularis ant. sup.
M. auricularis ant. inf.
M. helicis retroauricularis
M. maxillo – labialis
M. dilatator nasi
Pars maxillaris superf.
d. M. buccinatorius
Pars longitudinalis dors.
tiefen Anteil d. M. orbicularis oculi?
M. frontalis
M. zygomatico labialis
M. cervico – auricularis prof.
Pars auris
oberfl. Portion
d. Platysma cervicale
tiefe Portion
Pars inter-maxillaris
Pars orbicularis oris
Pars mentalis
Pars mandibularis
Pars longitudinalis ventr. d. M. buccinatorius
Pars cervicalis

b

Abb. 54

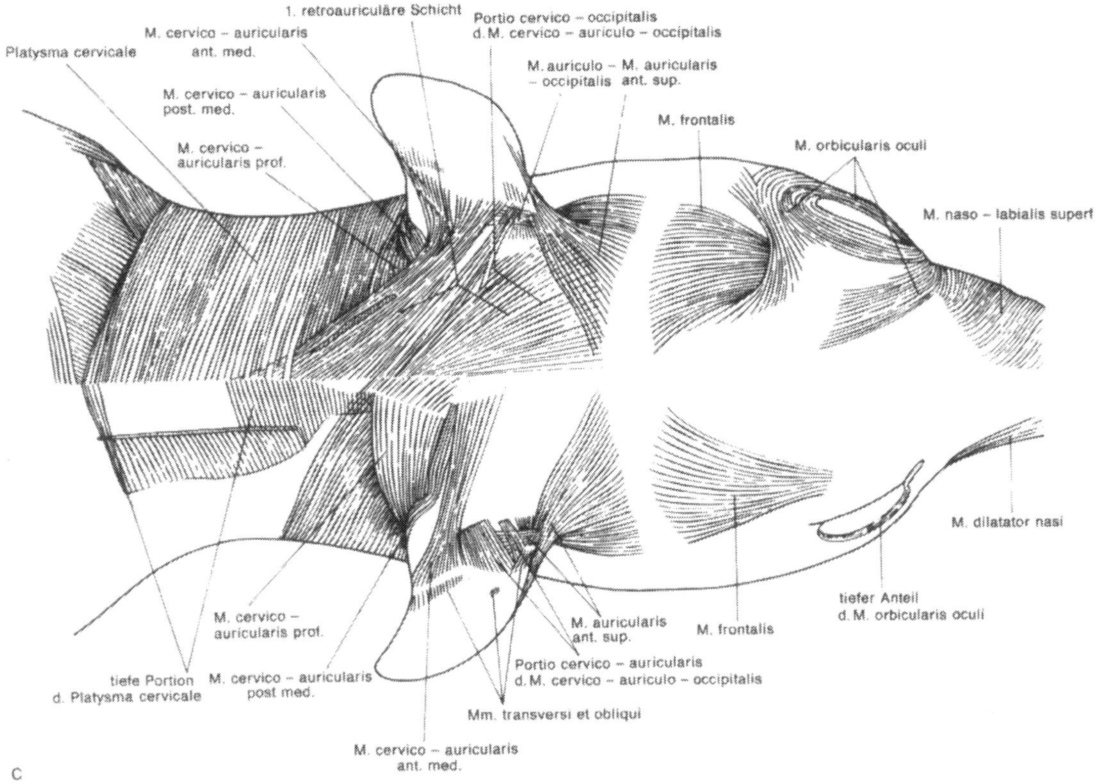

c

Abb. 54. *Procavia capensis.* Facialismuskulatur. a) Lateralansicht. Man beachte das kräftige Platysma myoides. b) Lateralansicht. Teile des Platysma cervicale und Platysma myoides sowie die M. orbicularis oculi, M. naso-labialis superficialis und ein Teil des M. masseter sind abgetragen. c) Dorsalansicht. Auf der rechten Seite ist die oberflächliche Schicht des Platysma cervicale, die 1. Schicht der retroauriculären Muskeln, der M. orbicularis oculi und M. naso-labialis superficialis abgetragen (aus SCHIEFER 1968).

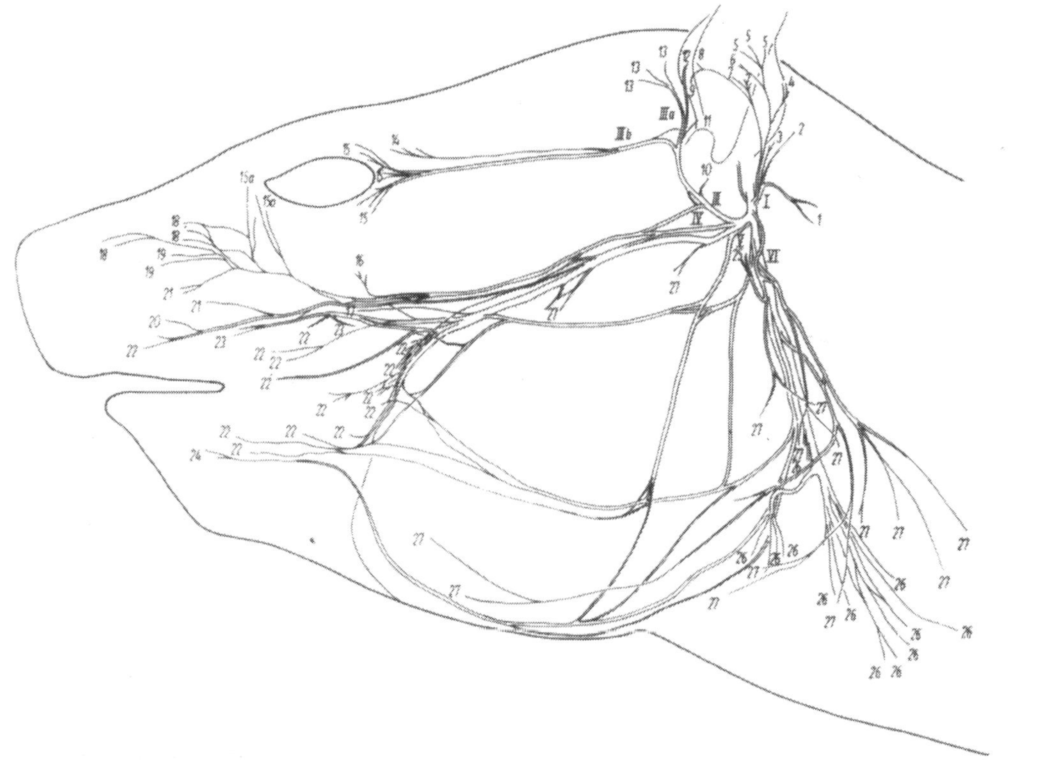

Abb. 55. *Procavia capensis.* Innervation der oberflächlichen Facialismuskulatur. Lateralansicht. Die arabischen Ziffern bezeichnen die zu den Muskeln ziehenden Nervenäste (aus SCHIEFER 1968). Abk.: I = R. retroauricularis I, II = R. retroauricularis II, III = R. temporo-zygomatico-orbitalis, III a = R. temporalis, III b = R. zygomatico-orbitalis, IV = R. buccolabialis sup., V = R. buccolabialis inf., VI = R. colli.

6.5. Gebiß und Zahnmorphologie

Die anisognathe Kieferstellung und der Mastikationsablauf sind bereits beschrieben worden. Im folgenden werden das Gebiß rezenter Procaviidae, die Zahnmorphologie, der Zahnwechsel und die Altersbestimmung mit Hilfe von Zahnmerkmalen besprochen.

Eine auffällige Eigenschaft am Gebiß der Hyracoidea sind die beim Milch- und Ersatzgebiß im Ober- und Unterkiefer stark vergrößerten vorderen Incisiven. Der Id^1 und die unteren Milchincisiven sind bewurzelt, im Ersatzgebiß ist der I^1 wurzellos. Im Unterschied zu diesem Zahn sind die unteren Schneidezähne des Dauergebisses bewurzelt und nicht gekrümmt, sondern stecken schräg in der Alveole (Keil 1966) (Abb. 56). Thomas (1892) wies als erster auf einen Sexualdimorphismus des I^1 hin: Bei Männchen ist der Zahn im Querschnitt dreieckig mit einer prominenten Kante auf der Facies labialis, bei Weibchen ist er dagegen abgerundet, und die wesentlich schwächere Kante verläuft weiter mesial (Abb. 57). Die oberen Schneidezähne sind nur am Labialrand mit Schmelz bedeckt. Die Abnutzung erfolgt schräg distal, dort wo der Schmelz fehlt. Anders als z. B. bei Rodentia oder Lagomorpha klafft zwischen den I^1 eine Lücke (Trema) (Moeller 1974). In seltenen Fällen wird anomales Wachstum der Schneidezähne beobachtet (Harrison 1982, Stuart 1984). Durch Einkerbungen sind die noch nicht abgenutzten unteren Milch- und Ersatzschneidezähne pektiniert, bei älteren Exemplaren ist die Krone gerade. Die Cd bzw. C sind im Ober- und Unterkiefer durch eine Diastema von den Incisiven getrennt. Dieses ist bei *Dendrohyrax* relativ länger als in den beiden anderen Gattungen.

Die Hyracoidea besitzen kein vollständiges postcanines Gebiß, denn nach den neuesten Untersuchungen von Luckett (1990) ist der vorderste praemolariforme Zahn im Ober- und Unterkiefer der Caninus und nicht der P1. Auch die vorderen Backenzähne sind molarisiert; sie sind bei *Dendrohyrax* dem selenolophodonten, bei *Procavia* dem lophodonten Zahntyp zuzuordnen. Bei *Dendrohyrax* bleiben das Proto- und Metaloph von den selenodonten Außenhöckern getrennt (Thenius 1989). Dies ist auch bei *Procavia* zunächst der Fall, doch durch das Abkauen verbinden sich frühzeitig Proto- bzw. Metaloph mit dem Ectoloph. Erst in diesem Zustand erinnern die Backenzähne an ein „rhinoceros en miniature" (Cuvier 1804, Patte 1934), während die nicht abgekauten Zähne von Schliefern und Nashörnern verschieden sind (Thenius 1989). Die mäßig hypsodonten Backenzähne von *Procavia* unterscheiden sich

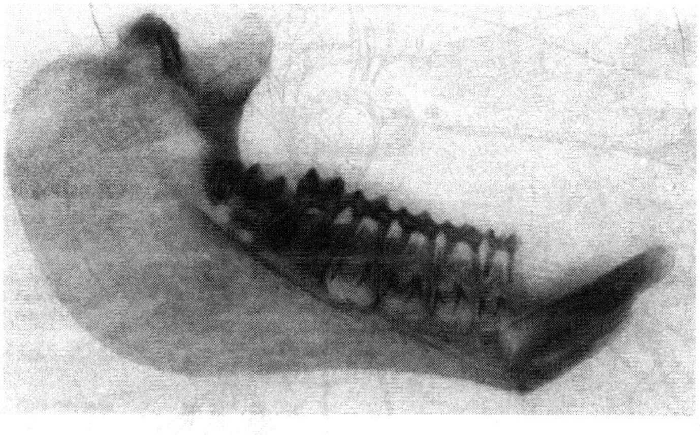

Abb. 56. Röntgenogramm des rechten Unterkiefers von Dendrohyrax. Gezeigt ist ein Stadium kurz vor dem Zahnwechsel; man beachte auch den geraden Verlauf der Incisivenwurzel (aus Keil 1966).

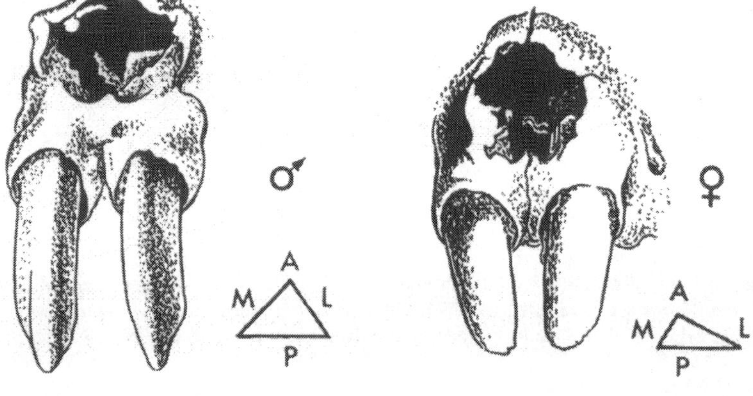

Abb. 57. Geschlechtsdimorphismus des I^1 bei Schliefern. Beim Männchen ist der Zahn im Querschnitt dreieckig mit scharfer labialer Kante (A), beim Weibchen verläuft die Kontur weiter mesial (aus Fourie 1983).

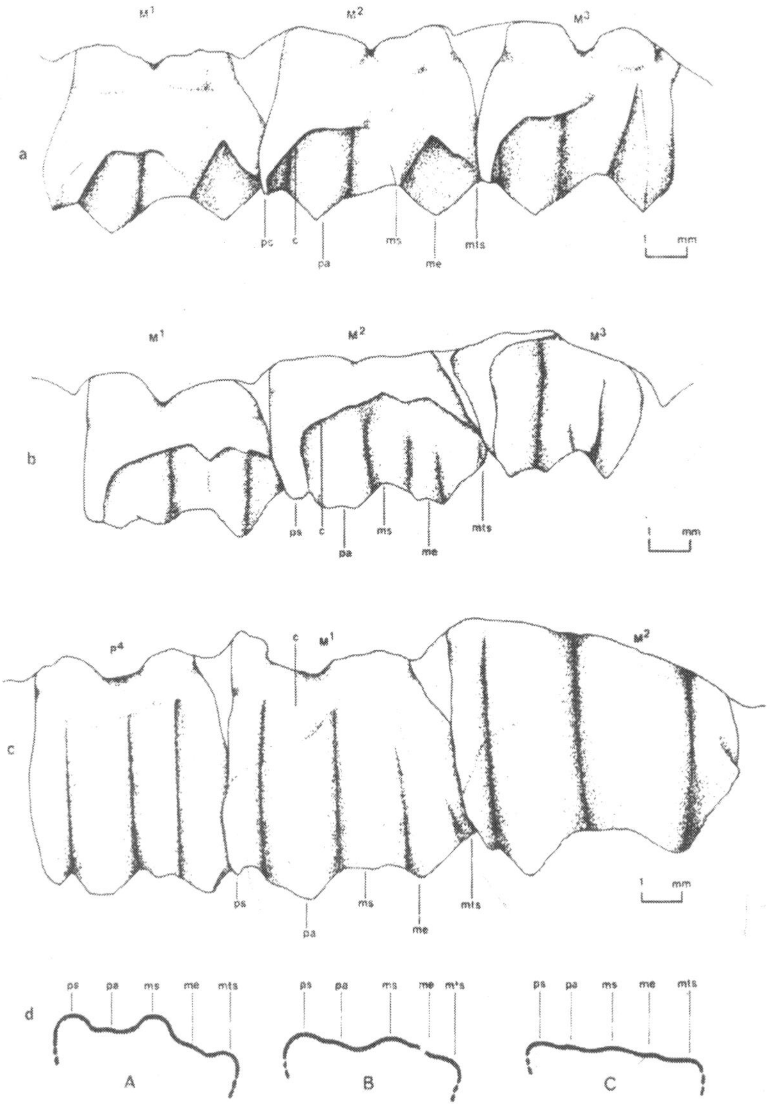

Abb. 58. Buccalansicht der oberen Molaren (M^{1-3}) von a) *Dendrohyrax dorsalis*, b) *Heterohyrax brucei* und c) der p^4-M^2 von *Procavia capensis johnstoni.* d) Querschnitt des M^1 etwa in halber Höhe des Mesostyl, Buccalkontur von *Dendrohyrax* (A), *Heterohyrax* (B) und *Procavia* (C) (aus ALLAERTS, THYS VAN DEN AUDENAERDE & VAN NEER, Ann. Soc. r. zool. Belg. 112). Abk.: c = Cingulum, me = Metaconus, ms = Mesostyl, mts = Metastyl, pa = Paraconus, ps = Parastyl.

von den brachydonten Molaren bei *Dendrohyrax* und *Heterohyrax* nicht nur in der Kronenhöhe, sondern auch in den kürzeren Wurzeln und einer flacheren buccalen Flanke (ALLAERTS, THYS VAN DER AUDENAERDE, VAN NEER 1982) (Abb. 58). Es gibt jedoch einen kontinuierlichen Übergang zwischen der brachydonten Bezahnung bei *Heterohyrax* und der verhältnismäßig niederkronigen in der *Procavia ruficeps*-Gruppe. Ebenso überlappen sich die Maße der Zähne mit Ausnahme der M^2 und M^3 (ALLAERTS et al. 1982) (Abb. 59).

Bei *Dendrohyrax* treten Parastyl und Mesostyl und in geringerem Umfang Metastyl als Grate deutliche hervor; Paraconus und Metaconus liegen verhältnismäßig weit nach lingual versetzt. Das Ectoloph verläuft in einer Zickzacklinie. Bei *Heterohyrax* sind Parastyl und Mesostyl weniger prominent, und das Ectoloph ist eher wellenförmig. Bei *Procavia* schließlich sind die Außenhökker an der Buccalwand nur noch als schwach vorgewölbte Leisten erkennbar (Abb. 58). Mit der Zunahme der Kronenhöhe geht eine Streckung des Ectoloph einher (ALLAERTS et al. 1982). Anomale Schädel aus der *Procavia johnstoni*-Gruppe zeigen starke Faltungen der Facies buccalis als Folge einer Verkürzung des zahntragenden Teiles des Maxillare. Bei hochkronigen Formen der Gattung *Procavia* ist die Krone buccal erheblich höher als lingual; diese Partialhypsodontie ist bei miozänen Hyracoiden besonders ausgeprägt (PICKFORD & FISCHER 1986). Taxonomisch bedeutend ist die unterschiedliche Größenzunahme der Praemolaren und Molaren, bzw. die Krümmung der Zahnreihen bei *Dendrohyrax* und *Procavia*. Bei *Procavia* wurden an den Wurzelenden der Milchmolaren und der M1–3 deutliche Verbreiterungen in mesiodistaler Richtung beobachtet, welche die Verankerung der Zähne verbessern (MOLLARET, FRIEZ & FRIEZ 1964). Bei *Dendrohyrax* verschmälert sich das Wurzelende in der üblichen Weise. Die Praemolaren haben 3–4 Wurzeln, M1 und M2 vier und M3 fünf Wurzeln.

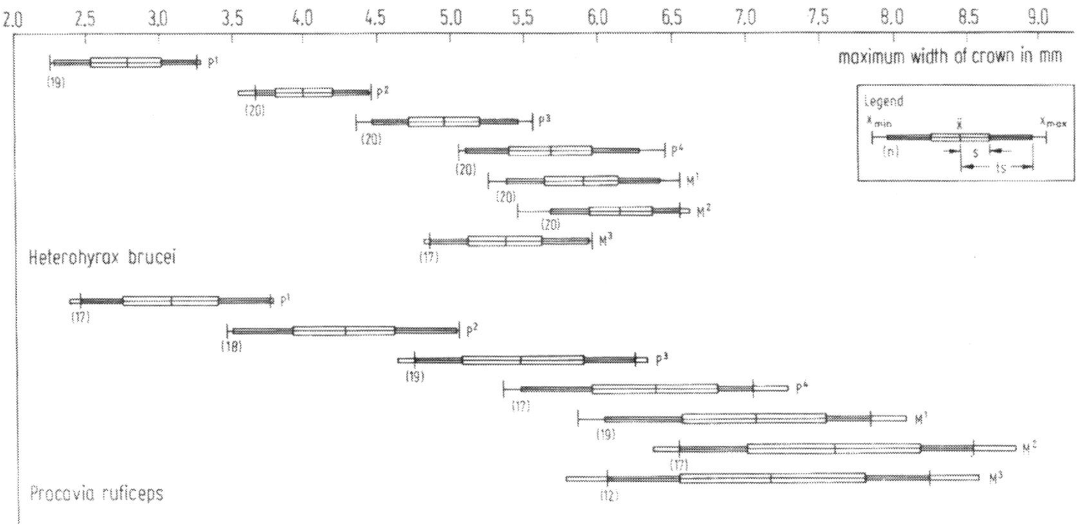

a

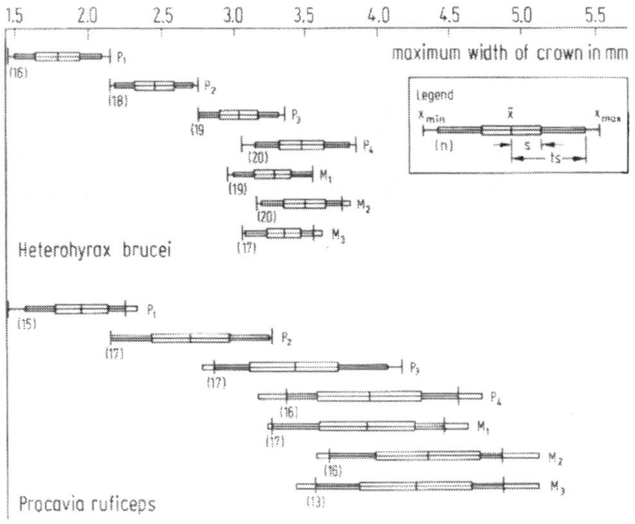

b

Abb. 59. Variabilität und Größenvergleich der (a) oberen und unteren (b) Backenzänne von *Heterohyrax brucei* und *Procavia capensis ruficeps*. Der Durchschnittswert (x), die Anzahl der Messungen (n), die Standardabweichung (s), die 95% – Wahrscheinlichkeitsgrenze (ts) und die Extremwerte (x_{min} und x_{max}) sind angegeben (s. Kasten) (nach Allaerts, Thys van den Audenaerde & van Neer, Ann. Soc. r. zool. Belg., 112).

Der C inf. ist ein- oder zweiwurzelig und praemolariform. Die zweiwurzeligen unteren Praemolaren nehmen nach hinten an Größe zu und sind molarisiert. Innerhalb fossiler Hyracoiden ist die Molarisierung noch weiter fortgeschritten. Bei *Parapliohyrax* sind sogar die I3 praemolariform. Die unteren Backenzähne bestehen aus jeweils zwei V-förmigen Cristae, welche nach lingual geöffnet sind. Innerhalb der rezenten Gattungen ist kein Hypoconulid vorhanden. Bei fossilen Formen bildet dieses am M3 ein 3. „Hörnchen". Nach Friant (1945a, 1965) erinnert die Morphologie der unteren Backenzähne auch an die frühere Equiden.

6.5.1. Gebißformel

Die Zahnformel des Milch- und Ersatzgebisses ist bis heute umstritten. Vor Lataste (1886–1892) bestand die einhellige Meinung, im Gebiß der Procaviidae träten keine Caninen auf; der vorderste Zahn der Backenzahnreihe („reliquos accessorio" Pallas 1767) wurde als Molar aufgefaßt. Cuvier (1804, 1817) meinte zwar zunächst, daß ein Eckzahn in der Jugendzeit vorhanden sei, wurde aber später (1822) wankelmütig, weil er glaubte, den Ersatz des fraglichen Zahnes beobachtet zu haben. Seit Lataste (1886) lautete die Zahnformel des Ersatzgebisses der rezenten Procaviiden:

$$\frac{1\ 1\ (Cd)\ 4\ 3}{2\ 0\ \quad\ 4\ 3}$$

Es wurde angenommen, daß vier Milchmolaren durch Praemolaren ersetzt werden. Durch vergleichende Studien macht jedoch Luckett (1990) sehr wahrscheinlich, daß der kleine Cd durch den C ersetzt wird und der P1 im Gebiß der Procaviidae fehlt (Abb. 60). So lautet die Zahnformel nun:

$$\frac{1\ 1\ 3\ 3}{1\ 1\ 3\ 3}$$

Erratum

Handbuch der Zoologie Band VIII, Teilbd. 58
Fischer, Hyracoidea

Auf Seite 74, rechte Spalte unten, muß es heißen:

So lautet die Zahnformel nun:

$$\frac{1\ 1\ 3\ 3}{2\ 1\ 3\ 3}$$

Vor dem M1 ist die Entwicklung von nur drei Praemolaren zu beobachten. Die Zahnleiste ist im Bereich des Pd1 nur geringfügig angeschwollen. Die Praemolarisierung des C entspricht den bei miozänen Hyracoiden beobachteten Verhältnissen. Durch den auswachsenden C fällt Cd aus, häufig bleibt dieser an der Sutura praemaxillomaxillaris gelegene Zahn aber bis zum Durchbruch des M^2 erhalten. Bei *Dendrohyrax validus* fehlt nach HAHN (1934) der Cd sup. immer, bei den anderen *Dendrohyrax*-Arten ist er regelmäßig zusammen mit dem Ersatzgebiß vorhanden.

Die Zahnformel des Milchgebisses war lange umstritten (WOODWARD 1892, FLEISCHMANN 1897, ADLOFF 1903, BRAUER 1913, LUCKETT 1990). GIEBEL (1855) und BRANDT (1869) hatten bereits den Id^2 beschrieben, WOODWARD (1892) weist im Oberkiefer acht Zahnanlagen, darunter den Id^3 nach, allerdings nur bei der Hälfte der von ihm untersuchten sechs Feten. Die 2. und 3. oberen Milchschneidezähne sind sehr klein und liegen nahe am Zahnfleisch (Abb. 61). Im Unterkiefer ist zwischen Id_2 und Pd_2 nur ein Zahn zu finden. In Analogie zur sukzessiven Reduktion der vorderen Zähne im Oberkiefer nimmt WOODWARD (1892) an, es sei der Cd inf., der Id_3 würde nicht mehr angelegt. FLEISCHMANN (1897) untersuchte einen jüngeren Fetus als WOODWARD (1892) und erkannte an den oberen und unteren Zahnleisten nur sieben Anlagen, die, mit Ausnahme von Id^2, Id^3 und Id_3, alle in Form großer Schmelzglocken vorliegen. Id^{2-3} sind unbedeutende Anschwellungen ganz dicht am Mundepithel und weit entfernt vom Niveau des Knochens. ADLOFF (1903) verfolgt den Grad der Zahnbildung an vier Fetalstadien zwischen 48 mm und 154 mm Länge. Bei einer Länge des Fetus von 70 mm sind alle Milchzähne mehr oder weniger im kuppenförmigen Stadium, bei 107 mm im glockenförmigen Stadium, nur der Pd^4 hat noch keine Schmelzkappe. Ungefähr bei dieser Länge ist die Anlage des M1 als knospenförmige Anschwellung des hintersten Teiles der Schmelzleiste zu erkennen. Ein winziger, ganz rudimentärer Schmelzkeim könnte der Id^3 sein. Bei einer Länge des Fetus von 154 mm bilden sich die freien Schmelzleistenenden zu Ersatzzahnanlagen um, auch die Cd besitzen kolbenförmig angeschwollene Enden. Nach ADLOFF (1903) ist der untere Eckzahn weiter rückgebildet als der obere, das Vorkommen des Id^3 ist zweifelhaft. Die Zahnformel des Milchgebisses lautete nach

WOODWARD (1892) $\frac{3\ 1\ 4}{3\ 1\ 4}$

FLEISCHMANN (1897) $\frac{3\ 0\ 4}{3\ 0\ 4}$

und ADLOFF (1903) $\frac{2\ 1\ 4}{2\ 1\ 4}$.

BRAUER (1913a) nimmt nun an, daß die von FLEISCHMANN (1897) und WOODWARD (1892) als Pd1 gedeuteten Zähne die Caninen, die Cd inf. (sensu WOODWARD) die Id_3 und die Cd sup. (sensu WOODWARD) entweder keine Zahnkeime oder praelacteale Keime seien. Nach BRAUER (1913a) besitzen die Procaviiden eine vollständige Milchbezahnung. LUCKETT (1990) hat auch in der Frage der Zahnformel des Milchgebisses von den bisherigen Ansichten abweichende Ergebnisse vorgestellt (Abb. 60). Die von ihm ermittelte Zahnformel des Milchgebisses von Procavia lautet:

$$\frac{3\ 1\ 3}{3\ 1\ 3}$$

Die Cd sind canini- bis praemolariform, meist einwurzelig, selten zweiwurzelig. Die Milchmolaren stimmen weitgehend mit den Praemolaren überein. Die oberen Milchbackenzähne sind dreiwurzelig, die unteren zweiwurzelig, ebenso sind die Milchincisiven bewurzelt (ADLOFF 1903). Bei der Geburt sind die Schliefer bezahnt, der Pd4 ist nach Angaben von ROCHE (1978) und STEYN & HANKS (1983) durchgebrochen, nicht jedoch nach MOLLARET (1962), FAIRALL (1980) und FOURIE (1983).

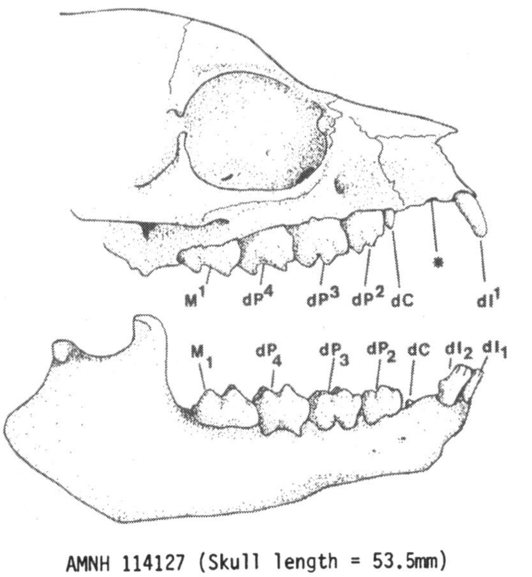

Abb. 60. Das Milchgebiß von *Procavia capensis*. Originalabbildung von W. P. LUCKETT, gez. von N. HONG. Nach LUCKETT ist im Milchgebiß der dP1 und im Dauergebiß der P1 reduziert. Die Abbildung wurde dankenswerter Weise von W. P. Luckett zur Verfügung gestellt.

6.5.2. Zahnwechsel

Bemerkenswert sind die Vergrößerung schon der Id^1 und der Zahnwechsel auch im Bereich der immer wachsenden Schneidezähne. Zunächst wer-

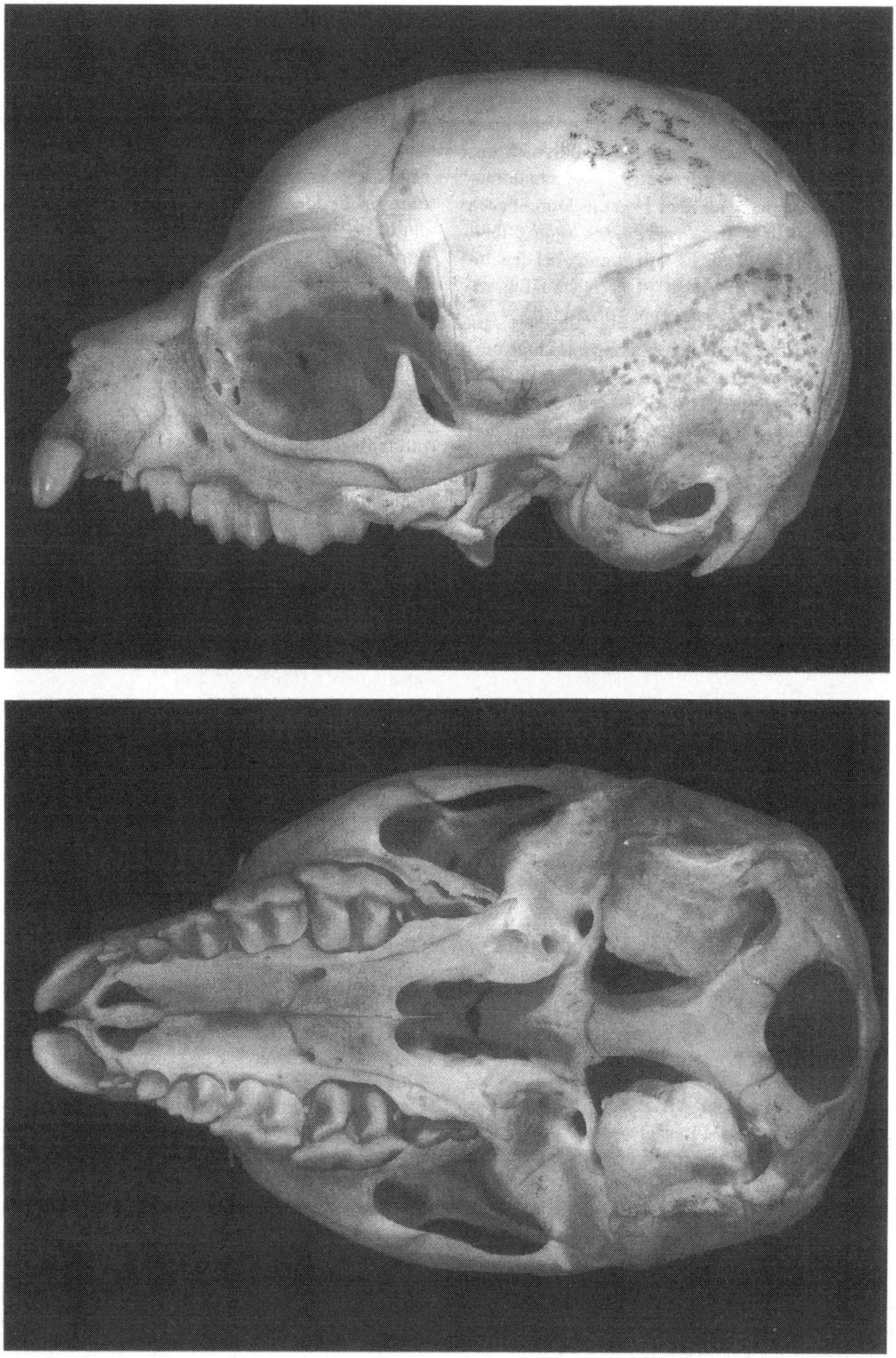

Abb. 61. *Procavia capensis*. Neonatus. Deutlich sind der große dI^1 und die sehr kleinen dI^2 und dI^3 zu erkennen, es folgen dC und dP2–4.

den die Incisiven im 8.–17. Monat gewechselt, gleichzeitig mit dem Durchbruch des M1 (ROCHE 1978, FAIRALL 1980, FOURIE 1983). Nach dem 1. Lebensjahr werden die Milchmolaren durch Praemolaren ersetzt, dabei bricht der P^4 gegenüber dem C und den P^{2-3} verzögert durch. Der Zahnwechsel erfolgt spät, nachdem die Milchzähne stark abgenutzt sind. Erstaunlich ist der sehr verlangsamte Durchbruch der M3. Nach FAIRALL (1980) ist der M^3 nach 36 Monaten durchgebrochen, doch erst nach 48 Monaten vollständig in Gebrauch. Nach anderer Auffassung (ROCHE 1978, FOURIE 1983, STEYN & HANKS 1983) beginnt der Durchbruch des M^3 erst mit 23–27 Monaten, nach 33–36 Monaten ist er zur Hälfte eruptiert, und erste Gebrauchsspuren sind zu beobachten. Frühestens nach fünf und längstens nach sechs Jahren ist der M^3 vollständig durchgebrochen, also nach der Hälfte der bisher längsten bekannten Lebenszeit. Dann sind die vorderen Backenzähne schon wieder stark abgenutzt. Der sukzessive Zahnwechsel verringert zwar die zur Verfügung stehende Kaufläche, sorgt jedoch für „frische" Zähne in fortgeschrittenerem Alter. Die Verzögerung der Durchbruchszeiten vor allem der hinteren Molaren wirkt sich auch auf die Morphologie des Maxillare aus. So bleibt das Tuber maxillae auch nach beendeter Zahnentwicklung erhalten.

Bei *Procavia capensis capensis* und *Procavia capensis welwitschii* fehlt, von einigen Ausnahmen abgesehen, regelmäßig der C (nach früherer Annahme der P_1), und der Cd wird hier vermutlich nicht mehr gewechselt (BRAUER 1913a, ROCHE 1978). Die C gehen bei allen Procaviidae, vor allem der Gattung *Procavia* frühzeitig verloren. Die Krone des C kann canini- bis praemolariform sein, die Zahl der Wurzeln variiert zwischen 1 und 2 z.T. in benachbarten Populationen. Der hohe taxonomische Wert, der dem Besitz eines C (früher P_1) beigemessen wird (z.B. HAHN 1934), ist deshalb zweifelhaft.

Das Alter von Schädeln kann am Stand des Zahndurchbruches (Abb. 62), der Kronenhöhe (Abb. 63), dem Grade der Abnutzung (Abb. 64) und an den Jahresringen des Zements bestimmt werden. Jährlich färbt sich am Zement der Incisiven und Molaren ein dunkler Ring (Cementum anuli), wobei nach 24 Lebensmonaten der 1. Ring auftritt (FOURIE 1983).

Maxilla/ Mandible	Age (months)	I1	I2	C	PM1	PM2	PM3	PM4	M1	M2	M3
Maxilla	0–4	D	–	D	D	D	D	NL(D)	VC	–	–
Mandible		D	D	D	D	D	D	NL(D)	VC	–	–
Maxilla	5–8	D	–	D	D	D	D	FE(D)	ME	–	–
Mandible		D	D	D	D	D	D	FE(D)	ME	–	–
Maxilla	9–12	R	–	D	D	D	D	D	L	VC	–
Mandible		R	R	D	D	D	D	D	ECP	E	–
Maxilla	13–16	P	–	A	P	P	P	P	ECP	ME	–
Mandible		P	P	A	P	P	P	P	FE	NL	–
Maxilla	17–20	P	–	A	P	P	P	P	FE	NL	–
Mandible		P	P	A	P	P	P	P	FE	L	VC
Maxilla	21–24	P	–	A	P	P	P	P	FE	ECP	VC
Mandible		P	P	A	P	P	P	P	FE	FE	ME
Maxilla	33–36	P	–	A	P	P	P	P	FE	FE	ME
Mandible		P	P	A	P	P	P	P	FE	FE	L
Maxilla	45–48	P	–	A	P	P	P	P	FE	FE	NL
Mandible		P	P	A	P	P	P	P	FE	FE	ECP
Maxilla	57–60	P	–	A	P	P	P	P	FE	FE	ECP
Mandible		P	P	A	P	P	P	P	FE	FE	FE
Maxilla	69–72	P	–	A	P	P	P	P	FE	FE	FE
Mandible		P	P	A	P	P	P	P	FE	FE	FE

I – incisor
C – canine
PM – premolar
M – molar
A – aborted

D – deciduous
R – being replaced
P – permanent
VC – visible in crypt
E – erupting

ME – mid-eruption
L – level
NL – nearly level
ECP – enamel/cementum boundary partly visible
FE – fully erupted

Abb. 62. *Procavia capensis*. Durchbruchszeiten der Zähne (aus FOURIE 1983).

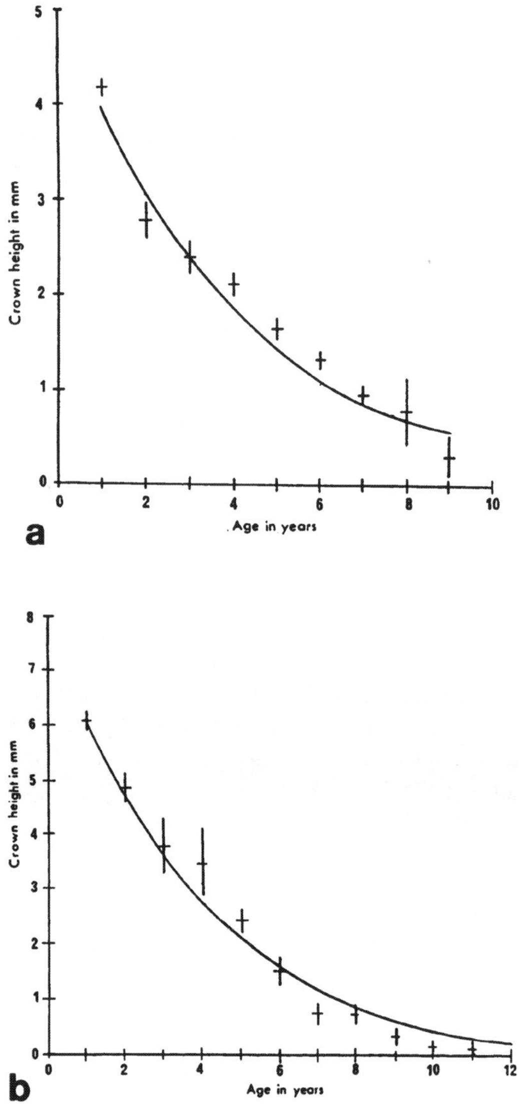

Abb. 63. *Procavia capensis.* Altersbestimmung anhand der Kronenhöhe des M_1 (a) und des M^1 (b).
Regressionsgleichung der Kurve in Abb. a: $y = 4{,}98e^{-0{,}24x}$; $r = -0{,}88$; $p < 0{,}001$; $n = 98$.
Regressionsgleichung der Kurve in Abb. b: $y = 7{,}94e^{-0{,}27x}$; $r = -0{,}89$; $p < 0{,}001$; $n = 96$
(aus Fourie 1983).

6.6. Zungenbein und Kehlkopf

Die Anatomie des Zungenbeines der Hyracoiden weicht sehr von derjenigen anderer placentaler Säugetiere ab. Der Hyalbogen ist discreto-cornuat (Howes), denn die Kette der einzelnen Glieder des Bogens ist unterbrochen. Schon bei juvenilen Schliefern ist der proximale Schläfenteil mit dem aus Basi-, Hypo- und Thyreohyale bestehenden Zungenbeinkörper nur durch ein Ligament verbunden (Cuvier 1800, Fischer 1986, contra Eckhard 1847, Brandt 1869, George 1875, Howes 1896, Van Kampen 1905). Überraschenderweise ist das Ligament zur Fetalzeit nicht vorhanden, sondern der Reichertsche Knorpel endet ohne Verbindung zum Zungenbeinkörper, eingebettet in den M. styloglossus. Der Schläfenteil ist ein häufig verknöchertes, kurzes, pyramidales Element, das mit seiner breiteren Basis mit der Rostralseite der Procc. posttympanicus et paroccipitalis beweglich verbunden ist (Abb. 65). Das Knöchelchen entspricht nach Howes (1896), Grassé (1955) und Janis (1983) dem Tympanohyale, dagegen nach Van Kampen (1905) und Altmann (1932) dem Stylohyale. Morphogenetische Untersuchungen bestätigen die Ansicht der beiden letztgenannten Autoren (Fischer 1989b).

Während der Ontogenese findet, unter Anwendung der Terminologie von Howes (1896), durch die veränderte Beziehung von N. facialis und Stylohyale ein Wechsel vom pro- zum opisthotrematischen Zustand statt. Nach Lindahl (1948) bildet sich beim Feten mit einer Kopflänge (KL) von 6 mm im mittleren Teil des Hyale ein dichtes Blastem, das sich in einem nur wenig älteren Stadium (KL 6,5 mm) proximal in einen mit der Stapesanlage verbundenen Fortsatz und ein Laterohyale gabelt. Die Verknorpelung beginnt bei einer Kopflänge von 7 mm und ist bald darauf abgeschlossen (KL 8 mm). Am vollentwickelten Chondrocranium und bis zu einer fetalen Kopflänge von 31 mm reicht der Reichertsche Knorpel ohne erkennbare Unterbrechung caudad bis zum Hinterrande des Tympanicum, wo eine deutliche Dehiszenz im Knorpel zu beobachten ist (Fischer 1989b). In spätfetalen Stadien ist eine Verlängerung des mit der Crista parotica verschmolzenen proximalen Zungenbeinabschnittes (Tympanohyale) zu beobachten, so daß dieses stabförmig in die Paukenhöhle vorspringt. Die caudale Spitze des Tympanohyale ragt ins For. stylomastoideum hinein, die Verbindung von Tympanohyale und Stylohyale ist in der Regel unterbrochen. Fraglich bleibt, ob das nur als Ligament ausgebildete Mittelstück des Hyalbogens als Keratohyale angesprochen werden kann, auch der Verbleib eines Epihyale ist ungeklärt.

Der distale Hauptteil des Hyalbogens besteht aus einem unpaaren Zungenbeinkörper (Corpus hyoideum = Basihyale) und zwei Paaren von Hörnern (Abb. 66). Lateral sitzen dem Basihyale die dorsal gerichteten Cornua branchialia I (= Thyreohyale) und die Cornua hyalia auf, denen der caudale Teil des Hypohyale oder Keratohyale entspricht. Die Thyreohyalia werden caudal von breiten Knorpelplatten ergänzt. Die Hypohyalia bilden einen Zungenfortsatz (= Proc. lingualis), der aber nicht dem Proc. lingualis oder Proc. entoglossus der Mesaxonia und Bovidae entspricht, da

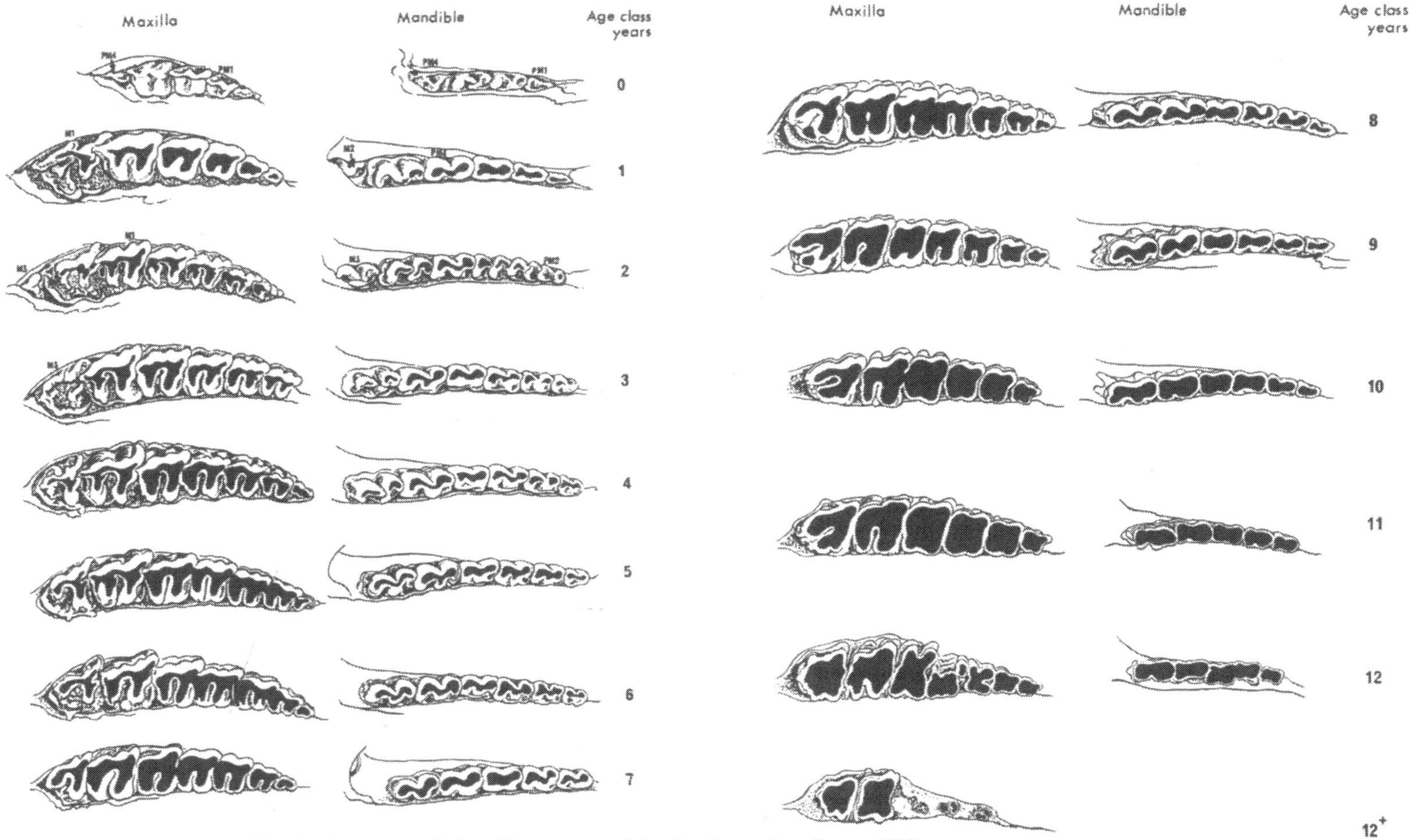

Abb. 64. *Procavia capensis*. Altersbestimmung nach dem Abnutzungsgrad der Bezahnung (aus FOURIE 1983).

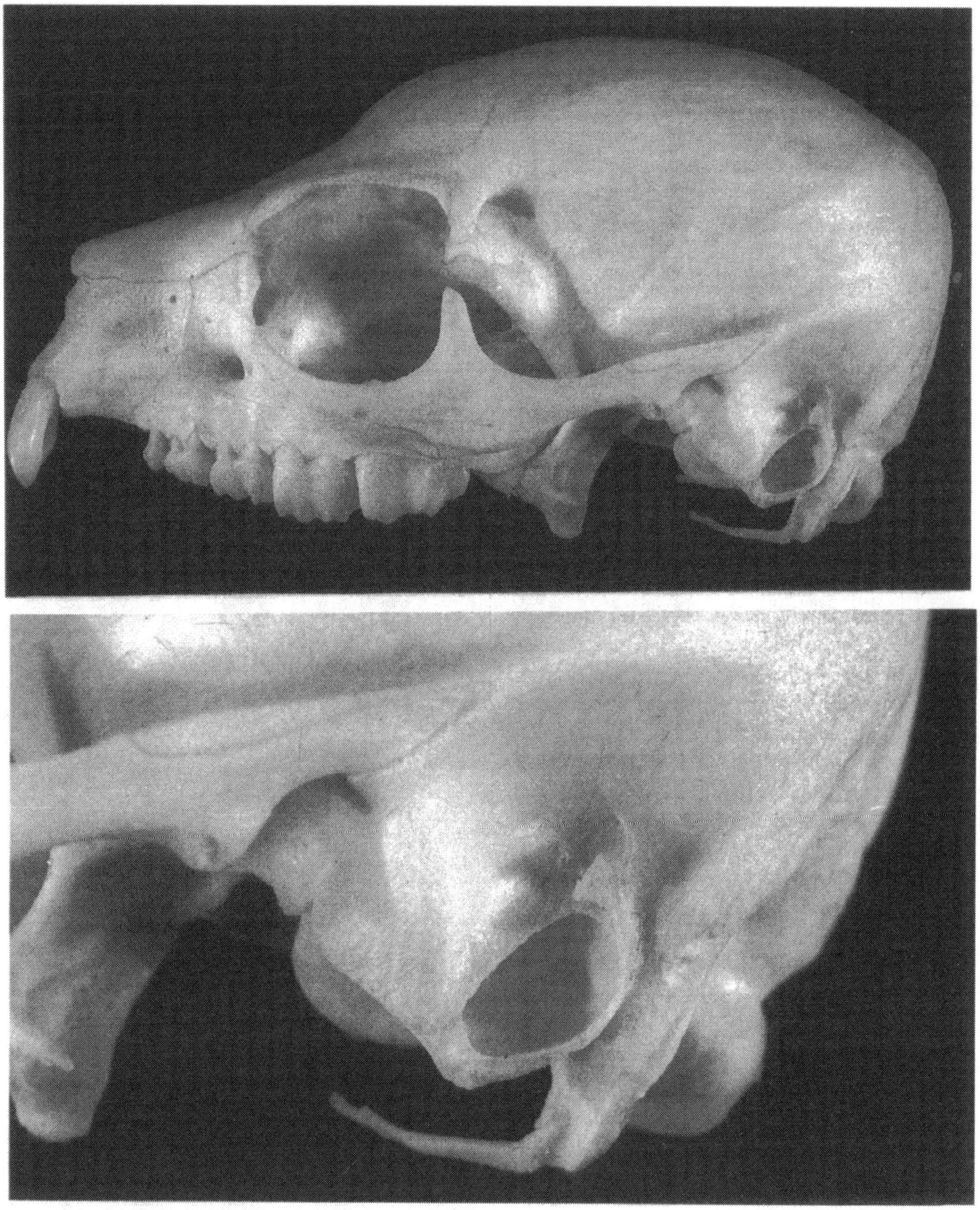

Abb. 65. *Procavia capensis*. Schädel eines einjährigen Tieres, der die Befestigung des kurzen Stylohyale an den Procc. posttympanicus et paroccipitalis zeigt.

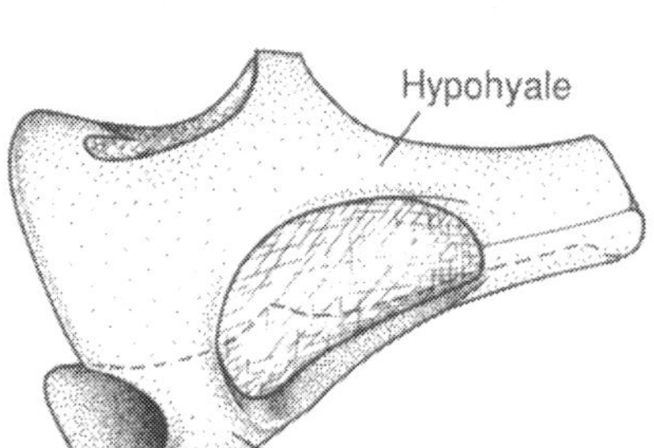

Abb. 66. *Procavia capensis*. Lateroventralansicht des Os hyoideum. Die Hypohyalia bilden einen Zungenfortsatz (= Proc. lingualis).

er bei diesen Gruppen vom Basihyale gebildet wird. Die Hypohyalia sind bei *Procavia* und *Heterohyrax* an der Spitze synchrondrotisch verbunden und in die Zungenwurzel eingebettet (PETERS 1966). Dagegen besitzt der Zungenfortsatz bei *Dendrohyrax dorsalis* zwei freie Enden, eine Verbindung besteht nur über eine mehr proximal gelegene Knorpelbrücke (BACH 1974). Ein weiterer Unterschied zwischen *Procavia* und *Dendrohyrax* besteht in der Form des Corpus hyoideum. Die nach dorsal umgebogene Knorpelplatte ist bei *Procavia* durch rundliche Einziehungen des Ober- und Unterrandes eingeschnürt. Am gesamten

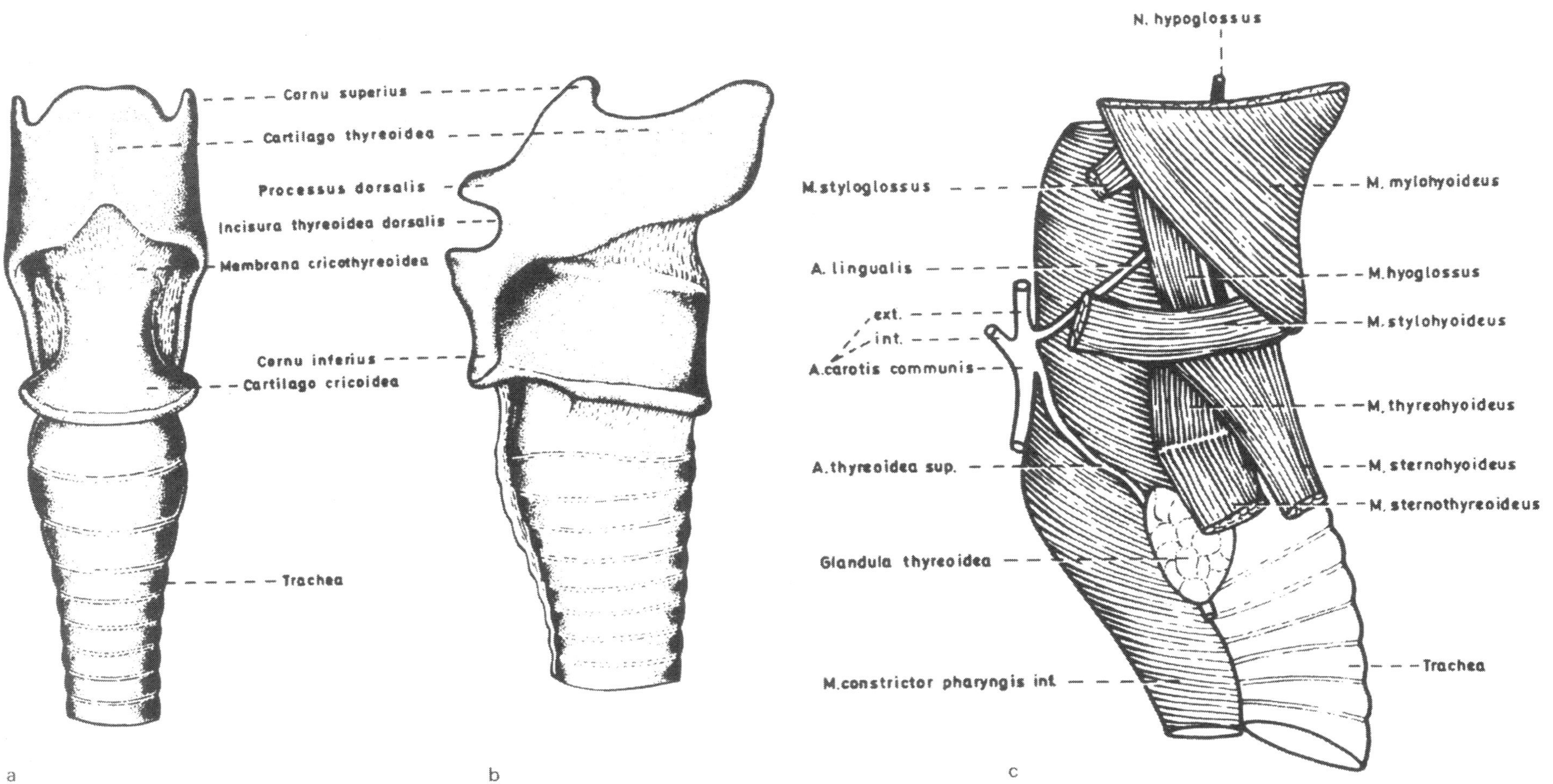

Abb. 67. *Dendrohyrax dorsalis*. a) Ventral- und b) Lateralansicht des Kehlkopfskeletes. c) Kehlkopfmuskulatur, infrahyale Muskulatur und Mundbodenmuskulatur (aus BACH 1974).

pharynxseitigen Teil des Os hyoideum treten drei Ossifikationszentren auf: ein ausgedehntes Areal im Corpus hyoideum sowie in den Cornua branchialia I und an der Basis der Cornua hyalia (Bach 1974). Die Zungenfortsätze sind ebenfalls weitgehend verknöchert. In dem von den Cornua hyalia und dem Corpus hyoideum gebildeten Rahmen ist entlang des Innenrandes eine dichte Bindegewebsmembran ausgespannt.

6.6.1. Kehlkopfskelett

6.6.1.1. Cartilago thyreoidea

Der Schildknorpel der Schliefer besteht aus zwei vierseitigen, niedrigen Platten, die ventral im Winkel von 60–70° aneinanderstoßen (Abb. 67). Die Incisura thyreoidea, die nur bei *Dendrohyrax* auftritt, wird durch den M. vocalis geschlossen. Der Oberrand der Schildknorpellamellen ist craniad zu einem kurzen Cornu thyreoideum superius ausgezogen. Das untere Horn ist auffallend lang (George 1875, Schneider 1963) und ventromedial gelenkig mit dem Ringknorpel verbunden. Der Hinterrand der Lamina thyreoidea ist zu einem Proc. dorsalis verlängert. Bei *Dendrohyrax dorsalis* tritt dort ein tiefer Einschnitt auf, bei *Procavia* hingegen ein ovales Foramen, oder die Platte ist vollständig geschlossen (Peters 1966, Bach 1974). Die Ossifikation kann unterschiedlich weit ausgedehnt sein, der obere Bereich bleibt immer knorpelig.

6.6.1.2. Cartilago cricoidea

Der Ringknorpel ähnelt einer Garnrolle, deren Querdurchmesser zur Trachea hin um fast die Hälfte zunimmt (Abb. 67). Der Durchmesser des wulstartigen Ringknorpelunterrandes beträgt bei *Dendrohyrax* 12 mm, bei *Procavia* 9 mm. Der Arcus cricoideus gilt als besonders hoch (Schneider 1963) und ist durch eine von cranial nach caudal verlaufende Knorpelleiste gegen die Lamina cricoidea abgegrenzt. Am Oberrand der Ringknorpelplatte sind die Gelenkachsen des Cricoarytaenoidgelenkes in einem Winkel von ca. 55° gegen die Mediosagittalebene gelegen (Peters 1966).

6.6.1.3. Cartilago arytaenoidea

Der Aryknorpel ist mäßig groß, seine cranialen Spitzen gehen die in aus elastischem Knorpel bestehende Procc. Santorini über, deren Enden wiederum dorsal syndesmotisch verbunden sind (Abb. 68). Von der Medialfläche entspringen jederseits zur Mitte gerichtete Fortsätze, die auch bindegewebig verbunden sind. Der Proc. vocalis ist kurz und gedrungen, er besteht aus elastischem Knorpel.

6.6.2. Aditus laryngis, Epiglottis, Trachea, Lungen

Die Cartilago epiglottica und Procc. Santorini der Aryknorpel ergänzen sich zu einer fast vollständigen Umfassung des Kehlkopfeinganges. Die Plicae sind auf dieser festen Unterlage wallartig aufgetrieben. Die hohe Cartilago epiglottica besteht bei *Procavia* aus elastischem Knorpel (Peters 1966), bei *Dendrohyrax* aus derbem Bindegewebe mit kollagenen Fasern, Drüsengewebe und Fetteinlagerungen (Bach 1974). Die Knorpelplatte ist dorsal ausladend, verjüngt sich aber orad zu einem kurzen Stiel (Petiolus epiglotticus), der mittels des sehr kurzen Lig. thyreoepiglotticum am

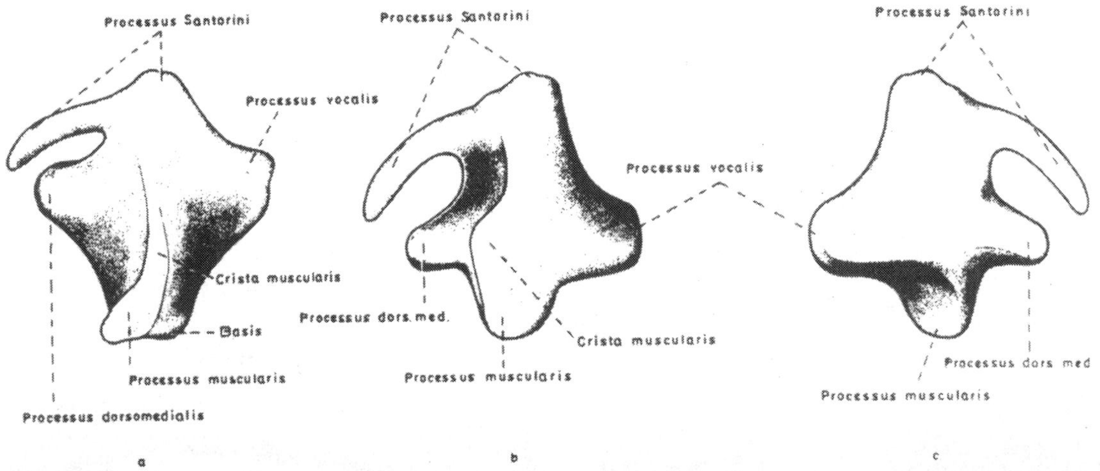

Abb. 68. *Dendrohyrax dorsalis*. Rechte Cartilago arytaenoidea von lateral (a), craniolateral (b) und medial (c) (aus Bach 1974).

Dorsalrand der Margo superior des Schildknorpels befestigt ist. Die etwa vierseitigen Cartilagines cuneiformes sind annähernd sagittaler Richtung in die Schleimhaut des Cavum laryngis intermedium eingelagert und syndesmotisch mit der ventralen Kante des Aryknorpels und des Proc. Santorini verbunden. Sie erreichen nicht die Höhe der Procc. Santorini, weshalb der Wrisbergsche Knorpel auch keine engere Beziehung zur Plica epiglottica hat (PETERS 1966).

Die Luftröhre ist ein langes, dünnes Rohr. Ihr Knorpelgerüst besteht aus 32–36 durchweg nach dorsal weit offenen Knorpelspangen. Vollständige Knorpelringe, wie sie GEORGE (1875) und WEBER (1928) erwähnen, konnten von PETERS (1966) und BACH (1974) hingegen nicht beobachtet werden. Nur bei *Dendrohyrax* ist die Trachea am Ende trichterförmig zu einem Trachealbulbus erweitert (BACH 1974). Der Bulbus ist bei *Dendrohyrax dorsalis* weitlumiger als bei *Dendrohyrax arboreus*.

Die mäßig großen Lungen von fast dreieckiger Gestalt zeigen keine Besonderheiten. Die rechte Lunge hat vier Lappen, die linke dagegen nur drei. An der rechten Lunge tritt zusätzlich ein gabelförmig in zwei Lobuli geteilter akzessorischer Lappen auf (BRANDT 1869). Die Anzahl der Lappen ist sehr umstritten und vermutlich variabel. Beginnend mit der 14.–15. Rippe erstreckt sich der Recessus diaphragmaticus ungefähr über 7 Rippen. Auffallend ist also, daß die Lungen den zur Verfügung stehenden Raum bei weitem nicht ausnutzen. Auch bei schneller Fortbewegung konnte röntgenkinematographisch keine wesentliche Ausdehnung der Lungen nachgewiesen werden (FISCHER in Vorb.).

6.6.3. Suprahyale Muskulatur

Der kräftige M. digastricus ist entgegen seinem Namen nur einbäuchig und zieht vom Proc. paroccipitalis zum Unterrand des Unterkiefers, wo er etwa in Höhe des M^2 inseriert. Der Muskel nimmt keine Verbindung zum Zungenbein auf. Der M. stylohyoideus entspringt ebenfalls vom Proc. paroccipitalis und setzt oberflächlich des M. sternohyoideus am Unterrand des Corpus hyoideum an (Abb. 69). Die Ursprungssehne des M. styloglossus beginnt an dem am Proc. paroccipitalis befestigten Stylohyale (JANIS 1983) oder unmittelbar am Proc. paroccipitalis (GEORGE 1875). Vor seiner Insertion teilt sich der Muskel in eine fleischig am hinteren Abschnitt der Zunge und in eine ventrolateral ansetzende Portion (JANIS 1983). Der M. hyoglossus entspringt am Thyreohyale, der M. basiglossus am Basihyale und ein schwacher M. thyreoglossus medial des M. hyoglossus ebenfalls am Thyreohyale (JANIS 1983). Die Insertion der genannten drei Muskeln, sowie Ursprung, Verlauf und Ansatz der Mm. mylohyoideus, geniohyoideus und genioglossus entsprechen den üblichen Verhältnissen bei placentalen Säugetieren.

6.6.4. Infrahyale Muskulatur

Der M. omohyoideus fehlt den Schliefern (MURIE & MIVART 1865, WINDLE & PARSONS 1901). Der M. sternohyoideus ist der kräftigste Unterzungenmuskel. Der M. sternothyreoideus zieht entlang der Ventralfläche der Schilddrüse zum Tuberculum thyreoideum und der Crista obliqua des Schilddrüsenknorpels, wo sich rostral durch einen Sehnenstreifen getrennt der M. thyreohyoideus anschließt (Abb. 69). Dessen Insertion liegt auf

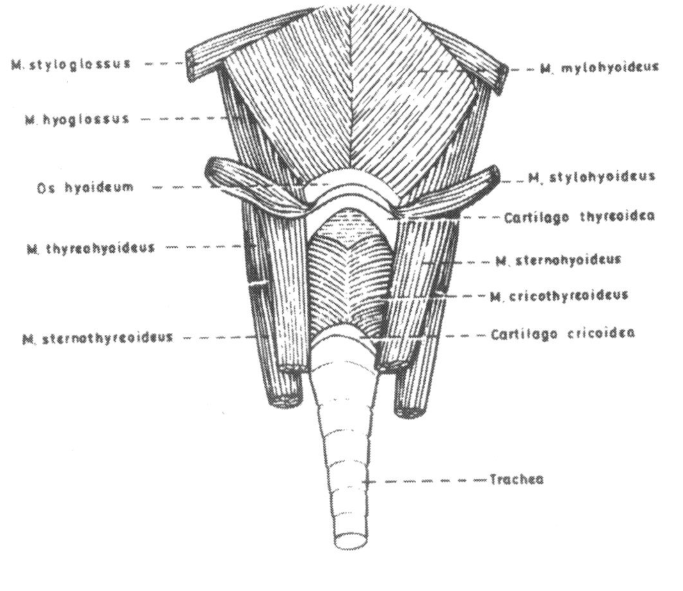

Abb. 69. *Dendrohyrax dorsalis*. Infra- und suprahyale Muskulatur, Kehlkopfmuskeln und Mundbodenmuskulatur. Ventralansicht (aus BACH 1974).

der Dorsalfläche des Corpus ossis hyoidei und dem Cornu branchiale I (PETERS 1966, BACH 1974).

6.6.5. Pharynx- und Kehlkopfmuskulatur

Die Kehlkopfmuskulatur ist von PETERS (1966) und BACH (1974) beschrieben. Der M. constrictor pharyngis läßt sich am Ursprung in eine kräftigere Pars thyreopharyngica und eine Pars cricopharyngea unterteilen. An der Innenseite der Pharynxkonstriktoren verläuft der M. palatopharyngeus, der vom Hinterrand des Schildknorpels zur Innenfläche der Lamina thyreoidea zieht. Der M. cricothyreoideus besteht aus den Partes recta et obliqua, wobei die rechten und linken Partes rectae median mittels einer bindegewebigen Raphe verbunden sind (Abb. 69).

Im Gegensatz zu *Dendrohyrax* besitzt *Procavia* einen M. thyreoideus transversus impar. Der M. thyreoarytaenoideus und M. cricoarytaenoideus lateralis sind vollständig zu trennen, erstgenannter Muskel zeigt eine Unterteilung in zwei Bäuche. Der M. interarytaenoideus besteht nur aus Muskelfasern, die in transversaler Richtung ziehen. Die rechts- und linksseitigen Muskeln sind in der Mittelebene durch eine Zwischensehne verbunden. An dieser Sehne inserieren auch Fasern des M. cricoarytaenoideus posterior. Die von GEORGE (1875) beschriebenen Mm. thyreoepiglotticus, aryepiglotticus et hyoepiglotticus konnten von PETERS (1966) nicht wieder nachgewiesen werden.

6.6.6. Cavum laryngis

Das Cavum laryngis ist durch die Plicae ventriculares et vocales in ein Cavum laryngis superius, intermedius et inferius untergliedert (PETERS 1966). Die Plica ventricularis geht aus der aryepiglottischen Falte hervor. Sie hat keinen Anschluß an den Aryknorpel. Die Stimmfalte ist unmittelbar oberhalb des Schildknorpel-Unterrandes im Winkel von 85° gegen die Längsachse des Ringknorpels angeheftet (PETERS 1966). Gegen das Cavum laryngis springt die Plica vocalis kielartig vor, im dorsalen Drittel ist sie abgeflacht, hier ist auch die Cartilago cuneiformis eingelagert. BACH (1974) nimmt an, daß die unterschiedlichen Lautäußerungen von *Procavia* und *Dendrohyrax* in den anatomischen Unterschieden der Cartilagines cricoideae und der bulbusartigen Erweiterung der Trachea zu suchen seien. Auch die Körper- und Kopfhaltung beim Schrei könne auf die Vokalisation Einfluß haben, denn *Dendrohyrax* streckt bekanntlich den Kopf gerade nach vorne und zieht den Körper zusammen (RAHM 1969), während *Procavia* den Kopf nach oben richtet.

6.7. Verdauungsorgane

Über die Nahrungsaufnahme, Nahrungsmenge und das Freßverhalten wird im Kapitel „Verhaltensbiologie" berichtet.

6.7.1. Mundhöhle

Hinter den oberen Schneidezähnen findet sich bei allen Schliefern eine längliche zarte Falte, die in einen häutigen, mit Schleimhaut ausgekleideten Kanal führt. Dieser tritt durch das große For. incisivum hindurch und endet in der vorderen Nasenhöhle im Jacobsonschen Organ (BRANDT 1869) (s. Sinnesorgane).

Am Gaumendach gehen von einer Mittelfurche in der Art des Staffeltyps vorn alternierend Gaumenfalten (Rugae palatinae) ab (EISENTRAUT 1976, 1984) (Abb. 70). Die Zahl der Gaumenfaltenpaare schwankt von 8 (PALLAS 1767, MELLIN 1782) über 9–10 (GEORGE 1875) bis 12–14 (PALLAS 1767, BRANDT 1869, FLOWER 1872, EISENTRAUT 1984). Ihre Aufgabe beim intraoralen Transport von Nahrung besteht darin, bei der Protraktion von Zunge und Unterkiefer die Nahrung am Ort zu halten (FRANKS, GERMAN, CROMPTON & HIIEMAE 1985). Die eingespeichelte Zunge gleitet dabei unter der „stationären" Nahrung vorbei. In der Rückholphase wird die Zunge abgesenkt und die Nahrung nicht mehr an den Gaumen gepreßt. Gleichzeitig wird das Zungenbein nach ventral bewegt und der hintere Abschnitt der Zunge kontrahiert. In dieser ersten Phase wird die Nahrung vom Vestibulum oris bis in die Region der Backenzähne geschoben. Auch der Transport von der Region der hinteren Backenzähne in den Oropharynx beruht auf einer kombinierten Bewegung von Hyoid und Zunge. Die Nahrung wird nicht sofort geschluckt, sondern im hinteren Oropharynx gesammelt. Die dicke, fleischige Zunge hat ungefähr in der Mitte des Zungenrückens einen tiefen, quer zur Längsrichtung verlaufenden Einschnitt (Abb. 86), dessen Aufgabe beim intraoralen Transport noch unbekannt ist.

Procaviidae besitzen keine Papilla vallata (KAULLA 1830, BRÜCHER 1884, GMELIN 1892, MÜNCH 1896, ELIAS 1946). Die Papillae fungiformes et foliatae finden sich nur am Zungenrand. Erstere sind klein und treten nicht aus dem sie umgebenden Epithel hervor, wie es bei anderen Säu-

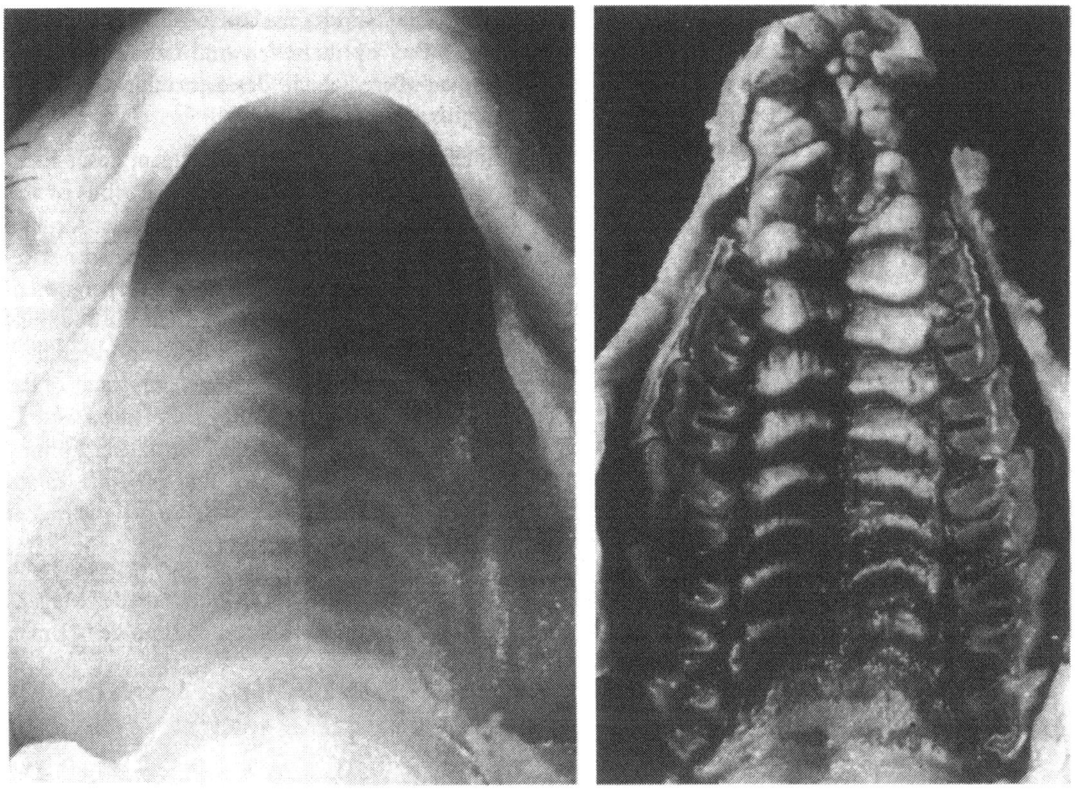

Abb. 70. *Procavia capensis*. Gaumen eines Fetus und eines erwachsenen Tieres. Man beachte die staffelartig angeordneten Gaumenfalten (aus EISENTRAUT 1984).

getieren üblich ist (ELIAS 1946). Fetal treten 2–3 Geschmacksknospen je Papille auf. Auffallenderweise münden die Ausführgänge seröser Drüsen in den Papillengrund (ELIAS 1946). Die Papillae foliatae sind durch Mukosa-Abschnitte voneinander getrennt. Die Papillae filiformes bedecken den Zungenrücken. Es sind kleine Papillen mit verhornenden Spitzen. ELIAS (1946) beschreibt einen Sonderfall, den er Papilla cuniculata nennt. Dabei handelt es sich um eine tunnelartige Epitheleinstülpung, in welcher viele Ausführgänge seröser Drüsen enden und deren Oberfläche mit Geschmacksknospen besetzt ist.

6.7.2. Anhangsdrüsen der Mundhöhle

Bei den Schliefern sind die Speicheldrüsen (Glandulae salivales) gut ausgebildet. Die große Ohrspeicheldrüse steigt zusammen mit der Unterkieferdrüse bis zum 10. Trachealring ab (BRANDT 1869, GEORGE 1875). Der Ductus parotideus verläuft über den M. masseter hinweg und mündet in Höhe des vorletzten Backenzahnes.

Die Glandula mandibularis, die etwa halb so groß wie die Parotis ist, mündet gemeinsam mit der Glandula sublingualis auf derselben Höhe am Zungenbändchen (Frenulum linguae).

Die Tonsillen liegen hinter dem Grunde des Gaumensegels in einer halbmondförmigen Spalte, die von einer zarten Hautfalte bedeckt ist (BRANDT 1869). Die kleinen Drüsenmassen haben Ovoid- bis Mandelform (GEORGE 1875).

6.7.3. Magen-Darm-Trakt

Der Magen-Darm-Trakt der Schliefer hat ungefähr die sechsfache Körperlänge (FLOWER 1872), wobei Dünn- und Dickdarm etwa gleich sind. Der Darm hängt in seiner gesamten Länge an dem ursprünglichen, dorsalen Mesenterium (MITCHELL 1916).

6.7.3.1. Oesophagus

Die Speiseröhre hat, wie es PALLAS (1767) ausdrückte, gerade eben die Länge einer Schwanenfeder. Durch die schräge Lage des Zwerchfelles wirkt der Bauchteil ungewöhnlich verlängert.

Nach GEORGE (1875) nehmen die äußere Längsmuskulatur, die Ringmuskulatur und die Tunica mucosa, die von einem kräftigen Epithel abgeschlossen werden, jeweils ein Drittel der Oesophaguswand ein. Fetal weist die Oberfläche in dem sich ausbildenden Pflasterepithel noch reichlich

Flimmerzellen auf (PATZELT 1956). Auch die im Oesophagus zu findenden 10 ungefähr 1 mm hohen Längsfalten, von denen sich einige bis in den Magen verfolgen lassen, sind bereits in jüngeren Fetalstadien nachweisbar (LONSKY 1903).

6.7.3.2. Magen

Angaben zur Anatomie des Magens der Schliefer finden sich vor allem bei OWEN (1832), BRANDT (1869), GEORGE (1875), FOX (1933), PERNKOPF (1937), ELIAS (1946) und in der jüngst erschienen Doktorarbeit von RAHM (1980), die auch als Aufsatz erschien (RAHM & FREWEIN 1980). Das Ostium cardiacum ist sehr eng. Der Oesophagus-Cardia-Übergang wird durch die geringfügig dikkere Muskelschicht der Cardia markiert. Die Lamina muscularis mucosae ist nicht klar ausgebildet. Die Tela submucosa besteht aus kompliziert verknüpften Bindegewebssträngen (FOX 1933). Die basalen Epithelzellen sind cuboidal-polygonal, die äußere Schicht des mehrschichtigen Plattenepithels reagiert acidophil.

Schliefer besitzen einen einhöhligen, zusammengesetzten Magen. Ein Großteil des Corpus ist von drüsenlosem, mehrschichtigem, leicht verhorntem Plattenepithel ausgekleidet. Das Gewicht des gefüllten Magens kann über 1/10 des Körpergewichtes betragen (Abb. 71). Der weite Corpusabschnitt bildet einen die Cardia links deutlich überragenden Blindsack (Saccus caecus ventriculi), der durch tiefe Falten unterteilt ist. Bei *Dendrohyrax* und *Heterohyrax* ist dieser bei schwacher Füllung des Magens leicht gebogen und oft spitz zulaufend, bei *Procavia* hingegen ballonartig gerundet (RAHM 1980).

An der großen Kurvatur ist oberhalb des Magenknies eine leichte Einziehung und an der kleinen

Abb. 71. Der Magen von *Procavia capensis* ist sehr groß und kann im gefüllten Zustand 1/10 des Körpergewichts ausmachen. Ebenso fällt die Größe des links vom Magen liegenden Caecum auf (aus LOUW, LOUW & RETIEF 1972).

Kurvatur eine starke Einknickung bemerkbar. Sie markieren äußerlich den Verlauf der bei geöffnetem Magen auffallenden Grenzfalte (Margo plicatus, „papillary ridge“ Fox 1933), welche die mit einer derben, faltigen Schleimhaut überzogene, vordere Magenregion vom eigentlichen Drüsenmagen, der nur etwa ein Drittel des Magens ausmacht, trennt (Abb. 72). Es handelt sich um eine etwa 2 mm hohe, faltenartige Verdickung der Magenschleimhaut (Abb. 73), wobei das Stratum germinativum mehrere Zellagen dick ist und sich mit unregelmäßigen Digitationen in die Tela submucosa ausdehnt (Fox 1933). Schon in frühen Fetalstadien ist die Trennung der beiden Magenabteilungen deutlich zu erkennen (KAULLA 1830,

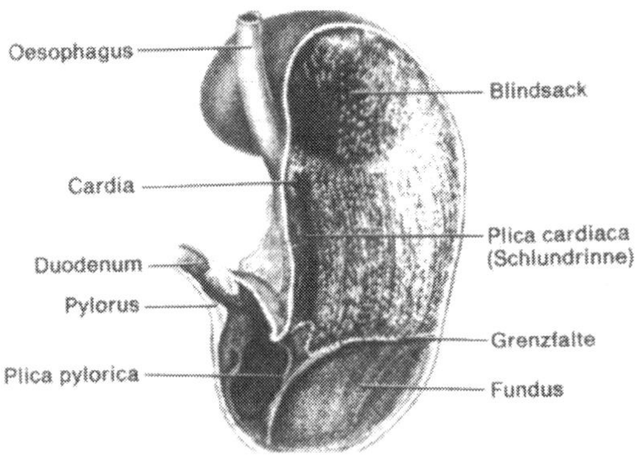

Abb. 72. *Procavia capensis.* Innenansicht der dorsalen Wandung des Magens. Durch die Grenzfalte wird der mit derbem Epithel ausgeschlagene proximale Teil des Magens vom Drüsenmagen getrennt (aus PERNKOPF & LEHNER 1937).

LONSKY 1903). Die Cardiamuskulatur ist sechs- (OPPEL 1896) bis zehnmal (GEORGE 1875) so kräftig wie die Pylorusmuskulatur, was die erheblich höhere Dehnbarkeit der Cardiaregion unterstreicht. Auch mikroskopisch-anatomisch zeigt sich der abrupte Übergang zwischen dem mehrschichtigen Plattenepithel, das ähnlich wie in der Epidermis papillenförmig angeordnet ist (GEORGE 1875, FOX 1933) und dem Drüsenepithel. Bei den Drüsenzellen handelt es sich überwiegend um Hauptzellen und in geringerer Zahl um acidophile Belegzellen mit granulärem, eosinophilen Cytoplasma (FOX 1933).

Die sehr schmale Cardiadrüsenzone kann nur histologisch von der Fundusdrüsenzone unterschieden werden (RAHM 1980). Die Schleimhaut der Fundusdrüsenzone erinnert wegen ihrer „porösen“ Beschaffenheit an die Hutunterseite von Röhrlingen. Eine weitere Falte (Plica pylorica) trennt den Pylorusteil des Magens vom Fundus. Die Ränder der Plica pylorica verstreichen an den Seitenwänden. Die Oberfläche ist mit zottigem Epithel, unter dem papillenartige Erhebungen sitzen, ausgekleidet. Zum Pylorus hin treten zunehmend höher werdende Falten auf. In der Pylorusregion sind die Spitzen der Villi wie im Dünndarm auffallend dunkel pigmentiert. Die Dicke dieses Magenbezirkes beruht auf der Anhäufung tubulärer Drüsen, die dort in regelmäßiger Palisadenordnung zu finden sind. Die etwa 2 mm dicke Drüsenschicht liegt zwischen einer dünnen Epithel- und einer schwachen Muskelschicht

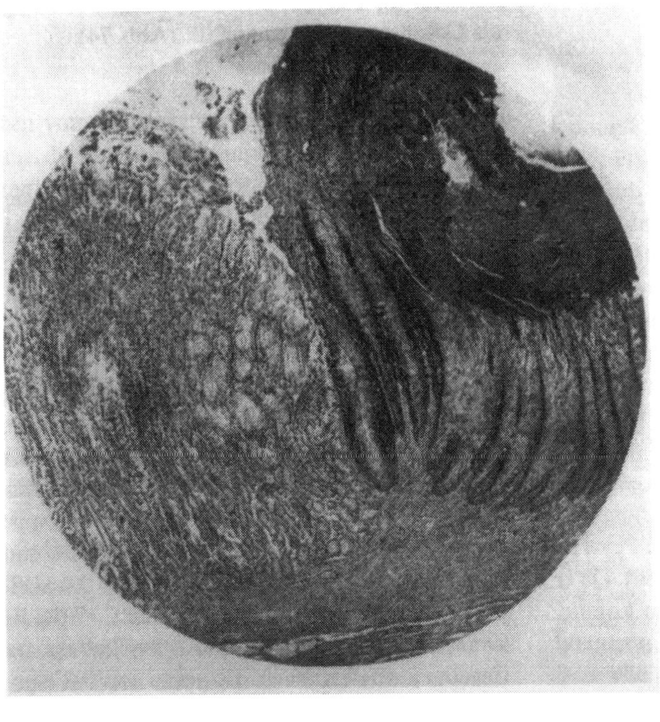

Abb. 73. *Procavia capensis.* An dem Margo plicatus geht die faltenartig verdickte Schleimhaut (rechts) der Cardia abrupt in die Drüsenschleimhaut des Fundus über. Das mehrschichtige Plattenepithel der Cardiaregion weist geringe Verhornungen auf (aus Fox 1933).

(GEORGE 1875). Der Pylorus ist sehr kräftig und fleischig.

An der Curvatura minor sind mehrere gerade verlaufende Längswülste von geringer Höhe sichtbar, von denen zwei etwas hervorragen und eine Rinne einschließen, die von der Cardia zum Margo plicatus zieht. Diese Magenrinne oder Schlundrinnenfalte („Plica cardiaca" PERNKOPF & LEHNER 1937), die nicht bei allen untersuchten Tieren auftritt (vgl. z. B. LEON 1980), unterscheidet sich von der Schlundrinne der Wiederkäuer dadurch, daß letztere unabhängig vom Füllungszustand des Magens ein geschlossenes Rohr bildet oder auf einen Reflex hin bilden kann. BLACK & SHARKEY (1970) verneinen aufgrund unvollständiger Literaturkenntnis grundsätzlich das Auftreten einer Magenrinne bei Schliefern und Pferden.

Dem drüsenlosen Vordermagen wird meist die mechanische Funktion einer Mühle zugeschrieben, doch fand OWEN (1832) keinen Unterschied in der Konsistenz des Mageninhalts aus dem Cardia- und Pylorusbezirk. Auffallend sind allerdings die außerordentlich langen, bis über 24stündigen Nahrungsspeicherzeiten im Magen (s. u.).

6.7.3.3. Mittel- und Enddarm

Angaben über den Dünn- und Dickdarm finden sich bei: KAULLA (1830), OWEN (1832), MARTIN (1835), BRANDT (1869), GEORGE (1875), FLOWER (1872), LONSKY (1903), MITCHELL (1905, 1916), BEDDARD (1908, 1909), MUTHMANN (1913), KOSTANECKI (1922), BROMAN (1929), FOX (1933), JACOBSHAGEN (1937), PATZELT (1956), RAHM (1980).

6.7.3.4. Dünndarm

Am Dünndarm sind die Bereiche von Jejunum und Ileum nur an der unterschiedlichen arteriellen Versorgung durch die Aa. jejunales bzw. durch einen rückläufigen Ast der A. caecalis zu unterscheiden (RAHM 1980, RAHM & FREWEIN 1982) – ein nicht allzu zuverlässiges Kriterium, wenn man bedenkt, daß man es schon auf den syrischen Klippschliefer nicht anwenden kann. Die Jejunumzotten sind gleichmäßig dick und verkürzen sich caudad. OWEN (1832) und GEORGE (1875) beschreiben im Dünndarm 11 bzw. 12 Taschen, die nach GEORGE (1875) Faltenbildungen der Mucosa sind. Es handelt sich vermutlich um taschenförmig ausgebildete Peyersche Platten („Glandulae Peyerianae" BRANDT) (BRANDT 1869, RAHM 1980). Da er diese Strukturen fetal nicht nachweisen konnte, nimmt LONSKY (1903) an, daß sie erst postnatal entstehen.

Ein Ductus choledochus ist wegen des Fehlens einer Gallenblase nicht vorhanden. Der Ductus hepaticus communis, mündet 1–4 cm vom Pylorus entfernt in das Duodenum. Ausschließlich bei Klippschliefern liegt die Öffnung des einen Ductus pancreaticus unmittelbar neben dem Gallengang. Daneben tritt ein Pankreasgang auf, der etwa 2–4 cm weiter caudad mündet. Bei *Heterohyrax* und *Dendrohyrax* findet sich nur dieser Gang (RAHM 1980). In den Spitzen der keulenförmig verdickten oder seitlich abgeplatteten Zotten im Duodenum ist Pigment eingelagert, nicht jedoch im gesamten Dünndarm, wie BRANDT (1869) angibt. Nach RAHM (1980) variiert die Zottenlänge bei *Heterohyrax* und *Dendrohyrax* zwischen 0,7 und 0,8 mm, bei *Procavia* zwischen 1,5 und 1,8 mm; Brunnersche Drüsen treten vorzugsweise in kleinen Haufen im Duodenum descendens auf. Nur beim Baum- und Buschschliefer geht die Pars ascendens duodeni mit einer deutlichen Flexura duodenojejunalis in das Jejunum über. Bei allen drei Schliefergattungen werden die Pars cranialis duodeni von der A. gastroduodenalis und die übrigen Abschnitte von der A. mesenterica cranialis versorgt.

6.7.3.5. Dickdarm

Da die Procaviidae am Dickdarm drei auffällige Blindsäcke zeigen, gibt es in der Literatur einen fortgesetzten Disput vor allem darüber, ob die proximale Erweiterung oder die beiden konischen Anhänge das eigentliche Caecum darstellen. In der folgenden Beschreibung werden die proximale Struktur als Caecum und die paarigen Anhänge als Colonstrukturen aufgefaßt (Abb. 74).

6.7.3.6. Caecum

Das gewaltige Caecum liegt im cranialen Teil der Bauchhöhle. Es ist durch mehr oder weniger deutliche Scheidewände und Einschnürungen in drei Abteilungen getrennt. In der obersten Etage geht das Colon ab, in der mittleren mündet der Dünndarm und die unterste bildet den sog. Fundus (LONSKY 1903). Die Angaben über das Auftreten einer ileocaecalen Klappe sind widersprüchlich. Während PALLAS (1767), KAULLA (1830), BRANDT (1869), BEDDARD (1909), BROMAN (1929) und PATZELT (1956) am Ostium ileocaecale eine Klappe beschreiben, ist diese nach GEORGE (1875) und RAHM (1980) höchstens ein deutlicher Muskelwulst, der zudem häufig fehlt (LONSKY 1903). Es ist auch umstritten, ob zwei oder drei Taenien am Caecum auftreten. Nach JACOBSHAGEN (1937) ge-

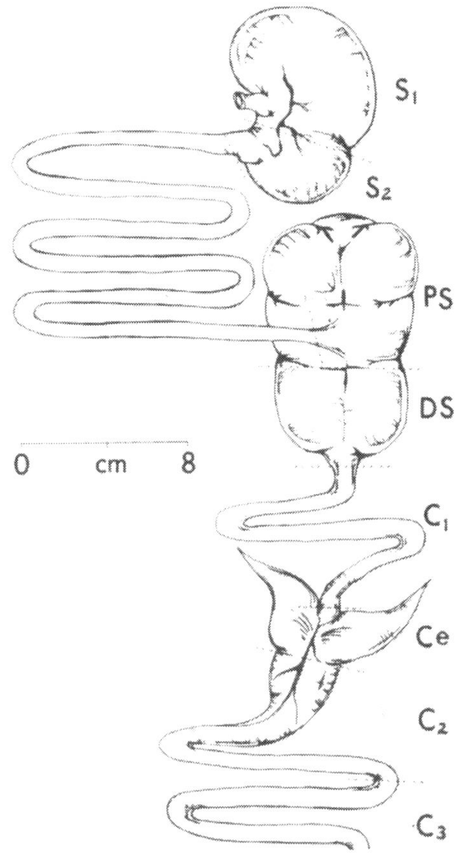

Abb. 74a. *Procavia capensis.* a) Schematisierte Darstellung des Magen-Darm-Traktes (aus CLEMENS 1977, J. Nutr., 107, p. 1954–1961, American Institute of Nutrition). Die Ansicht von CLEMENS, die paarigen Zipfel (Ce) entsprächen dem Caecum, hat sich nicht bestätigt, weshalb hier eine von CLEMENS abweichende Bezeichnung der einzelnen Darmabschnitte gewählt wird. Abk.: S1 = Cardia, S2 = Fundus, PS, DS = Caecum, C1, C2, C3 = Colon, Ce = Colondivertikel.

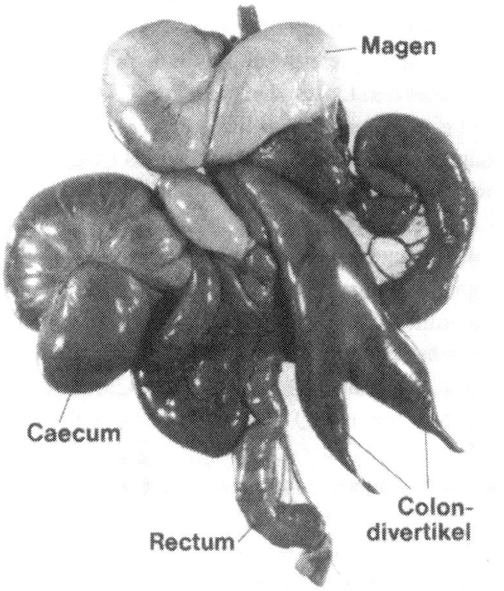

b) Magen-Darm-Trakt eines frischtoten Tieres; deutlich sind die prallgefüllten Colondivertikel zu erkennen. Die Abbildung entspricht nicht der Situslage der Organe.

hen vom Mitteldarmende zwei seitliche Taenien aus, die sich am Caecumgrunde mit einer schmaleren Ventraltaenie verbinden. Die zwei lateralen Taenien sind gefäßführend (RAHM 1980). Das Anfangsstück des Colon ist etwa 1 cm in das Caecum einbezogen. Während es äußerlich vom Caecum nicht abgesetzt ist, kann man innen eine deutliche Verengung im Bereich des Ostium caecocolicum feststellen.

Der Übergang des langen, Zotten aufweisenden Dünndarms in das Caecum mit dem typischen Dickdarmrelief ist klar markiert (GEORGE 1875, JACOBSHAGEN 1937, PATZELT 1956) (Abb. 75). Die Schleimhaut des Caecum zeigt in mäßig gefülltem Zustand bis 4 mm hohe Falten. Ventral und der ventralen Taenie gegenüber ist regelmäßig lymphoretikuläres Gewebe in Form von Solitärfollikeln nachzuweisen, die bei einer Größe von bis zu

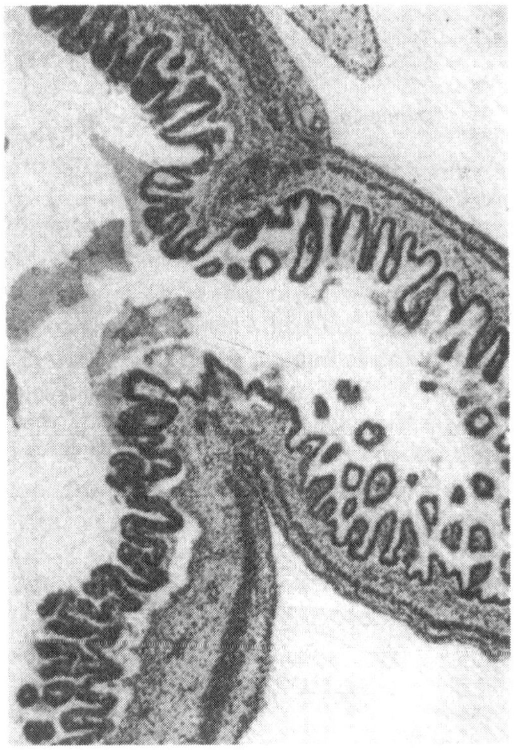

Abb. 75. *Procavia capensis.* Histologischer Schnitt durch den Darm eines Fetus mit etwa 70 mm Scheitel-Steiß-Länge. Der lange Zotten aufweisende Dünndarm mündet in das Caecum mit typischem in Entwicklung befindlichen Dickdarmrelief (aus PATZELT 1956).

1–2 mm manchmal schon mit bloßem Auge sichtbar sind (RAHM 1980). Neben dem überraschenden Befund eines intraabdominalen Dottersackes, der über den Dotterstiel in weiter, offener Verbindung mit dem Ileum steht (Abb. 76), ergab sich nach BROMAN (1929) auch, daß das Caecum kein Rest von Meckels Diverticulum war, wie MITCHELL (1916) und WEBER (1927) vermutet hatten. Das Caecum tritt verhältnismäßig früh in der Ontogenese (Länge des Feten 10 mm) am üblichen Ort auf. Dagegen entstehen die noch zu besprechenden paarigen Anhänge als Colonaussackungen erst später (Länge des Feten 32 mm).

6.7.3.7. Colon

RAHM (1980) unterscheidet am Colon ascendens fünf Abschnitte: eine Ampulla coli, einen englumigen, dickwandigen Abschnitt, einen unpaaren Blindsack, einen weitlumigen, dünnwandigen Abschnitt und eine magenähnliche Erweiterung mit den paarigen, konischen Blindsäcken. Die Ampulla coli zeigt gattungstypische Unterschiede. Sie weist quer zum Darmverlauf liegende Falten auf. Der 2. Abschnitt ist auf seiner gesamten Länge mit dem Lig. caecocolicum am Caecum befestigt. Die Schleimhaut ist längs 8–15 mal gefaltet. Im Unterschied zu den übrigen Colon ascendens-Abschnitten ist die Tunica muscularis 3–5 mal dicker als die Tunica mucosa. Der nachfolgende, von einem erweiterten Colon sich ausstülpende, unpaare Blindsack ist individuell verschieden deutlich ausgebildet. Er ist nur bei *Dendrohyrax* und *Heterohyrax*, im Gegensatz zu *Procavia*, stets vorhanden. So hatten von 10 Exemplaren von *Procavia capensis* 7 keinen unpaaren Blindsack, bei zweien war er kurz und nur bei einem Tier länger als 10 mm. Selbst zwischen Muttertier und Jungen kann das Auftreten dieser Struktur unterschiedlich sein (RAHM 1980). Der dünnwandige, weitlumige Abschnitt besitzt höhere und weiter auseinander liegende Falten, die sich in den anschließenden Teil fortsetzen und sogar in die paarigen Blindsäcke abbiegen.

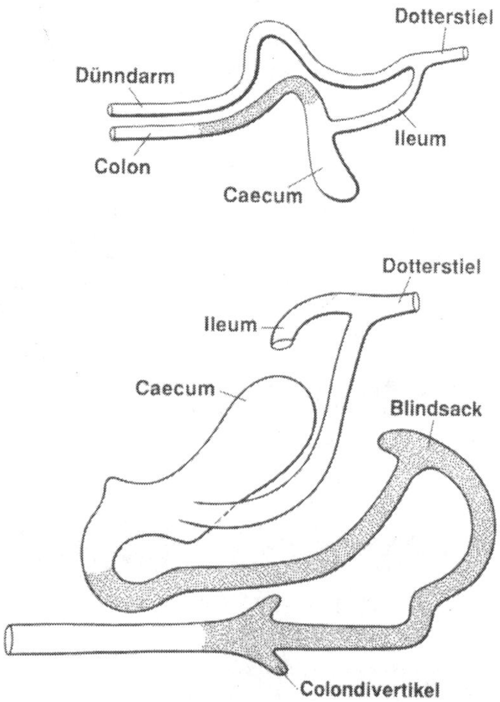

Abb. 76. Schematische Darstellung des Darmtraktes von *Procavia*-Feten mit einer Länge von 15 mm und 32 mm. Der proximale Abschnitt des Colon ist punktiert. Die Entwicklungsgeschichte belegt, daß die paarigen Anhänge eindeutig Colondivertikel sind (nach BROMAN 1929).

Der caudale Abschnitt des Colon ascendens zeichnet sich durch eine „magenähnliche Erweiterung" (RAHM 1980) und die sich hier ausstülpenden paarigen Blindsäcke besonders aus. Die konischen, untaeniierten Blindsäcke stehen mit dem Colonlumen in weiter, offener Verbindung, ihre Ausbildung ist abhängig von Art, Geschlecht und Alter der Tiere (RAHM 1980). Es sind innerhalb der Säugetiere einzigartige Bildungen. Meist laufen sie spitz aus. Selten bilden sie dem Appendix vermiformis des Menschen vergleichbare Anhängsel, die in der Regel beckenwärts gerichtet sind oder sogar in die Darmrohrgrube hineinreichen können. Während RAHM (1980) in der Spitze reichlich lymphoretikuläres Gewebe vorfand, traten nach JACOBSHAGEN (1937) und MUTHMANN (1913) keinerlei Follikelhaufen auf. Die Beschaffenheit der Faeces ist in den paarigen Anhängen und im Colon dieselbe (MITCHELL 1916).

Das Auftreten von drei auffälligen Erweiterungen im Mittel- und Enddarm der Schliefer hat verschiedene Autoren dazu veranlaßt, jeweils einen oder mehrere der drei Abschnitte als das eigentliche Caecum anzusehen. Die Mehrzahl der eingangs aufgeführten Autoren halten die – auch im vorliegenden Buch als Caecum bezeichnete – erste Erweiterung für das Caecum. KOSTANECKI (1922) bezeichnet den erweiterten 3. Abschnitt (sensu RAHM 1980) als das wahre Caecum, und MUTHMANN (1913) nimmt 2 Caeca an. MITCHELL (1905, 1916) und in jüngster Zeit CLEMENS (1977), ELOFF (1983) und ELOFF & VAN HOVEN (1985) betrachten schließlich die paarigen Anhänge als das den anderen Säugetieren vergleichbare Caecum. Diese Auffassung begründet MITCHELL (1905, 1916) mit der Lage der Anhänge auf dem „recurrent limb of the pendant loop", der typischen Lage des Caecum bei Säugetieren, mit der ligamentösen Aufhängung und mit der Annahme, paarige Caeca seien ursprünglich bei Säugetieren. CLE-

MENS (1977) meint, die erste Erweiterung („midgut sacculation") könne kein Caecum oder Blindsack im eigentlichen Sinne sein, weil der Darminhalt die Erweiterungen durchlaufe; er beruft sich darüber hinaus auf eine eigene unveröffentlichte, histologische Studie. Gerade die mikroskopisch-anatomischen Arbeiten haben jedoch zweifelsfrei gezeigt, daß der Übergang von Dünndarm- zu Dickdarmschleimhaut an der ersten Erweiterung zu finden ist (Abb. 75), so daß, wie auch die Gefäßversorgung zeigt, nur dieser Darmabschnitt als Caecum bezeichnet werden sollte. Die Morphogenese unterstützt diese Homologisierung, denn die paarigen Anhänge entstehen tatsächlich als Erweiterung des Colon (BROMAN 1929).

Das Colon descendens ist sehr lang und ähnelt besonders im fast leeren Zustand dem Dünndarm. Es wird ausschließlich durch Äste der A. mesenterica inferior versorgt.

6.7.4. Leber und Pankreas

Die Leber der Schliefer ist in einen rechten und linken Lobus unterteilt, die wiederum in zwei bzw. drei Segmente gegliedert sind. Hinzu kommen noch ein ventral der Leberpforte liegender Lobus quadratus und ein dorsal von ihr liegender Lobus caudatus. Eine Gallenblase fehlt. Anderweitige Behauptungen (MENTZNER 1929, GORHAM & IVY 1938, beide Angaben zit. in. THOMSON 1938), beruhen, wie THOMSON (1938) nachwies, auf fehlerhafter Literaturarbeit. In den rechten Gallengang (Ductus hepaticus dexter) münden fünf Ductuli interlobulares und in den linken zwei Gallenausführungsgänge. Der Ductus hepaticus dexter (19 mm lang) ist vor der Vereinigungsstelle mit dem linken Gallengang (7 mm lang) ampullenartig erweitert. Der Ductus hepaticus communis (31 mm lang) mündet in den proximalen Abschnitt des Duodenum. Es tritt keine Papilla duodenalis auf, aber die Öffnung ist durch ein Säulenepithel von der Umgebung abzugrenzen (FOX 1933).

Das in mehrere kleine Lappen gegliederte Pankreas besitzt bei *Procavia* zwei Ausführgänge, bei *Heterohyrax* und *Dendrohyrax* dagegen nur einen.

6.7.5. Physiologie des Magen-Darm-Traktes

Schliefer sind vorzugsweise Enddarmfermentierer, die mit Hilfe von Mikroorganismen an drei verschiedenen Orten die Nahrung aufschließen. Sie verwerten die Nahrung sehr effektiv und decken ihren Energiebedarf (700 KJ/Tag für ein Adulttier, 400 KJ für ein Jungtier) selbst auf der Basis qualitativ schlechter Nahrung, d. h. mit einem hohen Zelluloseanteil (FAIRALL, ELOFF & MCNAIRN 1983). Die Dominanz des Mittel- und Enddarmes als Verdauungsort zeigt sich zunächst darin, daß dort 65 % des Chymus zu finden sind, gegenüber 30 % im Magen (ENGELHARDT, WOLTER, LAWRENZ & HEMSLEY 1978). LEON (1980) schlüsselt noch genauer auf: 28,3 % des gesamten Nahrungsbreies sind im Magen, 30,1 % im Caecum und der Ampulla coli, 23,1 % im Colon ascendens, vor allem in der magenähnlichen Erweiterung und 9,5 % im distalen Colon und Rectum. Die Zeit, welche die Nahrung braucht, um den Magen-Darm-Trakt zu durchlaufen, und die Verhaltung an einzelnen Abschnitten gibt Hinweise auf Fermentations- und Absorptionsorte. Die Verdauung dauert mehrere Tage. Sie ist besonders von der Art der Nahrung und hier vom Gehalt an Zellulosebestandteilen abhängig (ELOFF 1983). Nach 106 Stunden waren 95 % eines der Nahrung beigemischten Markers (CR_2O_3) wiedergewonnen (PAUL-MURPHY, MURPHY, MEYERS & SCHRYVER 1982), das kommt im Vergleich zum Kaninchen der doppelten und zum Schaf einer um 70 % höheren Verdauungszeit gleich. Schon in der Pars nonglandularis des Magens verbleibt die Nahrung zu 100 % bis 4 h und zu 50–85 % bis 8 h und im gesamten Magen sogar bis 24 h. Im Caecum wird sie dann nochmals 16 h zurückgehalten (CLEMENS 1977).

Mikrobielle Fermentation ist nur bei bestimmten pH-Werten möglich. In dem mit kutaner Schleimhaut ausgekleideten Vormagen wurden pH-Werte von 3–6 (LEON 1980, RÜBSAMEN, HUME & ENGELHARDT 1982) bzw. 1,5–4,3 (ELOFF & VAN HOVEN 1985) und im Drüsenmagen pH 3–4 gemessen. Im Caecum und gesamten Mittel- und Enddarm, insbesondere auch in der magenähnlichen Erweiterung und den paarigen Anhängen beträgt der pH-Wert 6–7. Die Leistung der mikrobiellen Tätigkeit drückt sich in der Quantität von Zwischenprodukten des Gärungsprozesses aus, dies sind flüchtige, kurzkettige Fettsäuren („volatile fatty acids" = VFA) wie Essigsäure, Propionsäure und Buttersäure. Mit Ausnahme von ELOFF & VAN HOVEN (1985), die keine signifikante VFA-Produktion im Vordermagen fanden, weisen CLEMENS (1977), CLEMENS & MALOIY (1978), ENGELHARDT et al. (1978), LEON (1980) und RÜBSAMEN, HUME & ENGELHARDT (1982) dort flüchtige Fettsäuren nach, wobei Essigsäure mit 87 % (LEON 1980) bzw. 98 % (RÜBSAMEN, HUME & ENGELHARDT 1982) gegenüber Propionsäure (9 %) und Buttersäure (3 %) den Hauptanteil ausmacht. Daneben ist auch Milchsäure in der halben Konzentration wie Essigsäure gemessen worden, was nach CLEMENS (1977) für das Vorhandensein von *Lactobacillus*-Mikroorganismen spricht. Im Drüsenmagen finden sich nur geringe Konzentrationen von Essigsäure. Im Caecum, der Hauptgärkammer, ist das Verhältnis der flüchtigen Säuren 70% Essigsäure zu 22% Propionsäure und 8% Buttersäure und in der magenähnlichen Colonerweiterung 75–78% Essigsäure zu 17–20% Propionsäure und 2–4% Buttersäure (LEON 1980). Der hohe Anteil an Essigsäure und das Auftreten von Milchsäure im Vordermagen weisen auf Mikroorganismen hin, die relativ saures Milieu tolerieren können, wohingegen der fast neutrale pH-Wert im Darm die Besiedlung mit diversen anderen Mikroben ermöglicht.

Die Rangfolge der Fermentationsorte lautet: Der Hauptfermentationsort ist das Caecum, gefolgt von der Ampulla coli, dem erweiterten Colonabschnitt mit den paarigen Anhängen und dem Vordermagen. Der Vordermagen besorgt neben mikrobieller Aktivität, z. B. dem Aufbrechen von Kohlenwasserstoffen, den mechanischen Nahrungsaufschluß und speichert die Nahrung bei nur geringer Durchmischung. Im Drüsenmagen werden Chlorionen abgegeben, welche die auffällig hohe Kaliumkonzentration im Vordermagen wohl teilweise ausgleichen (CLEMENS & MALOIY 1978). Im Caecum findet die Hauptgärung und die Kohlenwasserstoffverdauung statt, während die Funktion des „Colonmagens" ungeklärt ist. Nach ELOFF & VAN HOVEN (1985) könnten im Dünndarm und distalen Colon die flüchtigen, kurzkettigen Fettsäuren resorbiert werden.

LEON (1980) vergleicht die Verdauungsphysiologie der Schliefer mit derjengen von Wiederkäuern und zieht, ebenso wie LANGER (1986), den Schluß, daß Schliefer ausgesprochene Enddarmfermentierer sind. Schliefer zeigen auch nicht das für Ruminantia charakteristische Auftreten von Stearinsäure als Depotfett, sondern sie haben wie die anderen Enddarmfermentierer Linolsäure. Auch der Glukosespiegel im Blut ist relativ hoch, wohingegen er bei Ruminantia immer auffallend niedrig liegt. Die Masse an Körperfett unterliegt saisonalen Schwankungen und ist alters- und geschlechtsabhängig (FOURIE & PERRIN 1985).

6.8. Harnorgane

Über die Harnorgane der Schliefer finden sich Angaben in allen Monographien, die genaueste Beschreibung und einen Überblick über die Embryonalentwicklung verdanken wir LONSKY (1903). Die Niere ist ungelappt und, wie üblich, liegt die rechte Niere weiter cranial als die linke. In das ansehnliche Nierenbecken mit 3–4 Ausläufern ragt nur eine kuppelförmige Papilla renalis vor. Diese entsteht während der Ontogenese durch Verschmelzung von 4 Papillen. Die Ureteren münden getrennt am Grunde der Harnblase. EPELU-OPIO (1973, 1976) untersuchte das Gewebe der Harnblase licht- und elektronenmikroskopisch und die Histochemie des Übergangsepithels; danach gibt es keine Abweichungen von den säugerüblichen Verhältnissen.

Im Kapitel „Verhaltensbiologie" wird auf Auffälligkeiten im Wasserhaushalt der Schliefer eingegangen. Bekanntlich können die Tiere mit sehr wenig Wasser auskommen, z. B. bei trockenem Futter und Raumtemperaturen um 20° mit 45,7 ml/kg im Vergleich zu 146 ml/kg bei Ratten oder 186 ml/kg und Tag bei Schweinen (LOUW 1971). RÜBSAMEN, HELLER, LAWRENZ & ENGELHARDT (1979) und RÜBSAMEN, HUME & ENGELHARDT (1982) geben Werte zwischen 44 und 61 ml/kg unabhängig von der Außentemperatur an. Der osmotische Wert des Harns der Schliefer ist hoch, was auf effiziente Nierentätigkeit schließen läßt (MALOIY & SALE 1976, MELTZER 1976). Bei Wasserverknappung kann die Konzentration sogar noch erheblich gesteigert werden. Ein bislang rätselhaftes Phänomen ist die Ausscheidung von Calciumcarbonat im Harn und nicht, wie üblich, mit dem Kot (MALOIY & SALE 1976, LEON & BELONJE 1979); nach letztgenannten Autoren findet Resorption von Calciumcarbonat auch im Darm statt. Kalium macht den Hauptanteil der Kationen im Urin aus (MALOIY & SALE 1976), Magnesium tritt zu etwa gleichen Teilen im Kot und Urin auf, und Phosphor findet sich zu über 80% im Kot (LEON & BELONJE 1979). Der Stickstoffbedarf ist niedriger als bei anderen, placentalen Säugetieren, er beträgt z. B. nur die Hälfte von demjenigen des Schafes. Dies ist nach HUME, RÜBSAMEN & ENGELHARDT (1980) die wesentliche physiologische Eigenschaft, welche die Schliefer in die Lage versetzt, Zeiträume zu überleben, in denen der Proteingehalt der Nahrung gering ist.

6.9. Gehirn

Die Anatomie des Gehirnes von *Procavia* und *Dendrohyrax* wurde mehrfach beschrieben (GEORGE 1875, SMITH 1902, TAFT 1912), aber leider finden sich, wie so häufig, keine Angaben hierzu über *Heterohyrax*. Deshalb ist auch ein möglicherweise ergiebiger Vergleich hinsichtlich der Taxonomie nicht möglich. Besondere Aufmerksamkeit erregte das Furchungsmuster des Telencephalon (Beddard 1909, Krug 1880, Friant 1944, 1954, 1957/58, 1971, Sigmund 1968, Lauer 1982). Die Cytoarchitektur und die Kernareale des Hypothalamus und Diencephalon wurden genau von Jessup & Shanklin (1940) und Ibrahim & Shanklin (1941) untersucht. Über den cytoarchitektonischen Aufbau des Telencephalon finden sich Angaben bei Taft (1912) und Sigmund (1968). Kappers (1908) untersucht das Corpus striatum der Schliefer als Beispiel für einen ursprünglichen „Nager". Quay (1971) beschreibt ein ‚mid-aqueductal ependymal organ" unbestimmter Herkunft, dessen Funktion die eines Transportsystemes zwischen Cerebrospinalflüssigkeit und Blut sei.

Die Morphogenese des Gehirnes der Procaviiden ist ab der embryonalen Kopflänge von 5,5 mm bis 60 mm untersucht (Krabbe 1947). Wells (1939) verglich natürliche Endocranialausgüsse pleistozäner Procaviidae mit denjenigen rezenter. Das Gehirn der größeren fossilen Formen ist, wie üblich, relativ kleiner.

Das Gehirn der Schliefer ist verhältnismäßig lissencephal (Abb. 77) und zeigt nach übereinstimmender Meinung der genannten Autoren einen noch sehr primitiven Aufbau mit niedrigem Neocorticalisationsgrad. In der Cerebralisation besteht kein wesentlicher Unterschied z. B. zu Pferden oder Giraffen, den vermeintlich höchst cerebralisierten Huftieren (Sigmund 1968). Bei 2275 g Körpergewicht wog das Gehirn 19,4 g, bei 2760 g Körpergewicht 19 g (Welker & Carlson 1976). Das sind wesentliche höhere Werte als die von George (1875) angegebenen, nämlich 11 g bzw. 12 g Hirngewicht bei 1997 g bzw. 2387 g Körpergewicht.

Zwischen *Procavia* und *Dendrohyrax* bestehen vor allem im Furchungsmuster und Cerebralisationsindex des Gehirnes hohe Übereinstimmungen (Abb. 78). Interessanterweise spiegelt sich aber die unterschiedliche Lebensweise deutlich wider. So ist bei der tagaktiven *Procavia* das Sehzentrum und bei dem nachtaktiven *Dendrohyrax* das Riechzentrum stärker differenziert. Die Integrationszentren des Gesichtssinnes sind bei *Procavia*, verglichen mit *Dendrohyrax*, überproportional groß, z. B. die Corpora geniculata lateralia um 108 % und die Colliculi rostrales um 75 % (Sigmund 1968) (Abb. 79). Dagegen überwiegen bei *Dendrohyrax* die primären und sekundären Riechzentren, und auch der Bulbus olfactorius ist erheblich größer.

Trotz der hohen Variabilität in Zahl und Verlauf der Hemisphärenfurchen verläuft der Sulcus splenialis bei *Dendrohyrax* offensichtlich immer parallel zur Fissura longitudinalis cerebri. Bei *Procavia* nähert sich der Sulcus splenialis caudad der Mitte

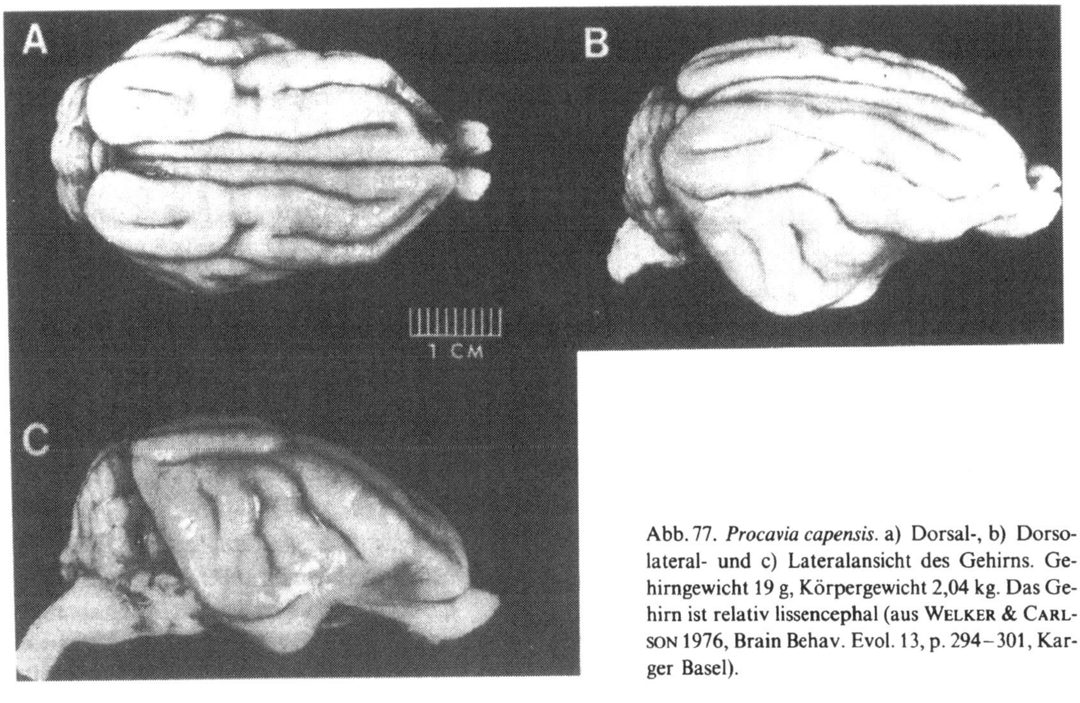

Abb. 77. *Procavia capensis*. a) Dorsal-, b) Dorsolateral- und c) Lateralansicht des Gehirns. Gehirngewicht 19 g, Körpergewicht 2,04 kg. Das Gehirn ist relativ lissencephal (aus Welker & Carlson 1976, Brain Behav. Evol. 13, p. 294–301, Karger Basel).

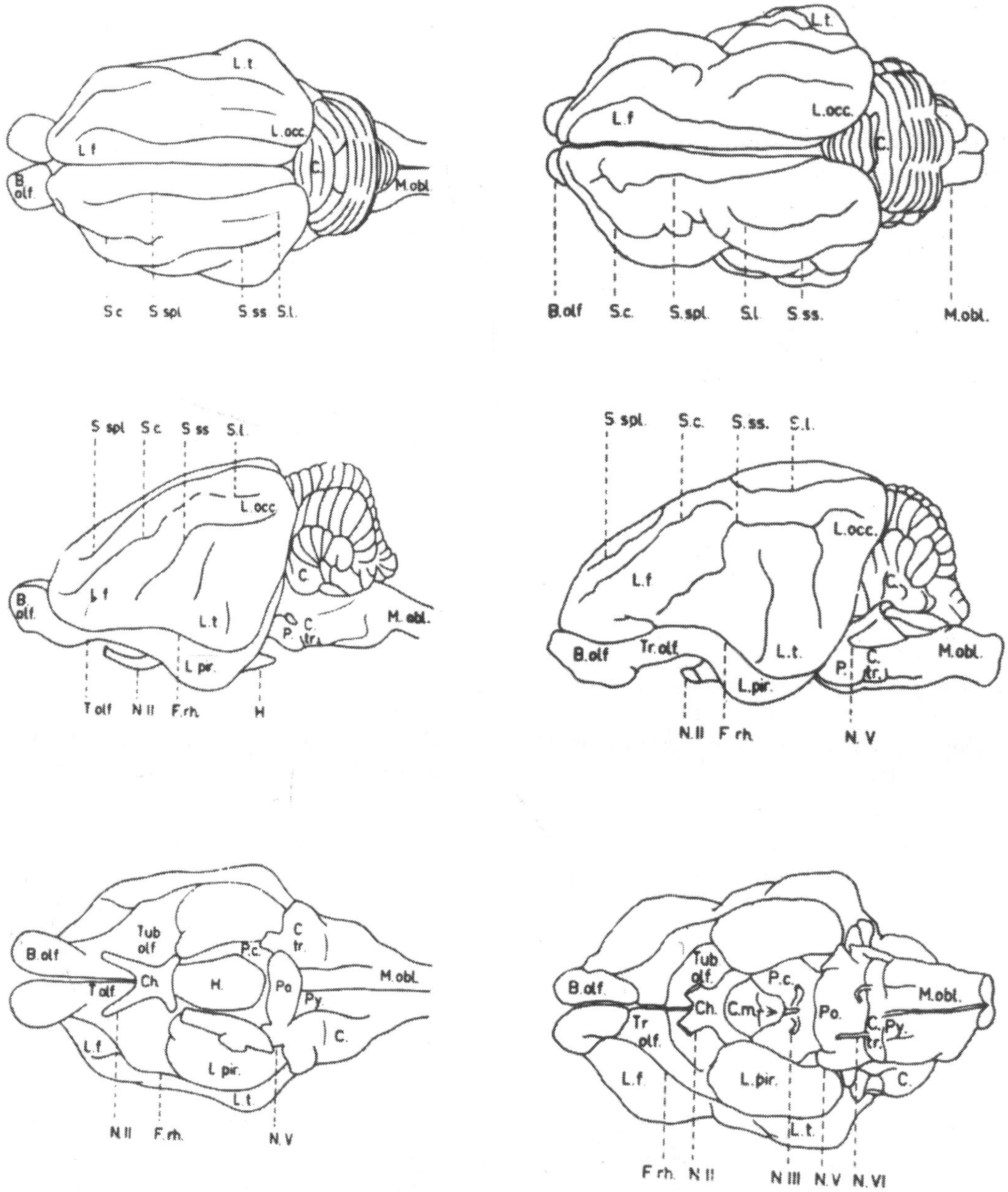

Abb. 78. Das Gehirn von *Dendrohyrax arboreus* (linke Spalte) und *Procavia capensis*. Unterschiede bestehen in der höheren Differenzierung des Riechzentrums bei *Dendrohyrax* bzw. des Sehzentrums bei *Procavia* (aus Sigmund 1968). Abk.: B. olf = Bulbus olfactorius, C = Cerebellum, Ch. = Chiasma, C. m = Corpus mammilare, C. tr. = C. trapezoideum, F. rh = Fissura rhinalis, H. = Hypophyse, L. f. = Lobus frontalis, L. pir. = L. piriformis, L. occ. = L. occipitalis, L. t. = L. temporalis, M. obl. = Medulla oblongata, N. II = Nervus opticus, N. III = N. oculomotorius, N. V. = N. trigeminus, N. VI = N. abducens, P. c. = Pedunculi cerebri, Po. = Pons, Py. = Pyramis, S. c. = Sulcus coronalis, S. l. = S. lateralis, S. spl. = S. splenialis, S. ss. = S. suprasylvius, Tr. olf. = Tractus olfactorius, Tub. olf. = Tuberculum olfactorium.

und bildet so einen nach vorne geöffneten, spitzen Winkel. Die mediale Verlagerung könnte mit der stärkeren Entwicklung der visuellen Gebiete bei *Procavia* zusammenhängen (Sigmund 1968). Auffällig ist, daß bei den Procaviidae der Sulcus splenialis in großer Ausdehnung auf der Oberseite der Hemisphären sichtbar ist (Krueg 1880, Friant 1971). Die Furchen zeigen sonst die für Säugetiere als primitiv angenommene Orientierung in Längsrichtung. Mit Ausnahme der Fissura cerebri lateralis (Sylvii) sind alle Hauptfurchen vorhanden und tief eingeschnitten. Ob die Fissura lateralis (Sylvii) tatsächlich fehlt, ist umstritten. Nach Friant (1971) ist der gebogene Verlauf des Sulcus suprasylvius und das Fehlen des Operculum temporale ursprünglich für Säugetiere. Charakteristisch für Procaviidae sei neben dem Sulcus splenialis die Reduktion der Fissurae rhinicae anterior et posterior, das Fehlen des Sulcus ectosylvius und möglicherweise der Fissura lateralis (Sylvii).

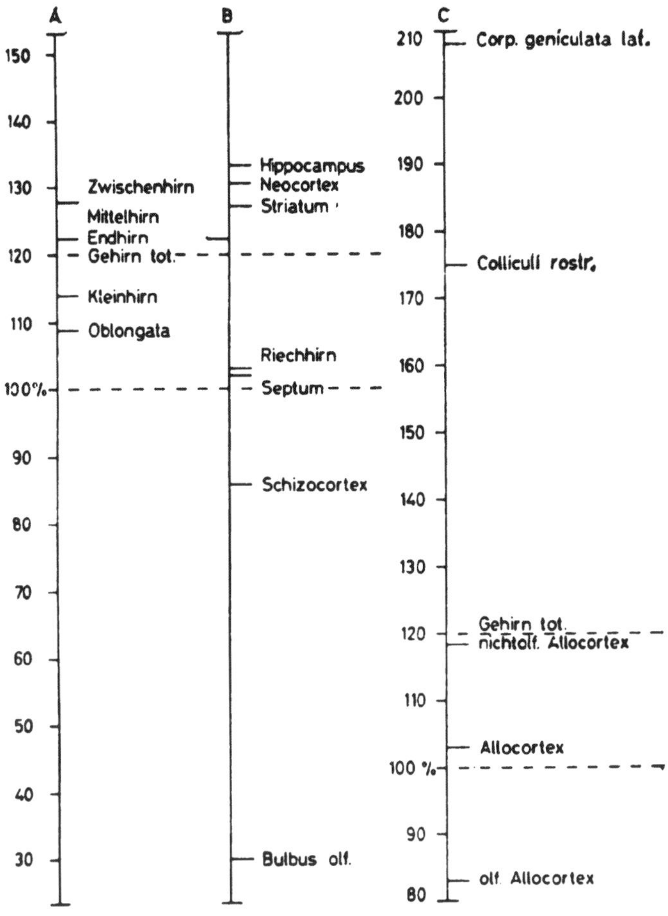

Abb. 79. Die cytoarchitektonische Zusammensetzung (A) des Gehirns und (B + C) des Großhirns von *Procavia capensis* im Vergleich zu *Dendrohyrax arboreus* (= 100 %) (aus SIGMUND 1968).

Die Zugehörigkeit der Hyracoiden zu den perissodactylen Ungulaten zeige sich schließlich in der Entwicklung des Rhinencephalon, in der Lage des Sulcus coronalis, in der Verlängerung des Sulcus lateralis und in der Vereinigung der Sulci calcarinus, intercalaris und crucialis in einem einzigen Sulcus, dem Sulcus splenialis.

An der Großhirnrinde sind deutliche Lobi frontalis, temporalis et occipitalis ausgebildet. Der Lobus occipitalis überlagert das Tectum opticum. Der Lobus piriformis bildet den Ventralpol des Lobus temporalis, dessen Hippocampusanteil gut entwickelt ist. An seinem ventralen Hinterrand tritt wiederum, wie bei vielen Säugetieren, ein visueller Cortex auf (TAFT 1912). WELKER & CARLSON (1976) haben den somatosensiblen Cortex von *Procavia* kartiert und mit demjenigen anderer Säugetiere verglichen (Abb. 80). Die geschätzte Oberfläche dieser Region beträgt 90 mm^2. Der Kopf ist mit etwa 67 % besonders stark repräsentiert, wobei der Hauptanteil auf periorale und intraorale Strukturen entfällt. Der laminare cytoarchitektonische Aufbau entspricht den üblichen Gegebenheiten.

Das Gehörorgan der Schliefer muß ungewöhnlich hoch entwickelt sein, worauf die Entwicklung des Lemniscus lateralis, des Colliculus caudalis und des Nucleus geniculatus medialis (IBRAHIM & SHANKLIN 1941) sowie der Nuclei cochlearis et vestibularis (TAFT 1912) schließen läßt.

Das Cerebellum ist so klein, daß es seitlich die Medulla oblongata kaum überlappt. Das Palaeocerebellum bildet den Hauptanteil und ist vom Neocerebellum eindeutig zu trennen. Der Nucleus fastigii ist sehr groß, der Nucleus dentatus besteht nur aus drei „dentations" (TAFT 1912).

Erwähnenswert ist auch, daß der Tractus pyramidalis von *Procavia* keine Überkreuzungen zeigt, was sonst nur noch vom Maulwurf bekannt ist (VERHAART 1967). Den Verlauf des N. vagus und N. sympathicus beschrieb SONNTAG (1922).

6.9.1. Pinealorgan

Das Pinealorgan von *Procavia* unterscheidet sich in seinem Aufbau sehr von den üblichen Verhältnissen bei den Säugetieren, wobei seine sackartige

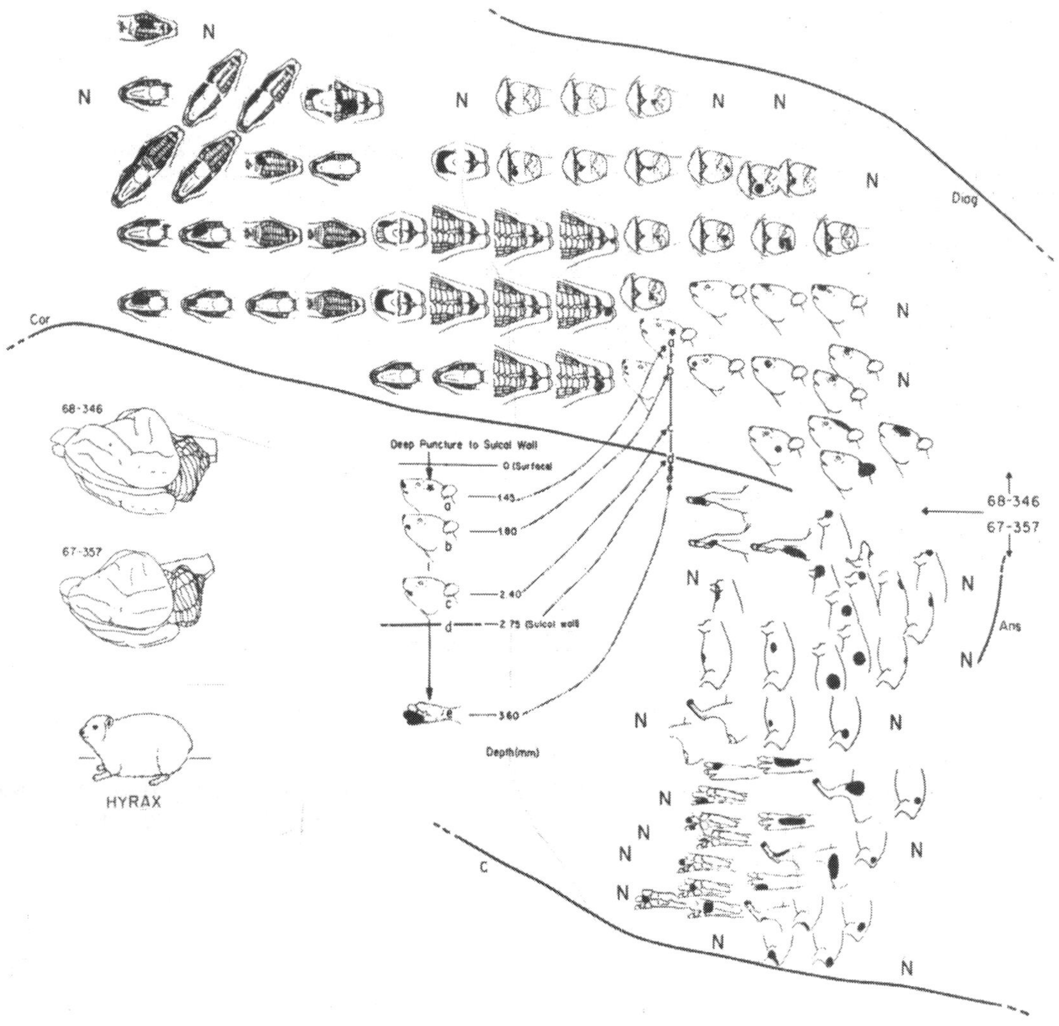

Abb. 80. *Procavia capensis*. Kartierung des somatosensiblen Cortex (aus Welker & Carlson 1976).

Form vermutlich ursprünglich ist (Quay & Millar 1971) (Abb. 81). Nach Creutzfeldt (1912) ist die Epiphysis cerebri gut, nach Krabbe (1941, 1961) dagegen bei einem israelischen Schliefer nur rudimentär entwickelt. Schon ein von Krabbe (1941) selbst angestellter Vergleich mit „*Procavia ruficeps latastei*" zeigte jedoch, daß die Zirbeldrüse in der Regel wohl gut entwickelt ist.

Bei *Procavia* ist das pineale Gewebe nicht auf die Region zwischen Commissura habenularum und Commissura epithalamica (posterior) beschränkt. Es ist weder in einem kompakten Corpus pineale konzentriert, noch vom Recessus suprapinealis durch die Commissura habenularum getrennt. Das pineale Gewebe ist in zwei Teilen angeordnet, die an der Commissura habenularum in Verbindung stehen (Abb. 81). Damit widerspricht die Organisation dieser Region bei *Procavia* der klassischen Konzeption eines Pinealorgans (Quay & Millar 1971).

Der ungewöhnlich große Recessus pinealis besitzt eine komplizierte Binnenstruktur mit Taschenbildungen. Er unterscheidet sich in seiner Größe von dem anderer Säugetiere. Darüber hinaus ist er nur teilweise von pinealem Gewebe umgeben („akzessorisches Pinealgewebe" nach Quay & Millar 1971) und ansonsten von einem dünnen Epithel. Auffallend ist die Nähe von Pinealocyten und Kapillarschleifen zum Recessus pinealis. Ob aus der Commissura habenularum stammende Nervenfasern zu parenchymatischen Zellen des Pinealgewebes ziehen, ist ungeklärt.

Die Epiphyse der Procaviiden wird relativ spät angelegt, da sie bei Feten von 29–32 mm Länge noch nicht zu beobachten war.

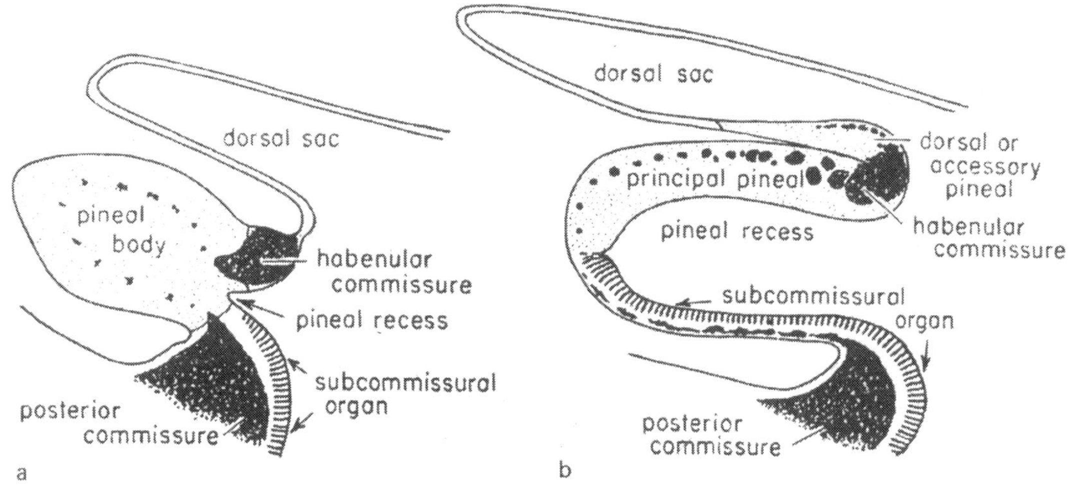

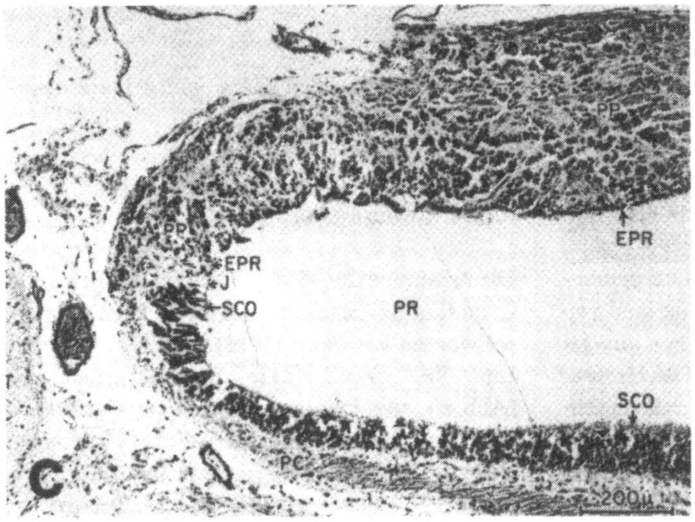

Abb. 81. Die sackartige, nicht kompakte Form des Pinealorgans von *Procavia capensis* (b) unterscheidet sich von den üblichen Verhältnissen bei Säugetieren (a). c) Histologischer Schnitt durch den hinteren Abschnitt des Recessus pinealis (aus Quay & Millar 1971). Abk.: EPR = ependymale Auskleidung des Recessus pinealis, J = Grenze zwischen Pineal- und Subcommissuralorgan, PC = Commissura epithelamica, PP = Pinealorgan, PR = Recessus pinealis, SCO = Subcommissuralorgan.

6.10. Sinnesorgane

6.10.1. Jacobsonsches Organ (Organon vomeronasale)

Brandt (1869), Broom (1898), Adloff (1903) und Lindahl (1948) beschreiben übereinstimmend, daß der Ausführgang des Jacobsonschen Organs zunächst parallel dem Nasengaumengang verläuft, ehe er sich mit diesem kurz vor dessen Mündung in die Mundhöhle vereinigt. Nach Durchquerung des For. incisivum öffnet sich der Ductus nasopalatinus unmittelbar hinter den Schneidezähnen als eine schmale längliche Spalte. Broom (1898) weist besonders auf die bei der Kleinheit des Organs überproportionale Ausbildung des Paraseptalknorpels hin.

6.10.2. Geruchsorgan

Die Anatomie des Nasenbinnenraumes ist im Kapitel „Schädel" beschrieben, auf die Differenzierung der Riechzentren im Gehirn von *Dendrohyrax* wurde ebenfalls schon eingegangen. Welche Rolle der Geruch im Leben der Schliefer spielt, ist unbekannt (Brown & Macdonald 1985).

6.10.3. Auge

Die ziemlich großen Augen können nicht nur von den beiden Augenlidern, sondern auch von einer stark entwickelten Nickhaut geschlossen werden. Ein Tapetum lucidum ist nicht vorhanden (Brandt 1869, Super 1974). Die querovale Pupil-

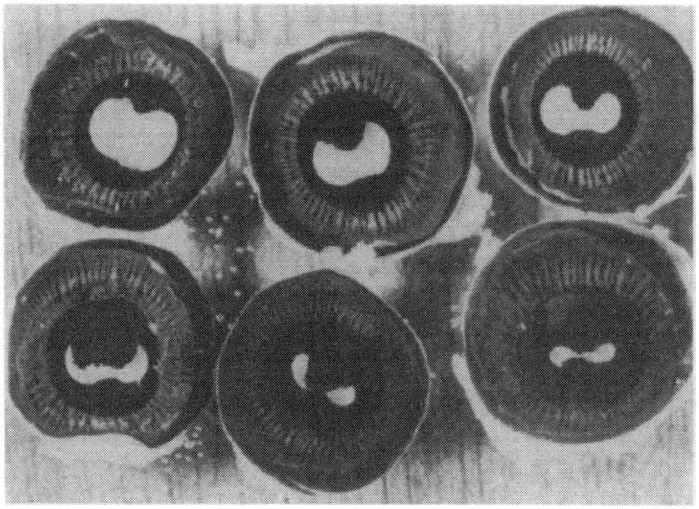

Abb. 82. *Procavia capensis*. Verschiedene Kontraktionszustände des Umbraculum. Diese Irisanhänge sind von beträchtlicher Dicke und entstehen durch Hypertrophie der pigmentführenden, retinalen Schicht (aus MILLAR 1973).

le hat einen Durchmesser von 4 × 2 mm. Interesse erwecken die von JOHNSON (1901) erstmals beschriebenen Irisanhänge (Abb. 82). Wegen ihrer Fähigkeit, sich über die Mitte der Pupille ausdehnen zu können, nannte sie JOHNSON (1901) Umbraculum und FRANZ (1911) Operculum pupillare. Die Kontraktilität des Umbraculum demonstrierte MILLAR (1973). Die Irisanhänge sind von beträchtlicher Stärke (1 mm) und stehen aus der Ebene, welche die Iris bildet, heraus. Das Umbraculum ist eine Bildung der pigmentführenden retinalen Schicht (= Pars iridica retinae) der Linsenseite der Iris. Im Meridionalschnitt sind die unregelmäßigen, durch Hypertrophie entstandenen Pigmentanhäufungen zu erkennen (FISCHER 1986). Die Wucherungen gehen am Pupillarrand in die corneaseitige Pigmentschicht über. Die Ursache der Kontraktilität ist umstritten. Nach MILLAR (1973) treten Muskelfasern auf, deren Vorkommen wurde aber bereits von FRANZ (1911) bestritten. Nach FRANZ (1911) wird das Umbraculum durch die Kontraktion eines Sphincters, der es an seinem Dorsalrand hufeisenförmig umgibt, vorgeschoben. Das Zurückschieben werde durch die Gewebespannung der Iris erzeugt. Im Umbraculum sind sogar Blutgefäße enthalten, was sonst nie im Pigmentepithel der Fall ist (FRANZ 1911). Die Irisanhänge der Schliefer können mit den „Traubenkörnern" der Pferde verglichen werden.

Die Funktion des Umbraculum steht sehr wahrscheinlich mit der Thermolabilität der Schliefer in Zusammenhang (MILLAR 1973). Da die Schliefer während ihrer mehrstündigen morgendlichen Aufwärmphasen ungeschützt auf den Felsen liegen, gleichzeitig ihre Hauptfeinde aber aus der Luft angreifen (z. B. der Kaffernadler), ist eine natürliche Sonnenbrille von großem Vorteil. Die Fähigkeit, in die grelle Sonne starren zu können, hat den Schliefern bei den Zulus die Nachrede eingebracht, sie seien blind.

6.10.4. Gehörorgan

Die Anatomie des Mittelohres und des Petrosum ist im Kapitel „Schädel" behandelt. Die Ohrknorpel wurden von BOAS (1912) detailliert beschrieben. Sie weisen keine Besonderheiten auf (Abb. 83, 84). Dagegen besitzen die Gehörknöchelchen einige charakteristische Bildungen (HYRTL 1845, DORAN 1876, ALTMANN 1932, FLEISCHER 1973, FISCHER 1989). Der Malleus besitzt einen wohlentwickelten Kopf und ein stark abgebogenes Manubrium, das distal spatelförmig verbreitert ist. Der M. tensor tympani entspringt nur in einem Halbkanal lateral des ovalen Fensters ohne Beziehung zur Tuba auditiva (Abb. 85). Der Muskel inseriert an einem schwach entwickelten Proc. muscularis. Am Incus sind das grazile Corpus incudis und die beiden nahezu gleich langen Crura erwähnenswert. Der Stapes ist etwa dreieckkig; die Stapesfußplatte ist kugelig und ins ovale Fenster vorgewölbt. Eine A. stapedialis fehlt, sie wird frühfetal reduziert (LINDAHL 1948). Der M. stapedius zieht von der lateralen Oberfläche des Petrosum mit einer langen Endsehne zum Stapes.

LINDAHL (1948) untersuchte die Morphogenese der Gehörknöchelchen von ihrem ersten Auftreten bei einer Kopflänge von 6 mm bis zur Kopflänge 14 mm, die mittel- und spätfetale Entwicklung wurde von FISCHER (1989b) beschrieben. Zunächst bilden Meckelscher Knorpel, Malleus und Incus ein einheitliches Blastem. Bei 7 mm Kopflänge beginnt die Verknorpelung, die sehr schnell abgeschlossen ist (Abb. 89). Die enchondrale Ossifikation setzt bei einer Kopflänge von etwa

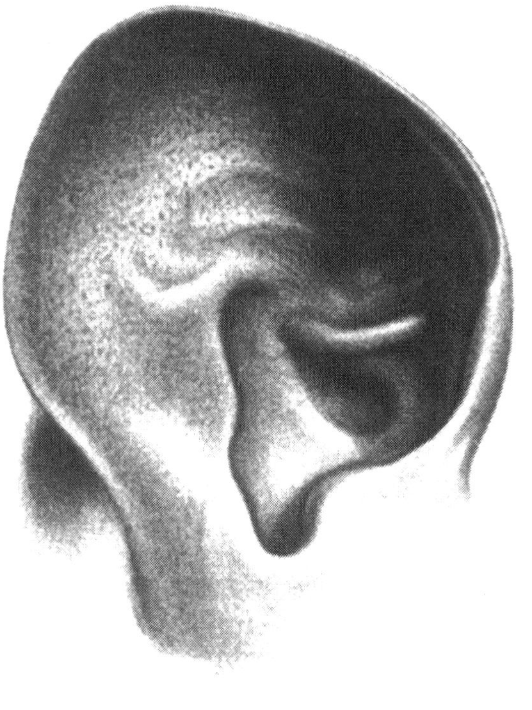

Abb. 83. Die Ohrmuschel von *Procavia capensis* (aus BOAS 1912).

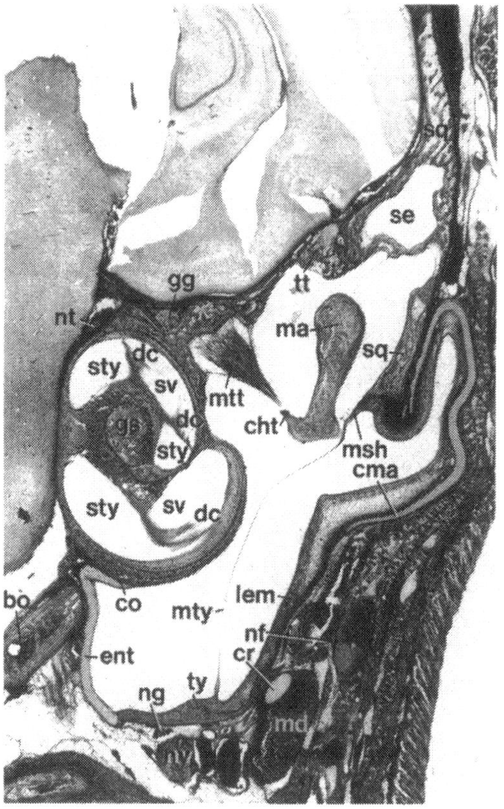

Abb. 85. *Procavia capensis*. In diesem spätfetalen Stadium besitzt die Paukenhöhle schon nahezu dieselbe Ausdehnung wie beim Neonatus. Der Schnitt liegt in Höhe der Insertion des M. tensor tympani (aus FISCHER 1989b). Abk.: bo = Basioccipitale, cht = Chorda tympani, cma = Cartilago meatus acustici, co = Capsula otica, cr = Cartilago Reicherti, dc = Ductus cochlearis, ent = Entotympanicum, gg = Ganglion geniculi, gs = Ganglion spirale, lem = Lamina epithelialis meatus, ma = Malleus, md = M. digastricus, msh = Membrana Shrapnelli, mtt = M. tensor tympani, mty = Membrana tympani, nf = N. facialis, ng = N. glossopharyngeus, nt = N. trigeminus, se = Sinus epitympanici, sq = Squamosum, sty = Scala tympani, sv = Scala vestibuli, tt = Tegmen tympani.

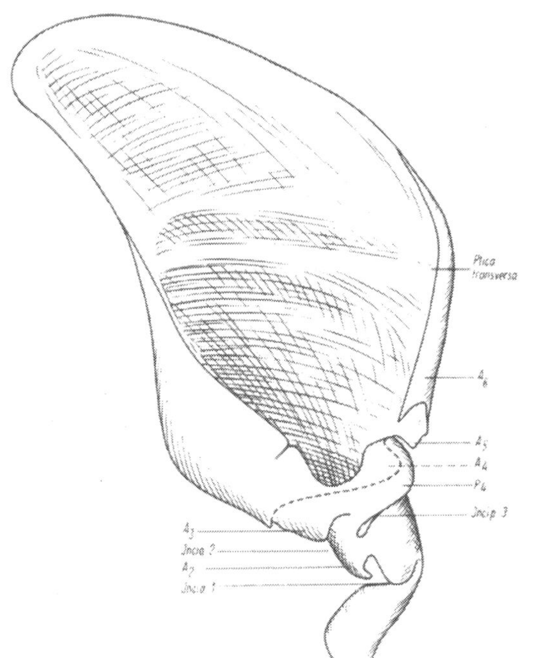

Abb. 84. *Procavia capensis*. Mazerierter rechter Ohrknorpel in natürlicher Lage (aus SCHIEFER 1968). Abk.: A_1, A_2 etc. = Anteron 1, Anteron 2, etc., A_6 = Pseudotragus, Incia 1, Incia 2 = Incisura anterior 1, 2, Incip 3 = Incisura posterior 3, P_4 = Posteron 4.

26 mm ein. Mit Ausnahme der Gelenkflächen sind die Gehörknöchelchen bei einer Kopflänge von 43 mm ossifiziert. Der Hammer ist nicht freischwingend (contra FLEISCHER 1973), sondern syndesmotisch am Tympanicum fixiert. Es tritt kein Goniale auf.

Der Ductus cochlearis der Procaviidae ist lang und erstreckt sich über dreieinhalb Schneckenwindungen. Das perilymphatische System und die Bogengänge zeigen keine Auffälligkeiten.

Eine außerordentliche Besonderheit des Gehörorgans ist der Luftsack (Diverticulum tubae auditivae) (Abb. 86, 87). Die von BRANDT (1863) entdeckten Tubendivertikel sind in den Arbeiten von BRANDT (1869), PETER (1894) und ALTMANN

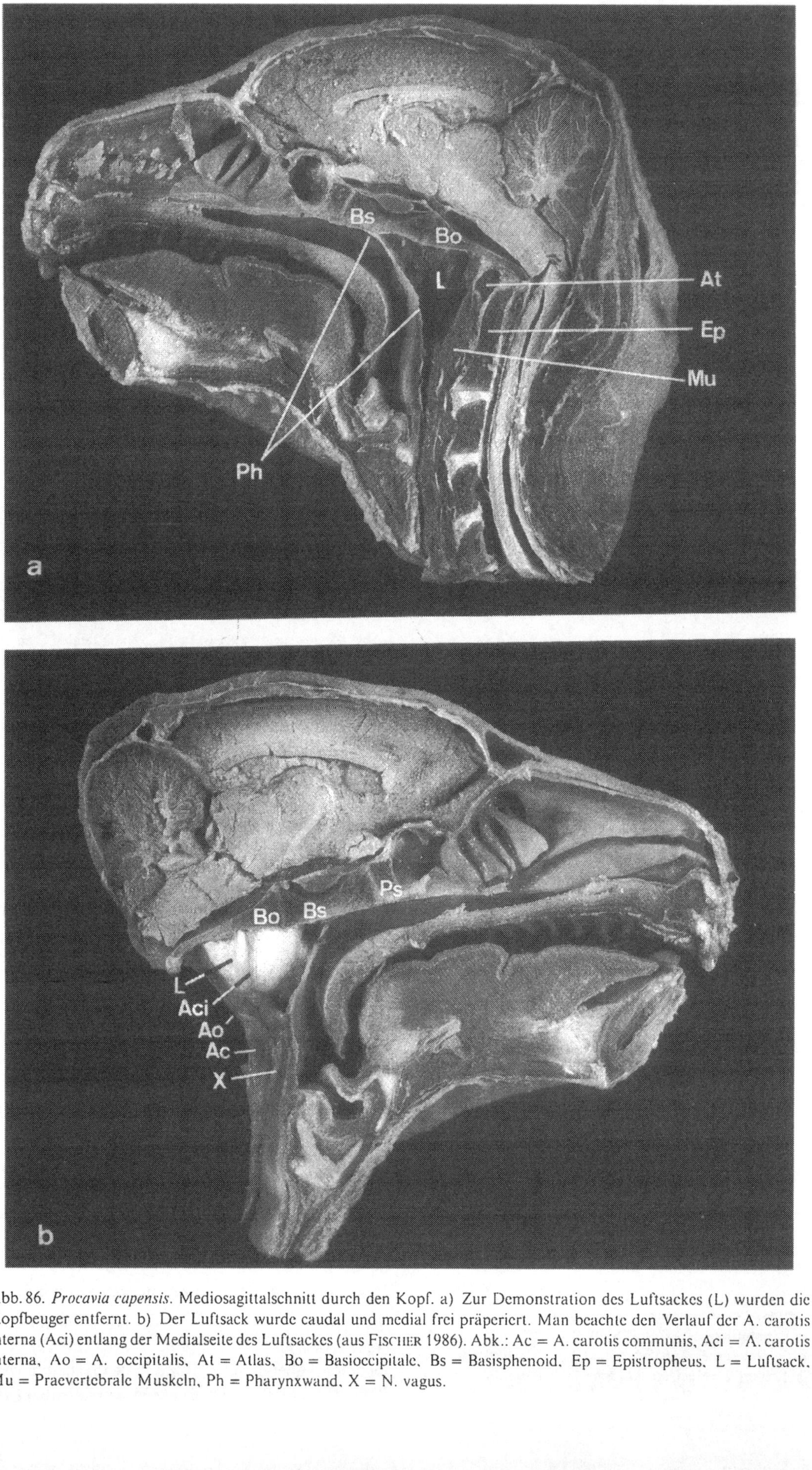

Abb. 86. *Procavia capensis*. Mediosagittalschnitt durch den Kopf. a) Zur Demonstration des Luftsackes (L) wurden die Kopfbeuger entfernt. b) Der Luftsack wurde caudal und medial frei präperiert. Man beachte den Verlauf der A. carotis interna (Aci) entlang der Medialseite des Luftsackes (aus FISCHER 1986). Abk.: Ac = A. carotis communis, Aci = A. carotis interna, Ao = A. occipitalis, At = Atlas, Bo = Basioccipitale, Bs = Basisphenoid, Ep = Epistropheus, L = Luftsack, Mu = Praevertebrale Muskeln, Ph = Pharynxwand, X = N. vagus.

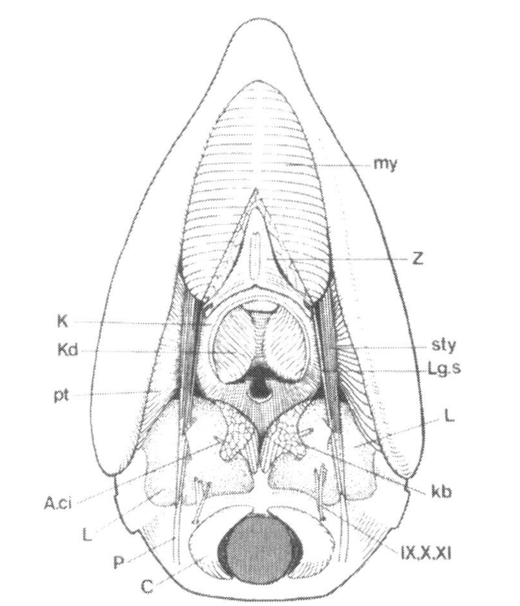

Abb. 87. *Procavia capensis*. Ventralansicht der Präparation des Luftsackes. Durch das Lig. stylohyoideum (Lg.s) wird der Luftsack in zwei Abteilungen unterteilt (aus FISCHER 1986). Abk.: Aci = A. carotis interna, C = Condylus occipitalis, K = Kehlkopf, Kd = Kehldeckel, L = Luftsack, P = Proc. paroccipitalis, Z = Zungenbein, kb = Kopfbeuger, my = M. mylohyoideus, pt = M. pterygoideus, sty = M. styloglossus, IX, X, XI = Gehirnnerven IX, X, XI.

(1932) erwähnt, sie wurden aber erst von FISCHER (1986) eingehend beschrieben. Es zeigte sich, daß zwischen dem Luftsack der Pferde, Tapire und Schliefer detaillierte Übereinstimmungen bestehen. Die Tubendivertikel sind paarige, dünnwandige, blasenartige, ventrale Ausstülpungen des membranösen Teiles (Isthmus) der Tuba auditiva (Abb. 88). Die Luftsäcke nehmen den Raum zwischen Schädelbasis, Atlas und hinterer Pharynxwand ein. Sie werden bei den Schliefern vom Ligamentum stylohyoideum unvollständig in zwei Abteilungen getrennt. Medial stoßen die Tubendivertikel nicht aneinander.

Die Anlage des Luftsackes findet sich erstmals bei einer fetalen Kopflänge von 20 mm (FISCHER 1989 b) (Abb. 89). Während der Ontogenese blähen sich die Tubendivertikel allmählich in mediocaudaler Richtung auf (Abb. 90). Der Luftsack eines geburtsreifen Feten von *Dendrohyrax arboreus* bedeckt schon mehr als die mediale Hälfte der Bulla tympani. Doch erst postnatal erreichen die Tubendivertikel ihre endgültige Größe und verdrängen die A. carotis interna von ihrem Verlauf entlang der Medialseite der Bulla tympani. Der Verlauf der A. carotis interna ist somit extrabullar (WIBLE 1986).

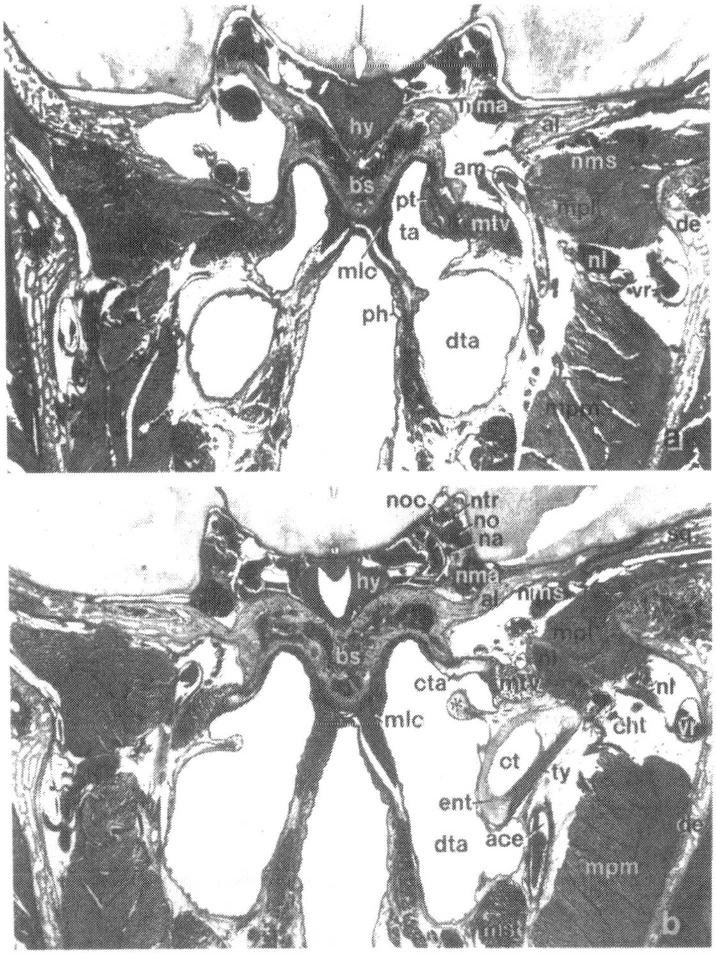

Abb. 88. *Procavia capensis*. Querschnitte durch den Kopf eines Fetus mit einer Kopflänge von 43 mm. Der Luftsack (dta) steht mit der Tuba auditava (ta) in offener Verbindung (aus FISCHER 1989 b). Abk.: ace = A. carotis externa, al = Alisphenoid, am = A. maxillaris, bs = Basisphenoid, cht = Chorda tympani, ct = Cavum tympani, cta = Cartilago tubae auditivae, dta = Diverticulum tubae auditivae (Luftsack), de = Dentale, ent = Entotympanicum, hy = Hypophyse, mlc = M. longus capitis, mpl = M. pterygoideus lateralis, mpm = M. pterygoideus medialis, mst = M. styloglossus, mtv = M. tensor veli palatini, na = N. abducens, nl = N. lingualis, nma = N. maxillaris, nms = N. massetericus, no = N. ophthalmicus, noc = N. oculomotrius, ntr = N. trochlearis, ph = Pharynxwand, pt = Pterygoid, ta = Tuba auditiva, ty = Tympanicum, vr = V. retromandibularis.

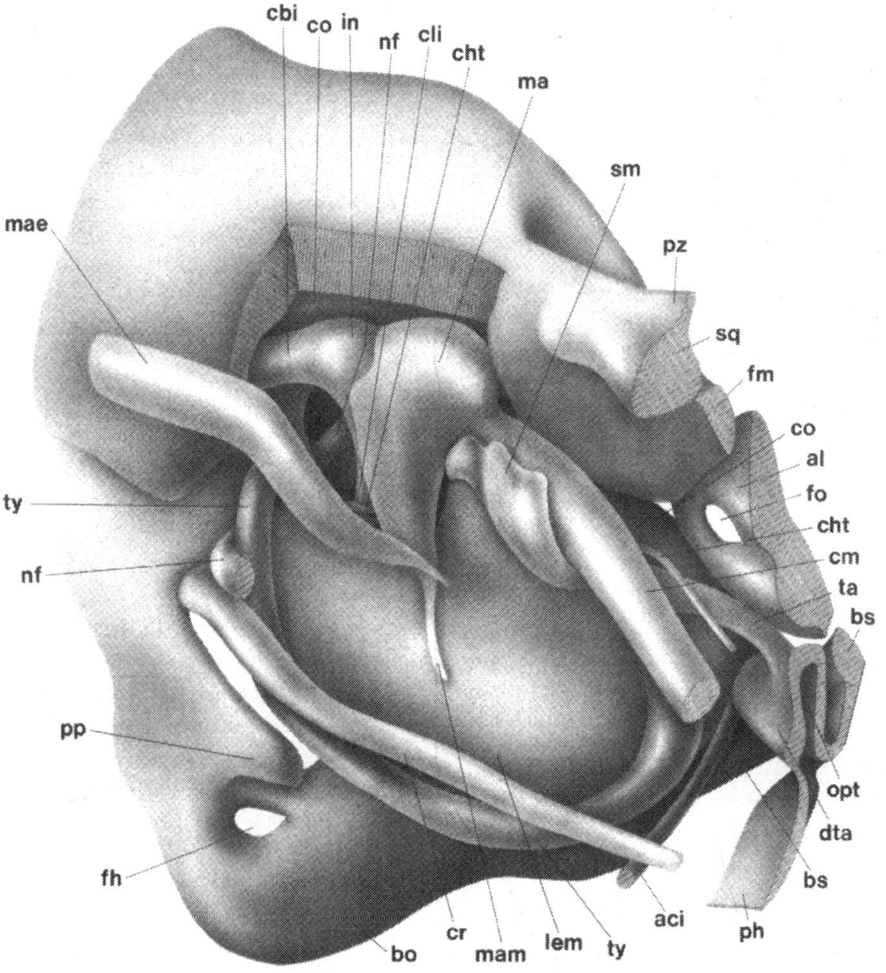

Abb. 89. *Procavia capensis.* Lateroventralansicht eines mit Hilfe der Plattenrekonstruktionsmethode gebauten Modelles der Tympanalregion eines Feten mit 20 mm Kopflänge. Die Schnittflächen sind diagonal schraffiert. Die Ausbildung des Luftsackes (dta) hat begonnen. Man beachte auch die Auflagerung des Meckelschen Knorpels (cm) am vorderen Abschnitt des ringförmigen Tympanicum (aus FISCHER 1989). Abk.: aci = A. carotis interna, al = Alisphenoid, bo = Basioccipitale, bs = Basisphenoid, cbi = Crus breve incudis, cht = Chorda tympani, cli = Crus longum incudis, cm = Cartilago Meckeli, co = Capsula otica, cr = Cartilago Reicherti, dta = Diverticlum tubae auditivae (Luftsack), fh = Foramen hypoglossi, fm = Foramen mandibulare, fo = Foramen ovale, in = Incus, lem = Lamina epithelialis meatus, ma = Malleus, mae = Meatus acusticus externus, mam = Manubrium mallei, nf = N. facialis, opt = Ostiumgeum tubae auditivae, ph = Pharynxwand, pp = Processus paracondyloideus, pz = Processus zygomaticus, sm = Sulcus malleolaris, sq = Squamosum, ta = Tuba audittiva, ty = Tympanicum.

6.11. Endokrine Organe

Im folgenden wird nur auf die Schilddrüse und Hypophyse eingegangen.

6.11.1. Thyreoidea (Schilddrüse)

Die Schilddrüse besteht aus zwei getrennten, bohnengroßen Lappen. Sie liegt beiderseits der Seitenfläche der Trachea und des Oesophagus etwa in Höhe des unteren Larynx und der ersten Trachealringe. Die beiden Lappen können durch einen Isthmus glandulae thyreoideae verbunden sein, der aber nicht immer nachweisbar ist (FORSYTH 1908, PETERS 1966). GEORGE (1875) stellte bei der Untersuchung von 3 Tieren eine ungeteilte Schilddrüse fest. Die mikroskopische Anatomie bietet das für Säugetiere übliche Bild (FORSYTH 1908, KAYANJA & EPELU-OPIO 1973). An der Außenseite der Schilddrüse findet sich die Parathyreoidea.

6.11.2. Hypophysis

WISLOCKI (1940) und HANSTRÖM (1952, 1953) haben die makroskopische und mikroskopische Anatomie der Hypophyse von *Procavia* unter-

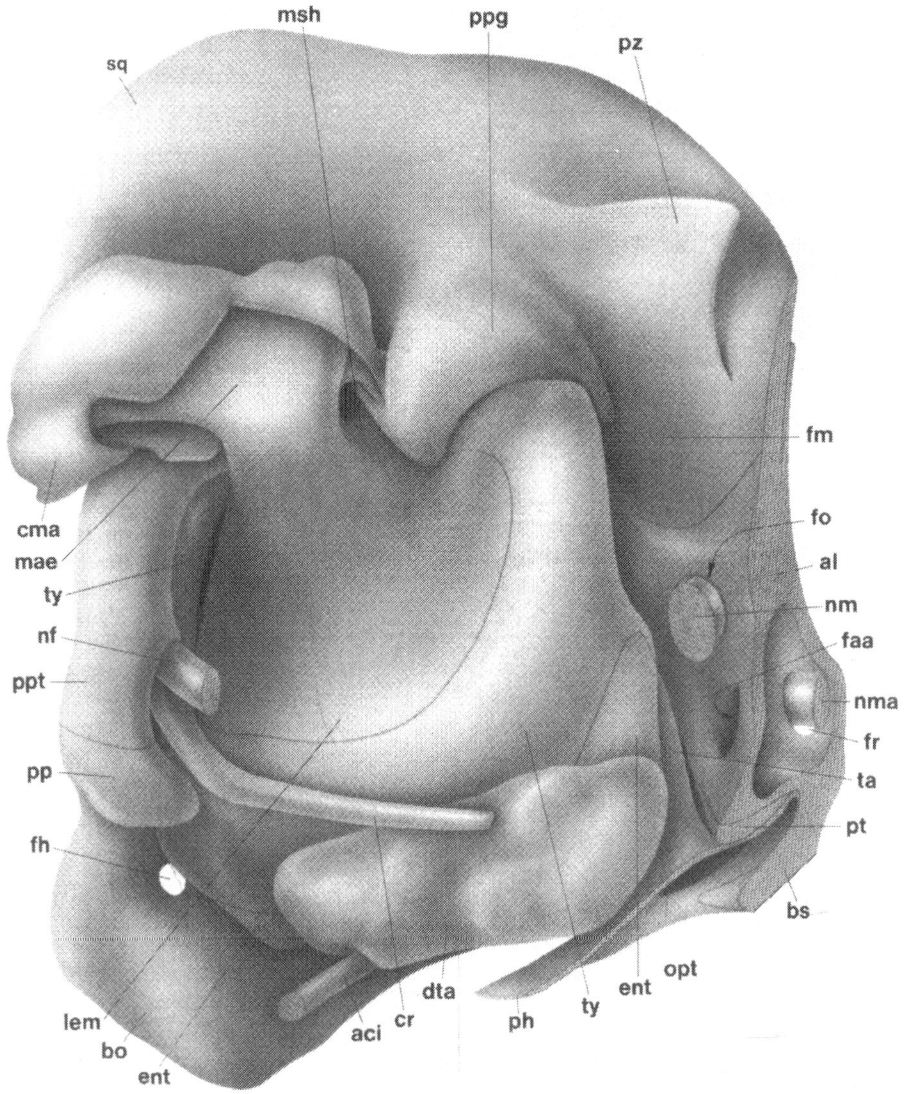

Abb. 90. *Procavia capensis*. Lateroventralansicht eines mit Hilfe der Plattenrekonstruktionsmethode gebauten Modelles der Tympanalregion eines Feten mit 43 mm Kopflänge. Die Schnittflächen sind diagonal schraffiert. Die vom Tympanicum ausgehende Ossifikation der Lamina epithelialis meatus (lem) ist fortgeschritten, doch noch ist die Ringform des Tympanicum zu erkennen. Der Luftsack (dta) ist gegenüber dem in Abb. 89 dargestellten Stadium vergrößert (aus FISCHER 1989). Abk.: aci = A. carotis interna, al = Alisphenoid, bo = Basioccipitale, bs = Basisphenoid, cma = Cartilago meatus acustici, cr = Cartilago Reicherti, dta = Diverticulum tubae auditivae (Luftsack), ent = Entotympanicum, faa = Foramen alare aborale, fh = Foramen hypoglossi, fm = Foramen mandibulare, fo = Foramen ovale, fr = Foramen rotundum, lem = Lamina epithelialis meatus, mae = Meatus acusticus externus, msh = Membrana Shrapnelli, nf = N. facialis, nm = N. mandibularis, nma = N. maxillaris, opt = Ostium pharyngeum tubae auditivae, ph = Pharynxwand, pp = Processus paracondyloideus, ppg = Processus postglenoides, ppt = Processus posttympanicus, pt = Pterygoid, pz = Processus zygomaticus, sq = Squamosum, ta = Tuba autitiva, ty = Tympanicum.

sucht, WADMAN (1973) die Histologie und die verschiedenen Zelltypen.

Das Organ liegt in einer seichten Mulde des Sphenoids, etwa zwischen Di- und Mesencephalon. Es ist ein ca. 8 mm großer, länglicher Körper. Die Hypophyse besitzt mehrere ursprüngliche Merkmale. So wurde bei einem Exemplar ein persistierender craniopharyngealer Kanal beobachtet. Des weiteren sind alle Teile der Hypophyse selbständig ausgebildet (Abb. 91). Die Pars tuberalis ist nur geringfügig mit der Rostralregion der Pars distalis verschmolzen und sonst von dieser durch einen spaltförmmigen Zwischenraum getrennt. Die Pars intermedia ist außergewöhnlich stark entwickelt und umhüllt den Neurallappen und den ventralen Abschnitt des Proc. infundibuli. Ein schmaler Recessus hypophyseos dehnt sich vom 3. Ventrikel in den Hypophysenstiel aus und endet am Beginn des massiven Hinterlappens.

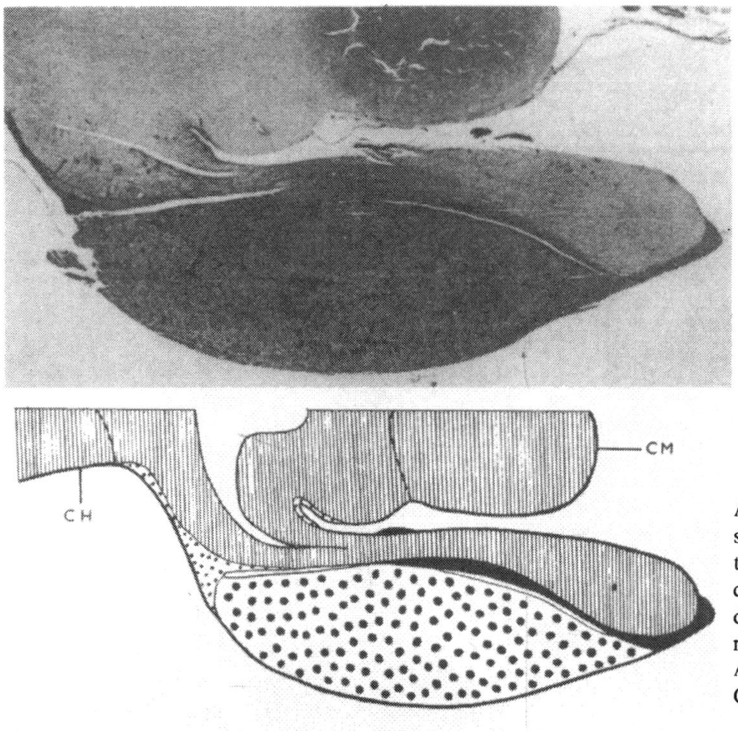

Abb. 91. *Procavia capensis.* Medianschnitt durch die Hypophyse. Hypothalamus und Neurohypophyse gestrichelt, Pars tuberalis kleine Punkte, Pars distalis, große Punkte und Pars intermedia schwarz (aus HANSTRÖM 1952). Abk.: CH = Chiasma opticum, CM = Corpus mammillare.

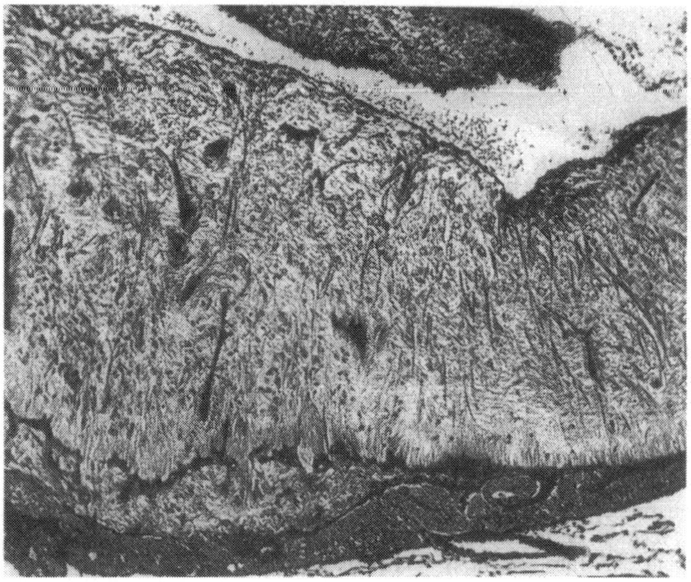

Abb. 92. *Procavia capensis.* Medianschnitt durch die Eminentia mediana. Die innere Schicht (oberes Drittel) geht ohne Grenzschicht in die äußere Schicht über. Die dunkle, untere Schicht ist die Pars tuberalis (aus Hanström 1952).

An der Neurohypophyse fällt die sehr komplizierte Struktur der Eminentia mediana auf (Abb. 92), die jedoch keine Pars oralis tuberis besitzt. Nach HANSTRÖM (1953) hat die histologische Evolution der Eminentia mediana bei Hyracoiden sowie einigen wenigen Artiodactylen und Primaten insofern ein Endstadium erreicht, als dieses Organ nun weitgehend dem Proc. infundibuli anderer Eutheria gleicht. Die äußere Drüsenschicht ist reduziert, doch dafür haben sich perivaskuläre Schichten um die einwärts verlängerten Blutgefäße herum gebildet. Die Grenzschicht zwischen innerer und äußerer Schicht der Eminentia mediana ist aufgelöst. HANSTRÖM (1952) verglich die Hypophyse von Elefanten, Seekühen und Schliefern und stellte keine Übereinstimmungen fest.

6.12. Geschlechtsorgane

6.12.1. Anatomie der weiblichen Geschlechtsorgane

Die Anatomie der weiblichen Geschlechtsorgane ist von BRANDT (1869), THURSBY-PELHAM (1924), WISLOCKI & WESTHUYSEN (1940), O'DONOGHUE (1963), KAYANJA & SALE (1973, 1976) untersucht worden.

Die äußere Geschlechtsöffnung und der After sind von einem gemeinsamen Hautwall umgeben, doch die beiden Öffnungen sind durch eine ansehnliche Querfalte voneinander getrennt. BRANDT (1869) beschreibt an der Clitoris eine Falte, ein „Frenulum?" (vgl. Penisanatomie). Die Hyracoiden haben einen stark muskularisierten Uterus bicornis mit auffallend langem Corpus uteri, das etwa dieselbe Länge wie das Cornu uterinum hat. Die Cornua uteri setzen sich ohne deutlich markierten Übergang in die Tuba uterina fort, die sowohl gerade (O'DONOGHUE 1963) als auch stark gewunden (THURSBY-PELHAM 1924) sein kann. Die Uterushörner und die Tuba uterina besitzen viele Drüsen. Nidation und Placentabildung erfolgen vorwiegend in den Cornua uteri, seltener und nur bei großen Würfen zusätzlich im Corpus uteri. Nur ein einziges Mal wurde der Fall einer exklusiven Lage im Corpus uteri erwähnt (WISLOCKI & WESTHUYSEN 1940).

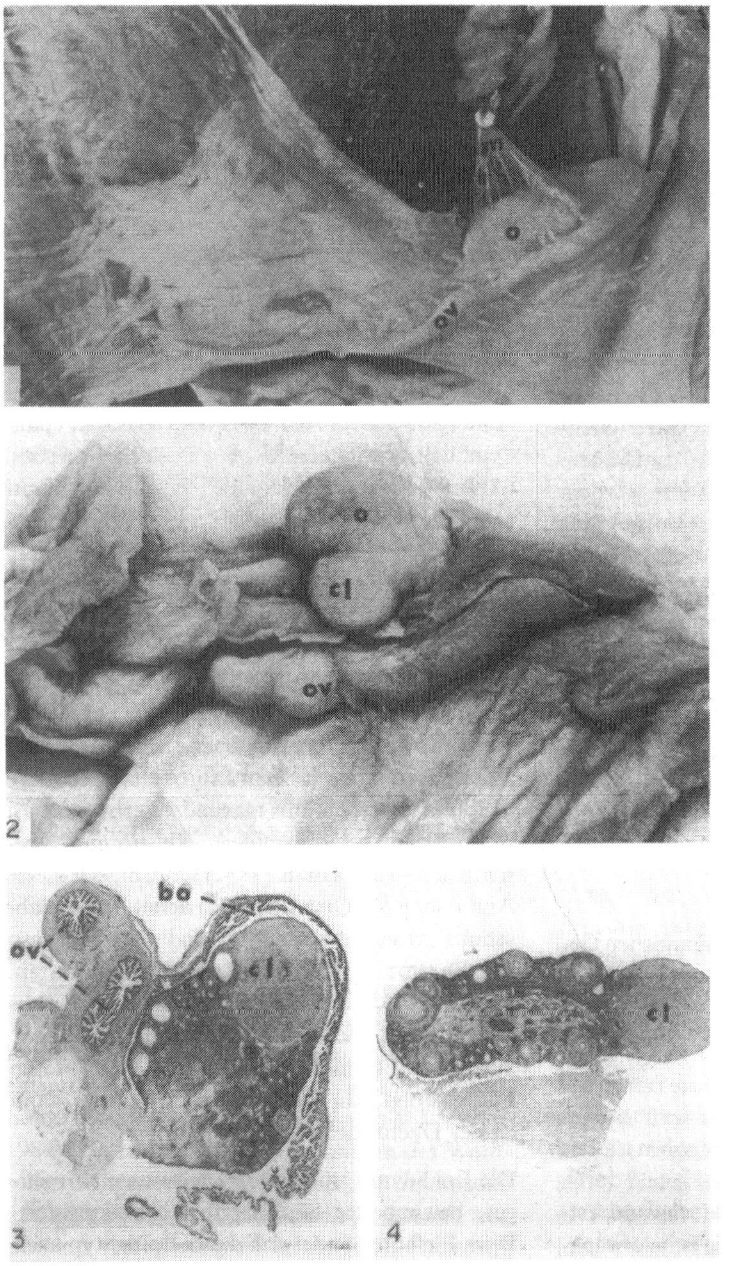

Abb. 93. *Procavia capensis.* 1) Rechtes Ovar (o) und Ovidukt (ov); bemerkenswert ist die ausgedehnte und zarte Mesosalpinx (m). 2) Rechtes Ovar mit voll entwickeltem Corpus luteum (cl). Die Mesosalpinx wurde entfernt. 3) Schnitt durch ein Ovar mit Corpus luteum. bo = Bursa ovarica. 4) Schnitt durch ein Ovar mit voll entwickeltem Corpus luteum (aus KAYANJA & SALE 1973).

Das Ovar liegt 2–3 cm caudal des Lateralrandes der Niere. Es wiegt rund 70 mg und mißt etwa 8 × 5 × 2 mm (L × B × T) (KAYANJA & SALE 1973). Es ist fast völlig von einer dünnen, transparenten Mesosalpinx überzogen, welche für jedes Ovar eine eigene Bursa bildet, die im Verhältnis zum Ovar sehr groß und nur caudomedial geöffnet ist (Abb. 93). Die Ovaroberfläche ist rauh und sieht blätterig aus (ECKSTEIN & ZUCKERMAN 1956) oder ähnelt einer Morula (WISLOCKI & WESTHUYSEN 1940), was durch Graafsche Follikel im Cortex des Ovar hervorgerufen wird. O'DONOGHUE (1963) hebt besonders die große Menge interstitiellen Gewebes in der Medulla ovarii hervor.

Oogenese, Follikelaufbau und -reifung, Histogenese und Aufbau des Corpus luteum wurden von O'DONOGHUE (1963) für *Dendrohyrax*, KAYANJA & SALE (1973) für *Procavia* und KAYANJA & SALE (1976) für *Heterohyrax* beschrieben. Dabei fällt die ungewöhnliche Hypertrophie der Theca interna auf, welche wie sekretorisches Gewebe aussieht. Die Ultrastruktur des Corpus luteum und der Luteinisierungsprozeß stimmen mit denen anderer Säugetiere überein (KAYANJA & NEAVES 1972).

Procaviidae sind monooestrisch. Der Oestrus dauert 11–16 Tage (GOMBE 1983). Das Phänomen transuteriner Migration der Eier wurde von WISLOCKI & WESTHUYSEN (1940) erstmals erkannt. Nach MILLAR (1971) ist es bei 25–72%, nach FOURIE (1983) bei 38% der untersuchten Weibchen beobachtet. Damit soll die bedeutend höhere Aktivität des linken Ovar kompensiert werden. Interessant ist die geringe Konzentration von Progesteron im Blutplasma trächtiger Weibchen, was auf die ungewöhnliche Fähigkeit der Erythrocyten zurückgeführt wird, dieses Steroidhormon metabolisieren zu können (HEAP, GOMBE & SALE 1975, MAKAWITI & GOMBE 1981). Es ist bisher nur ein Fall monozygotischer Zwillinge bekannt (SOMA, SPRAKER & BENIRSCHKE 1976).

6.12.2. Anatomie der männlichen Geschlechtsorgane

Die wichtigsten Arbeiten über die männlichen Geschlechtsorgane stammen von OUDEMANS (1892), WEBER (1898), LONSKY (1903), KAUDERN (1918) und GLOVER & SALE (1968).

Die Hoden liegen intraabdomial 1 cm vom unteren Rand der Nieren entfernt, wobei der linke Hoden immer etwas weiter caudal verschoben ist. Die beiden Hoden konvergieren distad. Sie sind durch eine straffe Peritonealfalte an der Bauchwand festgeheftet (Plica diaphragmatica), die beim erwachsenen Tier durch Fettanhäufung monströsen Umfang annehmen kann (WEBER 1898). Die Hodenkanälchen sind am Rande gewunden und gehen als Tubuli seminiferi recti ins Rete testis über (LONSKY 1903). Die Hodenarterien sind gerade, nicht gewunden, und es tritt kein Plexus pampiniformis auf (GLOVER 1973). Die A. testicularis dextra zweigt von der A. renalis oder direkt von der Aorta abdominalis ab, die A. testicularis sinistra von der A. renalis inferior. WEBER (1898) und GLOVER (1973) werten den auf kürzestem Wege zum Hoden ziehenden Verlauf der Arterien als Indiz gegen einen möglichen während der Ontogenese erfolgten Descensus testiculorum. Die Gefäßverhältnisse des Urogenitaltraktes geben hierüber keine weitere Auskunft (SWART 1970).

Die Untersuchungen von GLOVER & SALE (1968), vor allem aber von GLOVER & NICANDER (1971) und JONES & DJAKIEW (1984) brachten einen entscheidenden Fortschritt im Verständnis der Anatomie der männlichen Geschlechtsorgane der Schliefer und anderer Testiconda. Schon früheren Bearbeitern war aufgefallen, daß der „Samenleiter" nur scheinbar ein einfacher Kanal ist, es sich in Wirklichkeit aber um ein sich fortwährend schängelndes, sehr feines Kanälchen handelt (OUDEMANS 1892, DISSELHORST 1904). Histologische und funktionelle Gründe sprechen dafür, den bei testiconden Säugetieren dem Hoden unmittelbar aufliegenden Teil des Wolffschen Ganges nur dem Anfangsstück des Nebenhodens (= Caput epididymidis) scrotaler Säugetiere gleichzusetzen (Abb. 94). Der sich dem proximalen Abschnitt („initial segment") anschließende „Isthmus" (JONES & DJAKIEW 1984) oder „middle segment" (GLOVER & NICANDER 1971) geht ohne Demarkation in das terminale Segment (= Cauda epididymidis) über. Der Isthmus ist bei Schliefern sehr lang und wurde wohl auch deshalb als Samenleiter benannt. Interessanterweise hat PALLAS (1767) den auffällig stark gewundenen letzten Abschnitt als „ubi vero pone vesicam adproximati decurrere incipiunt in serpentinos maeandros crispati quasi secundariam epididymiden constituunt" beschrieben. Auch OWEN (1832) schließt sich dieser Auffassung an. GEORGE (1875) nennt den Endabschnitt „vesicules séminales" und nimmt, ebenso wie BRANDT (1869), eine Reservoirfunktion an. LONSKY (1903) kann an den Vasa deferentia eines 48 mm Feten noch kein „Receptaculum seminis" ausmachen, wohl aber beim Feten von 107 mm Länge. Folgt man der neuen Interpretation, dann ist der Ductus deferens nur sehr kurz.

Die Epididymis ist histologisch durch mehrreihiges, bewimpertes Säulenepithel charakterisiert. Beim Elefanten findet sich dieser Epitheltyp auch

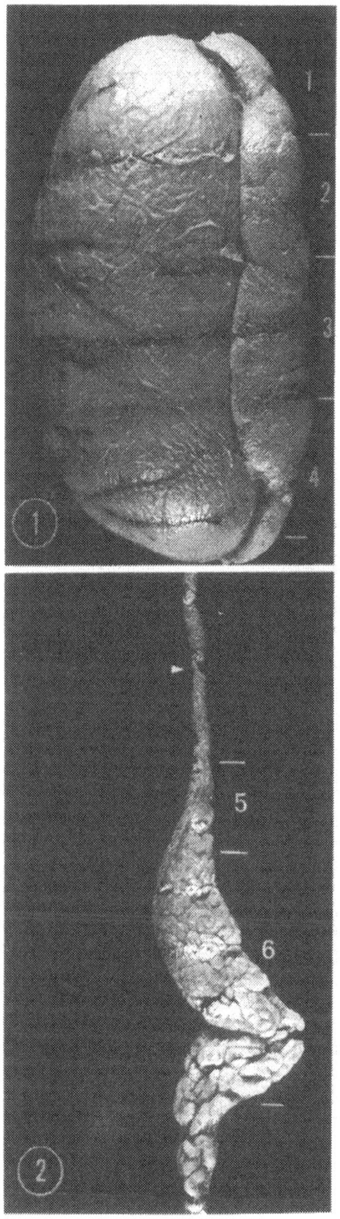

Abb. 94. *Procavia capensis.* Hoden und Epididymis während der aktiven Spermatogenese. Die Zahlen beziehen sich auf diejenigen Abschnitte der Epididymis, welche entweder histologisch oder gemäß ihrer Funktion bei der Spermareifung unterschieden werden können. Abschnitte 1–4 = Caput epididymidis. Abschnitt 4 verengt sich und führt als langer Isthmus zum Becken. Dieser Abschnitt wurde früher fälschlich als Samenleiter bezeichnet. Abschnitte 5–6 = Cauda epididymidis: hier werden die Samenzellen gespeichert (aus BEDFORD & MILLAR 1978).

im terminalen Segment, nur die Stereocilien sind kürzer. Bei *Procavia* ist dieser Abschnitt aber von einschichtigem Pflasterepithel ausgekleidet und entspricht damit nicht der histologischen Definition einer Cauda epididymidis (JONES & DJAKIEW 1984). Da in proximalen Abschnitten des Wolffschen Ganges ebenfalls bewegliche Spermatozoen zu finden sind, ist das funktionelle Argument, welches zur Veränderung der bisherigen Bezeichnung Anlaß gab, auch nur eingeschränkt gültig. Während der mindestens neunmonatigen sexuellen Ruhezeit ist die langgestreckte Epididymis vom Wolffschen Gang scrotaler Säugetiere kaum zu unterscheiden (GLOVER & SALE 1968).

In Zeiten sexueller Aktivität (siehe Kapitel Verhaltensbiologie) findet eine bis zu zwanzigfache Vergrößerung der Hoden statt (Abb. 95). Die beiden Hoden von *Procavia* wiegen während der sexuellen Ruhezeit 1,4–11,3 g (∅ 5,1 g, N = 13) und der sexuellen Aktivitätszeit 30–113 g (N = 10) (MILLAR & GLOVER 1970) (Abb. 96). FOURIE (1983) und FOURIE & PERRIN (1987) geben für die sexuell inaktive Zeit 6,2 ± 0,4 g an und für die Paarungszeit 80,7 ± 7 g (N = 75), das präpubertäre Gewicht liegt bei 4,4 ± 0,5 g (N = 30). Ähnliche Werte ermittelte auch NEAVES (1980). Die saisonale Hodenvergrößerung, die in den gemäßigten Breiten von den Tageslängen induziert zu werden scheint, ist darüber hinaus vom Ernährungszustand, dem Rang des Männchens und einem endogenen Zeitgeber abhängig. MILLAR & FAIRALL (1976) zeigten, daß überernährte Tiere ein Hodengewicht von 86,2 ± 8,2 g (N = 3) erreichen, dagegen drei unterernährte Tiere nur 48,2 ± 5,2 g. Nach ihrer Ansicht beeinflußt der Ernährungszustand indirekt, d. h. auf hormonellem Wege, die Hodengröße. Die Körpergröße hat Einfluß auf die Hodenvergrößerung und damit meist auch auf den Rang (VAN DER MERWE & SKINNER 1982). Von 67 Männchen, die über 3 kg wogen, zeigte nur ein Männchen keine signifikante Hodenvergrößerung, wohingegen 71,4 % der 2,3–2,9 kg schweren Männchen Hoden von weniger als 30 % der Maximalgröße hatten. MILLAR & GLOVER (1973) hielten zwei Tiere im Dauerlicht und drei im Dauerdunkel. Bei allen fünf Männchen vergrößerte sich der Hoden zur selben Zeit wie bei den vier Kontrolltieren, was ein Hinweis auf eine endogene Steuerung ist. Auch die asynchronen Reproduktionszyklen benachbarter Kolonien im Rift Valley (Kenia) weisen auf einen starken inneren Zeitgeber hin (NEAVES 1980).

Die Hodenvergrößerung bei den Männchen von *Heterohyrax* fällt nicht so drastisch aus wie bei *Procavia*. Eine 14-monatige Beobachtung von 43 Tieren ergab auch in Äquatornähe, d. h. bei gleichen Tageslängen, einen einjährigen Zyklus. Die Hoden vergrößern sich von 2,53 ± 0,48 g auf 9,48 ± 0,45 g (NEAVES 1979). Welchen selektiven Vorteil hat nun die jährlich zehnmonatige Inaktivität der Hoden? Nach NEAVES (1979) lassen zytologische Veränderungen an den Leydigschen Zellen, d. h. eine Volumenzunahme um das Doppelte als Folge der Proliferation von glattem endoplasmatischem Reticulum im peripheren Zytoplasma

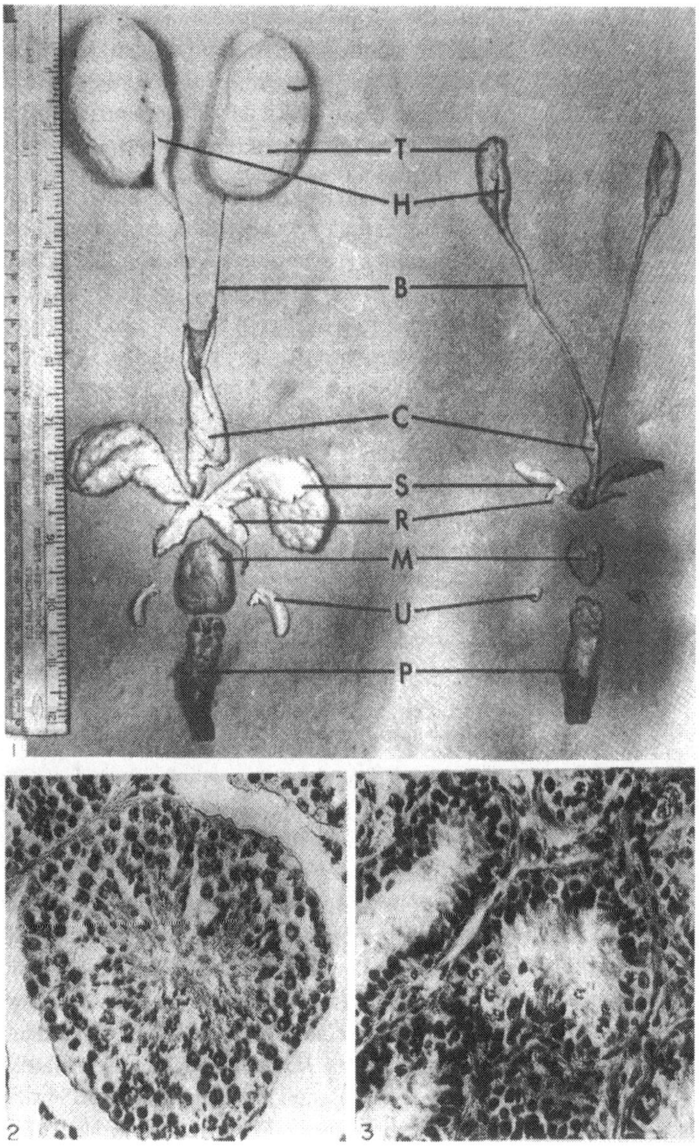

Abb. 95. *Procavia capensis.* 1) Männliche Geschlechtsorgane eines sexuell aktiven und eines sexuell inaktiven Männchens. Der Hoden vergrößert sich während der sexuellen Aktivität bis zum zwanzigfachen seines Gewichtes. 2) Schnitt durch den Hoden eines sexuell aktiven Männchens, HE-Färbung, × 350 3) Histologie des Hodens eines Männchens in sexueller Ruhe, HE-Färbung, × 350 (aus MILLAR & GLOVER 1970). Abk.: T = Testis, H = Caput epididymidis, B = Corpus epididymidis oder Isthmus, C = Cauda epididymidis, S = Glandula vesicularis, R = Prostata, M = Penismuskeln, U = Glandula Cowperi, P = Penis.

Time of year	*Wt of testes (g)*			*Combined wt of seminal vesicles and prostates (g)*			*Wt of bulbo-urethrals (g)*			*Total no. of sperm. in sperm store* ($\times 10^9$)		
	Mean	*Range*	*No. of animals*	*Mean*	*Range*	*No. of animals*	*Mean*	*Range*	*No. of animals*	*Mean*	*Range*	*No. of animals*
May to January	5·1	1·4 to 11·3	61	2·3	0·5 to 6·6	52	0·48	0·12 to 0·91	50	0·013	0·000 to 0·075	13
February and March	69·1	30·0 to 113·8	16	10·0	2·7 to 34·6	14	0·99	0·38 to 1·49	13	7·85	2·03 to 24·15	10

Abb. 96. *Procavia capensis.* Durchschnittsgewicht der Hoden und Geschlechtsdrüsen sowie die durchschnittliche Zahl der Spermatozoen während der Zeit sexueller Ruhe (Mai–Januar) und sexueller Aktivität (Februar–März) (aus MILLAR & GLOVER 1970).

bei gleichzeitiger Abnahme von „lipid droplets", auf eine erhöhte Produktion von Androgenen schließen. Dies führt zu gesteigerter bis zerstörerischer intraspezifischer Aggression und Intoleranz bei sexuell aktiven Männchen. Das Überleben in Agglomerationen stünde bei dauernder sexueller Aktivität auf dem Spiel. Man könnte aber auch vermuten, der hohe Androgenspiegel und die erhöhte Aggression seien nur die notwendige Anpassung einer auf wenige Wochen begrenzten Paarungszeit.

6.12.2.1 Spermatogenese

Die Spermatogenese aller 3 Gattungen der Procaviidae ist bekannt (TUZET, VOGELI & MANIER 1957, GLOVER & SALE 1968, NEAVES 1979). Die Behauptung von TUZET, VOGELI & MANIER (1957), *Dendrohyrax dorsalis* habe eine von anderen Säugetieren abweichende Spermatogenese, beruht vermutlich auf der Wahl eines zu jungen, präpubertären Versuchtieres. Das von ihnen beobachtete Fehlen von Sertoli-Zellen steht im Widerspruch bspw. zu den Befunden von MILLAR & GLOVER (1973). Auch GLOVER & SALE (1968) halten das von TUZET, VOGELI & MANIER (1957) untersuchte Tier für sexuell inaktiv oder die Spermatozoen für abnorm. Nach ihren lichtmikroskopischen Studien sind die Spermatozoen säugertypisch, allerdings besitzen sie einen ziemlich kleinen Kopf.

Während der Paarungszeit verändert sich infolge erhöhter Spermatozoenproduktion auch der Durchmesser und das Volumen der Samenkanälchen. Bei *Procavia* vergrößert sich der Durchmesser von 111 auf 382 μm (MILLAR & GLOVER 1970) und bei *Heterohyrax* von 133 ± 14 μm auf 214 ± 3 μm (NEAVES 1979). Die von NEAVES errechnete Gesamtlänge aller Samenkanälchen während der Paarungszeit beträgt 258 m gegenüber 129 m in Ruhe.

Der Anfangs- und Mittelabschnitt der Epididymis ist der Ort der Spermatozoenreifung, der Endabschnitt dient als Spermienspeicher (GLOVER & NICANDER 1971). Es gibt keinen Unterschied zwischen testiconden und scrotalen Säugetieren im Erwerb der Motilität der Spermatozoen und in der Wanderung des „cytoplasmic droplet" von der Hals- in die Körperregion des Spermatozoon (GLOVER 1973). BEDFORD & MILLAR (1978) präzisieren den Vorgang der posttesticulären Reifung bei *Procavia*. Sie unterteilen die Epididymis in 6 funktionell verschiedene Segmente und untersuchen zumindest 3 Tiere/Segment (Abb. 94). Während im Segment 1 keine oder unter 10 % Motilität beobachtet wird und im Segment 2 nur wenige Spermien die Fähigkeit zu langsamen Bewegungen erworben haben, können sich im Segment 3 schon 20–50 % der Spermien schnell fortbewegen, in den Segmenten 4–6 sind 90 % optimal motil. Die Motilität kann auch bei längerem Verbleib der Spermien in den proximaleren Segmenten eintreten. In der Cauda epididymidis gespeicherte Spermien können 5–6 Wochen intakt bleiben. Die intraabdominale Speicherung bei Körpertemperatur widerspricht der häufig zu findenden Annahme, die Notwendigkeit, Spermien „kühler" zu lagern, hätte zur Entwicklung des Scrotum geführt.

Veränderungen an den Spermien von *Procavia* betreffen außer der erwähnten, üblichen Migration des „cytoplasmic droplets" den Verlust einer in den Segmenten 1 und 2 noch zu beobachtenden „rostralen Zunge" am Apex.

6.12.2.2. Akzessorische Geschlechtsdrüsen

Glandula vesicularis

Die Glandulae vesiculares sind von PALLAS (1767) bis GLOVER & SALE (1968) immer richtig erkannt worden, nur GEORGE (1875) hielt sie für die Prostata. An der Wandung der vielästigen Vesikeldrü-

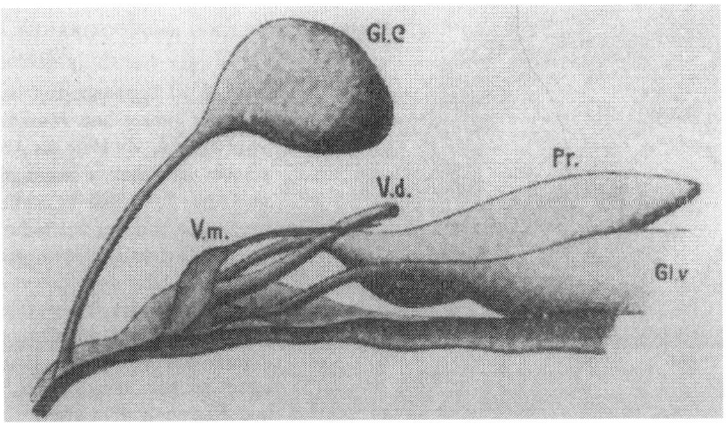

Abb. 97. *Procavia capensis syriaca*. Längsschnitt durch den Beckenabschnitt des Urogenitalkanals mit akzessorischen Geschlechtsdrüsen (aus KAUDERN 1918). Abk.: Gl.C = Glandula COWPERI, Gl. v. = Glandula vesicularis, Pr. = Prostata, V.d. = Vas deferens, V.m. = Vagina masculina.

se finden sich tubulöse Drüsen mit beidseitigen Ausführgängen. Diese vereinigen sich, bevor sie, getrennt von den Vasa deferentia, in die Harnröhre münden (Owen 1832, Lonsky 1903) (Abb. 97). Bei den zwei von Lonsky (1903) untersuchten Feten münden die Ausführgänge in die Samenleiter. Ebensolche Verhältnisse werden auch von Kaudern (1918) bei einem jungen Tier beschrieben.

Prostata

Die Prostata der Schliefer ist durch eine Bindegewebsschicht mit der Glandula vesicularis innig verbunden (Owen 1832, Oudemans 1892, Lonsky 1903, Kaudern 1918) (Abb. 97). Nach Durchtrennung der umhüllenden Membran ist sie jedoch „einem Zweige ähnlich, an dem die Blätter ohne bestimmte Anordnung auf kurzen Stielen sitzen“ (Lonsky 1903). Auch diese Geschlechtsdrüse ist tubulös, und ihre Ausmündung erfolgt unabhängig vom Vas deferens und der Glandula vesicularis (Kaudern 1918). Ohne Bezugnahme auf einen der genannten Autoren gehen Glover & Sale (1968) davon aus, daß das prostatische Gewebe nicht als diskrete Drüse, sondern verteilt an der Wand der Urethra aufträte. Millar & Glover (1970) bilden ebenfalls eine Prostata ab, schränken aber ein, sie käme nur beim südafrikanischen Klippschliefer vor, was nicht zutrifft.

Glandulae Cowperi

Die Cowperschen Drüsen sind wohl entwickelt und von einer dicken Muskelschicht umhüllt (Abb. 97). Sie liegen innerhalb des Crus penis und münden schon in den penialen Abschnitt der Urethra (Kaudern 1918) oder direkt in den mächtigen Bulbus des Urogenitalkanals (Oude-

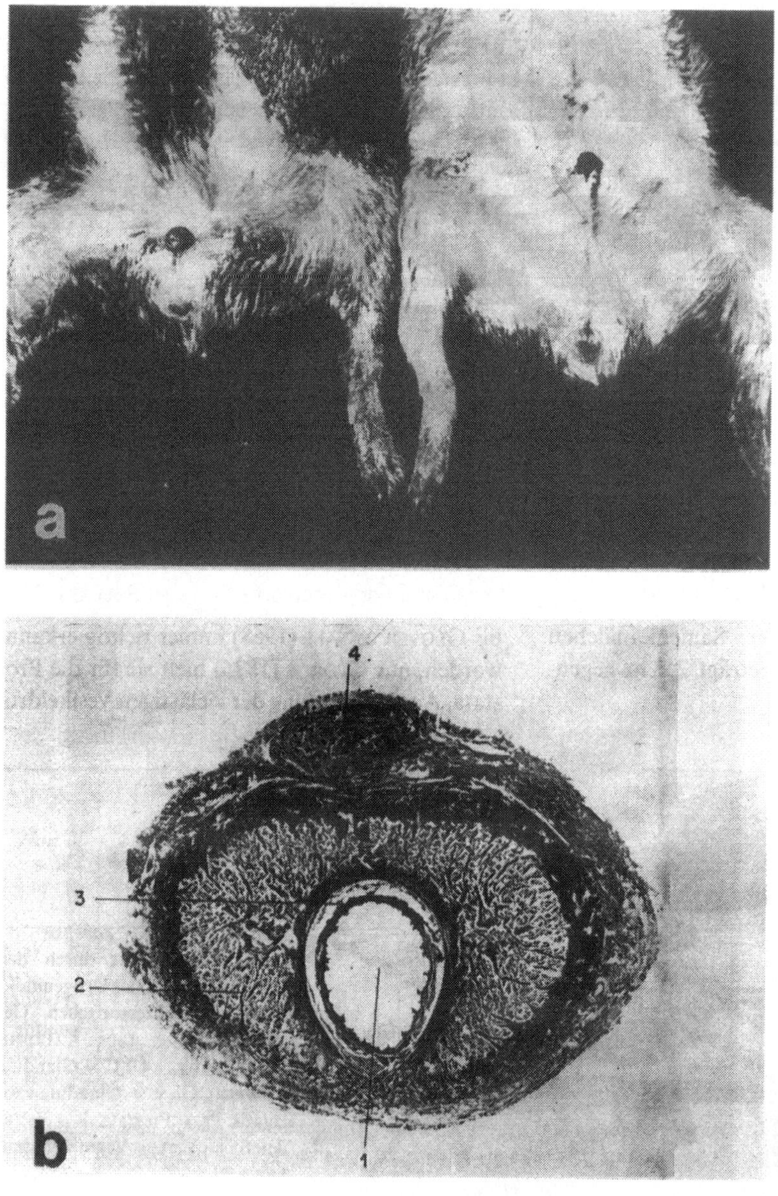

Abb. 98. a) Inguinalregion von *Procavia* (links) und *Heterohyrax* (rechts). Mit Hilfe des Abstandes zwischen Praeputium und Anus lassen sich die beiden Gattungen eindeutig unterscheiden. b) Querschnitt durch den Penis von *Procavia capensis*. Abk.: 1 = Urethra, 2 = Corpus cavernosum penis, 3 = Corpus cavernosum urethrae, 4 = Endsehne der Mm. levatores penis (aus Glover & Sale 1968).

MANS 1892). Ähnliches Gewebe wie bei den Cowperschen Drüsen findet sich noch in der Urethra im Bereich des Crus penis. Die akzessorischen Geschlechtsdrüsen sind ebenso wie die Hoden während der Paarungszeit vergrößert. Die Glandulae vesiculares + Prostata von *Procavia capensis* nehmen von 2,3 g (Streuung 0,5–6,6 g, N = 52) auf 10 g (2,7–34,6 g, N = 14) zu, die Cowperschen Drüsen von 0,48 g (0,12–0,91 g, N = 50) auf 0,99 g (0,38–1,49 g, N = 13) (MILLAR & GLOVER 1970). NEAVES (1979) gibt für *Heterohyrax* eine Gewichtszunahme der Vesikeldrüse von 2,21 ± 0,62 g auf 7,92 ± 1,4 g an.

Penis

Die Lage des Penis, vor allem die Anus-Praeputium-Distanz, ist von systematischer Bedeutung, da sie die Unterscheidung von *Heterohyrax* und *Procavia* erlaubt (COETZEE 1966, HOECK 1978) (Abb. 98). Das Praeputium ragt als kleiner Kegel hervor. Die Maße der beiden Autoren, genommen an Tieren aus dem südlichen Afrika und Ostafrika, weichen geringfügig voneinander ab. Der Abstand beträgt bei *Heterohyrax* 64,5 mm (Streuung 53–80 mm, N = 9) (COETZEE 1966) bzw. 80 mm (Standardabweichung 0,81, N = 31) (HOECK 1978). Bei *Procavia capensis* liegt die Praeputialöffnung unmittelbar rostral vom Anus, die durchschnittliche Entfernung beträgt 22,3 mm (15–32 mm, N = 10) (COETZEE 1966). *Procavia capensis johnstoni* liegt etwas oberhalb dieses Wertes mit durchschnittlich 35 mm (SD 0,91, N = 41) (HOECK 1978). HOECK untersuchte auch 2 Exemplare von *Dendrohyrax arboreus*, bei denen der Anus-Praeputium-Abstand noch geringer ist (17 mm) und ein Exemplar von *Dendrohyrax validus* (25 mm). Die Werte für die Baumschliefer liegen in der von COETZEE (1966) angegebenen Streuung von *Procavia capensis*.

Der Penis der Procaviiden gehört zum vaskulären Typ, d.h. die Erektion erfolgt durch vaskuläre Füllung des cavernösen Gewebes. Das Urinablassen geschieht in retromingenter Stellung. Es tritt weder ein Os penis noch ein Septum penis auf (GERHARDT 1909), doch das Corpus fibrosum ist proximal durch ein Septum getrennt (LONSKY 1903, KAUDERN 1918). Das Corpus cavernosum penis ist stark, das Corpus cavernosum urethrae schwach entwickelt (GLOVER & SALE 1968). Die Peniswurzel ist auffallend muskularisiert. Die Mm. levatores penis (M. ischiocavernosus GLOVER & SALE 1968) besitzen eine gemeinsame Endsehne, die den Peniskörper durchläuft und nahe der Glans penis inseriert. Vermutlich dient sie dazu, die Rute aus der retromingenten Stellung zu ziehen. Es tritt kein Eichelhals und keine Eichelkrone auf. Nach HOECK (1978) ist der Penis der 3 Gattungen der Procaviidae unterschiedlich gebaut, ein Proc. urethralis (GERHARDT 1933) scheint nur bei *Heterohyrax* aufzutreten (Abb. 99).

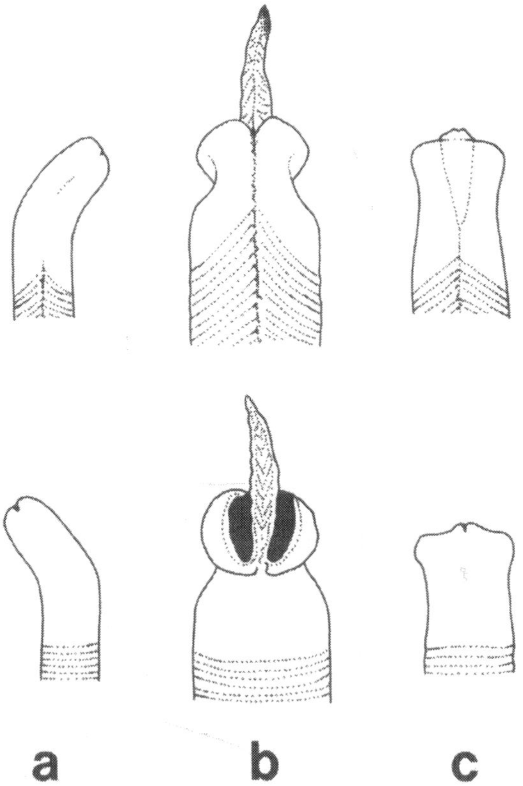

Abb. 99. Äußere Anatomie des Penis von *Dendrohyrax arboreus* (a), *Heterohyrax brucei* (b) und *Procavia capensis* (c). Obere Reihe: Ventralansicht, untere Reihe: Dorsalansicht. Bei *Heterohyrax* tritt ein Frenulum oder Proc. urethralis auf (nach HOECK 1978, Carnegie Museum of Natural History, Pittsburgh, Penn., USA).

7. Implantation, fetale Membranen und Placentation

Die erste Beschreibung der gürtelförmigen Placenta der Procaviidae (Abb. 100, 101) findet sich bei HOLME (1828, zit. in GEORGE 1875). MILNE EDWARDS (1844), GEORGE (1875), TURNER (1875) und ASSHETON (1905, 1906) haben jeweils einzelne und mit Ausnahme von ASSHETON fortgeschrittene Reifestadien der Placenta untersucht. THURSBY-PELHAM (1924) hat erstmals die Histologie der Placenta in ihre Erhebung mit einbezogen und gibt eine detaillierte Darstellung, beginnend mit einem Stadium, in welchem die Schwellung im Uterus 8 mm maß. WISLOCKI (1928, 1930) und WISLOCKI & WESTHUYSEN (1940) vervollständigen die Angaben über die mittel- und spätfetale Placentation, aber erst STURGESS (1948) hat die für das Verständnis der Placentation notwendige Studie über Implantation und frühe Placentabildung vorgelegt. Hierfür untersuchte sie 400 Uteri, das früheste Embryonalstadium war eine Morula (112 Zellen), die noch von einer dicken Zona pellucida umhüllt und frei im Uteruslumen aufzufinden war.

7.1. Implantation

Die Implantation der ca. 0,5 mm großen Blastocyste erfolgt zentral, aber nicht superfiziell, denn schon im frühen Blastocystenstadium verfügt die gesamte Trophoblastenoberfläche über histolytische Eigenschaften, maternes Gewebe zerstören und resorbieren zu können. Der Trophoblast ist ausgesprochen invasiv und dringt tief in die Uterusschleimhaut ein. Dabei wird der Embryoblast dauernd vom Trophoblasten umhüllt, so daß das embryonale Ektoderm nie an der Oberfläche exponiert ist. Die Orientierung der Keimscheibe in bezug auf den Uterus ist nicht festgelegt. Sie kann mesometral, antimesometral oder lateral sein.

7.2. Amniogenese

Die Amnionhöhle bildet sich innerhalb des Embryonalknotens, immer umgeben vom Ektoblasten. Die Höhle entsteht durch Zusammenfließen

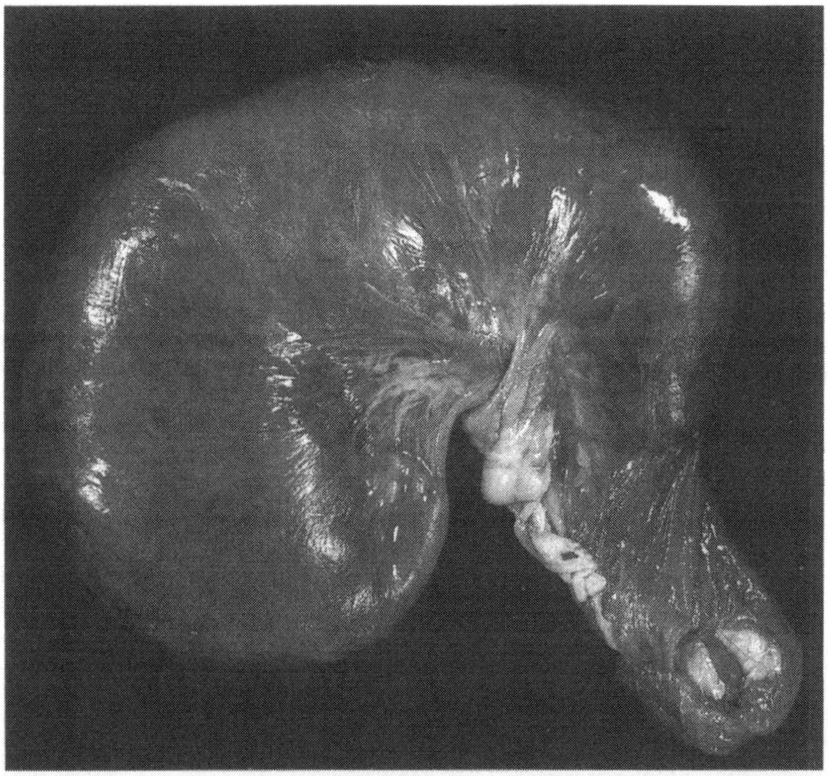

Abb. 100. *Dendrohyrax arboreus*. Ein geburtsreifer Fetus von den fetalen Membranen umhüllt.

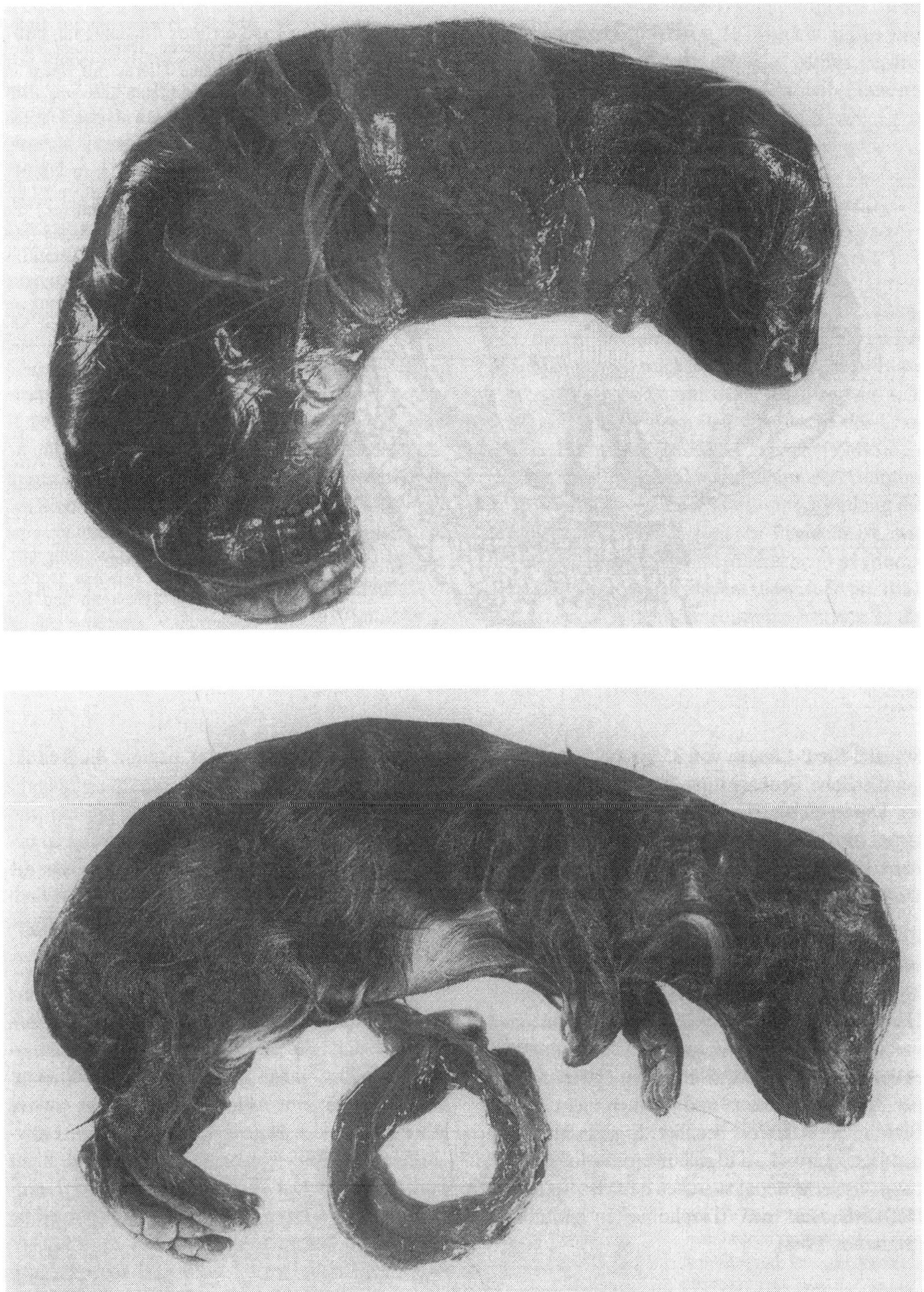

Abb. 101. *Dendrohyrax arboreus*. Demonstration der Placenta zonaria in situ und nach ihrer Abnahme. Die fetalen Membranen wurden zuvor entfernt.

der zwischen den Ektodermschichten entstandenen Spalträume in der für ein Spaltamnion charakteristischen Weise. Die Interzellularlücken scheinen durch Sekretion zu entstehen. Die primäre Amnionhöhle ist vom Trophoblasten durch Ektoderm und extraembryonales Mesoderm getrennt (Abb. 102). Die genaue Bildung des Dottersackes ist unbekannt, da schon im frühesten von STURGESS (1948) untersuchten Stadium das Dottersackentoderm eine kontinuierliche Schicht bildete. Der Dottersack erreicht voluminöse Ausmaße. BROMAN (1929) machte an mehreren Feten mit

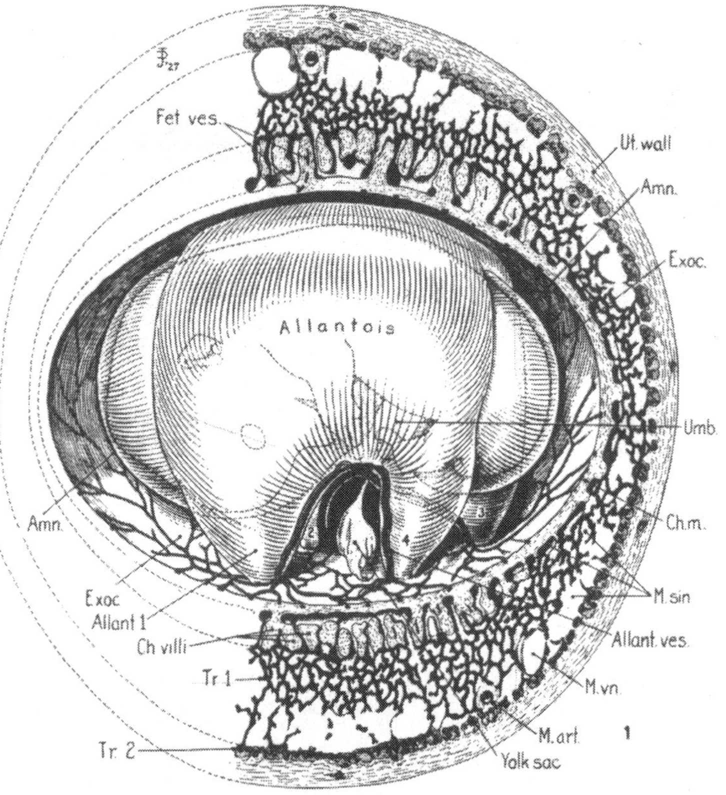

Abb. 102. *Procavia capensis.* Halbschematische Darstellung eines geöffneten Uterus mit einem in die fetalen Membranen eingehüllten Fetus in situ (21 mm Scheitel-Steiß-Länge). Die Allantoisaussackungen (Allant. 1, 2, 3, 4) berühren das Chorion dort, wo die Allantoisgefäße (Allant.ves.) die Chorionwand durchdringen (aus WISLOCKI 1930). Abk.: Amn. = Amnion, Ch.m. = Chorionmesoderm, Ch.villi = Chorionmesodermvilli, die in den inneren Abschnitt des Trophoblasten eindringen und materne Lakunen einschließen, Exoc = extraembryonales Mesoderm, Fet.ves. = fetale Gefäße im Stroma des Chorion, M.art = materne Arterie, M.sin = materne Sinusoide, M.vn = materne Vene, Trl = trophoblastisches Syncytium von maternen Sinusoiden umgeben, Tr2 = Grenze zwischen trophoblastischem Syncytium und Endometrium, Ut.wall = Uteruswand, Yolk sac = Dottersack.

Scheitel-Steiß-Längen von 35 bis 100 mm die ungewöhnliche Beobachtung eines intraabdominalen Dottersackes, der spätestens bei einer Fetallänge von 12 cm resorbiert wird. Das Ileum steht dabei über einen offenen Dotterstiel in Verbindung mit dem Dottersack.

Eine Besonderheit der Procaviiden ist das außerordentlich frühe Auftreten extraembryonalen Mesoderms im sonst ektodermalen, „echten" Haftstiel. Ungewöhnlich ist auch das Auftreten von Amnionmesenchym vor dem Chorionmesenchym (STURGESS 1948). Der Haftstiel wird zu keiner Zeit vaskularisiert und ist auch nicht an der Bildung der Allantois beteiligt. Er geht frühzeitig dadurch zugrunde, daß sich in eigenartiger Weise coaguliertes Material zwischen das Mesoderm des Haftstiels und den Trophoblasten einschiebt (STURGESS 1948).

7.3. Placentation

Schliefer sind, wie man mittlerweile weiß, monooestrisch und nicht polyoestrisch wie z. B. noch STURGESS (1948) annahm. Praeimplantiv verändern sich vor allem die Drüsen im Uterus, die ihre höchste Entwicklung dann haben, wenn die Morula noch frei im Uteruslumen ist. Sobald sich aber die Blastocyste anheftet, beginnt die Reduktion der Drüsen in Zahl und Größe. Sie sind inaktiv gegenüber dem invasiven Trophoblasten und scheinen sich nicht an der Placentabildung zu beteiligen. Dies ist insofern ungewöhnlich, als die Drüsentätigkeit sonst als integraler Bestandteil der Versorgung und selbst der Placentation angesehen wird.

Nach der Implantation wird das Uterusepithel durch Proliferationsaktivität des Trophoblasten zerstört und ein trophoblastisches Lakunensystem gebildet, lange bevor das Chorionmesenchym oder gar eine Allantois auftritt. Die erosive Wirkung bei der Bildung des placentalen Labyrinths geht vom Cytotrophoblasten und nicht vom Syncytiotrophoblasten aus. Bei der Lakunenbildung werden die maternen Blutgefäße von trophoblastischen Papillen „angebohrt" (Abb. 102). Die fetale, lakunäre Ektoplacenta wird so zum sanguimaternen System. Die Placenta der Procaviiden kann somit als Placenta haemochorialis labyrinthiformis klassifiziert werden.

Die allmähliche Beschränkung der Blutversorgung auf die äquatoriale Region ist zuerst zu erkennen. Vom stark vaskularisierten Endometrium werden zwar zunächst die polaren Regionen stärker versorgt, ab dem 27-Somiten-Stadium konzentrieren sich jedoch die maternen Arterien auf den mittleren Bereich der Uterusanschwellung

(ASSHETON 1906, STURGESS 1948). Die Differenzierung der Placenta zonaria der Procaviiden aus einer Placenta diffusa oder circumferentia beginnt mit der Lokalisation von Riesenzellen im äquatorialen Bereich. Die Herkunft dieser meist multinucleären Zellen ist umstritten. Nach WISLOCKI (1930) und STURGESS (1948) sind sie materner, nach THURSBY-PELHAM (1924) und WISLOCKI & WESTHUYSEN (1940) aber trophoblastischer (deciduater) Herkunft. Die definitive, gürtelförmige Placenta entsteht als Folge der Reduktion des Trophoblasten an den Polen (Abb. 101). Bei einer Uterusanschwellung von 24 mm Länge treten Chorionallantoiszotten über die gesamte Oberfläche der Blastocyte auf, nicht jedoch an den Polen. Bei einer embryonalen Scheitel-Steiß-Länge von 50 mm beschränkt sich die trophoblastische Proliferation auf den äquatorialen Gürtel, der bei dieser Fetallänge 12 mm breit ist (WISLOCKI & WESTHUYSEN 1940). Die maximale Breite der gürtelförmigen Placenta beträgt 25 mm. Der histologische Aufbau der Placenta zonaria wird von THURSBY-PELHAM (1924), WISLOCKI (1928, 1930) und WISLOCKI & WESTHUYSEN (1940) beschrieben. Die Placenta der Procaviidae ist somit entgegen früheren Annahmen (GEORGE 1875) nicht diffus und non-deciduat, sondern zunächst diffus, später gürtelförmig, immer jedoch deciduat (TURNER 1875, ASSHETON 1905).

7.4. Allantois

Besondere Aufmerksamkeit gebührt der Allantois, die im 48-Somiten-Stadium erstmals zu beobachten ist. Sie wächst zunächst als kleine Blase aus, vergrößert sich sehr rasch und vereinigt sich praktisch mit der gesamten Oberfläche des Chorionmesenchyms. THURSBY-PELHAM (1924) überlegt, ob nicht eine lokale Verdickung der Allantois im mittleren Bereich der Uterusanschwellung die Vorläuferstruktur der zonaren Placenta ist, wie überhaupt die Allantois vorübergehend das dominierende Element der Placentation ist (Abb. 103). Ausgehend von dem gemeinsamen Antrum ist die Allantois in vier großräumige Kammern unter-

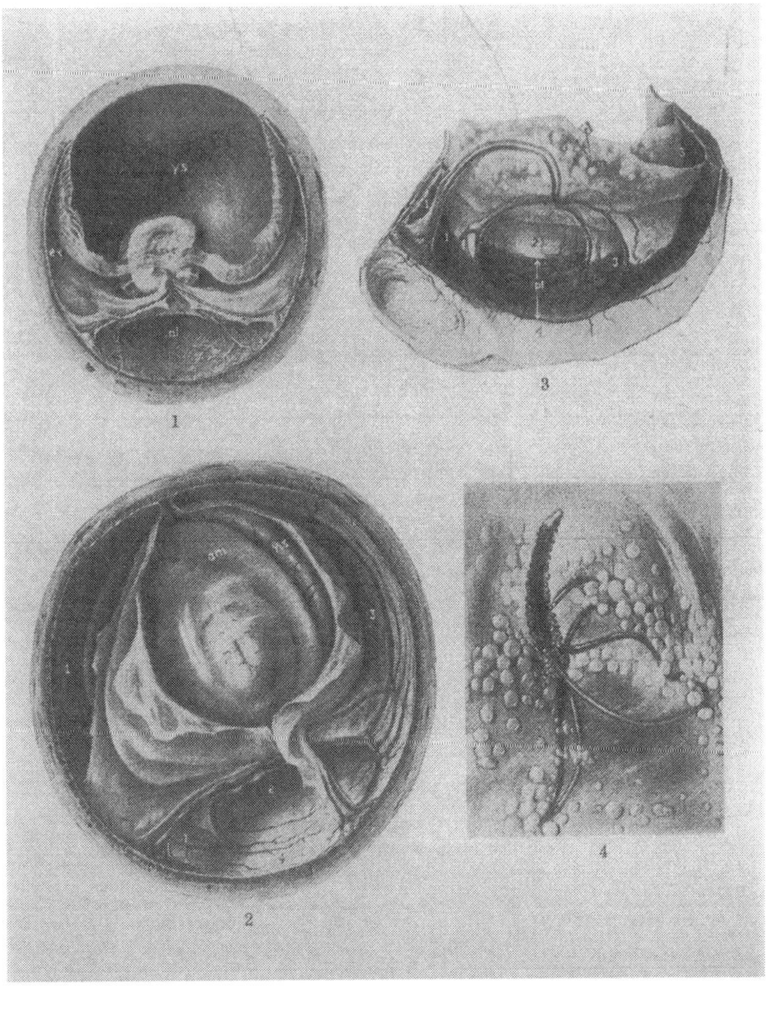

Abb. 103. *Procavia capensis*. 1) Ansicht der eröffneten Blastocyste, die Uterusschwellung mißt 18 mm, der Embryo ist im Stadium der Extremitätenknospung. 2) Sektion der Fetalmembranen eines älteren Entwicklungsstadiums (SSL = 16 mm). Die quadrilobuläre Allantois (1, 2, 3, 4) hat sich gebildet. 3) Die Placenta und Fetalmembranen in voll ausgebildetem Zustand. Die gürtelförmige Placenta (pl) und der Anheftungsmodus der Allantois an das Chorion sind zu erkennen. (Fetus mit SSL = 50 mm). 4) Nabelstrang und umgebendes Amnion, Ausschnittszeichnung aus Abb. 103,3 zur Demonstration der Caruncula (aus WISLOCKI & WESTHUYSEN, 1940). Abk.: al = Allantois, am = Amnion, ex = Exocoelom, pl = Placenta, um = Nabelstrang, ys = Dottersack.

gliedert. Diese Aussackungen sind eine Folge der Verzweigung der Nabelschnurarterie in vier Umbilikalarterien, welche unabhängig voneinander in Kontakt mit dem Chorion gelangen (Abb. 102, 103). Der Allantoissack ist in späteren Stadien mit Hilfe der vier Allantoisgefäßpaare an der Placenta verankert. Die quadrilobuläre Allantois dehnt sich allmählich auf Kosten des Dottersackes aus, welcher die Beziehung zum Chorion verliert. Die Allantoisaussackungen sind schließlich so groß, daß sie das Amnion vollständig umgeben (WISLOCKI & WESTHUYSEN 1940) (Abb. 101). Während des embryonalen Längenwachstums werden die cranialen und caudalen Aussackungen größer als die lateralen.

7.5. Phylogenetische Bedeutung der Placenta

Traditionell spielt die Placenta eine besondere Rolle in der Systematik, was jedoch kritisch überdacht werden sollte (FRECHKOP 1941, STARCK 1975). Wie STURGESS (1948) und PERRY (1974) feststellten, haben vor allem die Untersuchungen der frühen Placentation deutliche Unterschiede zwischen Elefanten und Schliefern gezeigt, welche die häufig geäußerte Ansicht, die gürtelförmige Placenta sei ein wichtiges Merkmal der Paenungulaten, ins Wanken bringt. Auch entspricht die Placenta des Elefanten nicht dem haemochorialen, sondern dem endotheliochorialen Typus (n. GROSSER) (AMOROSO & PERRY 1964). Eine quadrilobuläre Allantois tritt außer bei den Procaviiden nur bei Loxodonta, Manatus, Orycteropus und bei Lemuren auf. Insgesamt unterstreicht die Placentation wohl eher die Eigenständigkeit der Hyracoidea im System der Eutheria.

8. Karyotyp

Die diploide Chromosomenzahl von *Procavia capensis* beträgt 2n = 54 (HUNGERFORD & SNYDER 1969). Davon lassen sich 21 Paare einer kontinuierlichen Serie von akrozentrischen Autosomen zuordnen, des weiteren treten 2 Paare relativ großer, submetazentrischer Autosomen und 3 Paare kleiner Autosomen mit annähernd mittelständigen Centromeren auf (Abb. 104). Das x-Chromosom ist das größte Chromosom und submetazentrisch, das y-Chromosom dagegen ist sehr klein und akrozentrisch. Die x-Chromosomen sollen nicht näher beschriebene Ähnlichkeiten mit denjenigen der Elefanten zeigen (HUNGERFORD & SNYDER 1969).

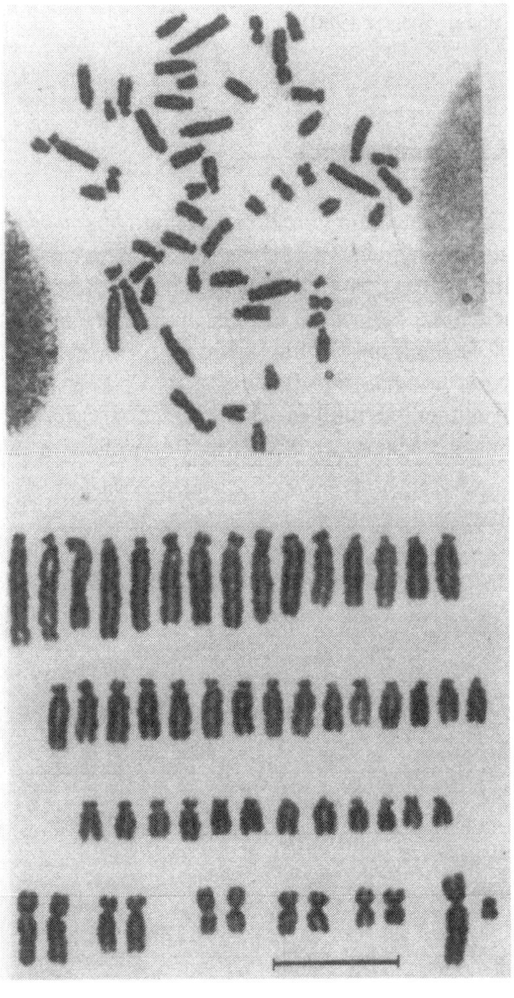

Abb. 104. *Procavia capensis*. Chromosomen eines männlichen Tieres (2n = 54). Oben: Metaphase, unten: Karyotypanalyse. X- und Y-Chromosomen sind in der rechten unteren Ecke zu finden. Maßstab = 10 qm (aus HUNGERFORD & SNYDER 1969).

9. Verhaltensbiologie von Procavia, Heterohyrax und Dendrohyrax

1964 erschien im Handbuch der Zoologie „Das Verhalten der Klippschliefer“ von Urs RAHM. Der Beitrag stützte sich auf etwa 30 Publikationen, meist zufällige Beobachtungen im Freiland und an Tieren in Gefangenschaft. RAHM (1964) faßte insbesondere den damaligen Wissensstand über das Verhalten der Gattung *Dendrohyrax* zusammen, der im Kern aus seinen eigenen Studien in Westafrika bestand. Mit wenigen Ausnahmen ist seither keine weitere Arbeit und sei es auch nur über einzelne Aspekte des Verhaltens dieser Gattung erschienen. Das Verhalten der verschiedenen *Dendrohyrax*-Arten ist immer noch weitgehend unerforscht. Alarmierend ist, daß gerade die am wenigsten erforschte Art, *Dendrohyrax validus*, infolge der fortschreitenden Zerstörung der Wälder am Kilimandscharo, an den Usambara-Bergen und auf den Inseln Sansibar und Pemba vermutlich in ihrem Bestand bedroht ist.

Unser Wissen über das Verhalten von *Procavia* und *Heterohyrax* ist vor allem durch die Arbeiten von L. J. FOURIE, P. B. FOURIE, HOECK, LENSING, MELTZER, MENDELSSOHN, MILLAR und SALE beträchtlich vermehrt worden. Es wurden besonders physiologische Bedingungen, wie die Thermolabilität der Schliefer und ihr Wasserhaushalt, als bestimmende Faktoren des Verhaltens dieser Gruppe herausgearbeitet (RÜBSAMEN, HUME & ENGELHARDT 1982). An verschiedenen Universitäten wurden mehrere Promotions- und Magisterarbeiten zu Aspekten der Physiologie und des Verhaltens der Schliefer angefertigt (ELOFF 1981, L. J. FOURIE 1983, P. B. FOURIE 1974, LENSING 1979, MAGIN 1987, MELTZER 1967, MILLAR 1972, SALE 1965 d, STEYN 1980).

9.1. Lebensraum

Der Lebensraum von *Procavia* und *Heterohyrax* stimmt weitgehend überein. Beide Arten passen ihre Lebensgewohnheiten den örtlichen Gegebenheiten an. Selbst die Sozialstruktur der Schliefer ist flexibel und habitatabhängig; so lebt *Dendrohyrax arboreus* am Ruwenzori in der Bergwaldregion solitär und in der alpinen Zone gesellig. Schliefer sind in der Wahl ihrer Futterpflanzen an

Abb. 105. Typischer Lebensraum von *Procavia capensis* in Südafrika (aus KOLBE 1967).

keine bestimmte Vegetation gebunden. Durch ihre Fähigkeit, ihren Wasserbedarf über die aufgenommenen Pflanzen decken zu können, und die Thermolabilität können sie selbst heiße, aride Gebiete und alpine Zonen besiedeln. *Dendrohyrax* besiedelt Gebiete von Meereshöhe bis 4500 m ü. M., *Procavia* von 0–4650 m ü. M. und *Heterohyrax* von 0–3880 m ü. M.. Die Populationsdichte wird zuallererst von der Zahl der zur Verfügung stehenden Unterschlupfmöglichkeiten limitiert (FAIRALL, VERMEULEN & VAN DER MERWE 1986). Biotische Faktoren (Futterangebot, Feinddruck, u. ä.) wirken sich nur in wenigen, z. B. semiariden Habitaten aus.

9.1.1. Procavia und Heterohyrax

Procavia und *Heterohyrax* leben in natürlichen, durch Erosion entstandenen Höhlen, im zerklüfteten Fels, auf Geröllhalden und ähnlichen Orten (Abb. 105). Meist bevorzugen sie kleine, horizontale Unterschlupfe mit engen Eingängen an den windabgewandten Lagen. Sie zeigen keine Präferenzen für bestimmte Gesteinsarten und sind gleichermaßen auf Erstarrungs- oder Sedimentgesteinen zu finden. THOMAS (1964) beschreibt, wie nach der Ausrottung der natürlichen Feinde und dem entstandenen hohen Populationsdruck Kap-Klippschliefer ihr angestammtes Felsgebiet ver-

Abb. 106. Kopjes oder Inselberge sind ein bevorzugtes Habitat von *Procavia* und *Heterohyrax* in Ost- und Südafrika. Der obere Teil der Abbildung zeigt eine Luftbildaufnahme von Kopjes in der Serengeti (aus HOECK 1982). Darunter die systematische Darstellung der Nutzung eines Kopje durch Schliefer (aus HOECK 1975). Abk.: 1 = Kotplätze, 2 = Ruheplätze, 3 = Wachtpostenplätze, 4 = *Maerua triphylla*, 5 = *Ficus glumosa*, 6 = *Commiphora schimperi*, 7 = *Acacia tortilis*, 8 = Termitenhügel, 9 = Weideplätze von Provacia.

lassen und in aufgegebenen Erdhöhlen von *Orycteropus afer* and *Suricata suricatta* wohnen. In Südafrika lebt *Procavia* an der Küste bis knapp oberhalb der Spritzwasserzone (READ 1835). Außerordentliche Habitate sind die Inselberge oder Kopjes im Serengeti National Park (Tansania) (TURNER & WATSON 1965, HOECK 1975–82) und Südafrika (DAVIES 1989). Kopjes sind durch Intrusion entstandene Granit oder Granodiorithügel, die durch Winderosion zerklüftet werden. Sie ragen bis zu 40 m aus der sie umgebenden Savanne hervor (Abb. 106).

Schlafhöhle, Kot- und Urinstelle, Sonnenplatz und ein Ort für den Wachtposten sind die notwendigen „Einrichtungen" eines Aktionsraumes von *Procavia* und *Heterohyrax* (Abb. 106). Das Vorkommen von *Procavia* und *Heterohyrax* ist vorrangig an das Vorhandensein geeigneter Schlafhöhlen gebunden, in denen weitgehend konstante mikroklimatische Bedingungen herrschen (MENDELSSOHN 1965). So maßen TURNER & WATSON (1965) über 2 Monate hinweg tägliche Schwankungen der Innentemperatur von höchstens 6 °C (Streuung 17°–25°), der Außentemperatur dagegen von 18 °C (max. 34°-min. 12°). SALE (1966b) stellte bei Messungen z. B. in Magadi (Kenia) einen täglichen Unterschied von 4 °C im Inneren der Unterschlupfe (max. 31°) fest, hingegen aber von bis zu 23 °C der Außentemperatur (max. 41,6°). Charakteristisch ist, daß die Tiere an den Schlafhöhlen keine Veränderungen etwa durch Graben oder Nestbau vornehmen. Die Unterschlupfe stehen durch ein System untereinander verknüpfter Wechsel in Verbindung. Vermutlich gibt es bevorzugte Höhlen und somit eine relative Positionskonstanz. Bei Flucht rennen die Tiere in beliebige Höhlen und Deckungen. Die Standorttreue zeigt sich auch im Heimfindevermögen. Nach Translokationen fanden *Procavia* über große Strecken heim (CRAWFORD & FAIRALL 1984). HOECK, KLEIN & HOECK (1982) beobachteten eine Heimkehr über mindestens 2 km.

Einzelne Gruppen von *Procavia* und *Heterohyrax* führen in bestimmten Gegenden begrenzte, kurze Wanderungen durch. Die Tiere suchen dann selten länger als 2 Tage Zuflucht in derselben Höhle (SALE 1965b). Migrationen auf der Suche nach neuen Weidegründen werden auch von MELTZER (1967) und HOECK (1975) erwähnt. Genaue Angaben über die Suchstrategie und Wiederkehrzeit liegen nicht vor. Durch das regelmäßige Abweiden der Futterplätze verhindert *Procavia* das Nachwachsen von Holzgewächsen und erhält so die Weidegründe. *Heterohyrax* frißt einzelne Bäume kahl, bevor die Tiere zum nächsten wechseln, was ein stetes Ausschlagen neuer Triebe zur Folge hat (HOECK 1975). Auf das Populationswachstum haben Migrationen keinen Einfluß (FAIRALL & CRAWFORD 1983).

Ein von *Procavia* und *Heterohyrax* bewohnter Ort ist an den weithin sichtbaren, von den Mitgliedern einer Gruppe gemeinsam benutzten Kot- und Urinstellen zu erkennen. Über unzählige Generationen haben sich an regengeschützten Überhängen braune, teerartige Krusten gebildet, der im südlichen Afrika wohlbekannte „Klipsweet" (s. Kapitel wirtschaftliche Nutzung). Besonders vom Kap-Klippschliefer sind zuweilen meterhohe Kotlagerstätten bekannt (FITZSIMONS 1920, HAUSER 1951). In Ägypten erfolgt die Datierung praehistorischer Stätten manchmal mit Hilfe von Radiocarbonmessungen am Guano von *Procavia capensis ruficeps* (DELIBRIAS, GUITIER & LABEYRIE 1964). An steilen Stellen bleibt nach Abschwemmen löslicher Salze am Gestein ein weißer Überzug, der regelrechte Stalagmiten bilden kann (LOUW, LOUW & RETIEF 1972). Er besteht im wesentlichen aus Calciumcarbonat. MALOIY & SALE (1976) und LEON & BELONJE (1979) wiesen nach, daß *Procavia* im Harn in Suspension befindliches Calciumcarbonat ausscheidet, welches sich dann an der Luft weiß absetzt. Diese ungewöhnliche Art der Calciumcarbonatausscheidung – sie erfolgt üblicherweise nicht über den Urin, sondern über den Kot – tritt nur bei wenigen anderen Säugetieren (Kaninchen, Hamster, Meerschweinchen, Buschratte (*Neotoma* sp.), Felsenratte (*Petromus typicus*)) auf. Die Funktion dieser Art der Ausscheidung ist ungeklärt.

Interessanterweise vertreten sich die drei Gattungen gegenseitig in der Besiedelung verschiedener montaner Regionen. Am Mt. Elgon bewohnt *Heterohyrax brucei kempi* die alpine Zone und den darunter liegenden Bergwald *Dendrohyrax arboreus*. Unter 2000 m Höhe stößt man auf *Procavia capensis habessinica* und am Fuße des Berges erneut auf *Heterohyrax brucei* (THOMAS 1910, GRANVIK 1925, ALLEN & LAWRENCE 1936, KINGDON 1971). In den Livingstone-Bergen und am Mt. Rungwe ist es *Heterohyrax brucei lademanni*, der die höchste Region okkupiert. Am Mt. Kenya findet man eine endemische Population von *Procavia capensis mackinderi* nur in 3350–4700 m Höhe, während *Dendrohyrax arboreus crawshayi* den Bergwald besiedelt (COE 1962, 1965, COE & FORSTER 1972, SALE 1966a). Alpine Zone und Bergwald werden am Mt. Ruwenzori von *Dendrohyrax arboreus ruwenzorii* bewohnt, die tiefer liegenden Wälder von *Dendrohyrax dorsalis emini* (SALE 1969). Dagegen ist *Dendrohyrax validus validus* am Mt. Kilimanjaro nicht in der alpinen Region anzutreffen, sondern seine Verbreitung beschränkt sich auf den Waldgürtel (1700–3070 m ü.M.) (KUNDAELI 1976b). Im Bergwald am Mt. Nimba (Liberia) tritt *Dendrohyrax dorsalis sylvestris* auf (COE 1975).

9.1.2. Lebensraum von Dendrohyrax

Über den Lebensraum der *Dendrohyrax*-Arten liegen nur unzureichende Angaben vor. *Dendrohyrax dorsalis* soll in Baumhöhlen und Astgabeln in der Kronenregion des Regenwaldes leben. MALBRANT & MACLATCHY (1949) geben Aussagen von Eingeborenen aus Gabun wieder, wonach die Tiere *Didelotia africana* und *Irvingia gabonensis* bevorzugen. Nach RAHM (1957) ist *Dendrohyrax dorsalis* relativ ortstreu. In Gefangenschaft wurde beobachtet, daß der Regenwald-Baumschliefer wie die anderen beiden Schliefergattungen eine feste Kotstelle benutzt (RAHM 1964, RICHARD 1964).

Dendrohyrax validus bewohnt Felsspalten im Urwald, Baumwurzelhöhlen und Baumhöhlen (MOLLISSON 1905b, VOSSELER 1907, HAHN 1934) und in einem Restvorkommen an der Küste Kenias ein fossiles Korallenriff (SEIBT, HOECK & WICKLER 1976). Nach KUNDAELI (1976a) trifft man den Bergwald-Baumschliefer am Südhang des Kilimandscharo am ehesten auf *Ocotea usambarensis* und *Schefflera volkensii* an, am Westhang auf *Nuxia congesta* und *Podocarpus* spec., an den nördlichen Hängen auf *Podocarpus* und abgestorbenen Bäumen. Die Zahl der Bäume mit Kotstellen ist mit der Baumgröße korreliert. Bei einem Durchmesser von unter 1 m finden sich nur an 10% der Bäume Kotstellen, zwischen 2–2,5 m sind es bereits 60 % und von den Bäumen mit über 3 m Durchmesser weisen 75 % Kotstellen auf. Wie *Procavia* und *Heterohyrax* nehmen auch die Baumschliefer keine Veränderungen an den Unterschlupfen vor. In den Usambara-Bergen findet man den Baumschliefer überraschenderweise in Felsspalten und Erdbauten, weshalb ihn MOLLISON (1905b) „*Dendrohyrax terricola*" nannte. Ebenso wie beim gesellig lebenden Sansibar-Baumschliefer wird die Losung von vielen Tieren an einem gemeinsamen Kotplatz abgesetzt (MATSCHIE 1893, MOLLISON 1905b, PAKENHAM 1984). Nach VOELZTKOW (zit. in HAHN 1934) lebt *Dendrohyrax validus neumanni* auf Fundu in den zerklüfteten Riffen des Weststrandes.

Dendrohyrax arboreus hat seine Schlafplätze in Bäumen, aber auch in Felshöhlen. Am Kiwu-See (Zaire) führen von den Schlafhöhlen in den Felsen Wechsel zu den Freßorten und einer festen Kotstelle (RAHM & CHRISTIANSEN 1963). LORING (1910 zit. in HOLLISTER 1924) stellte an der Westseite des Mt. Kenya eine Falle in einem aus Moos und welken Blättern gebauten Nest im Baum auf und fing darin ein trächtiges Weibchen von *Dendrohyrax arboreus crawshawy*. *Dendrohyrax arboreus ruwenzorii* lebt solitär in sehr großer Zahl oberhalb der Bambuswaldzone an den bewaldeten Hängen des Ruwenzori auf Bäumen, ab einer Höhe von etwa 3000 m dagegen sozial unter Geröllen und Lavablöcken z. T. in Gebieten dauernden Nachtfrosts (SALE 1969, VERSCHUREN 1972). In Südtansania und Ankole ist diese Baumschlieferart manchmal auch in Termitenhügeln anzutreffen (KINGDON 1971). *Dendrohyrax arboreus* dringt neuerdings in die Vorstädte von Nairobi vor. Den National Museums of Kenya wurden zwei dort von Hunden getötete Weibchen gebracht, und RUDNAI (1984b) fing Baumschliefer in einem Wohnhaus in Nairobi.

9.2. Sympatrisches Vorkommen von Heterohyrax und Procavia

Ein Phänomen, das besondere Beachtung verdient, ist das sympatrische Vorkommen von *Heterohyrax brucei dieseneri* und *Procavia capensis matschiei* im Westteil der Serengeti. HAHN (1934) erwähnt im Gegensatz zu TURNER & WATSON (1965) und HOECK (1975–1989) dort ein sympatrisches Vorkommen von *Procavia* nur mit der Unterart *Heterohyrax brucei prittwitzi*, deren Verbreitungsgebiet liegt aber eher östlicher. TURNER & WATSON (1965) untersuchten erstmals die Bedingungen der Sympatrie der beiden Schlieferarten. Sie fanden heraus, daß beide Arten in ihrem täglichen Aktivitätsablauf in hohem Maße synchron und interaktiv sind. Sie sonnen sich morgens gemeinsam in großen Gruppen und reagieren unabhängig von der Artzugehörigkeit auf den Alarmschrei eines Einzeltieres. TURNER & WATSON (1965) gehen von einer vollständigen Trennung in bezug auf die Nahrung aus, räumen aber ein, daß die Überlappung der von beiden Arten gleichermaßen gefressenen Pflanzen während der Trokkenzeit weit größer ist als während der Regenzeit. Nach ihren Beobachtungen frißt vor allem *Heterohyrax* in den von ihnen untersuchten Gebieten zu ungefähr 90% *Acacia tortilis* und *Allophylus rubifolius*. Die Beobachtung, daß Kopjes, die sich eigentlich zur Besiedlung durch beide Arten eigneten, nur von *Procavia* bewohnt seien, wenn keine *Acacia tortilis* in der Nähe wachse, wird von HOECK (1975–89) nicht bestätigt. Nach Ansicht von TURNER & WATSON (1965) ist auch das sympa-

Abb. 107. *Heterohyrax brucei.* Durch die Fähigkeit sich selbst an dünnen Ästen fortzubewegen, können die Tiere ganze Bäume kahl fressen (aus HOECK 1977).

trische Vorkommen eher von der Verfügbarkeit der Schlafhöhlen als vom Futterangebot abhängig.

In langjährigen Studien konnte HOECK (1975–1989) zunächst zeigen, daß sich das interspezifische Verhalten auch auf die Begrüßung der Tiere und das Spiel der Jungen erstreckt. Die beiden Arten teilen dieselben Schlafhöhlen, Kot- und Urinstellen und fressen gemeinsam. Es tritt kaum interspezifisches Aggressionsverhalten auf. Unter den Bedingungen der Sympatrie verändert sich auch die Aktivitätsperiode der Tiere im Vergleich zu einzeln lebenden Gruppen nicht. Sympatrisch lebende Gruppen unterscheiden sich im Verhalten nicht von in unmittelbarer Nachbarschaft lebenden allopatrischen; die Sympatrie verändert insbesondere nicht die Freßgewohnheiten der Tiere. Während der Trockenzeit nutzen beide Arten nahezu dieselben Nahrungsressourcen. Bei genügender Nahrung tritt keine Konkurrenz auf, was möglicherweise ein Grund dafür ist, daß das sympatrische Vorkommen auf die regenreichen Gebiete um den Viktoriasee beschränkt ist. Nur sehr selten und in Zeiten großer Dürre kommt es zu Konkurrenzsituationen, die zur Verdrängung von *Heterohyrax* führen. So fraßen z.B. 1982 und 1984 alle *Procavia*-Gruppen in den Baum- und Buschkronen und traten damit in unmittelbare Konkurrenz zu *Heterohyrax* (HOECK 1989), wenngleich letztgenannte Art wegen ihres geringeren Gewichtes (ca. 60 % des Gewichtes von *Procavia*) die Möglichkeit hat, dünnere Äste abzufressen (Abb. 107). Sympatrische Besiedlung hängt nach HOECK (1975–1989) im wesentlichen von der Kopjegröße ab. Es ist ein dynamischer Prozeß, denn innerhalb von 17 Jahren konnte HOECK (1989) sowohl das Aussterben einer Art auf einem Kopje als auch die Besiedlung eines durch die jeweils andere Art schon bewohnten Kopje vermerken. Die Dynamik ist sehr stark von abiotischen Faktoren, vor allem der Regenmenge, aber auch von biotischen Faktoren (Konkurrenz während Dürreperioden und Parasitenbefall) abhängig.

Sympatrie innerhalb der Procaviidae ist nicht auf die spezielle Lage der Kopjes beschränkt. ROBERTS (1951) und SMITHERS (1971) erwähnen sympatrische Vorkommen von *Procavia capensis* und *Heterohyrax brucei*, sowie *Heterohyrax brucei* und *Dendrohyrax arboreus* aus dem südlichen Afrika. Bei den beiden letztgenannten Gruppen wurde sogar gemeinsames Spiel der Jungtiere beobachtet (ROBERTS 1951). RAHM (1964) stellt aus HAHN (1959) und anderen Quellen weitere im selben Wohngebiet lebende Arten zusammen, doch ist ungeklärt, inwieweit diese als sympatrisch angesehenen Arten tatsächlich genetisch getrennt sind.

9.3. Thermolabilität und Aktivität

9.3.1. Procavia und Heterohyrax

Die beiden überwiegend tagaktiven Gattungen *Heterohyrax* und *Procavia* – nur von *Procavia capensis ruficeps* und *Procavia capensis lopesi* wird Nachtaktivität gelegentlich erwähnt, z. B. VERSCHUREN (1958) – unterbrechen ihren Tagesablauf nur für zwei kurze Freßzeiten. Da die Aktivität dieser beiden Gattungen in für Eutheria ungewöhnlicher Weise von ihrer Fähigkeit abhängt, die Körpertemperatur relativ kurzfristig innerhalb eines Spielraumes von bis zu 7 °C den Außentemperaturen anpassen zu können, sollen zunächst die physiologischen Befunde als eine Grundlage zum Verständnis der Biologie der Schliefer besprochen werden.

Die individuelle Spanne der Körpertemperatur wurde von verschiedenen Autoren gemessen. Nach SALE (1970a) beträgt sie bei Adulttieren (*Procavia*, n = unbekannt) 34,4°–38,9 °C und schwankt dabei täglich um höchstens 2,3 °C. Bei einem 3 Monate alten, der Sonne ausgesetzten Tier (*Heterohyrax*) ergab sich in Ruhe ein Anstieg innerhalb von 45 min von 33,9 °C auf 39,1 °C (bei erhöhter Frequenz des Herzschlages aber nicht der Atmung). MELTZER (1971) maß bei Männchen von *Procavia capensis syriaca* (n = 39) eine Schwankung von 32,9 °C (Außentemperatur 5 °C) bis 37,8 °C (A. 35 °C) und bei Weibchen (n = 3) von 34,7 °C (A. 10 °C) bis 38,6 °C (A. 35 °C). Bei niedrigen Temperaturen wurde wegen der schnelleren Atmung mehr Wasser verbraucht. Die tägliche Schwankung der Körpertemperatur von *Heterohyrax brucei* in einem Außengehege betrug 2 °C (BARTLOLOMEW & RAINY 1971). Nahm man den Tieren die Möglichkeit, auf steigende Temperaturen durch Änderungen im Verhalten zu reagieren, betrug die Spanne jedoch innerhalb von 60–90 min 6,3°–7 °C (Außentemperaturen 0 °C–42,5 °C), und hinderte man sie, starker, direkter Sonneneinstrahlung auszuweichen, stieg die Körpertemperatur auf 39 °C. Die Tiere legten sich dann flach mit dem Bauch auf den Untergrund, die Sohlen nach oben. Ab 40 °C Körpertemperatur tritt Flüssigkeit aus der Nase aus, und die Sohlen werden sichtbar naß. LOUW, LOUW & RETIEF (1972) bestätigten die relativ niedrige Körpertemperatur von 34,6 °C bei 20 °C Außentemperatur für *Procavia capensis* (n = 4) und bei einem Tier die Fluktuation von 6,7 °C (Abb. 108). MCNAIRN & FAIRALL (1979) messen bei *Procavia capensis* (n = 3) bei 6°, 18° und 27 °C jeweils unterschiedliche Körpertemperaturen, RÜBSAMEN & KETTEMBEIL (1980) bei *Procavia capensis habessinica* (n = 3) eine konstante Körpertemperatur von 37,2 °C bei Außentemperaturen zwischen 20–30 °C. Bei 12 °C sank die Körpertemperatur auf 36,6 °C, bei 38 °C stieg sie auf 39,6 °C. Nach

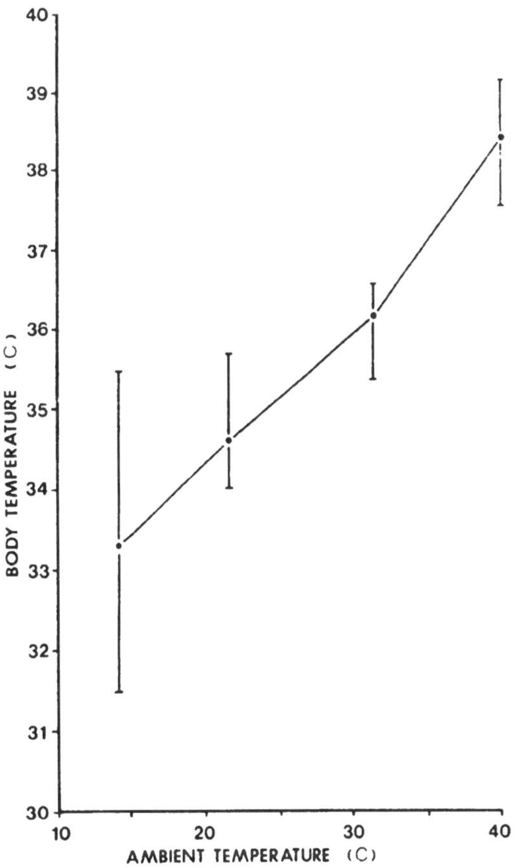

Abb. 108. *Procavia capensis*. Der Einfluß der Außentemperatur auf die Körpertemperatur. Der Anstieg der Außentemperatur erstreckte sich in diesem Versuch über einen Zeitraum von 8 Stunden (n = 4) (aus LOUW, LOUW & RETIEF 1972).

Restriktion des Wassers wird der durch Verdunstung entstehende Wasserverlust um bis zu 50% bei 35 °C reduziert. Die Folge ist eine noch krassere Hyperthermie von 41 °C. Die Sohlen spielen bei der Verdunstung eine besondere Rolle. Die Verdunstungsrate vervierfacht sich zwischen 25° und 42,5 °C, wobei bei der höchsten Temperatur 21,5% der Verdunstung über die Sohlen erfolgt.

Obwohl die referierten Werte aufgrund unterschiedlicher Versuchsbedingungen voneinander abweichen, kann als nachgewiesen gelten, daß *Procavia* und *Heterohyrax* ober- und unterhalb einer thermoneutralen Zone einen größeren Spielraum der Körpertemperatur tolerieren als andere placentale Säugetiere. Die Tiere zeigen im Freiland (SALE 1970b) oder unter vergleichbaren Bedingungen (BARTHOLOMEW & RAINY 1971) keine nächtliche Hypothermie. Die Körpertemperatur wird zumindest bei den beiden Gattungen *Heterohyrax* und *Procavia* wesentlich durch das Verhalten der Tiere geregelt („behavioural thermoregulation"). Jede noch so geringe Thermolabilität ist ein Mittel, Energie zu sparen (BARTOLOMEW & RAINY 1971). Nach BOOTH (zit. in MCNAIRN & FAIRALL 1979) ist das Fell der Schliefer besonders geeignet, Wärmestrahlung aufzunehmen. Hohe Temperaturen werden durch den Rückzug in die Unterschlupfe gemieden. Neben exogenen Faktoren ist nach SALE (1970a) auch eine endogene Regulation anzunehmen, da Tiere, die über 3 Monate hinweg unter konstanten Bedingungen gehalten wurden, ebenfalls tägliche Schwankungen der Körpertempertur zeigten. Nach SALE (1970a) beschleunigt das morgendliche Sonnen nur den endogenen Ablauf.

Außer der Außentemperatur beeinflussen noch Helligkeit und Trockenheit die Aktivität von *Heterohyrax* und *Procavia*. COE (1962, 1963) beobachtete am Mt. Kenya, daß Tiere bei Regen drei Tage lang ihre Schlafhöhlen nicht verließen, sie dagegen auch in vollmondhellen Nächten aktiv waren. TURNER & WATSON (1965) verzeichneten in der Serengeti bei Vollmond ausgedehntere Freßzeiten (bis 21.00 h).

9.4. Tagesaktivität und Ruheverhalten

9.4.1. Procavia und Heterohyrax

Heterohyrax und *Procavia* werden bei Sonnenaufgang aktiv. Sie liegen nun zunächst mindestens 1–2 h in der Sonne, bevor sie mit dem Fressen beginnen. Die „Aufwärmphase" („Heliothermie" MENDELSSOHN 1965) ist für diese beiden Gattungen an allen bisher untersuchten Standorten charakteristisch (Abb. 109). Die Tiere liegen zunächst in größeren Gruppen eng zusammen und lösen sich nach und nach voneinander. Danach geht die Gruppe gemeinsam zum Fressen (s. u.). *Heterohyrax* und *Procavia* halten sich dabei außer bei Regen streng an zwei Freßzeiten. Die Freßzeiten liegen z. B. in der Serengeti morgens zwischen 9.00 und 11.00 h und abends zwischen 16.00–18.00 h (HOECK 1975, 1977), bzw. in Kenia 3 h nach Sonnenaufgang und 2 h vor Sonnenuntergang (SALE 1965b). Abweichend davon gibt MELTZER (1976) an, daß Schliefer in Israel in zwei Freßperioden 3–5 h fressen. FOX (1933) und OSBORN & HELMY (1980) beobachteten in Südafrika und Ägypten regelmäßig nächtliches Fressen. In der Trockenzeit sind die Freßzeiten stärker eingeschränkt. Die Tiere fressen hastig, im Durchschnitt 20 min (SALE 1965b, 1966a) bis maximal eine Stunde (HOECK 1976b). Gelegentliches Fressen tagsüber dauert nur wenige Minuten. Die kurzen Freßzeiten sind außerhalb der Paarungszeit die einzige Aktivität, welche die Tiere zeigen, so daß sie oft zu 95% des Tages inaktiv sind (SALE 1970a). Beobachtungen in Gefangenschaft unter Rotlicht ergaben, daß sie auch in den Schlafkisten nicht nennenswert aktiv sind. Adulte Männchen kämpfen nur während der Paarungszeit. Jede Art von Spiel ist auf Jungtiere beschränkt, und auf das Putzen wird nur sehr wenig Zeit verwendet (SALE 1970a).

SALE (1970a) unterscheidet drei charakteristische soziale Gruppierungen während den Ruhezeiten, die jeweils von der Höhe der Außentemperaturen abhängig sind. Bei Kälte liegen die Tiere in den Schlafhöhlen und im Freien neben- und aufeinander („heaping"). Die Tiere in der obersten Lage sind meist Jungtiere. Die Köpfe zeigen immer nach außen, und es wird ein direkter Gesichtskontakt vermieden. Auf dem Rücken anderer Tiere zu sitzen, ist ein Verhalten, das schon Jungtiere zeigen (s. Aufzucht). Neu hinzukommende Tiere drängen sich – immer das Hinterteil voran – in das vorhandene Knäuel hinein. Weniger Kontakt untereinander haben die Tiere beim „huddling". Sie sind in einer sternförmigen oder linearen Anordnung eng aneinandergeschmiegt. Auch hier präsentieren Neuankömmlinge das Hinterteil. Die Tiere ruhen auch ohne physischen Kontakt, wobei zwei oder drei nebeneinander liegen können, dann aber meist in Kopf-zu-Schwanz-Position. Bei paralleler Lage sind die Köpfe leicht abgewinkelt, um direkten Blickkontakt zu vermeiden. Die Tiere zeigen in dieser Gruppierung häufig die typische Bauchlage: Das Kinn liegt dem Stein auf, die Vorderfüße sind nach vorne ausgestreckt mit den Handflächen nach unten, und die Hinterextremi-

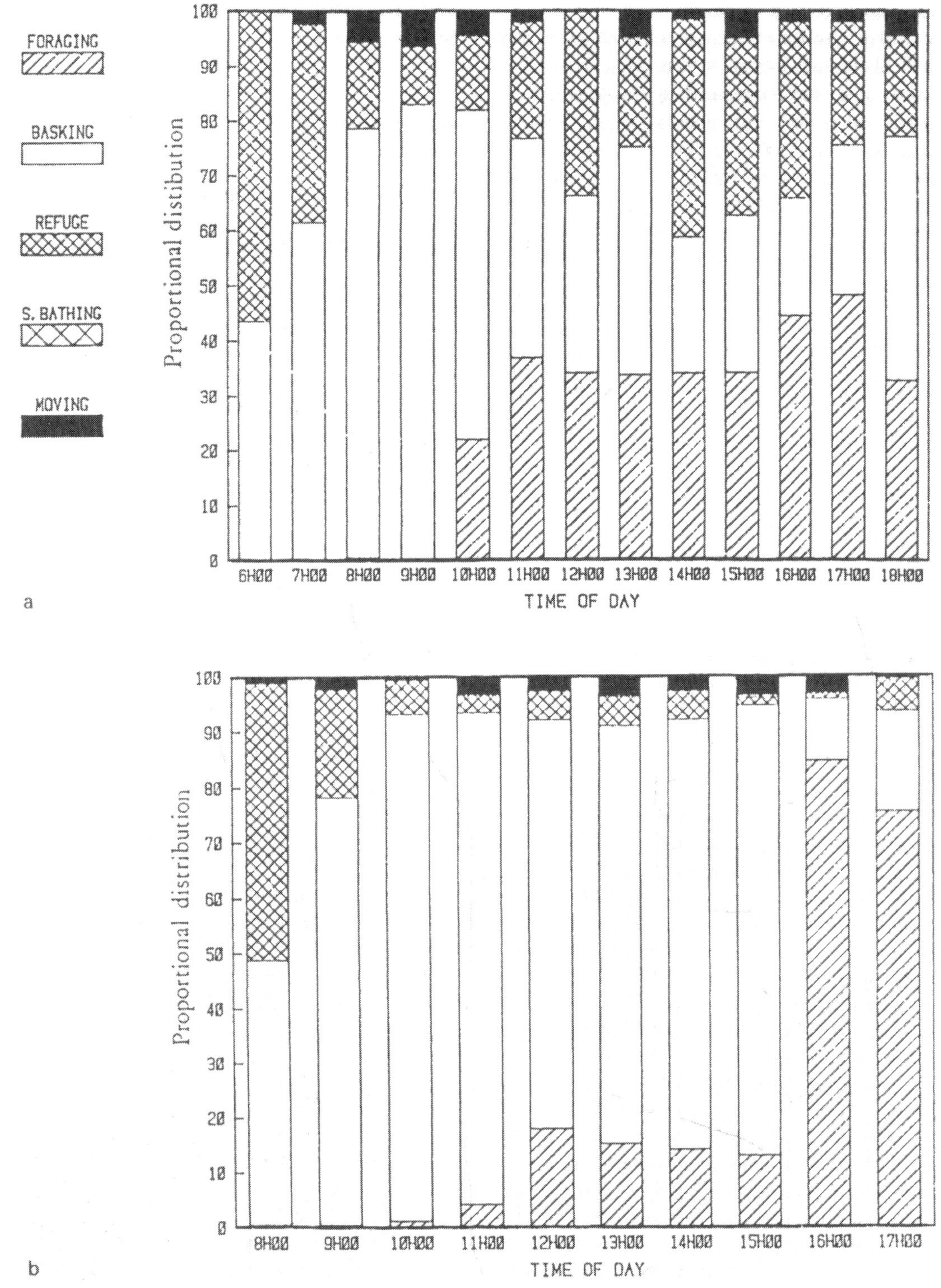

Abb. 109. *Procavia capensis.* Tagesaktivitätsmuster (a) im Sommer und (b) Winter (aus Fourie 1983).

tät ist gestreckt und so gedreht, daß die Sohlen nach oben zeigen. Nach Sale (1970a) sind „heaping“ und „huddling“ Verhaltensmuster, die den ansonsten nicht sehr geselligen Tieren durch die Notwendigkeit, Energie und Wasser zu sparen, aufgezwungen werden.

9.4.2. Tagesaktivität Dendrohyrax

Die Gattung *Dendrohyrax* ist in der Regel nachtaktiv. *Dendrohyrax arboreus* kann in Gefangenschaft nachtaktiv (Fey 1960) oder tagaktiv (Rudnai 1984b) sein. Rudnai (1984b) verfolgte die

Aktivität von etwa einem Dutzend Tieren in einem 30 m² großen Freigehege und stellte fest, daß die Schliefer tagsüber zu 70 % und nachts zu 95 % inaktiv sind. Am Ruwenzori ist *Dendrohyrax arboreus ruwenzorii* auf tieferliegenden Hängen nachtaktiv, in 3900 m Höhe dagegen tagaktiv („semi-diurnal" SALE 1969). Nach RAHM (1957) und MALBRANT & MACLATCHY (1949) schläft *Dendrohyrax dorsalis* tagsüber in den Bäumen und steigt nachts ab, ebenso *Dendrohyrax validus* (RAHM 1964). Die abendlichen und frühmorgendlichen Rufe sollen Beginn und Ende der Aktivität anzeigen. *Dendrohyrax validus* ruft von 21.00–22.30 h und von 2–3 h, *Dendrohyrax dorsalis* von 20.00–23.00 h zehn- bis zwanzigmal und von 3.00–5.00 h. Die Rufe deuten auf eine gewisse Standorttreue hin.

9.5. Ernährung

9.5.1. Futterpflanzen

9.5.1.1. Procavia und Heterohyrax

Anekdotisch soll zunächst erwähnt werden, daß BRUCE (1790) einen Schliefer und ein Hühnchen zusammensperrte und, als beide am nächsten Morgen noch am Leben waren, folgerte, der „Ashkoko" sei Pflanzenfresser.

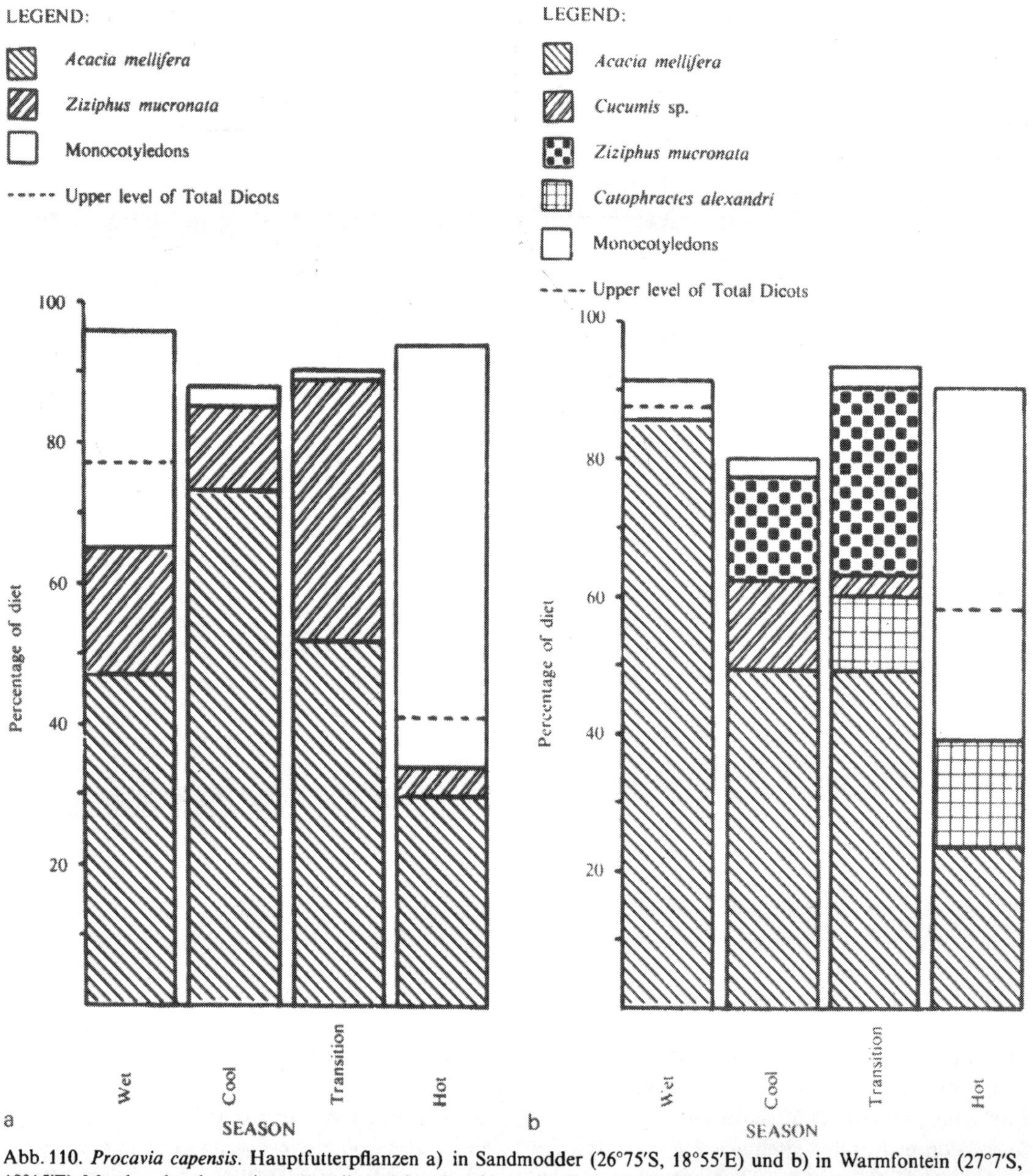

Abb. 110. *Procavia capensis.* Hauptfutterpflanzen a) in Sandmodder (26°75'S, 18°55'E) und b) in Warmfontein (27°7'S, 19°15'E). Man beachte den geringen Anteil von Monokotylen an der Gesamtnahrungsmenge und den hohen Anteil einzelner Futterpflanzen z. B. von *Acacia mellifera* (aus LENSING 1983).

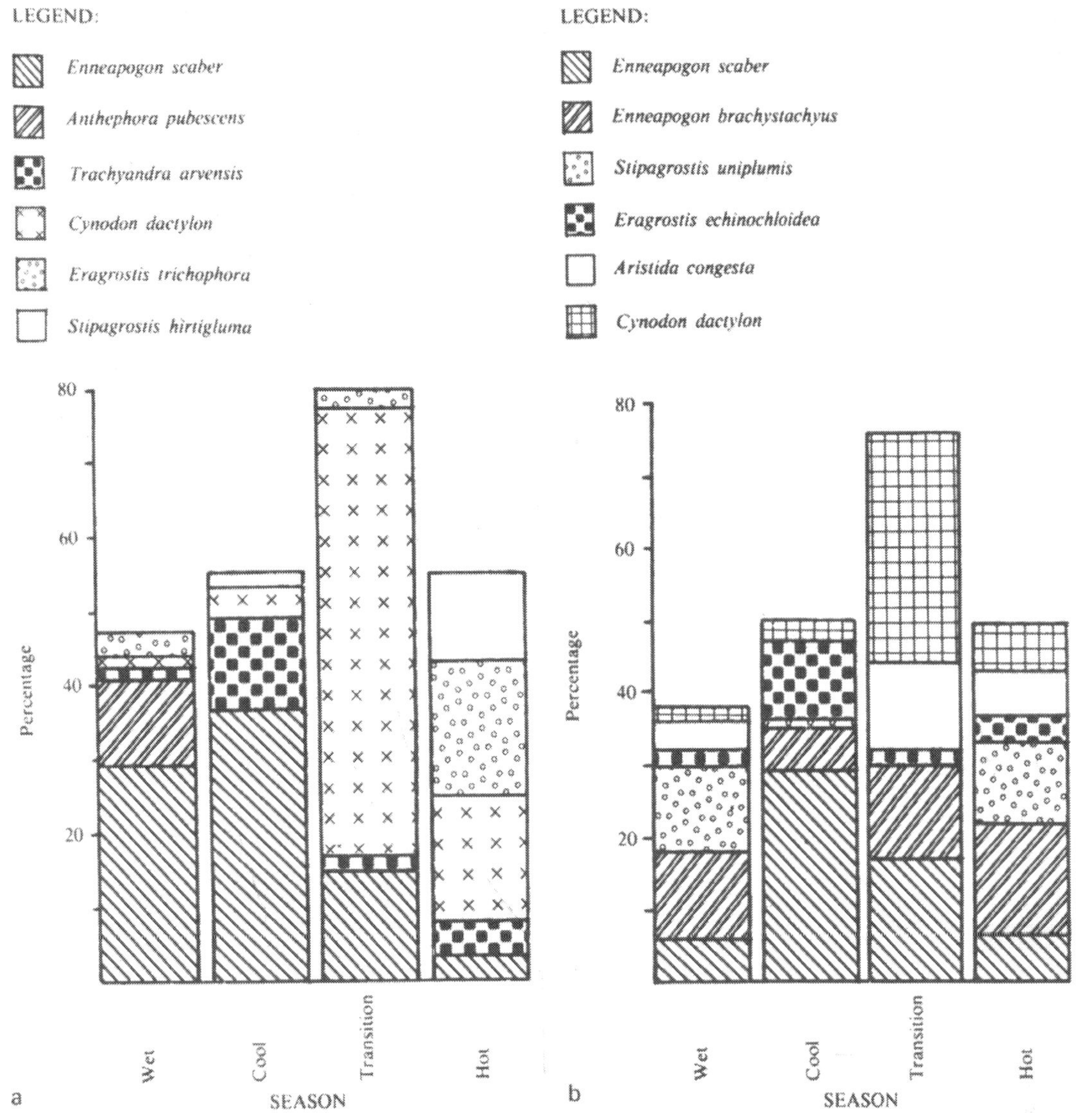

Abb. 111. Relative Verteilung der von *Procavia capensis* hauptsächlich gefressenen Monokotylen a) in Sandmodder und b) in Warmfontein (aus LENSING 1983).

In sehr gründlichen Untersuchungen hat LENSING (1979, 1981, 1983) die Nahrungsgewohnheiten von *Procavia capensis* im südlichen Namibia untersucht. Er analysierte den Mageninhalt von monatlich 10 an zwei verschiedenen Orten geschossenen Tieren über den Zeitraum von 17 Monaten. Dabei ergab sich als überraschendes Ergebnis, daß die Nahrung vom Kap-Klippschliefer überwiegend aus Blättern von Büschen und Bäumen besteht (Abb. 110, 111). Die höchste Zahl verschiedener Pflanzenarten wird während der Regenzeit (Februar bis Ende April) gefressen. Unter 19 dikotylen und 25 monokotylen Pflanzen machen aber auch dann wenige Pflanzen, z. B. *Acacia mellifera* den Hauptanteil aus (Abb. 110). Signifikante Veränderungen in den Hauptnahrungspflanzen sind z. B. auf den Blattabwurf bei *Acacia mellifera* oder *Ziziphus mucronata* während der kühlen Trockenperiode (Mai–August) zurückzuführen. Der hohe Anteil der Monokotylen während der heißen Trockenzeit (Mitte Oktober bis Ende Januar) scheint vor allen Dingen auf dem schnellen Wachstum mancher Gräser nach nur zehnminütigen, vereinzelten Regenfällen zu beruhen. Diese kurzen Regenfälle treten bereits 1–2 Monate vor der eigentlichen Regenzeit auf. Der Kap-Klippschliefer ist kein selektiver Grasfresser. Gras ist nur am Ende der heißen Trockenzeit und am Beginn der Regenzeit seine Hauptnahrung. Er ist somit nach der Klassifikation von HOFMANN & STEWART (1972) ein „intermediate feeder", vor allen Dingen verhält er sich aber opportunistisch. Er nützt ein breites Spektrum von Pflanzenarten, wobei der Wassergehalt der Pflanzen keine Rolle spielt.

Auch SMITHERS (1971) bezeichnet *Procavia* als „browser". Er fand bei Magenuntersuchungen von Tieren in Botswana nie Gras. Unter den 10

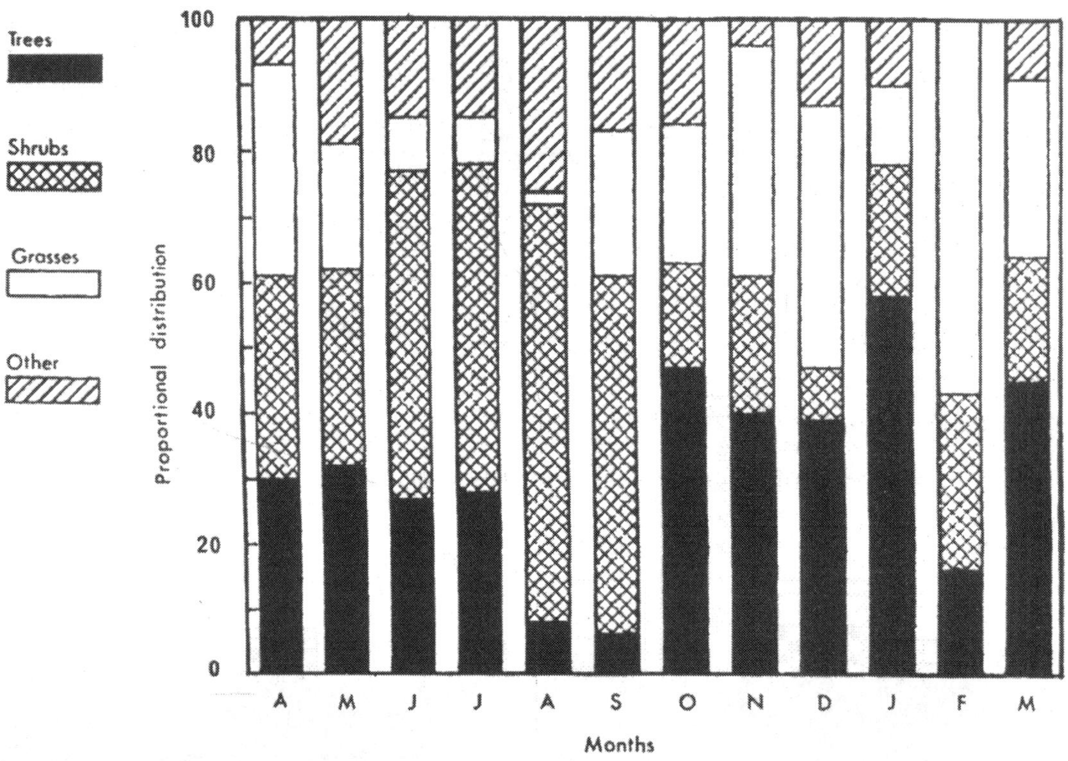

Abb. 112. Die unterschiedliche Nutzung von Bäumen, Sträuchern und Gräsern durch *Procavia capensis* über einen Zeitraum von 12 Monaten (April 1981–März 1982) (aus FOURIE 1983).

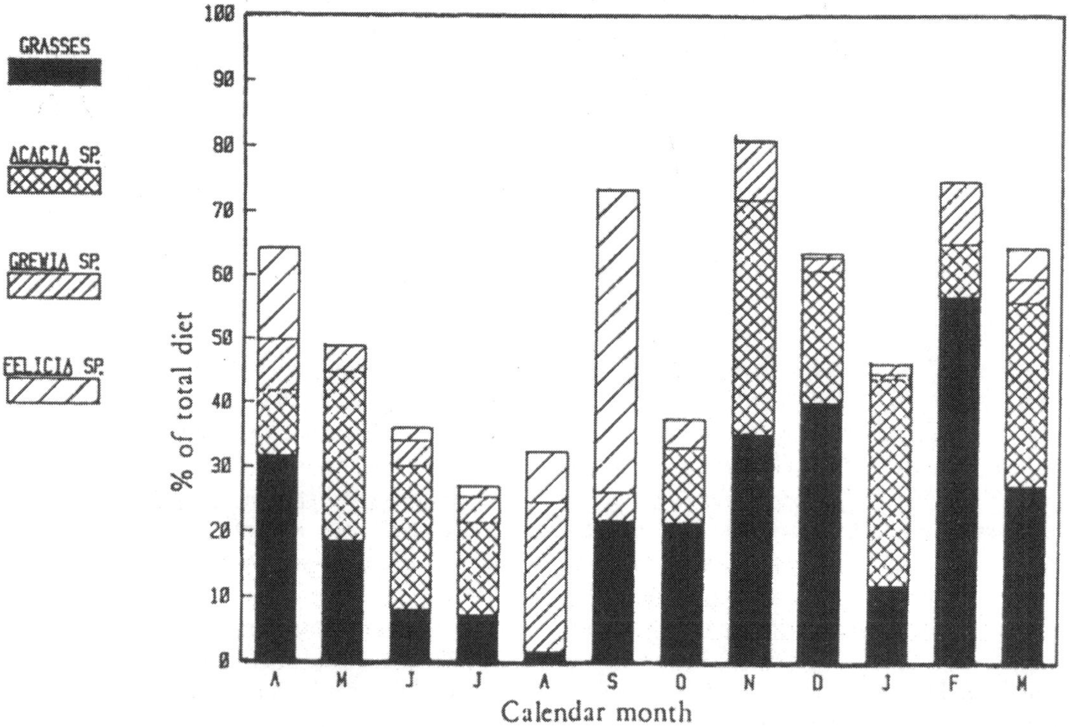

Abb. 113. *Procavia capensis.* Der prozentuale Anteil von vier Futterpflanzen an der Gesamtnahrungsmenge über einen Zeitraum von 12 Monaten (aus FOURIE 1983).

Hauptfutterpflanzen stehen *Boscia albitrunca* und *Ficus smutsii* an erster Stelle. FOURIE (1983) und FOURIE & PERRIN (im Druck) bestätigen weiter, daß *Procavia* überwiegend Laubfresser ist. Die Gesamtmenge des gefressenen Grases betrug im Jahr weniger als 25% (Abb. 112, 113).

HOECK (1975) hat auf den Kopjes der Serengeti die Nahrungsaufnahme von *Heterohyrax* und *Proca-*

via untersucht. Von 64 verschiedenen Pflanzenarten, die *Heterohyrax* dort frißt, sind 90% der Nahrungsmenge auf 2–11 Arten verteilt. In der Regenzeit wird mehr Gras gefressen, welches am Kopjerand abgeweidet wird (HOECK 1977). Die Wahl der Nahrung hängt sehr stark von der Vegetation der einzelnen Kopjes ab. So beobachtete HOECK eine Gruppe während des gesamten Jahres zu 3/4 der Freßzeit nur an einem einzigen Busch (*Grewia fallax*). Auf einem anderen Kopje machten in der Trockenzeit 2 Arten (*Ficus ingens* und *Maerua triphylla*) sogar 90% der Nahrungsmenge aus. *Procavia capensis johnstoni* frißt 79 Pflanzenarten. In der Regenzeit wird 78% der Freßzeit auf die Aufnahme von Gräsern verwendet, in der Trockenzeit dagegen 57% für Laub von Büschen und Bäumen. Bei den Blättern scheint es Präferenzen zu geben. So werden *Ficus*-Arten erst dann gefressen, wenn kein anderes Grün mehr vorhanden ist. Es ergeben sich bei 53 Pflanzenarten Überschneidungen zwischen den beiden Gattungen. Da *Heterohyrax* aber das ganze Jahr über Laubnahrung bevorzugt, *Procavia* dagegen nur zur Trockenzeit etwas mehr als die Hälfte Laub frißt, kann es nur bei Nahrungsknappheit in extremen Trockenzeiten zu Konkurrenz kommen. Zu Zeiten des Überflusses werden vorwiegend junge Triebe und Blätter ausgewählt.

Die unterschiedlichen Futterpräferenzen von *Heterohyrax* und *Procavia* in der Serengeti haben DE NIRO & EPSTEIN (1978) durch die Untersuchung des anteiligen Verhältnisses der Kohlenstoffisotope C^{13}/C^{12} im Knochen bestätigt. Da dieses Verhältnis von der Zugehörigkeit der Nahrung zu unterschiedlichen Photosynthesewegen abhängig ist, zeigt sich, daß *Procavia* vorzugsweise C_4-Pflanzen (Gräser) frißt, *Heterohyrax* dagegen C_3-Pflanzen. Auch der unterschiedlich starke Abrieb der Mola-

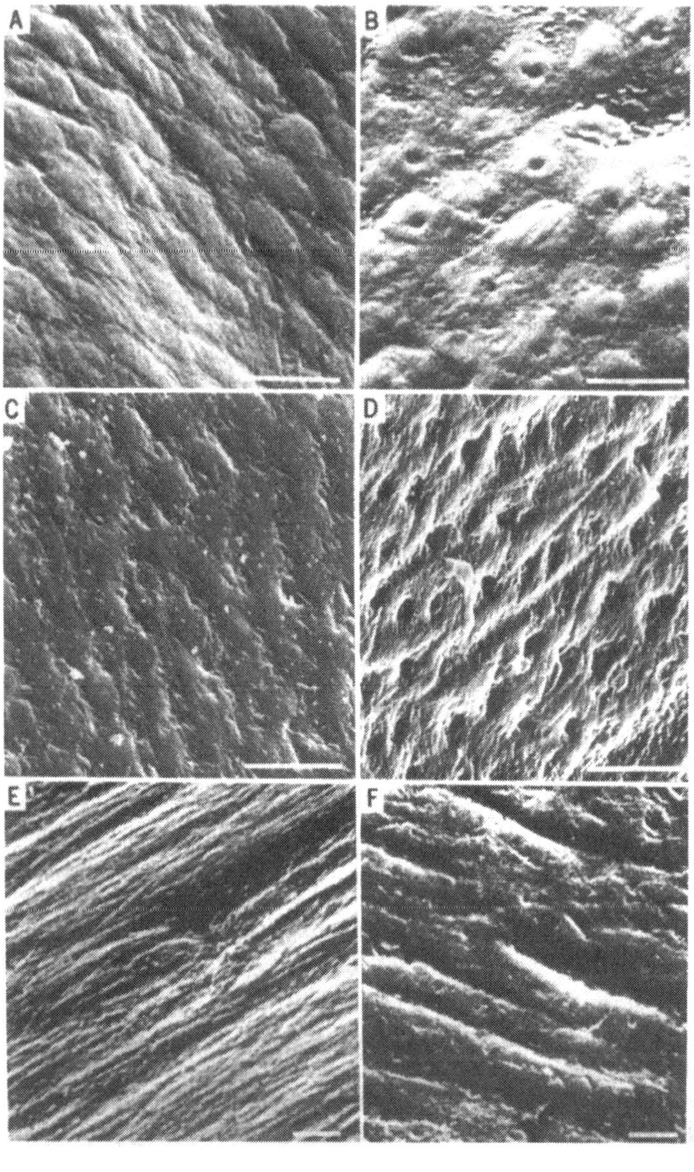

Abb. 114. Die rasterelektronenmikroskopische Aufnahme des Zahnschmelzes (A) und Dentins (b) von *Heterohyrax brucei* zeigt Einzelheiten der Schmelzprismen und Dentinröhrchen. Während der Trockenzeit ähneln sich Schmelz (C) und Dentin (D) von *Procavia capensis johnstoni* und *Heterohyrax*. Während der Regenzeit zeigen Schmelz (E) und Dentin (F) von *Procavia* dagegen starken Abrieb und Schrammen (aus WALKER, HOECK & PEREZ 1978, Science 201, p. 908–910, copyright AAAS).

ren kann ein Indikator für die aufgenommene Nahrung sein (Walker, Hoeck & Perez 1978). Bei *Heterohyrax* sind die Schmelz- und Dentinoberflächen bei Präparaten aus der Trocken- und Regenzeit im rasterelektronenmikroskopischen Bild sehr glatt und wirken wie poliert. Bei *Procavia* ähneln die Okklusionsflächen in der Trockenzeit denjenigen von *Heterohyrax*, während sie in der Regenzeit starken Abrieb zeigen (Abb. 114). Die Kaufläche ist durch viele parallele Mikrokerben zerschrammt. Wahrscheinlich verursachen opaline Phytolithe, die in größeren Mengen in Gräsern vorkommen, die stärkere Abrasion.

Die Befunde über die Futterpflanzen von *Procavia* differieren von den Beobachtungen von Turner & Watson (1965) und widersprechen der häufig wiederkehrenden Ansicht, auf Grund des hypsodonten Gebisses sei diese Gattung hauptsächlich Grasfresser. Schon Sale (1965b) hatte 89 Nahrungspflanzen von drei verschiedenen Lokalitäten, darunter Mt. Kenya, aufgelistet, aber leider unterschied er weder nach Arten noch nach Jahreszeiten. Schliefer fraßen während einer ernsten Trockenperiode Rinde von *Croton*, *Hibiscus* und *Iboza multiflora*, Flechten (*Pyxine retirugella*) sowie eine Lebermoosart (*Frullania squarrosa*). Trotz seines bitteren, gummiartigen Saftes wurde auch *Ficus wakefieldi* angefressen, ebenso wie die harten Blätter von *Euclea schimperi*. Während derselben Dürreperiode ernährte sich *Procavia* an einem anderen Orte fast ausschließlich von Blättern von *Acacia nilotica* ssp. *subalata* und *Albizia amara*. In der Sahara sind Akazien die ausschließliche oder überwiegende Nahrung der Schliefer (Flower 1932, Devillers 1939, Hufnagl 1972, De Smet 1989), ebenso wie in Ägypten (Flower 1932, Hoogstraal, Wassif & Kaiser 1957) und im Tassili-Gebirge (Foley & Lesourd 1938). Vom Sinai-Schliefer sind 44 Futterpflanzen bekannt (Meltzer 1967). In Israel ernähren sie sich im Winter und Frühling von krautigen Gewächsen („herbs") und Gras, den Sommer über vom Laub der Büsche und Sträucher, und im Herbst fressen sie sogar Eicheln (*Quercus coccifera calliprinos*). Der Mount Kenya-Schliefer frißt *Festuca pilgeri* (Tussockgras), *Agrostis* sp., *Pentaschistis* sp., *Philonotis fontana* (Moosart), *Subularia monticola*, *Crassula granvikii*, *Ranunculus oreophytus*, *Haplocarpha rueppellii*, *Lobelia keniensis*, *Senecio brassica* und *Senecio keniodendron* (Coe 1962, Sale 1965). Während Coe (1962) anhand des Mageninhaltes eher eine Vorliebe für Gräser und Moos feststellte, nimmt Sale (1965b) einen Zusammenhang zwischen Populationsdichte und Vorzugsnahrung an. Danach fressen Mount Kenia-Schliefer nur in dichten Populationen zusätzlich Tussockgras und bevorzugen ansonsten Lobelien und andere sukkulente Pflanzen. Auch Moos gehört in dieser Höhe zur regelmäßigen Nahrung, nach Sale (1965b) frißt eine Population am Lake Alice sogar ausschließlich Moos.

Sale (1965c) machte die überraschende Beobachtung, daß sich eine Schliefergruppe am Rift Valley fast ausschließlich von der sehr giftigen *Phytolacca dodecandra* ernährt, auch das Fressen von Solanaceae und Euphorbiaceae (Mendelssohn 1965) und Wasserpflanzen ist bekannt (Lang in Hatt 1936). Selten wurde beobachtet, daß Schliefer Insekten oder Eidechsenknochen im Kot haben (Hauser 1951, Sanderson 1955, Sale 1965b, Mendelssohn 1965). Der von Sale (1965b) bemerkte Fall von Kannibalismus fand sicher unter Streß statt. In Gefangenschaft fressen die Tiere von Kleidern über Seife bis Stanniol alles Mögliche.

9.5.1.2. Futterpflanzen von Dendrohyrax

Über die Ernährung der *Dendrohyrax*-Arten liegen fast keine Beobachtungen vor. Nach Rahm (1964) ernährt sich *Dendrohyrax arboreus adolfifriederici* von *Pteridium*, *Nephrolepis*, *Senecio*, *Pennisetum*, *Melinis multiflora* und anderen Gramineen. *Dendrohyrax arboreus ruwenzorii* bevorzugt Lobelien und Senecien (Verschuren 1972). *Dendrohyrax validus* frißt die Blätter und jungen Triebe derjenigen Bäume, auf denen sie auch wohnen, wie *Ficus thonningii*, *Ocotea usambarensis*, *Podocarpus* spec., *Nuxia congesta* und *Olea africana* (Kundaeli 1976b). Kingdon (1971) gibt weiterhin als Nahrung der Baumschliefer *Ricinodendron*, *Acacia*, *Ranunculus*, *Alchemilla* und *Eucalyptus* an. Es liegt keine Bestätigung für die Ansicht von Eingeborenen in Westafrika vor, *Dendrohyrax dorsalis* steige nachts von den Bäumen und fresse am Boden z. B. Farne.

9.5.2. Nahrungsmenge

Ein ausgewachsener Schliefer (*Procavia*) benötigt täglich ca. 650 g Nahrung und muß daraus 11 g Protein gewinnen (Meltzer 1976). Aus dem Futter deckt er seinen Flüssigkeitsbedarf von ca. 180 ml/Tag. In Gefangenschaft fraß der Mount Kenya – Schliefer täglich 896 g *Sonchus* oder 119 g Luzerne (Sale 1966a). Der Trockengehalt dieser beiden Futterpflanzen ist vergleichbar, nämlich 111 g. Refäktion wurde nie beobachtet.

9.5.3. Nahrungsaufnahme

Procaviiden beißen das Futter mit den Backenzähnen bei seitlich abgewinkeltem Kopf ab. Die oberen Schneidezähne und die Vorderfüße dienen zum Heranholen von Pflanzen (SALE 1966a, HOECK 1976b, 1977). Mit Hilfe der oberen Incisiven werden manchmal Stämme oder Zweige entrindet oder sukkulente Blätter abgebissen. Zarte Akazienblätter, die auf die übliche Weise nicht abgebissen werden können, werden mit der Zunge gegen den Gaumen zwischen die Incisiven oder das Diastema zwischen I und P^1 gepreßt und abgerissen (HOECK 1977). Die Tiere setzen die Lippen bei der Nahrungsaufnahme nicht ein. MOLLARET (1962) konnte bei *Dendrohyrax* keinen Gebrauch der Vorderfüße feststellen.

9.5.4. Gruppenverhalten beim Fressen

In 77 % der beobachteten Fälle frißt *Heterohyrax* und in 93 % der Fälle *Procavia* in Gesellschaft. Bei *Procavia* sind es im Durchschnitt 4 Tiere auf 3 × 3 m beim Weiden am Kopjerand oder mehrere Tiere beim Laubfressen in einem Baum oder Strauch (HOECK 1977). In der Regel beginnen alle Tiere einer Gruppe oder der größte Teil innerhalb von 10 min mit dem Fressen (SALE 1965). Beim Zug zu entfernteren Futterplätzen (bis 50 m) gehen die Tiere in Reihen auf ausgetretenen Wechseln hintereinander her. Im Unterschied zu *Heterohyrax* richtet *Procavia* beim Erreichen des offenen Graslandes die Nacken- und Rückenhaare und den Haarkranz um die Rückendrüse auf. Je nach Vegetation kommt es dann in beiden Gattungen zu denselben wiederkehrenden Anordnungen. Beim Fressen am Boden stellen sich die Tiere fächerförmig auf, wobei ihr Hinterteil dem Zentrum zugewandt ist. Die Leittiere bilden die vorgeschobenen Posten, schwächere und jüngere Tiere fressen näher am Kopje. Die Rückkehr zum Unterschlupf findet ohne bestimmte Ordnung statt. Häufig kehren die größeren Tiere zuletzt zurück. Das Gruppenfressen wird auch nach mehrjähriger Gefangenschaft oder bei Geburt in Gefangenschaft noch gezeigt (SALE 1965b). Der Auslöser dieses Verhaltens scheint der Gang des Leittieres zum Futterplatz und der Beginn des Fressens zu sein. Bei Störung fliehen die Tiere in die nächstbeste Deckung, wobei sich in Bäumen fressende Tiere einfach aus mehreren Metern Höhe auf den Boden fallen lassen. Während des Fressens wacht immer ein Tier. In drei untersuchten Gruppen von *Procavia* übernahm das territoriale Männchen signifikant häufiger dieses gefährliche Amt, was gleichzeitig kürzere Freßzeiten bedeutet (HOECK 1975). READ (1835) beobachtete in Südafrika meist alte Männchen als Wächter und nur selten Weibchen. Bei *Heterohyrax* wurde kein Tier signifikant häufiger als Wächter gesehen. Fressen die Schliefer zusammen mit dem Helmperlhuhn (*Numida meleagris*), sind sie weniger nervös und wagen sich weiter vom Kopje weg (HOECK 1975).

9.5.5. „Wiederkäuen"

Die weitverbreitete Ansicht, Schliefer seien Wiederkäuer, geht schon auf MOSES (Lev. XI, 5) zurück. BRUCE (1790) hielt das Mümmeln für Wiederkäuen, und durch die Beobachtungen von HENDRICHS (1963, 1965) und VAN DOORN (1972) an Zootieren schien dies weiter bestätigt zu werden. Aus HENDRICH's (1965) Protokollauszügen läßt sich für einen Tag (9.2.63) feststellen, daß er 175 Kaubewegungen ohne vorhergehende Nahrungsaufnahme in 1 3/4 h beobachtete, an einem anderen Tag (18.2.63) 257 Kauschläge in 1 1/2 h. Aus der von HENDRICHS (1965) angegebenen Frequenz von 90–100 Kauschlägen/Minute ergäbe sich somit in dem genannten Beobachtungszeitraum für den 9.2. ganze zwei Minuten Wiederkäuen und für den 18.2. drei Minuten. Wenn HENDRICHS (1965) 10 Schläge beobachtet, entspricht dies einer Wiederkauzeit von 6–7 Sekunden. SALE (1966a) zitiert eine Mitteilung von HENDRICHS, wonach die Tiere 1/2 h pro Tag wiederkäuen sollen, wenn sie Heu fressen. Demgegenüber stehen die Aussagen von SALE (1966a), HOECK (1976b) und MELTZER (1976), die während ihren Freilanduntersuchungen nie Wiederkäuen beobachteten. Die beiden erstgenannten Autoren ebenso wie LEON (1980) weisen aber umgekehrt darauf hin, daß kurze Kaubewegungen ohne kurz zuvor erfolgte Nahrungsaufnahme zu sehen seien, wenn das Tier mit etwas Unbekanntem konfrontiert wird; Mümmeln tritt als Übersprunghandlung auf. Dies konnte ich auch bei den von mir gehaltenen Kap-Klippschliefern wahrnehmen. Der einfache Bau des zweiteiligen Magens spricht eindeutig gegen die Annahme des Wiederkäuens bei Schliefern.

9.6. Wasserhaushalt

Schliefer trinken, indem sie die Lippen unter Wasser halten und dieses unter gurgelnden Lauten schluckweise einsaugen. Die Zunge hat dabei keine sichtbare Bedeutung. Die Möglichkeit, die Tiere trinken zu sehen, ist jedoch sehr selten, denn sie decken je nach Nahrung ihren Wasserbedarf fast vollständig aus dem Wassergehalt der Pflanzen, ohne daß jedoch eine signifikante Korrelation zwischen Hauptnahrung und deren Wassergehalt besteht (LENSING 1983). HANSE (1962) gibt an, daß

Procavia capensis 134 Tage ohne zu trinken überlebt. Mount Kenia-Schliefer kamen in Gefangenschaft mit Luzerne, Karotten, Kohl, Mais und *Sonchus* als Futter 6 Monate ohne Wasser aus (SALE 1965b). MELTZER (1976) nimmt einen Bedarf von höchstens 180 ml Wasser/Tag für adulte Sinai-Schliefer an. Der Wasserumsatz unter Futter- und Wassergabe ad libitum ist bei *Procavia* bis 60% geringer als bei anderen Eutheria (RÜBSAMEN, HELLER, LAWRENZ & ENGELHARDT 1979). Er beträgt unter natürlichen Bedingungen 61 ml $\times$ kg$^{-0,82}$ $\times$ 24 h^{-1}, unter Laborbedingungen sogar nur 44 ml. Die Tiere reagieren auf Wasserverknappung mit Regulation des renalen Wasserverlustes und Ausscheidung von konzentrierterem Harn, erhöhter Wasserresorption im Darm, und vor allem geringerem Verdunstungsverlust, da 42–61% des aufgenommenen Wassers durch Verdunstung verloren geht (RÜBSAMEN, HUME & ENGELHARDT 1982). Bei Wasserknappheit können die Tiere schadlos bis zu einem Fünftel des Körpergewichts verlieren (MELTZER 1976, RÜBSAMEN, HUME & ENGELHARDT 1982). Weitere Möglichkeiten, auf Wassermangel zu antworten, sind das Senken der Körpertemperatur und des Sauerstoffverbrauches (RÜBSAMEN, HUME & ENGELHARDT 1982). Bei Trockennahrung und Wasserentzug findet ab dem 15. Tag keine Nahrungsaufnahme mehr statt (LOUW, LOUW & RETIEF 1972). Die gegenüber anderen Eutheria bis zu 40% niedrigere Stoffwechselrate von *Procavia* (RÜBSAMEN, HUME & ENGELHARDT 1982), schlägt sich nicht in veränderten Blutwerten nieder. Die Blutwerte zeigen keine Besonderheiten (WALLACH, LAGARDE & SILBERMANN 1976).

9.7. Hautpflege

Auf den Procaviidae leben eine Vielzahl von Ektoparasiten (s. Kapitel Parasiten). *Heterohyrax* und *Procavia* erwehren sich ihrer durch verschiedene Formen der Hautpflege. Am häufigsten kommt das Kratzen mit der an der Innenzehe befindlichen Putzkralle vor. Mit Hilfe dieses eigenartig geformten Zehenendorganes kann nahezu der gesamte Körper gekratzt werden, ein Verhalten, das auch bei *Dendrohyrax dorsalis* beobachtet wurde (RAHM 1964). Bei der oralen Fellpflege wird das Fell mit den unteren Schneidezähnen durchgekämmt. I_1 und I_2 sind dafür durch in der Regel drei Einkerbungen an ihrer meißelförmigen Krone bestens geeignet; sie sind pektinat. Das Fell wird zunächst gegen den Strich aufgerauht und anschließend unter kurzem Beißen mit dem Strich geglättet. Nach dem Absetzen von Harn und Kot werden Anus und Geschlechtsöffnung stets abgerieben. Das Gesicht und gelegentlich die Innenseite des Oberschenkels werden am Gestein gescheuert.

Häufig plustern die Tiere das Fell, wälzen sich und nehmen ein Staubbad. Dabei werden immer wieder dieselben Stellen aufgesucht. Baden in Wasserlachen und Gesteinsmulden ist selten und wurde nur an sehr heißen, sonnigen Tagen beobachtet worden. Trotz des außerordentlich starken Parasitenbefalls und der Agglomeration der Tiere wurde keine soziale Hautpflege bei Schliefern beobachtet (SALE 1970a, HOECK 1976c).

9.8. Soziale Organisation

Während *Procavia* und *Heterohyrax* gesellig sind, scheinen die *Dendrohyrax*-Arten nach den wenigen vorliegenden Angaben eher solitär zu leben. Eine Ausnahme ist z. B. *Dendrohyrax arboreus ruwenzorii* in der alpinen Region. Die soziale Organisation der Procaviidae ist bisher nur bei *Procavia* und *Heterohyrax* an einigen wenigen Orten untersucht worden (SALE 1965d, MENDELSSOHN 1965, MELTZER 1967, P. B. FOURIE 1974, HOECK 1975–89, L. J. FOURIE 1983, FOURIE & PERRIN 1987). HOECKs Untersuchungen (1975–89) an Populationen, die auf Kopjes leben, sind von FOURIE & PERRIN (1987) an einem anderen Standort bestätigt worden. HOECK, KLEIN & HOECK (1982) wiesen darauf hin, daß die inselartige Verteilung wahrscheinlich besondere Anpassungen erfordert.

9.8.1. Procavia und Heterohyrax

In beiden Gattungen leben die Tiere in stabilen polygynen Gruppen, bestehend aus einem territorialen Männchen, einer von der Größe des Territoriums abhängigen Zahl von Randmännchen, Weibchen unterschiedlichen Alters, subadulten Tieren und Jungtieren beiderlei Geschlechts. Die Zahl der Weibchen schwankt, wobei siebzehn in einer Buschschliefergruppe der bislang größte beobachtete Harem auf einem Kopje war. Jungtiere können „nursery groups“ bilden. Je nach Größe des Habitats können mehrere Familien mit sich überlappenden Territorien und bis zu 2–3 Dutzend Tieren zusammenleben. MELTZER (1967) fand in Israel lokalisierte, große Zusammenschlüsse (bis 80 Tiere), die von Randmännchen (s. u.) nach vorne und hinten gesichert wurden. Da sich geschlechtsreif gewordene Weibchen (16–17

Monate alt) zumeist den adulten Weibchen anschließen, bilden die Weibchen untereinander nahverwandte, feste Gemeinschaften („female – bonded groups“ L. J. FOURIE 1983). Einwandernde Weibchen werden nach kurzer Zeit aufgenommen. Sie schlafen in den ersten Tagen von der Gruppe getrennt und kauern zunächst nur mit juvenilen Tieren zusammen. Ob und inwieweit die Weibchengruppen hierarchisch organisiert sind, ist unbekannt. Weibchen haben bestimmte Kernareale (definiert als 60% der beobachteten Aufenthaltsorte im Streifgebiet), die sie aber nicht verteidigen. Männliche Tiere werden mit 28–29 Monaten geschlechtsreif. Tiere die schon ab dem 17. Monat physisch geschlechtsreif wurden, erreichen die verhaltensmäßige Geschlechtsreife erst mit 28–29 Monaten (FOURIE & PERRIN 1987). Vor Erreichen des 30. Lebensmonates wandern die Männchen ab.

HOECK, KLEIN & HOECK (1982) unterscheiden vier Kategorien von geschlechtsreifen Männchen.

1. Territoriale Männchen. Es sind die ältesten Männchen, und sie dulden meist das ganze Jahr über kein fremdes adultes Männchen auf ihrem Kerngebiet. Sie bewachen die Weibchen und folgen während der Paarungszeit den im Östrus befindlichen Weibchen. Die Überlappung ihres Kernareals und desjenigen der Weibchen beträgt 60–75%. Vom dominanten Männchen stammen die meisten territorialen Rufe, und als einziges Gruppenmitglied ruft es das ganze Jahr über. Nicht zuletzt wendet bei *Procavia*, nicht jedoch *Heterohyrax*, das territoriale Männchen mehr Zeit für das Wächteramt auf. Dringt ein fremdes Männchen in das Territorium ein, so versucht das dominante Männchen, es zunächst zu verjagen. Es folgt ihm dabei bis an den Kopjerand. Flieht der Eindringling nicht, kommt es zum Kampf, wobei es sich um echte, nicht ritualisierte Beschädigungskämpfe handelt und die Tiere unter Umständen so stark beißen, daß sie an den Verletzungen verenden. Dabei kann es selbst zur Tötung kommen. In großen Arealen, die mehrere Gruppen beherbergen, ist die Dominanz unterschiedlich ausgebildet. HOECK, KLEIN & HOECK (1982) beobachteten auf einem Kopje (14750 m^2) zwei absolut dominante Männchen, die nie von anderen aggressiv angegangen wurden und auch gegeneinander kein Dominanzverhalten äußerten, obwohl sie zeitweise auf dem Gebiet des anderen gesehen wurden. Die beiden Männchen waren insoweit paarungsdominant, als von 43 beobachteten Kopulationen auf das eine 14 und auf das andere 9 entfielen. Zwei weitere Männchen kopulierten jeweils fünfmal und die sechs Randmännchen zusammen zehnmal. Agonistisches Verhalten unter den Männchen trat hauptsächlich zur Paarungszeit auf. Auf großen Kopjes monopolisieren die Männchen weniger Weibchen als auf kleinen. Einmal wurde auch beobachtet, daß ein *Procavia*-Männchen Weibchengruppen auf 2 Kopjes während der Paarungszeit beherrschte.

2. Randmännchen. Randmännchen findet man nur in genügend großen Wohngebieten (> 4000 m^2), auf kleinen Kopjes fehlen sie. Sie leben räumlich peripher, d. h. sie haben außerhalb der Paarungszeit weniger als 45% Überlappung mit den Kerngebieten der Weibchen. Unter den Randmännchen besteht eine Rangordnung. Nur das ranghöchste Randmännchen kann ein verschwundenes territoriales Männchen ersetzen. Sie zeigen im Gegensatz zu den dominanten Männchen das ganze Jahr über agonistisches Verhalten, vor allen Dingen auf dem kleinen Areal, welches sie um ihre Schlafhöhle herum gegenüber niederrangigeren Männchen verteidigen. Sie leben dort solitär und sind nicht in Junggesellenklubs organisiert. Sie rufen auch nur zwischen Juni und November, also während der Paarungszeit. Nie kauern sie mit den Weibchen zusammen.

3. + 4. Frühe und späte Auswanderer. Dispersion von Männchen erfolgt wenige Kilometer weit. Bis zur Abwanderung werden sie vom territorialen Männchen toleriert und zu den Weibchengruppen zugelassen.

9.8.2. Soziale Organisation von Dendrohyrax

Über die soziale Organisation der verschiedenen Baumschlieferarten liegen keine hinreichenden Angaben vor. *Dendrohyrax dorsalis* scheint einzeln oder paarweise zu leben (MALBRANT 1936, zit. in RAHM 1964, RAHM 1957). Nach RAHM (1964) beruht die Meinung, *Dendrohyrax dorsalis* lebe in kleinen Gruppen von 5–6 Tieren (z. B. JEANNIN 1936) auf falschen Aussagen von Eingeborenen. Bislang gibt es keine direkten Nachweise über das Verhalten von *Dendrohyrax dorsalis* im Freiland. *Dendrohyrax validus* lebt am Kilimandscharo solitär (KUNDAELI 1976a). Eingefangene Tiere haben eine sehr geringe intraspezifische Toleranz, und die Neubesetzung einer Baumhöhle erfolgt erst nach geraumer Zeit. Über die Sozialstruktur anderer Populationen von *Dendrohyrax validus* liegen keine Angaben vor. Möglicherweise, und dies wäre sehr interessant, deuten Kotanhäufungen, die in den Usambara-Bergen und auf Sansibar gefunden wurden (MATSCHIE 1893a, MOLLISON 1905b) auf größere Agglomerationen von *Dendrohyrax validus* hin. Über *Dendrohyrax arboreus* gibt es widersprüchliche Aussagen. Am

Kiwu-See (Zaire) scheint *Dendrohyrax arboreus adolfifriederici* in Kleinfamilien oder Gruppen zu leben (RAHM & CHRISTIAENSEN 1963). FEY (1960) vermutet, daß *Dendrohyrax arboreus* solitär oder in Paaren lebt. Im Ngorongoro-Krater scheinen vorläufige Beobachtungen auf polygyne Gruppen hinzuweisen (HOECK, KLEIN & HOECK 1982). Interessanterweise ist *Dendrohyrax arboreus ruwenzorii* an den tiefer liegenden, bewaldeten Abhängen der Ruwenzori-Berge solitär, nachtaktiv und baumbewohnend. In 3000 m Höhe leben Populationen auf Geröllhalden sozial und sind tagaktiv (SALE 1969). RUDNAI (1984a, b) zieht nach langjährigen Beobachtungen an gefangenen Tieren den Schluß, daß wegen der äußerst seltenen Interaktionen der Tiere (0,7 % der Aktivität), *Dendrohyrax arboreus* solitär sei oder in Mutter-Kind-Gruppen lebe.

9.9. Territorium

Auch hier beschränken sich die Angaben im wesentlichen auf Befunde, die auf Kopjes in der Serengeti erhoben wurden (HOECK et al. 1982). Dort entspricht die Größe kleiner Kopjes dem Streifgebiet der Weibchen. Das Kernareal von 27 *Heterohyrax*-Weibchen (60 % der gesichteten Positionen) betrug auf einem größeren Kopje ca. 2000 m^2, bei einzelnen Weibchen kann es aber auch doppelt so groß sein; der Spielraum reicht von 1080–4050 m^2. Die Kernareale von Männchen derselben Art hatten im Durchschnitt eine Fläche von 2950 m^2. Auf demselben Kopje betrug die durchschnittliche Kernarealfläche von *Procavia*-Weibchen 4250 m^2 (N = 4) und von Männchen 4800 m^2 (N = 3).

Das Territorium einer Gruppe von *Dendrohyrax arboreus* maß 25000–30000 m^2 RAHM & CHRISTIAENSEN (1963). Aus der Verteilung der nächtlichen Rufe wurde auf eine Größe des Territoriums von *Dendrohyrax dorsalis* von 1/4 km^2 geschlossen RAHM (1964).

9.10. Ausdrucksverhalten und Kommunikation

Obwohl zwei der drei rezenten Gattungen der Procaviidae gesellig leben, verfügen die Tiere – mit Ausnahme der akustischen Signale – nur über ein begrenztes Ausdrucksverhalten. Bei gefangenen *Dendrohyrax arboreus* waren lediglich 0,7 % der Aktivität intraspezifische Interaktionen (RUDNAI 1984). SALE (1970) und FOURIE (1977) beschreiben abweichend von HOECK (1975–89) ein hohes Maß an intraspezifischer Aggression. Verschiedenen Autoren zufolge z. B. SALE (1965–1970), HOECK (1975–89), RUDNAI (1984) fehlen den Schliefern die typischen Verhaltensweisen für sozial lebende Tiere. Sie betreiben keine soziale Hautpflege, kein Anal- oder Genitalschnüffeln (nach MENDELSSOHN 1965 doch), kein gegenseitiges Beriechen. Die mütterliche Pflege beschränkt sich auf das Säugen und die Antwort auf den kindlichen Notruf; nur Jungtiere spielen untereinander. FOURIE (1977) beschreibt als einziger naso-nasale Begrüßungskontakte. Mit Ausnahme von *Heterohyrax*-Männchen, die während der Paarungszeit mit wenigen Tropfen Urin auf den Felsen markieren (HOECK, KLEIN & HOECK 1982), ist bislang kein Markierungsverhalten nachgewiesen worden. Möglicherweise findet bei den Schliefern, vor allen Dingen den *Dendrohyrax*-Arten, eine akustische Markierung statt. Begegnen sich Schliefer, vermeiden sie durch Wegdrehen des Kopfes Gesichtskontakte. Sind diese unausweichlich, reagieren sie sofort mit schwachen Drohgebärden, z. B. dem Heben der Oberlippe, dem Zurücklegen der Ohren oder merklicher Piloerektion (SALE 1970). Das Entblößen der oberen Schneidezähne, manchmal unterstützt durch leichtes Fauchen, ist neben der Piloerektion, insbesondere des Haarkranzes um die Rückendrüse die hauptsächliche intra- und interspezifische Drohgebärde. Daneben treten Drohstarren und Mümmeln auf. Aggressive Handlungen sind außer dem Drohen das Jagen und Beißen und während der Paarungszeit das Unterbrechen der Kopula subdominanter Männchen durch höherrangige. Auf Angriffe reagieren Schliefer durch Flucht oder Erstarren. Erst wenn das angreifende Tier näher als 25 m herankommt, entblößen sie die Schneidezähne und beginnen manchmal zu kauen. Bei Näherung auf wenige Zentimeter schnellt das Tier zu einem kurzen, heftigen Biß vor. Als Beschwichtigungsgeste kann bei den Schliefern die Präsentation des Hinterteiles angesehen werden. Wie bereits erwähnt, nähern sich die Tiere zusammenkauernden Gruppen mit dem Hinterteil voran. Für den menschlichen Beobachter sind die Ohrstellung und das Spiel der Lippen die einzigen mimischen Äußerungen der Schliefer.

Das auffälligste visuelle Signal geht vom Haarkranz um die Rückendrüse aus. Piloerektion um 45° bedeutet Alarm, um 90° Drohung. Um 180° aufgerichtete Haare treten beim Männchen während des Werbens auf (SALE 1970).

Laute scheinen die wichtigsten Signale der Schliefer zu sein (RAHM 1969, FOURIE 1977). Die bekannten nächtlichen Rufe von *Dendrohyrax dorsalis* dienen der Territoriumsmarkierung. HARE (zit. in SHORTRIDGE 1934) bezeichnet sie als röchelnden Ton, der in Frequenz und Intensität ansteigt und dann mit klagenden Schreien abstirbt. Der Beginn wurde auch mit froschähnlichem Gequake verglichen (LORING zit. in SHORTRIDGE 1934). NEETHLING (1962) verwechselte viele Jahre lang den Schrei von *Dendrohyrax* mit demjenigen der Fischeule (*Scotopelia peli*). Ein tief schnarchender Ton geht in ein Crescendo über, und der Schluß ist auffallend gedehnt. Für HALLAY (zit. in MALBRANT & MACLATCHY 1949) klingt das Ganze wie eine sich bis zur letzten Note steigernde Tonleiter in B-Moll, gesungen von einem, der erwürgt würde. Weitere Beschreibungen (HATT 1936, MALBRANT & MACLATCHY 1949, MONARD 1951, RICHARD 1964, RAHM 1957, 1964) charakterisieren den nächtlichen Ruf sowohl von Männchen wie Weibchen von *Dendrohyrax dorsalis*. Nach RAHMS (1969) oszillographischen Untersuchungen besteht die Rufreihe, die mit einer Folge leiser Schreie beginnt, aus 130 aufeinanderfolgenden Schreien, deren lautester um den 50. Schrei herum liegt. Die Abstände zwischen den einzelnen Schreien sind von unterschiedlicher Dauer, sie werden zum Ende hin länger. Der lauteste Schrei ist bis 3 km weit hörbar. Beim Schreien wird der Kopf nach vorne gestreckt und leicht nach unten gebeugt, während der Körper zusammengezogen ist. Auch die anderen Arten von *Dendrohyrax* stoßen charakteristische Rufe aus (SEIBT, HOECK & WICKLER 1977).

Vereinzelte Umschreibungen der Rufe von *Procavia* (HAUSER 1951, HAHN 1959, COE 1962, BOTHMA 1963) gehen der genauen Arbeit von FOURIE (1977) voraus. Auf der Grundlage von Sonagrammen und signifikanten Veränderungen in mindestens einem Parameter (Frequenz, Amplitude, Länge) unterscheidet FOURIE (1977) 21 verschiedene Laute (Abb. 115, 116). Diese sind nur teilweise an bestimmte Lagen gebunden. Die Laute können aber auch erst im Verhaltenskontext eine definierte Aussage erhalten; häufig reagieren die Tiere auf gleiche Bedingungen mit anderen Lauten bzw. umgekehrt. Im Laufe der Jugendentwicklung nimmt die Zahl verschiedener Vokalisationen ständig zu, wobei es auch spezifische Kindheitstöne gibt (FOURIE 1977). Außer Warnrufen sind die meisten Laute nur im Nahbereich zu hören und begleiten vor allem Aggression oder Beschwichtigung.

9.11. Spiel

Bei *Heterohyrax* und *Procavia* – über *Dendrohyrax* liegen auch hier keine Daten vor – spielen nur die Jungtiere miteinander (HOECK 1978, CARO & ALAWI 1986). BOTHMA (1966) beobachtete bis

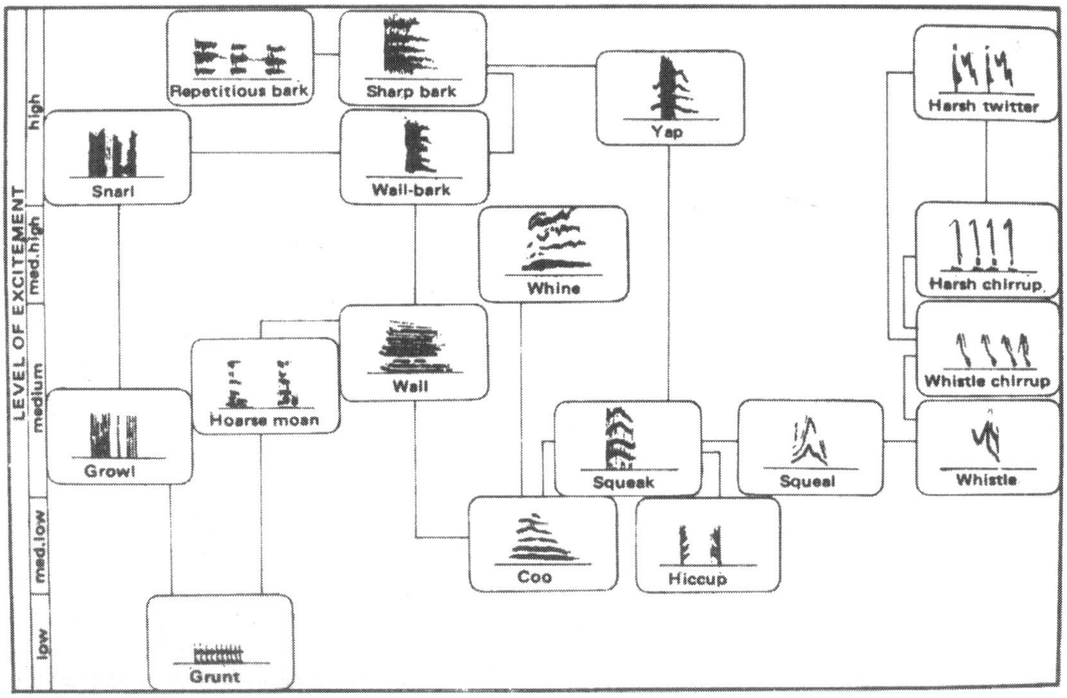

Abb. 115. *Procavia capensis*. Schematisierte Darstellung der physikalischen Charakteristika der Rufe. Die Verbindungslinien zeigen die Möglichkeiten von gemischten Lauten an (aus P.B. FOURIE 1977).

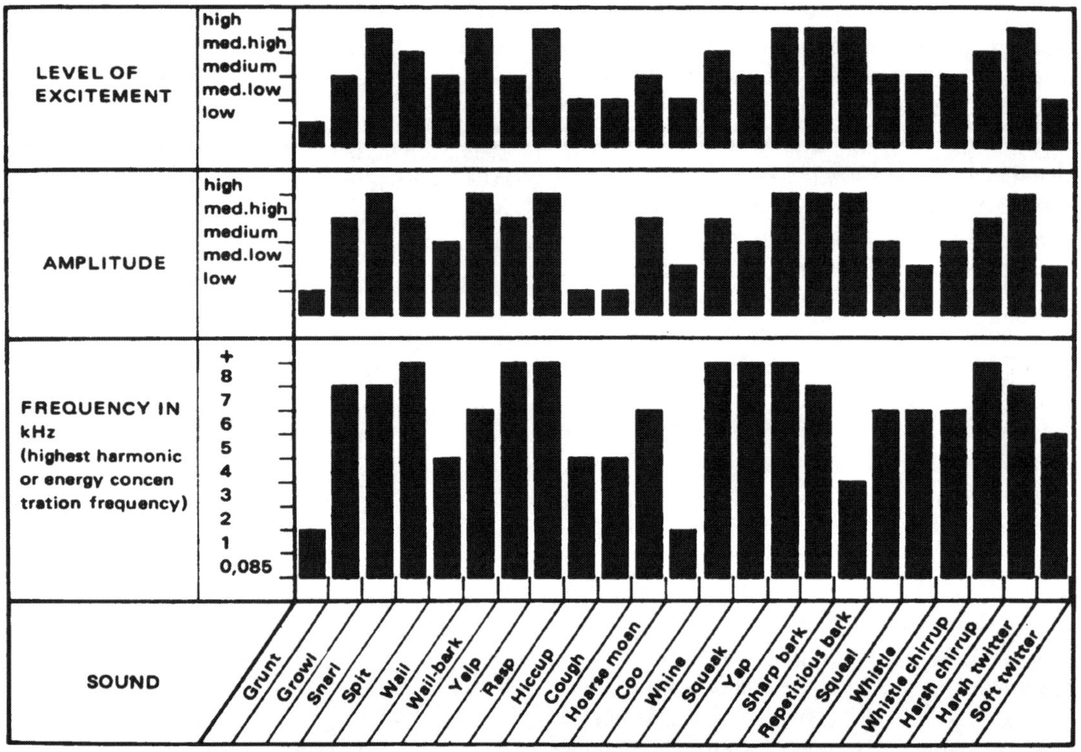

Abb. 116. *Procavia capensis.* Beziehung der Frequenz und Amplitude der einzelnen Laute zum Erregungszustand (aus P. B. Fourie 1977).

zu 12 junge *Procavia* in „Kinderstuben“, die von einem Adulttier bewacht wurden. Außer Laufspielen und Besteigen gibt es Kampfspiele, bei denen die Tiere versuchen, sich gegenseitig zu beißen; bevorzugte Stellen sind dabei die Beine und Flanken. Muttertiere veranlassen ihre Jungen nur in den ersten 6 Wochen, miteinander oder mit ihr zu spielen. Das Spielverhalten nimmt mit zunehmendem Alter deutlich ab.

Bei sympatrischem Vorkommen von *Procavia* und *Heterohyrax* spielen die Jungtiere interspezifisch, obwohl intraspezifische Spiele überwiegen. Die Verhaltensmuster sind in beiden Gattungen sehr ähnlich. Jungtiere von *Procavia* veranlassen Jungtiere von *Heterohyrax* wesentlich häufiger zum Spielen als umgekehrt, und *Procavia* zeigt signifikant mehr Spielverhalten (Caro & Alawi 1986). Dem häufigeren Spiel als Jungtier scheinen bei Adulttieren von *Procavia* im Vergleich zu *Heterohyrax* häufigere soziale Interaktionen zu entsprechen.

9.12. Fortpflanzung

9.12.1. Paarung

Die Paarung bei *Dendrohyrax* konnte bisher nicht beobachtet werden. Das Paarungsverhalten von *Heterohyrax* und *Procavia* unterscheidet sich kaum. Es wird keine eigentliche Paarbindung beobachtet. Paarungen finden jährlich nur einmal während weniger Wochen statt. Procaviiden gehören zu den „short day breeders“. In Äquatornähe sind die Paarungszeiten von *Procavia* nicht an bestimmte Monate gebunden. Sie sind lokal verschieden, aber innerhalb einer Population über die Beobachtungszeiträume konstant (Glover & Sale 1968, Sale 1969, Hanks 1977). An den Hängen des Rift Valley in Kenia liegen sie im November, dagegen an der Talsohle von März bis Mai (Sale 1969), in der Serengeti zwischen Juli und September (Hoeck 1976). *Heterohyrax* zeigt in Kenia eine auf Mai–Juli beschränkte Paarungssaison (Sale 1969, Neaves 1979), in der Serengeti liegt diese aber von Gruppe zu Gruppe verschieden entweder von April–Mai oder von August–November (Hoeck 1978, Hoeck et al. 1982). Die Fortpflanzungszeiten sind in den nördlichen Breiten (z. B. Israel) gegenüber den südlichen um sechs Monate verschoben (Millar & Glover 1973, Fourie 1983, Smithers 1983) (Abb. 117). Die meisten Autoren sehen deshalb in der Tageslänge – zumindest in den gemäßigten Breiten – den wesentlichen Zeitgeber für den Beginn der Paarungssaison (Millar & Glover 1970, Millar 1971, Hanks 1977, Van der Merwe & Skinner 1982, Fourie 1983). Doch zeigen auch äquatorial lebende Populationen unterschiedlich Paarungszeiten (Neaves 1980). Inwieweit weitere abiotische Fakto-

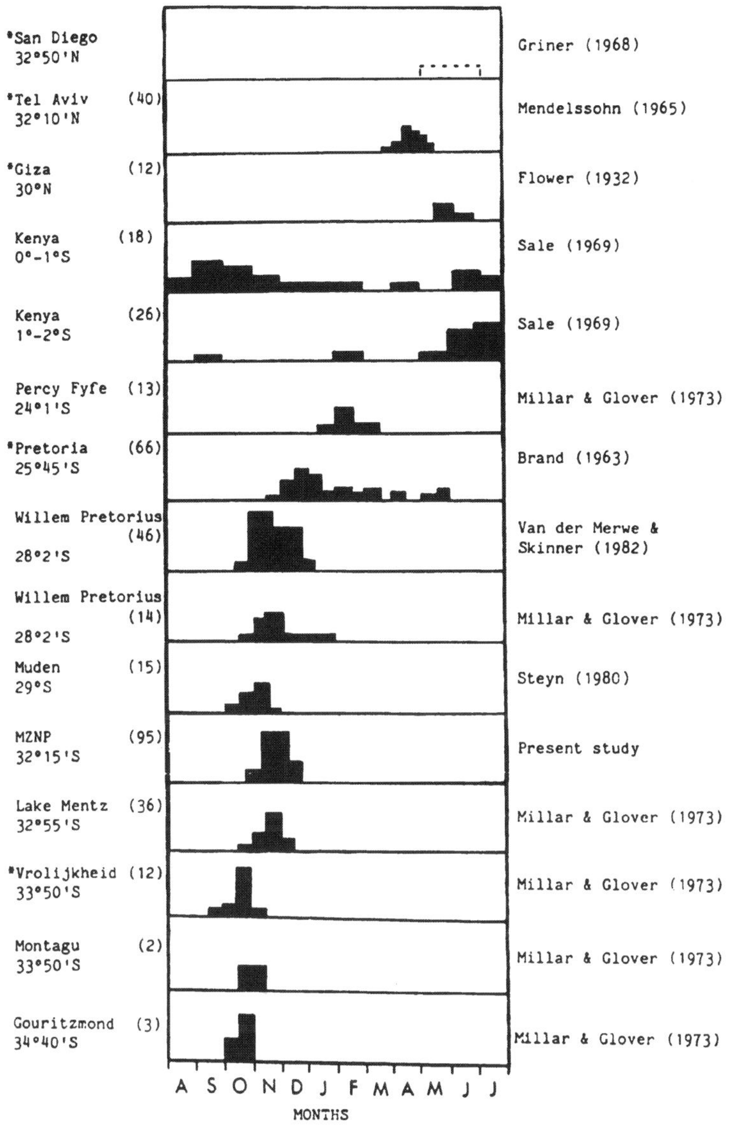

Abb. 117. *Procavia capensis.* Fortpflanzungszeiten in Abhängigkeit von den Breitengraden. Während in Äquatornähe keine begrenzten Fortpflanzungszeiten eingehalten werden, sind diese in den südlichen und nördlichen Breiten jahreszeitlich festgelegt und um sechs Monate gegeneinander verschoben (aus FOURIE 1983).

ren, aber auch das jahreszeitlich unterschiedliche Nahrungsangebot einen Einfluß haben, ist umstritten. Der Beginn der Paarungszeit fällt nicht immer in die Zeit der abnehmenden Tageslängen, sondern er kann auch bei zunehmenden Tageslängen eintreten (MILLAR & GLOVER 1973). Möglicherweise liegt auch eine starke endogene Steuerung vor. Am Mount Kenya sollen die Männchen zweimal jährlich sexuell aktiv werden (GLOVER & SALE 1968). SALE (1969) nimmt dagegen keine begrenzte Fortpflanzungszeit an. *Dendrohyrax arboreus* hat nach O'DONOGHUE (1963) und GLOVER & SALE (1968) keine besondere Paarungssaison; die sexuelle Aktivität erstreckt sich über das ganze Jahr mit einem Geburtsgipfel in der Mitte des Jahres. Die Baumschliefer werfen im Kongo von Mai–August, im Gabun von März–April (KINGDON 1971) und in Nigeria im Oktober und Dezember–Februar (HAPPOLD 1987).

Bei Männchen kündigt sich die Brunft schon Wochen vorher durch die immer häufiger werdenden Territorialrufe und die allmähliche Anschwellung der Hoden an (s. Kapitel Geschlechtsorgane). Auch verjagen nun die territorialen Männchen alle potentiellen Nebenbuhler. Nur bei *Heterohyrax* wird während der Brunft Urinmarkieren auf den Felsen beobachtet. Die Funktion der Rückendrüse in dieser Zeit ist nicht unumstritten. Nach HANKS (1977) ist sie zur Paarungszeit maximal aktiv, ihr Lumen ist vergrößert und mit Sekret gefüllt. Brünftige Männchen sollen Weibchen im Östrus nur durch den Geruch der Rückendrüse ausfindig machen, und Weibchen erkennen die sexuelle Aktivität von Männchen daran. Weibchen von *Heterohyrax* sind unterschiedlich lang im Östrus (1–5 Tage) und können mehrmals heiß werden (HOECK et al. 1982). Weibchen kopulieren mit verschiedenen Männchen.

Territoriale Männchen bevorzugen über 28 Monate alte Weibchen, jüngere Weibchen paaren sich häufiger mit Randmännchen (HOECK, KLEIN & HOECK 1982). Dieser Umstand könnte mit den von FOURIE & PERRIN (1987b) beobachteten kleineren Wurfgrößen bei unter drei und über acht Jahre alten Weibchen zusammenhängen (Abb. 118, 119). Die geringere Neigung von territorialen Männchen, sich mit jungen Weibchen zu paaren, verhindert auch Inzucht, denn, wie erwähnt, schließen sich Töchter meist den Weibchengruppen an.

9.12.1.1. Kopulation

Die Kopulation vollzieht sich bei *Heterohyrax* und *Procavia* in ähnlicher Weise (HOECK 1976, 1978). Zunächst beriechen die Männchen die Genitalregion der Weibchen. Das Männchen nähert sich langsam vorwärtskriechend, wobei der Haarkranz um die Rückendrüse aufgerichtet ist (HOECK 1978). Meist stoßen die Männchen einen spezifischen Paarungslaut aus (HOECK 1976). Nach FOURIE (1977) kennzeichnet keiner der von ihm aufgezeichneten Laute eine besondere Situation. Das Weibchen stellt nun auch die Rückenhaare auf. Bei *Procavia* drückt es dann wiederholt sein Hinterteil an den Körper des Männchens. Bei *Heterohyrax* drehen sich die Paarungspartner mehrmals um sich selbst. Beim Aufreiten umklammert das Männchen fest die Flanken des Weibchens und macht einige Stoßbewegungen aber ohne Immissio. Wie schon während des Paarungsvorspieles macht das Männchen dabei häufig mit dem Kopf schlingernde Bewegungen. Erst nachdem dieser Vorgang über 3–5 min. mehrfach wiederholt wurde, kommt es zur Kopulation. Das Weibchen springt unmittelbar danach weg, beißt und verjagt das Männchen. Dieses nähert sich ihm jedoch schon nach kurzer Zeit wieder, und eine erneute Kopulation kann nach 1–3 h stattfinden. Manchmal wird der Penis nach der Kopula am Felsen geschleift.

Age (years)	Mean litter size	*S.E.*	Range	*n*
0–1	2,00	–	–	1
1–2	2,08	0,24	1–3	13
2–3	2,46	0,16	1–4	24
3–4	3,00	0,23	1–5	17
4–5	2,55	0,15	2–3	12
5–6	3,36	0,17	2–4	14
6–7	2,75	0,25	2–3	4
7–8	3,00	0,41	2–4	4
8+	2,16	0,16	2–3	6

Abb. 118. *Procavia capensis.* Wurfgrößen in Abhängigkeit vom Alter der Weibchen (aus FOURIE & PERRIN 1987).

Age (years)	% of litters with ova or prenatal loss	% loss	*n*
0–1	0	0	1
1–2	31	13	13
2–3	25	9	24
3–4	41	12	17
4–5	27	9	12
5–6	7	2	14
6–7	0	0	4
7–8	25	8	4
8–	33	13	6

Abb. 119. *Procavia capensis.* Prozentualer Anteil ovaler und späterer pränataler Verluste in Abhängigkeit vom Alter der Weibchen (aus FOURIE & PERRIN 1987).

9.12.2. Tragzeit und Wurfgröße

Die Schliefer sind ausgesprochene K-Strategen. Für Tiere ihrer Größe haben sie mit 7–8 Monaten eine einzigartig lange Tragzeit. Die Wurfzahl variiert bei *Procavia* zwischen 1 und 6 Jungen, bei *Heterohyrax* liegt sie zwischen 1 und 3, und bei *Dendrohyrax* wurden fast nur Würfe mit 1–2 Jungen beobachtet (Tabelle 7). Fast 90 % der Würfe in den 3 Gattungen brachten 1–3 Junge. Die Wurfzahl schwankt auch innerhalb eines Gebietes. Diese demographische Plastizität wird durch unterschiedliche Ovulationsraten und fetale Verluste erreicht. Die Wurfgröße ist abhängig von den Regenfällen (SKINNER, NEL & MILLAR 1977).

Das fetale Wachstum konnte nach der HUGGETT & WIDDAS-Formel ($M^{1/3} = a\ (t\text{-}t_0)$) für *Procavia* berechnet werden, bzw. das fetale Alter aus dem Wurfgewicht. Sie lautet: $M^{1/3} = 0{,}047\ (t\text{-}41)$ nach MILLAR (1971), $M^{1/3} = 0{,}0508\ (t\text{-}42)$ nach STEYN (1980), $M^{1/3} = 0{,}0457\ (t\text{-}46)$ nach VAN DER MERWE & SKINNER(1982) und $M^{1/3} = 0{,}0472\ (t\text{-}46)$ nach FOURIE (1983).

9.12.3. Geburt

Die Geburten sind in einer Population synchronisiert; meistens werfen alle Weibchen innerhalb von 3 Wochen. Das Wurfgewicht ist im Verhältnis zum maternen Gewicht außerordentlich hoch und übersteigt den aus der von LEITCH, HYTTEN & BILLEWICZ (1959) aufgestellten, allgemein als tauglich anerkannten Formel errechneten Wert um 55 % (MILLAR 1971). Es beträgt bei *Procavia* 658 ± 42 g (FOURIE 1983) bzw. 581 g (Streuung 560–605 g) (MILLAR 1971). Das Geburtsgewicht

Tabelle 7. Wurfgrößen der Gattungen *Dendrohyrax*, *Heterohyrax* und *Procavia*.

Art	**Anzahl der Würfe mit den Wurfgrößen** 1	2	3	4	5	6	n	Autoren
Dendrohyrax dorsalis	1						1	Malbrant & Maclatchy 1949
Dendrohyrax dorsalis		1					1	van Doorn 1972
Dendrohyrax validus		1					1	Matschie 1894
Dendrohyrax validus	1						1	Matschie 1895
Dendrohyrax validus	2	2					4	Mollison 1905
Dendrohyrax arboreus	2						2	Shortridge 1934
Dendrohyrax arboreus	1						1	Webb 1954 (zit. in Asdell 1964)
Dendrohyrax arboreus	1		1				2	Rahm 1964
Dendrohyrax arboreus ruwenzorii	14						14	Sale 1969
Dendrohyrax arboreus ruwenzorii	3	2					5	Verschuren 1972
Dendrohyrax arboreus	1	3					4	Rudnai 1984
Dendrohyrax arboreus		1					1	Fischer 1986
Gattung *Dendrohyrax*	**26**	**10**	**1**				**37**	
in %	70	27	3					
durchschnittliche Wurfgröße der Gattung *Dendrohyrax* 1,3 Tiere/Wurf								
Heterohyrax brucei		5	1				6	Hollister 1924
Heterohyrax brucei	1	2					3	Allen & Loveridge 1933
Heterohyrax brucei	1	2					3	Allen & Lawrence 1936
Heterohyrax brucei	5	11					16	Sale 1969
Heterohyrax brucei		1					1	Smithers 1971
Heterohyrax brucei	1	4					5	Kayanja & Neaves 1973
Heterohyrax brucei	25	27	3				55	Hoeck 1982
Gattung *Heterohyrax*	**33**	**52**	**4**				**89**	
in %	37	58	5					
durschnittliche Wurfgröße der Gattung *Heterohyrax* 1,7 Tiere/Wurf								
Procavia capensis capensiscapensis	10	59	35	10			114	van der Horst 1941
Procavia capensis capensis		2					2	van Doorn 1972
Procavia capensis capensis	6	35	41	12	1		95	Fourie 1983, Fourie & Perrin 1987
Procavia capensis capensis	11	39	38	11	2		101	Millar 1971
Procavia capensis capensis	4	25	16	3	1		49	van der Merwe & Skinner 1982
Procavia capensis capensis	1						1	Murray 1942
Procavia capensis capensis		1					1	Eismann 1898
Procavia capensis capensis	1	1					2	Wislocki 1930
Procavia capensis capensis	9	39	14	2	2		66	Brand 1963
Procavia capensis capensis		1					1	Smithers 1971
Procavia capensis syriacus	3	5	13	12	2	1	36	Mendelssohn 1965
Procavia capensis syriacus		1	7				8	Nassonow 1895
Procavia capensis syriacus			1				1	Mollaret 1962
Procavia capensis syriacus		1					1	Lawrence & Loveridge 1953
Procavia capensis mackinderi		1					1	Sale 1965a
Procavia capensis johnstoni	3	6	1	4			14	Hoeck 1982
Procavia capensis habessinica	9	31	5				45	Sale 1969
Procavia capensis habessinica	5	4	2				11	Kayanja & Neaves 1973
Procavia capensis habessinica		1	2				3	Allen & Lawrence 1936
Procavia capensis ruficeps		1					1	Rode 1944
Procavia capensis ruficeps		1					1	Rode 1936
Procavia capensis	4	7	4	1		2	18	Wislocki & Westhuysen 1940
Procavia capensis		1					1	Roche 1962
Procavia capensis	1	5	1				7	Sale 1965b
Gattung *Procavia*	**67**	**267**	**180**	**55**	**8**	**3**	**579**	
in %	12	46	31	9	1	1		
durchschnittliche Wurfgröße der Gattung *Procavia* 2,5 Tiere/Wurf								

ist sehr variabel und hängt vor allem von der Größe des Wurfes ab, es schwankt bei *Procavia* zwischen 110 g und 310 g. Männliche Neugeborene sind deutlich schwerer (231 ± 20 g) als weibliche (165 ± 14 g) und das, obwohl adulte Weibchen schwerer als Männchen sind (MILLAR 1971). Der pränatale, fetale Verlust ist besonders bei jungen und sehr alten Weibchen relativ hoch (FOURIE 1983, FOURIE & PERRIN 1987). Weibchen im Alter von 2–8 Jahren haben signifikant höhere Wurfzahlen (MILLAR 1971, FOURIE & PERRIN 1987). Reproduktive Seneszenz wurde bislang nicht bemerkt, so produzierte ein 12 Jahre altes Männchen noch Spermien, und ein 13 Jahre altes Weibchen war trächtig.

SALE (1965a) berichtet über eine Geburt in Gefangenschaft bei Mount Kenya-Schliefern. Nähert sich der Geburtstermin, wird das trächtige Weibchen aggressiver und verläßt die Gruppe. Es baut weder ein Nest noch einen Unterschlupf. Während der Geburt steht das Weibchen und hebt das Hinterteil. Die Geburt wird von spezifischen Lauten begleitet (FOURIE 1977). Nach Erscheinen des Kopfes wird das Junge innerhalb sehr kurzer Zeit, manchmal innerhalb einer Minute, ausgetrieben. Es ist noch vollständig von den Embryonalhüllen umschlossen, von denen es sich selbständig befreit. Das Muttertier hilft ihm dabei nicht, ebensowenig wie es in diesem Falle die Nabelschnur durchgebissen oder die Nachgeburt gefressen hat. Das Neugeborene wird auch nicht besonders abgeleckt, so daß insgesamt nur eine geringe mütterliche Aktivität dem Jungen gegenüber beobachtet werden kann. Nach der Geburt zeigt das niedergekommene Weibchen keine erhöhte Aggressivität mehr.

9.12.4. Laktation

Nach 1–1 ½ h saugen die Jungen dann zum ersten Mal. Sie saugen durchschnittlich knapp 3 min (N = 394 Beobachtungen) und je nach Größe des Wurfes in 1–1 ½-stündigen Intervallen (RUDNAI 1984a) oder 5 min in zweistündigen Abständen (HOECK 1976a). Im Gegensatz zu SALE (1965a) bemerkten HOECK (1976a) und RUDNAI (1984a), daß die Jungen ausgesprochene Präferenzen für bestimmte Zitzen besitzen und sie nach 4 Tagen eine bestimmte Zitzenordnung für die gesamte Laktationszeit einhalten. Bei *Dendrohyrax arboreus* mit einem Paar inguinalen und pektoralen Zitzen und bei *Heterohyrax* und *Procavia* mit zwei Paar inguinalen und einem Paar pektoralen Zitzen liegt der Vorzug eindeutig bei den inguinalen (95,8 % für *Dendrohyrax arboreus*, N = 908 Beobachtungen) (RUDNAI 1984a). Die inguinalen Mammae sind stärker entwickelt (STEYN 1980). Das Saugen, das fast immer von den Jungen eingeleitet wird (96,8 %), erfolgt bei den weichenständigen Zitzen von vorne, bei den bruständigen von hinten oder von vorne (HOECK 1976a). Die Beobachtung von SALE (1965a), daß die Jungen keinen Unterschied zwischen dem Muttertier und anderen säugenden Weibchen machen, wird nur indirekt von HOECK (1976a) bestätigt, der einmal Ammenschaft bemerkte; ansonsten wurden Junge von fremden Weibchen abgewiesen.

9.12.5. Entwöhnung

Die Entwöhnung geht vom Muttertier aus und vollzieht sich wurfgrößenabhängig zwischen dem 1. und 4. Monat (SALE 1965a, FOURIE & PERRIN 1987). Nach MILLAR (1971) können Jungtiere bis zum 5. Monat, nach HOECK (1977) und RUDNAI (1986a) bis zum 6. Monat gesäugt werden. Ein Laktationsanoestrus wird von SALE (1965a), KAYANJA & SALE (1973) und STEYN (1980) angenommen. Doch läßt sich dies mit Laktationszeiten von mehr als 4 Monaten nicht vereinbaren. O'DONOGHUE (1963) weist im Zusammenhang mit dem Fehlen großer Follikel bei unmittelbar postpartum getöteten Weibchen auf einen möglicherweise allerdings sehr kurzen post-partum-Anoestrus hin.

9.13. Das Jungtier

Entsprechend der sehr langen Tragzeit von 7–8 Monaten sind die neugeborenen Procaviiden schon sehr weit entwickelt. Ihre Körperlänge beträgt zwischen 165 mm und 220 mm und damit rund ein Drittel der Adultlänge. Die Neugeborenen kommen sehend zur Welt, die Zähne sind durchgebrochen, und die Jungen sind frühzeitig aktiv. Gleich am ersten Tage (MOLLARET 1962, MILLAR 1971) oder bald danach (VAN DOORN 1972, EISMANN 1898, MENDELSSOHN 1965) beginnen die Jungen mit der Aufnahme fester Nahrung. Sehr bald, noch vor dem ersten Saugen, versuchen sie, auf den Rücken des Muttertieres zu klettern (SALE 1965a). Ob sie dabei einen spezifischen Geruch der Rückendrüse wahrnehmen und diese im Dienste der Mutter-Kind-Beziehung steht, ist ungeklärt (SALE 1965a).

Die Jungen erzeugen in den ersten 2 Monaten nur 3 vokale und 2 nicht vokale, z. T. altersspezifische Rufe. Dabei kann sich für ein und denselben Ruf die Bedeutung ändern, z. B. wird der Frustrationslaut zum Schmerzlaut (FOURIE 1977).

Die Geschlechtsreife tritt nach FOURIE & PERRIN (1987) bei Weibchen im 16.–17. Monat, bei Männchen im 28.–29. Monat ein. 29 % der Männchen sind schon ein Jahr früher geschlechtsreif, doch werden sie dann von den dominanten Männchen an der Kopulation gehindert. MILLAR (1971) und STEYN (1980) stellen dagegen fest, daß die Mehrzahl der weiblichen und männlichen Tiere mit 15–17 Monaten physisch geschlechtsreif werden. Weder STEYN (1980) noch FOURIE & PERRIN (1987) können die Befunde von MILLAR (1971) bestätigen, wonach an gewissen Standorten 14–33 % der Weibchen bereits im 4.–5. Monat geschlechtsreif werden, was bei Männchen nur zweimal beobachtet wurde. SALE (1965a) nimmt auch für den Mount Kenya-

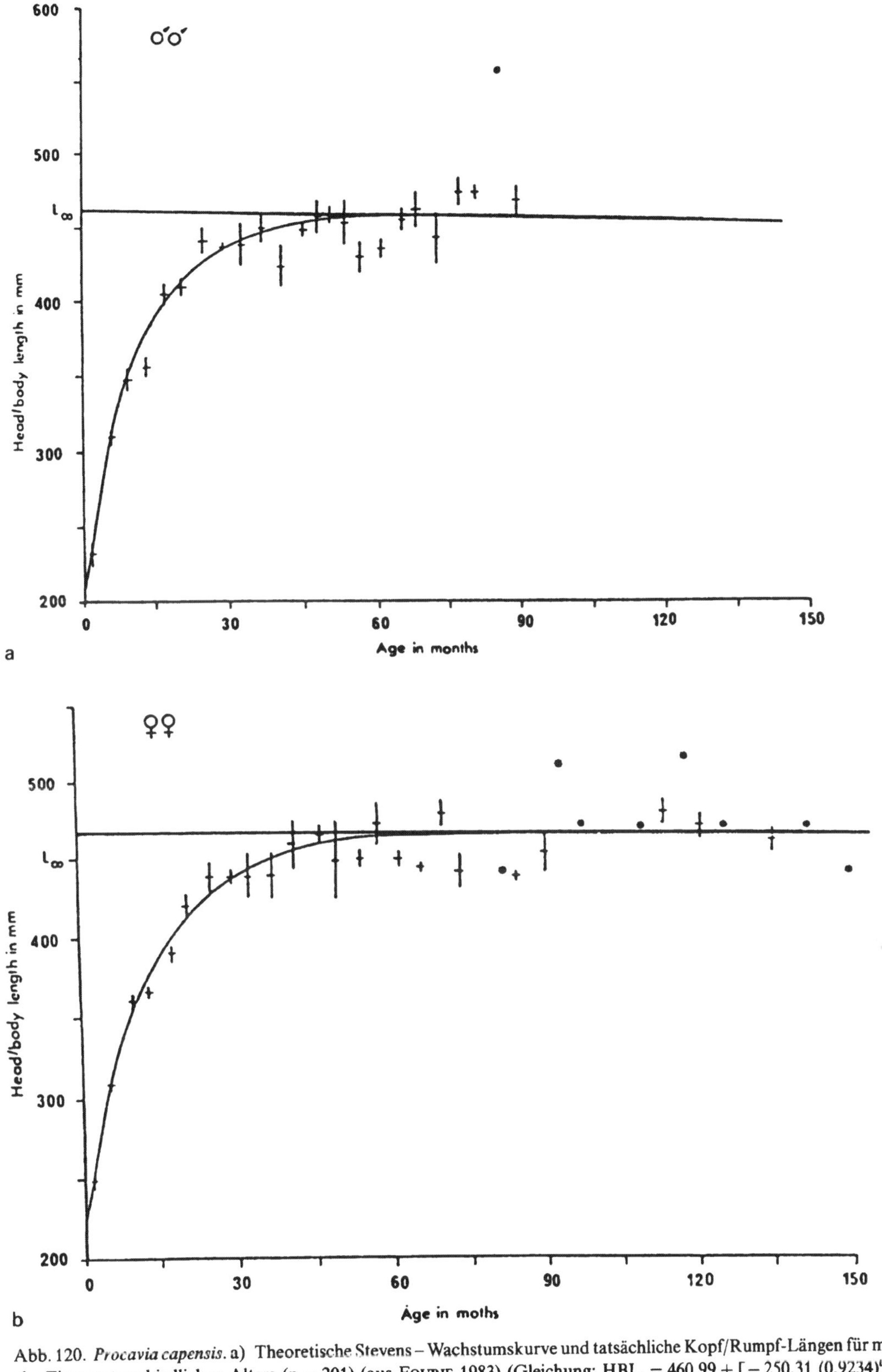

Abb. 120. *Procavia capensis.* a) Theoretische Stevens – Wachstumskurve und tatsächliche Kopf/Rumpf-Längen für männliche Tiere unterschiedlichen Alters (n = 201) (aus FOURIE 1983) (Gleichung: $HBL_t = 460{,}99 + [-250{,}31\ (0{,}9234)^t]$mm). b) Theoretische Stevens – Wachstumskurve und tatsächliche Kopf/Rumpf-Längen von weiblichen Tieren bekannten Alters (n = 249). (Gleichung: $HBL_t = 466{,}37 + [-246{,}20\ (0{,}9286)^t]$mm).

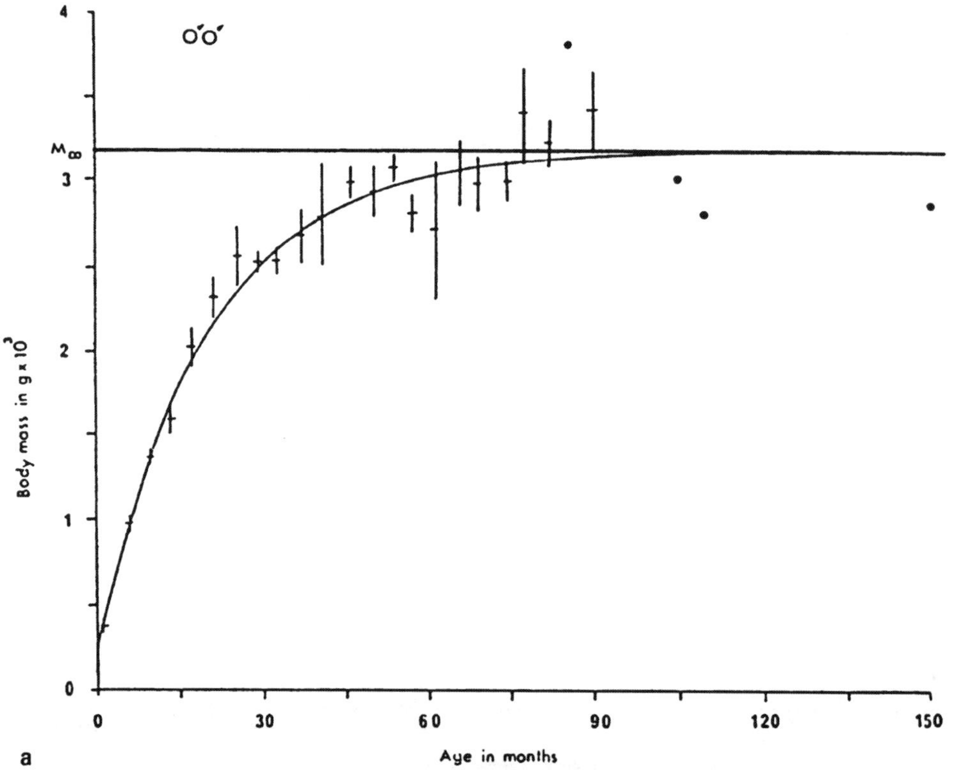

a

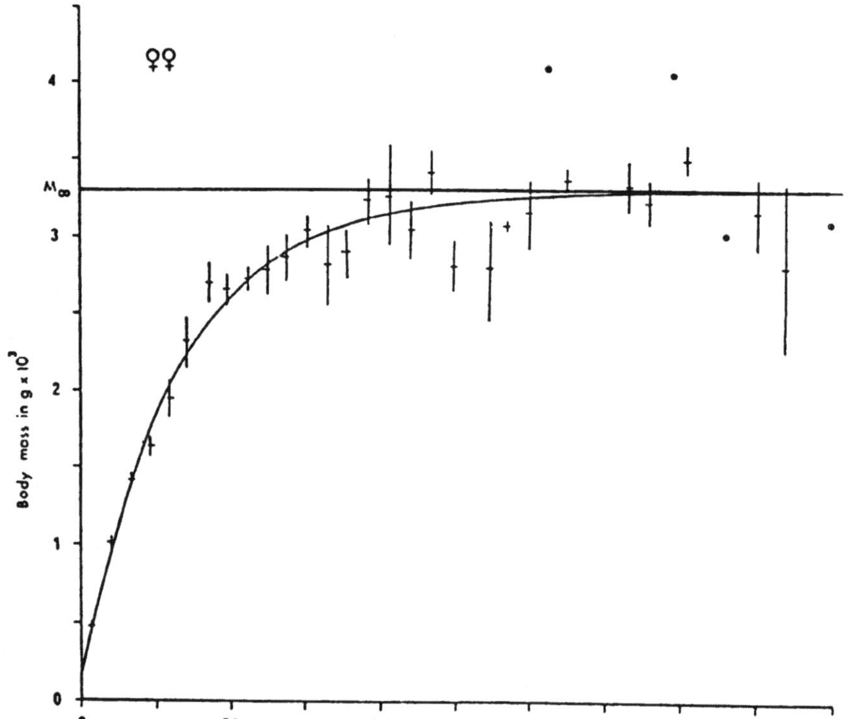

b

Abb. 121. *Procavia capensis.* a) Theoretische Stevens – Wachstumskurve und tatsächliches Körpergewicht von männlichen Tieren verschiedenen Alters (n = 193) (aus FOURIE 1983) (Gleichung: $M_t = 3183{,}78 + [-3010{,}29\ (0{,}9502)^t]g$). b) Theoretische Stevens – Wachstumskurve und tatsächliches Körpergewicht von weiblichen Tieren in Abhängigkeit vom Alter (n = 227). (Gleichung: $M_t = 3307{,}92 + [-3107{,}87(0{,}9523)^t]g$).

Schliefer das Erreichen der Geschlechtsreife im Alter von weniger als 2 Jahren an.

9.14. Demographie

Die Populationsdichte auf den Kopjes lag für *Heterohyrax* bei 20–53 Tieren/ha und bei *Procavia* bei 5–40 Tieren/ha. Das Geschlechterverhältnis ergab bei *Heterohyrax* 1,5–3,5 Weibchen/Männchen und bei *Procavia* 1,45 Weibchen/Männchen (N = 10) (Hoeck 1982).

Jungtiere bis zu einem Jahr machen 60 % der Population aus, Tiere von 1–2 Jahren über 20 %, von 2–3 Jahren 10–20 % und über 3 Jahren unter 10 % (Fairall, Vermeulen & van der Merwe 1986, Fourie & Perrin 1987, Fairall & Hanekom 1987). Ungewöhnlich ist auch die in einer Population ermittelte Geschlechterverteilung. Im ersten Jahr stellen die Weibchen 85 % der Altersgruppe dar (n = 14), im 2. Lebensjahr 80 % (n = 15), im 3. Lebensjahr 70 % (n = 15) und erst ab dem 4. Lebensjahr nähert sich ihr Anteil 50 % (58 % Weibchen, n = 14). Auswandernde junge Männchen sind besonders gefährdet und bilden die Vorzugsnahrung des Kaffernadlers (Davies 1989).

9.15. Feinde

Die Hauptfeinde der Schliefer kommen aus der Luft. Am eindrucksvollsten ist der Befund von Gargett (1972), der nach monatelangen Beobachtungen an einem Kaffernadlerpaar (*Aquila verreauxii*) feststellte, daß sich zumindest dieses Pärchen ausschließlich von *Procavia* und *Heterohyrax* ernährte. Dabei erbeuteten die Altvögel während der Nestlingszeit 1,4 Tiere/Tag und nach dem Flüggewerden der Jungvögel 1,1 Tiere/Tag. Nach Davies (1989) schlägt der Kaffernadler alle 1,7 Tage Beute, wovon 74,3 % Schliefer sind, das sind 159 Tiere/Jahr. Bei 224 beobachteten Beutefängen des Kaffernadlers in der Serengeti erbeutete dieser 123 *Heterohyrax* und 99 *Procavia* (Hoeck 1982). Schliefer sind also für den Kaffernadler primäre Beutetiere (Brown 1963), weshalb dieser nach Fitzsimons (1920) in Südafrika „Dassie-Vanger" heißt. Andere Greifvögel, die in unterschiedlichem Ausmaße Jagd auf Schliefer machen, sind: Kronenadler (*Stephanoaetus coronatus*), Kampfadler (*Polemaetus bellicosus*), Habichtsadler (*Hieraaetus fasciatus*), Raubadler (*Aquila rapax*), Schakalbussard (*Buteo rufofuscus*), Lämmergeier (*Gypaetus barbatus*), Fleckenuhu (*Bubo africanus*), Kapuhu (*Bubo capensis*) (Fitzsimons 1920, Coe 1962, Brown 1963, Hoeck 1982). Ein weiterer Hauptfeind der Schliefer ist der Leopard (*Panthera pardus*). Kotuntersuchungen an verschiedenen Lokalitäten im Südwesten der Kapprovinz ergaben, daß Schliefer zwischen 20 % und 79 % seiner Beute ausmachen (Norton, Lawson, Henley & Avery 1986). Im Rhodes Matopos National Park in Zimbabwe konnten 51 % der Leoparden zugewiesenen Kotreste als von Schliefern stammend bestimmt werden (Grobler & Wilson 1972). Neben dem Leoparden geben Fitzsimons (1920), Coe (1962), Hoeck (1982) und Fourie (1983) noch den Löwen (*Panthera leo*), Serval (*Leptailurus serval*), Wüstenluchs (*Caracal caracal*), Hyänenhund (*Lycaon pictus*) und die Falbkatze (*Felis silvestris*) an. Im Mountain Zebra Park in Südafrika bestand die Beute des Karakal zu 52,5 % aus Schliefern (Moolman 1984). Auch Schlangen erbeuten hin und wieder Schliefer, so z. B. die Puffotter (*Bitis arietans arietans*), die Uräusschlange (*Naja haje*) und die Schwarzhalskobra (*Naja nigricollis*) (Turner & Watson 1965, Hoeck 1982). Entgegen den Angaben von Kingdon (1971) sollen Paviane keine Schliefer jagen (Harding 1973).

Die Schliefer reagieren auf Feinde gewöhnlich mit Flucht, nur selten wurde beobachtet, daß sie sich ihnen mit Drohgebärden entgegenstellen.

10. Parasiten

Die Procaviidae zeigen einen außergewöhnlich hohen Befall an Ekto- und Endoparasiten. Alle Arten der Procaviidae zusammen weisen allein 58 Arten von Mallophagen, daneben Läuse, Flöhe und Zecken auf. Der Ductus hepaticus communis ist manchmal regelrecht von Cestoden verstopft, über ein Dutzend Arten von Bandwürmern leben im Darm der Schliefer. Eine Liste der bisher beschriebenen Parasiten findet sich in Tabelle 8.

Tabelle 8. Liste der Parasiten der Procaviidae. Die Parasiten-Arten sind innerhalb der Stämme, Klassen oder Familien in alphabetischer Reihenfolge aufgeführt.

Protozoa

Flagellata

Kinetoplastida

Leishmania spec.

Sporozoa

Coccidia

Babesia thomasi Jansen, 1952
Echinozoon hoogstraali Garnham, 1951

Ciliata

Trichostomata

Pycnothrix monocystoides Schubotz, 1908

Nematoda

Cobboldina hyracis Ezzat, 1954
Crossophorus collaris Hemprich & Ehrenberg, 1828; Abb. in SCHUURMANS STEKHOVEN JR. (1937)
Dartevellenia collaris Ezzat, 1954
Filaria hyracis (Ortlepp, 1938) Chabaud & Rousselot, 1956
Grassenema dendrohyraci Berenguer, 1966
Grassenema procaviae Petter, 1959 = *Acanthostephanocephalus caballeroi* Kreis, 1960 = *Cobboldina longicauda* Köhler & Supperer, 1960 (PETTER 1962)
Hepaticola hepatica (Bancroft, 1893) Hall, 1916
Hoplodontophorus flagellum (Hemprich & Ehrenberg, 1828) Turner, 1921 = H. obtusa Ezzat, 1954 (ROUND 1968)
Libyostrongylus alberti Van der Berghe, 1943
Nouvelnema cyclophoron Petter, 1959
Setaria loveridgei Sandground, 1928 = *Setaria hyracis* Baylis, 1932 (ROUND 1968)
Setaria sp. ALLEN & LOVERIDGE (1933)
Theileriana brachylaima (Linstow, 1901) Mönnig, 1924
Theileriana brevioesophagus Ortlepp, 1939
Trichuris hyracis Ezzat, 1954
Trichuris sp., zit. in ALLEN & LAWRENCE (1933)
Trichuris sp., zit. in FOURIE, HORAK & VISSER (1987)
Uncinaria pachydermatica Stossich, 1902

Cestoda

Anoplocephala spatula (Linstow, 1901) Janicki, 1910
Anoplocephala dendrohyracis Baer, 1957
Anoplocephala sp. SCHNUR (1972)
Inermicapsifer abyssinicus Bischoff, 1912
Inermicapsifer angolensis Voelker, 1960
Inermicapsifer apospasmation Bischoff, 1912 = *Inermicapsifer beveridgei* Schmidt & Wertheim, 1988
Inermicapsifer criticus Bischoff, 1912
Inermicapsifer gondokorensis (Klapocz, 1906) Janikki, 1910
Inermicapsifer hyracis (Rudolphi, 1808) Janicki, 1910
Inermicapsifer interpositus Janicki, 1910
Inermicapsifer isometra Voelker, 1960
Inermicapsifer lopas Bischoff, 1912
Inermicapsifer norhalli Baer, 1924
Inermicapsifer pagenstecheri (Setti, 1897) Janicki, 1910 = *Inermicapsifer paronae* Bischoff, 1912 (BAER 1925 zit. in ROUND 1968)
Inermicapsifer parvulus Bischoff, 1912 (BAER 1925 zit. in ROUND 1968)
Inermicapsifer prionodes Bischoff, 1912
Inermicapsifer schoutedeni Ezzat, 1954
Inermicapsifer settii Janicki, 1910
Inermicapsifer tanganyikae Baer, 1933
Inermicapsifer sp. SCHNUR (1972)
Inermicapsifer ssp. FOURIE, HORAK & VISSER 1987
Mesocestoides longistriatus Setti, 1897
Porogynia paronai (Moniez, 1891) Railliet & Henry, 1909

Articulata

Chelicerata

Arachnida, Acari, Mesostigmatica, Laelaptidae

Pneumonyssus procavians Radford, 1938
Pneumonyssus schoutedeni Fain, 1952

Arachnida, Acari, Ixodides, Argasidae

Argas brumpti Neumann, 1907

Arachnida, Acari, Ixodides, Ixodidae

Amblyomma marmoreum zit. in HORAK & FOURIE (1986)
Haemaphysalis bequaerti Hoogstraal, 1956
Haemaphsalis cooleyi Bedford, 1929
Haemaphysalis hyracophila Hoogstraal, Walker & Neitz, 1971
Haemaphysalis orientalis Nuttal & Warburton, 1915 comb. nov. Hoogstraal, 1956
Hyalomma truncatum Koch, 1844
Ixodes lewisi zit. in COLBO & MACLEOD (1976)
Ixodes procaviae Arthur, 1957
Ixodes rasus Neumann 1899
Ixodes sp. HORAK & FOURIE (1986)
Margaropus winthemi Karsch, 1879
Rhipicephalus arnoldi Theiler & Zumpt, 1950
Rhipicephalus distinctus Bedford, 1932
Rhipicephalus evertsi evertsi Neumann, 1897
Rhipicephalus glabroscutatum zit. in HORAK & FOURIE (1986)
Rhipicephalus mühlensis Zumpt, 1943
Rhipicephalus s. sanguineus Latreille, 1806
Rhipicephalus ziemanni Zumpt, 1943
Rhipicephalus sp. HORAK & FOURIE (1986)

Arachnida, Acari, Trombidiformes, Trombiculidae

Acomatacarus dendrohyracis Vercammen-Grandjean, 1957
Acomatacarus mutabilis Vercammen-Grandjean & Brennan, 1957
Acomatacarus longipilosus (Lawrence, 1949)
Acomatacarus procaviae (Lawrence, 1949)
Acomatacarus typicus (Lawrence, 1949)
Eutrombicula lumsdeni Radford, 1953
Euschöngastia rhabdomyia (Lawrence, 1951)

Tabelle 8 (Fortsetzung)

Gahrliepia acutalis (Jadin, Vercamman-Grandjean, Hermann, Thienpoint & Fain, 1954)
Schöngastia haddowi haddowi Radford, 1953
Schöngastia haddowi hyracis Vercammen-Grandjean & Brennan, 1957
Schoutedenichia (Pentachia) lorgei Vercammen-Grandjean, 1958
Schoutedenichia shoutedeni (Vercammen-Grandjean, 1953)
Shoutedenichia (Pentachia) xeri Taufflieb, 1966
Trombicula mini dschangi Taufflieb & Mouchet, 1959
Trombicula mini mini Vercammen-Grandjean & Brennan, 1957
Trombicula rossi Vercammen-Grandjean & Brennan, 1957

Insecta
Psocodea, Ischnocera
Condylocephalus bedfordi Werneck, 1941
Condylocephalus dissimilis Werneck, 1941
Condylocephalus hopkinsi Werneck, 1941
Condylocephalus lindfieldi (Hill, 1922)
Condylocephalus univirgatus (Neumann, 1913)
Dasynonyx bedfordi Werneck, 1941
Dasynonyx capensis Emerson, 1965
Dasynonyx dendrohyracis (Ferris, 1930)
Dasynonyx diacanthus (Ehrenberg, 1828)
Dasynonyx guineensis Werneck, 1941
Dasynonyx hopkinsi Werneck, 1941
Dasynonyx minor Bedford, 1939
Dasynonyx nairobiensis Bedford, 1936
Dasynonyx oculatus Bedford, 1928
Dasynonyx ovalis Bedford, 1932
Dasynonyx ruficeps Emerson, 1964
Dasynonyx smallwoodae Emerson & Price, 1969
Dasynonyx transvaalensis Bedford, 1932
Dasynonyx validus validus Bedford, 1932
Dasynonyx validus ugandensis Werneck, 1941
Dasynonyx waterburgensis Bedford, 1932
Eurytrichodectes machadoi Werneck, 1958
Eurytrichodectes paradoxus Stobbe, 1913
Procavicola affinis Werneck, 1941
Procavicola brucei Werneck, 1941
Procavicola eichleri Werneck, 1941
Procavicola emarginatus (Bedford, 1928)
Procavicola furca Bedford, 1939
Procavicola heterohyracis Bedford, 1932
Procavicola lopesi lopesi Beford, 1939
Procavicola lopesi vicinus Werneck, 1941
Procavicola mokeetsi Bedford, 1939
Procavicola natalensis Bedford, 1923
Procavicola parvus Bedford, 1932
Procavicola pretoriensis Bedford, 1932
Procavicola shoanus Maltbaek, 1937
Procavicola sternatus (Bedford, 1928)
Procavicola subparvus Bedford, 1932
Procavicola thorntoni Hopkins, 1942
Procavicola ugandensis Werneck, 1941
Procaviphilus africanus (Werneck, 1941) comb. n. Lyal, 1985
Procaviphilus angolensis (Bedford, 1936) comb. n. Lyal, 1985
Procaviphilus colobi (Kellogg, 1910) comb. n. Lyal, 1985
Procaviphilus congoensis (Ferris, 1930) comb. n. Lyal, 1985
Procaviphilus dubius Werneck, 1941
Procaviphilus ferrisi ferrisi Bedford, 1932
Procaviphilus ferrisi granuloides Bedford, 1939
Procaviphilus ferrisi hindei Werneck, 1946
Procaviphilus granulatus (Ferris, 1930)
Procaviphilus harrisi Werneck, 1946
Procaviphilus jordani (Bedford, 1936) comb. n. Lyal, 1985
Procaviphilus muesebecki (Emerson & Price, 1969) com. n. Lyal, 1985
Procaviphilus neumanni neumanni (Stobbe, 1913) comb. n. Lyal, 1985
Procaviphilus neumanni baculatus (Ferri, 1930) comb. n. Lyal, 1985
Procaviphilus robertsi (Bedford, 1928)
Procaviphilus sclerotis sclerotis Bedford, 1932
Procaviphilus sclerotis major Maltbaek, 1937
Procaviphilus scutifer (Werneck, 1941) comb. n. Lyal, 1985
Procaviphilus serraticus (Hill, 1922)
Procaviphilus tendeiroi (Emerson, 1965) comb. n. Lyal 1985

Psocodea, Anoplura
Prolinognathus aethiopicus Fahrenholz, 1939
Prolinognathus arcuatus Fahrenholz, 1939
Prolinognathus caviaecapensis (Pallas, 1767)
Prolinognathus foleyi Fahrenholz, 1939
Prolinognathus leptocephalus (Ehrenberg, 1828)

Siphonaptera, Pulicidae
Aphropsylla conversa (Jordan & Rothschild, 1913)
Ctenocephalides craterus (Jordan & Rothschild, 1913)
Ctenocephalides arabicus (Jordan, 1925)
Ctenocephalides connatus (Jordan, 1925)
Ctenocephalides felis (Bouché, 1835)
Ctenocephalides rosmarus (Rothschild, 1907)
Procaviopsylla angolensis Jordan, 1925
Procaviopsylla creusae (Rothschild, 1904)
Procaviopsylla divergens (Jordan & Rothschild, 1908)
Procaviopsylla isidis (Rothschild, 1903)
Procaviopsylla procaviae (Fox, 1914)
Procaviopsylla spinifex Jordan, 1925
Xenopsylla brasiliensis (Baker, 1904)

10.1. Protozoa

Procaviidae sind in Äthiopien (Ashford 1970), am Mt. Elgon in Kenia (Mutinga 1975) und in Namibia (Ledger 1976) ein natürliches Reservoir für Leishmaniasen. Auch Babesien wurden in verschiedenen Schliefergruppen nachgewiesen, so *Echinozoon hoogstraali* in *Heterohyrax brucei* aus dem Sudan (Garnham 1951), dessen Überträger möglicherweise *Haemaphysalis bequaerti* ist (Hoogstraal 1956b). Die Errichtung einer eigenen Gattung *Echinozoon* beruht auf auffallenden Filamenten, welche die infizierten Erythrozyten umspinnen. Die Zugehörigkeit der Filamente zum Parasiten ist nicht eindeutig gesichert. Möglicherweise handelt es sich doch um einen Vertreter der Gattung *Babesia* (Barnett & Brocklesby 1969). *Babesia thomasi* wurde in Erythrozyten von *Procavia capensis* aus Südafrika (Jansen 1952) sowie von *Procavia capensis jacksoni* und *Heterohyrax brucei rudolfi* aus Kenia (Irvin, Sale & Purnell 1973) gefunden. Letztere nehmen *Rhipicephalus distinctus* als vermutlichen Überträger an. Nach Jansen (1952) ist der Parasit für Schliefer weitestgehend ungefährlich, nur splenektomierte, infizierte Tiere starben nach wenigen Tagen. Ein Versuch, Vieh mit dieser *Babesia* zu infizieren, mißlang. Im Darm von *Procavia* wurde ein ungewöhnlich großer, 2,2–3,2 mm langer Ciliat gefunden, *Pycnothrix monocystoides* (Schubotz 1908, Hufnagl 1972). Er ähnelt im Habitus einem kleinen Nematoden. Jeder 10. untersuchte *Pycnothrix* wurde ungewöhnlicher Weise wiederum von bis zu 3 Individuen eines Nematoden parasitiert. Auch kleinere „Infusorien" scheinen in den großen Ciliaten einzudringen.

10.2. Nematoda

Die „Check list of the Helminth parasites of African mammals" (Round 1968) gibt zuverlässig über die Wirt-Parasit-Beziehungen und das Auftreten der Parasiten in den verschiedenen Ländern Auskunft. Baer (1957) ist einer der wenigen Autoren, welcher nicht bei Round (1968) aufgeführt ist. Fourie, Horak & Visser (1987) untersuchten den ekto- und endodermalen Parasitenbefall. Danach fanden sich bei 96 % der untersuchten Tiere Nematoden im Darm, *Nouvelnema* war in fast allen Tieren nachweisbar (99 %), ebenso *Theileriana* (97 %), in geringerer Befallsstärke *Crossophorus* (62 %) und *Trichuris* (34 %). Die Tiere werden unterschiedlich früh infiziert, so weisen bspw. unter 2 Monate alte Tiere nur in 25 % der Fälle einen *Crossophorus*-Befall auf, aber 100 % einen *Nouvelnema*-Befall. *Trichuris* trat erst bei Tieren, die älter als 5 Monate waren, auf.

10.3. Cestoda

Janicki (1910) hat die Synonymieverhältnisse der früher beschriebenen Arten geprüft und die Mehrzahl der Cestoden aus Schliefern in der neuen Gattung *Inermicapsifer* zusammengefaßt, die nach Mettrick & Weir (1959) ein oder mehrere polytypische Arten oder Artenkreise enthält. Eine Revision der Gattung konnte bibliographisch nicht ermittelt werden. Auch Schnur (1972) zweifelt die Validität einzelner Arten an. Man findet die Gattung *Inermicapsifer* beim Menschen, Nagern und Schliefern. Die andere bei Schliefern nachgewiesene Gattung *Anoplocephala* ist außerdem von Ungulaten bekannt (Bischoff 1913).

10.4. Articulata

10.4.1. Acari (Milben und Zecken)

Zumpt (1958) berichtet von einer blutsaugenden Milbe (Acari, Mesostigmatica, *Pneumonyssus procavians*) in den Lungen von *Procavia capensis*, die über die Nasenschleimhaut übertragen werden soll. Sie legt keine Eier, sondern bringt in Abständen jeweils eine sechsbeinige Larve hervor, die sich direkt zum Geschlechtstier entwickelt, die Nymphenstadien sind unterdrückt.

Eine Wirt-Parasit – Liste der Trombiculidae findet sich bei Zumpt, Audy, Gaud, Lawrence, Theiler, Till & Vercammen – Grandjean (1961), eine entsprechende Liste für die Ixodidae bei Hoogstraal (1956 b).

Innerhalb der großen Zahl von Zecken, die auf Schliefern gefunden werden, scheinen nach Horak & Fourie (1986) in Südafrika nur *Haemaphysalis hyracophila* und *Rhipicephalus distinctus* wirtsspezifisch zu sein. Hoogstraal (1956) und Hoogstraal, Walker & Neitz (1971) nehmen auch für die anderen drei Arten der „*Haemaphysalis orientalis*-Gruppe" diese Wirtsspezifizität an. Ein Vorkommen dieser Arten auf *Dendrohyrax* ist bislang nicht nachgewiesen, wie überhaupt von *Dendrohyrax* nur *Ixodes rasus* berichtet wird.

10.4.2. Mallophaga (Ischnocera)

Überraschend ist die hohe Zahl verschiedener Arten von Mallophagen, welche auf Procaviidae zu finden sind (Werneck 1941). Hopkins (1949) und Emerson & Price (1981) listen die den Arten und Unterarten der Procaviidae zugehörigen Ischnoceren-Arten auf. Die nächstverwandten Haarlinge werden auf Primaten (Cebidae, Cercopithecidae) gefunden. Nach Lyal (1985) umfaßt die Unterfamilie der Dasyonyginae die 4 auf Hyracoiden vorkommende Gattungen *Procavicola*, *Procaviphilus*, *Dasyonyx* und *Eurytrichodectes* sowie die Gattung *Cebidicola*. Die Mallophagen der Procaviidae sind auffallend wirtspezifisch, gleichzeitig finden sich bis zu 8 verschiedene Arten auf einem Individuum (Hopkins 1942). Die Ansicht von Bedford (1932), Hopkins (1945) und Emerson & Price (1981), aufgrund der Speciation der Mallophagen sei *Procavia capensis* in mehrere Arten aufzuspalten, konnte von Seiten der Säugetiertaxonomie nicht bestätigt werden.

10.4.3. Anoplura

Die erste Laus (*Pediculus caviaecapensis*) beschreibt PALLAS (1767). Für die bis heute bekannt gewordenen 6 Arten von Schlieferläusen, LUDWIG (1968) nennt 7 Arten, wurde eine eigene Gattung *Prolinognathus* Ewing 1929 errichtet. Sie gehört in die Familie Linognathidae, welche auf Artiodactyla (hauptsächlich Bovidae und Giraffidae) und einzelne Caniden beschränkt ist. Nach KIM & LUDWIG (1978) und KIM (1988) gehören zu den Linognathidae nur noch drei Gattungen (*Linognathus, Prolinognathus* und *Solenopotes*). Schon FERRIS (1951) stellte die bis dato z. B. von WEBB (1949) in diese Familie eingeschlossene Gattung *Ratemia*, die auf Equiden parasitiert, zu den Hoplopleuridae. Die Schwestergruppe der Linognathidae ist die auf Nagern, Primaten u. a. vorkommenden Familie Polyplacidae (KIM 1988). Beim gegenwärtigen Stand der Systematik der Anopluren scheint keine Möglichkeit zu bestehen, die parasitologische Methode für die Klärung der Großgruppensystematik der Eutheria anzuwenden.

Überraschenderweise sind auf keiner der *Dendrohyrax*-Arten bisher Läuse gefunden worden. HOPKINS (1949) verzeichnet die auf *Procavia*- und *Heterohyrax*-Arten vorkommenden Läuse.

10.4.4. Siphonaptera

Über die Gattung *Procaviopsylla* ist wenig bekannt. Die ersten beiden auf *Procavia* gesammelten Floharten wurden als *Pulex isidis* und *Pulex creusae* beschrieben (ROTHSCHILD 1903, 1904). JORDAN & ROTHSCHILD (1908) stellen für sie und eine neu beschriebene Art die Gattung *Loemopsylla* auf. JORDAN (1925) schlägt schließlich vor, alle Schlieferflöhe in einer eigenen Gattung *Procaviopsylla* zusammenzufassen. Bei der Zuordnung der beschriebenen Arten unterläuft JORDAN (1925) ein geringer Fehler, denn die von JORDAN & ROTHSCHILD (1908) benannte Art heißt *P. divergens* und nicht *P. convergens*. Auch *Ctenocephalides rosmarus* und *Ctenocephalides arabicus* sind bislang nur von *Procavia* bekannt geworden (HAESELBART, SEGERMAN & ZUMPT 1966). Daneben sind weitere Floharten als Überspringer nachgewiesen, z. B. *Echidnophaga gallinacea*, darunter auch welche auf *Dendrohyrax*.

10.4.5. Diptera

STUCKENBERG (1978) entdeckte in den Unterschlupfen von *Procavia* an 2 Orten jeweils eine neue Art der relativ seltenen Gattung *Nemopalpus* (Psychodidae), nämlich *Nemopalpus ledgeri* und *Nemopalpus davidsoni*.

11. Wirtschaftliche Bedeutung

Die wirtschaftliche Bedeutung der Schliefer ist gering. Sie dienen als Nahrung und Fellieferanten, und früher wurde das Hyraceum als Arzneimittel angewandt. Der Vorschlag, Schliefer als Labortiere zu verwenden (SCHROEDER 1967, GRINER 1968), hat sich nicht durchgesetzt. Im südlichen Afrika gelten die Schliefer leider noch immer als Nahrungskonkurrenten der Schafe und damit als Schädlinge.

11.1. Nahrung

An der frühneolithischen Fundstelle Basta (Südjordanien) sind Schliefer die häufigste der Natur entnommene Nahrung (UERPMANN mündl. Mitteilung). Herr UERPMANN teilte mir auch mit, daß Schliefer noch 1973 im südlichen Jordanien gejagt wurden und ihrem Fleisch Heilkraft, insbesondere bei Lungenkrankheiten zugeschrieben werde. Manchen arabischen Volksstämmen dienten Klippschliefer als Nahrung (BRUCE 1790, LANGKAVEL 1888, HOMMEL 1879, HOOGSTRAAL, WASSIF & KAISER 1957). Den beiden erstgenannten Autoren zufolge sowie PHILBY (zit. in MORRISON-SCOTT

1939) hielt man sie auch als Haustiere, wobei wohl keine Domestikation vorliegt. Sinai-Beduinen aßen niemals Schlieferfleisch, da sie glaubten, der Schliefer sei der Bruder des Menschen. Die eigenartigen Hände und Füße seien hierfür der Beleg. Wer dieses Gebot überträte, würde seinen Vater und seine Mutter nie wiedersehen (OSBORN & HELMY 1980). Juden, Mohammedaner und Christen meiden das Fleisch ebenfalls. In Westafrika werden gelegentlich Baumschliefer gejagt, bei den „Pahouin" (Transkription unklar) ist das Fleisch für die Greise reserviert. Bei den Bantu wird das Fleisch (KOLBE 1967), in Zimbabwe, Teilen von Botswana und Mocambique werden Fleisch und Fell verwertet (SMITHERS 1983). KOLBE (1967) schlägt Klippschliefer als zukünftige Fleischressource vor, weil sie mit 245 Pfund Biomasse/Morgen und Jahr das 25–40fache der Fleischproduktion von Schafen erbrächten.

11.2. Fell

Die aus 60 Fellen von *Procavia* (KOLBE 1967) oder 42 Fellen von *Dendrohyrax validus* (KUNDAELI 1976b) gefertigten Decken gelten als sehr haltbar. Am Kilimanjaro veranlaßten die in den „Kilimanjaro Hyrax Dealers" in Moshi zusammengeschlossenen Händler bis 1973 die Erlegung von jährlich über 7000 Baumschliefern. Die Verarbeitung von Schlieferfellen ist jedoch dort keine eigenständige Tradition, sondern geht auf deutsche Missionare zurück. Die Decken wurden zuletzt hauptsächlich für Touristen hergestellt.

11.3. „Schädling"

In den 30er Jahren vermehrten sich Schliefer im südlichen Afrika so explosionsartig, daß sie zu vermeintlichen Nahrungskonkurrenten der Schafe und offiziell zum „Ungeziefer" erklärt wurden (HANSE 1962, KOLBE 1967, LENSING & JOUBERT 1976). Die verschiedenen Ursachen für diese plötzliche Vermehrung, wie z. B. der Abschuß von Schakalen, sind weitgehend ungeklärt. LENSING (1983) hat mittlerweile nachgewiesen, daß Schliefer und Schafe äußerst selten Konkurrenten sind und nur 1 % der potentiellen landwirtschaftlichen Ertragsfläche durch Schlieferbeweidung verloren geht.

In Israel richten Klippschliefer Schaden im Obstbau an, weshalb an möglichst spezifischen pflanzlichen Vernichtungsmitteln geforscht wird (MORAN, SOFER & COHEN 1983, MORAN 1986, ASHKENAZY, KASHMAN, NYSKA & FRIEDMAN 1985).

Erst in jüngster Zeit wurde *Procavia capensis mackinderi* am Mt. Kenya zum Problemtier. Nachdem die natürlichen Feinde drastisch dezimiert worden sind, vermehren sich die Tiere nun so stark, daß sie die einzigartige alpine Flora, besonders den Bestand an Senecien und Lobelien, gefährden (KOKWARO & BECK 1987).

11.4. Hyraceum

Im letzten Jahrhundert fand ein unter dem Namen „Hyraceum" gehandeltes Heilmittel Anwendung. Die schwärzlich braune, leicht klebende bis harte Masse mit stark urinartigem aber zugleich bibergeilähnlichem Geruch war besonders in Südafrika auch unter dem Namen „Dassen Pis" oder „Dasjepis", „Klipzweet", „Bergpech" und „Steinschweiß" bekannt. Dort scheinen es Hottentottenfrauen schon länger als Kosmetikum (Schminke) und Heilmittel benutzt zu haben (MATTHES 1907 zit. in ARNDT 1940). Im ersten Drittel des 19. Jahrhunderts kam es auf den europäischen Markt. Das Hyraceum war ein wohlfeiles Heilmittel; es kostete 1844 in Wien ein Lot = 24 Kreuzer, in Bayern die Unze Tinctura Hyracei Martii (eine Weingeistlösung) 36 Kreuzer. FIKENTSCHER (1851) belegt mit verschiedenen Krankengeschichten die Wirksamkeit des Hyraceum. Die Indikationen waren: Hysterie, Gastralgie, Veitstanz, Epilepsie und Wundheilung. Außerdem wurde es bei Beinbrüchen und als Antispasmodicum, Abortivum und Abführmittel beim Vieh angewandt.

Die zunächst unbekannte Herkunft des Hyraceum gab zu allerlei absonderlichen Spekulationen Anlaß. „Aus etlichen im Lande (Südafrika, der Verf.) gelegenen Bergen quillet eine fette Materie, die sich an die Felsen anhängt, daselbst als ein Leim, Wachs oder andere fette Materie kleben bleibt, und sich hoch ansetzet, daß man ganze Stücke davon herabschlagen und mit sich nehmen kann. Einige Personen geben vor, es sei eine Art von jüdischem Pech oder Asphalte; ich kann es aber nicht glauben, weil die harzigste Materie auf dem Vorgebirge, davon wir handeln, nicht anbrennet. Eben so wenig gefällt mir die Meinung derer, die sie für eine Art von Babylonischem Naphtha halten. ... Viel wahrscheinlicher möchte es eine Art von Steinöl sein, dergleichen man in einigen Inseln des Archipelagus antrifft: massen es wie dieses das Wasser schwarz färbt, wenn man es damit anbrühet und seine Oberfläche mit einer öligen Substanz überziehet" (KOLBE 1719).

Wie FIKENTSCHER (1851) in einer eigens dem Hyraceum gewidmeten Dissertation ausführt, wurde alsdann angenommen, es handele sich um ein Drüsensekret oder auch das Menstruationsprodukt der Schliefer. Erst allmählich setzte sich die Ansicht durch, es sei der Harn und Kot dieser Tiere, das „Caput mortuum der Verdauungsorgane – Darmkoth" (HYRTL 1852). Tatsächlich wurde das Hyraceum aus den Kot- und Urinablagerungsstätten unzähliger Schliefergenerationen „abgebaut".

12. Artenschutz

Dendrohyrax arboreus ist in Südafrika selten und im „Red data book of South Africa" aufgeführt (FAIRALL briefl. Mitt.). 1989 wurde innerhalb der „Species Survival Commission (SSC)" der IUCN eine „Hyrax specialist group" gegründet. Möglicherweise sind infolge der Zerstörung des Lebensraumes, vor allem des Regenwaldes die Baumschliefer gefährdet. Besonders *Dendrohyrax validus* könnte durch die Zerstörung der Wälder am Mt. Kilimanjaro bedroht sein.

Literatur

ADELMAN, S., C.R. TAYLOR & N.C. HEGLUND (1975): Sweating on paw and palms: what is the function. Amer. J. Physiol., **229**: 1400–1402.

ADLOFF, P. (1903): Zur Kenntnis des Zahnsystems von *Hyrax*. Z. Morph. Anthrop., **5**: 181–200.

AHARONI, J. (1930): Die Säugetiere Palästinas. Z. Säugetierk., **5**. 327–343.

ALCALA, L., C. SESE & J. MORALES (1987): Hallazgo de hiracoideos en el área de Teruel. Nuevos datos sobre el tránsito Vallesiense-Turoliense. Paleontologia i Evolució, **20**: 69–78.

ALLAERTS, W., D. THYS VAN DEN AUDENAERDE & W. VAN NEER (1982): Dental morphology and the systematics of the Procaviidae (Mammalia, Hyracoidea). Ann. Soc. r. zool. Belg., **112**: 217–225.

ALLEN, G.M. (1954): A checklist of African mammals. Bull. mus. comp. Zool. Harvard, **83**: 1–763.

ALLEN, G.M. & B. LAWRENCE (1936): Scientific results of an expedition to rain forest regions in Eastern Africa. Bull. Mus. comp. Zool. Harvard, **79**: 29–126.

ALLEN, G.M. & A. LOVERIDGE (1933): Reports on the scientific results of an expedition to the southwestern highlands of Tanganyika territory. Bull. mus. comp. Zool. Harvard, **75**: 47–140.

ALPIN, P. (1735): Historiae aegypti naturalis. (Bd. 1). G. Potvliet, Lugduni Batavorum (Leuden). (248 S.)

ALPIN, P. (1735): Historiae aegypti naturalis. (Bd. 2). G. Potvliet, Lugduni Batavorum (Leuden). (308 S.)

ALTMANN, F. (1932): Zur Kenntnis des feineren Baues des Schläfenbeines des südafrikanischen Klippschliefers (*Procavia capensis*). Mschr. Ohrenheilk. Laryngo-Rhinologie, **66**: 702–721.

AMOROSO, E.C. & J.S. PERRY (1964): The foetal membranes and placenta of the African elephant (*Loxodonta africana*). Phil. Trans. r. Soc. London B, **248**: 1–34.

ANDREWS, C.W. (1903): Notes on an expedition to the Fayûm, Egypt, with descriptions of some new mammals. Geol. Mag., **4** (10): 337–343.

ANDREWS, C.W. (1904a): Further notes on the mammals of the Eocene of Egypt. II. Geol. Mag., **5** (1): 157–162.

ANDREWS, C.W. (1904b): Further notes on the mammals of the Eocene of Egypt. III. Geol. Mag., **5** (1): 211–215.

ANDREWS, C.W. (1906): A descriptive catalogue of the Tertiary vertebrata of the Fayum, Egypt. British Museum, London. (324 S.)

ANDREWS, C.W. (1907): Note on some vertebrate remains collected in the Fayum, Egypt. Geol. Mag., **5** (4): 97–100.

ANDREWS, C.W. & H.J.L. BEADNELL (1902): A preliminary note on some new mammals from the upper Eocene of Egypt. Surv. Dept. Pub. Works Ministry, Cairo, 1–9.

Anonymus (1978): Geological Map of Libya 1 : 250000. (Sheet: Jabal al Hasáwnah NH 33-14). Explanatory Booklet, Socialist People's Libyan Arab Jamahiriyah. (Industrial Research Centre, Tripoli)

ANSELL, W.F.H. (1960): Mammals of Northern Rhodesia. Governmental Printer, Lusaka.

ARAMBOURG, C. (1933): Mammifères Miocène du Turkana (Afrique orientale). Ann. paléont., **22**: 123–147.

ARAMBOURG, C. (1964): Continental vertebrate faunas of the Tertiary of North Africa. – In: HOWELL, F.C. & BOURLIÈRE (Eds.): African ecology and human evolution, 55–64. Methuen & Co., London. (666 S.)

ARAMBOURG, C. & P. MAGNIER (1961): Gisements de vertébrés dans le bassin tertiaire de Syrte (Libye). C.R. Acad. Sci. Paris, **252** (8): 1181–1183.

ARNDT, W. (1940): Die Rohstoffe des Tierreichs. Gebr. Bornträger, Berlin.

ARTHUR, D.R. (1965): Ticks of the genus *Ixodes* in Africa. The Athlone Press, London. (348 S.)

ASDELL, S.A. (1964): Patterns of mammalian reproduction. (2nd Edition). Cornell Univ. Press, New York. (670 p.)

ASHFORD, R.W. (1970): A possible animal reservoir for Leishmania tropica in Ethiopia. Trans. roy. Soc. trop. Med. Hyg., **64**: 936.

ASKENAZY, D., Y. KASMAN, A., KYSKA & J. FRIEDMAN (1985): Furocoumarins in shoots of *Pituranthos triradiatus* (Umbelliferae) as protectants against grazing by Hyrax (Procaviidea: *Procavia capensis syriaca*). J. Chem. Ecol., **11**: 231–239.

ASSHETON, R. (1905): The morphology of the Ungulate placenta, particularly the development of that organ in the sheep and notes upon the placenta of the Elephant and Hyrax. Proc. r. Soc. London, **76**: 393–394.

ASSHETON, R. (1906): The morphology of the Ungulate placenta. Phil. Trans. r. Soc. London, ser. B, **198**: 143–220.

BACH, S.M. (1974): Kehlkopf und Zungenbein der Baumschliefer (*Dendrohyrax*, Procaviidae, Hyracoidea, Mammalia). Diss. Fak. Humanmedizin Johann Wolfgang Goethe-Univ. Frankfurt am Main. (57 S.)

BAER, J.G. (1957): Trématodes et cestodes récoltés en Côte d'Ivoire, avec remarques sur la famille des Dicrocoeliidae Odhner et sur les parasites des Damans. Rev. suisse Zool., **64** (29): 547–575.

BARBOZA DU BOCAGE, J.V. (1889/90): Les Damans d' Angola. J. Sci. Math. Phys. Nat. Lisboa, ser. 2,1: 186–196.

BARDELEBEN, K. VON (1889): Praepollex und Praehallux. Anat. Anz., **4**: 106–113.

BARNETT, S.F. & D.W. BROCKLESBY (1969): Some piroplasms of wild mammals. Symp. zool. Soc. London, **24**: 159–176.

BARTHOLOMEW, G.A. & M. RAINY (1971): Regulation of body temperature in the rock hyrax, *Heterohyrax brucei*. J. Mammal., **52** (1): 81–95.

BEAUFORT, F. DE (1964): Catalogue des types d'ongulés du Muséum National d'Histoire Naturelle, Paris et recherches sur ces types. Bull. Mus. Hist. nat. Paris, **35**: 551–579.

BEAUX, O. DE (1923): Mammiferi della Somalia italiana. Raccolta del Maggiore Vittorio Tedesco Zammarano nel Museo civico di Milano. Atti Soc. ital. Sc. nat., Mus. civ. Stor. nat. Milano, **62**: 247–316.

BEAUX, O. DE (1931): Spedizione del barone Raimondo Franchetti in Dancalia. Mammiferi. Ann. Mus. civ. Stor. nat. Genova, **55**: 183–217.

BECKER-PLATEN, J.D., O. SICKENBERG & H. TOBIEN (1975): Die Gliederung der känozoischen Sedimente der Türkei nach Vertebraten-Faunengruppen. Geol. Jahrb., Reihe B, **15**: 19–45.

BEDDARD, F.E. (1908): On the anatomy of *Antechinomys* and some other marsupials, with special reference to the intestinal tract and mesenteries of these and other mammals. Proc. zool. Soc. London, **1908**: 561–605.

BEDDARD, F.E. (1909): Contribution to the anatomy of certain Ungulata including *Tapirus*, *Hyrax* and *Antilocarpa*. Proc. zool. Soc. London, **1909**: 160–197.

BEDFORD, G.A.H. (1932): Trichodectidae (Mallophaga) parasitic on Procaviidae. Proc. zool. Soc. London, **1932**: 709–730.

BEDFORD, J.M. & R.P. MILLAR (1978): The character of sperm maturation in the epididymis of the ascrotal hyrax, *Procavia capensis* and armadillo, *Dasypus novemcinctus*. Biol. Reprod., **19** (2): 396–406.

BENOIT, P. (1935): Un curiex ruminant biblique: le daman. Rev. Biblique, **44**: 581–582.

BERENGUER, J.G. (1966): *Grassenema dendrohyraci* n. sp. (Atractidae: Crossocephalinae), parasite of *Dendrohyrax dorsalis* (Ungulata: Hyracoidea). – In: CORRADETTI, A. (Ed.): Proceedings of the First International Congress of Parasitology (Roma 21–26 September, 1964), 467–468. Pergamon Press, Oxford.

Bigalke, R.C. (1958): On the present status of ungulate mammals in South West Africa. Mammalia, **22**: 478–497.

Bigalke, R.C. & J.A. Bateman (1962): On the status and distribution of ungulate mammals in the Cape Province, South Africa. Ann. Cape Prov. Mus., **2**: 85–109.

Bischoff, C.R. (1912): Cestoden aus Hyrax. Zool. Anz., **39**: 751–758.

Bishop, W.W. & M.H.L. Pickford (1975): Geology, fauna and palaeoenvironments of the Ngorora Formation, Kenya Rift Valley. Nature, **254** (5497): 185–192.

Black, J.L. & M.J. Sharkey (1970): Reticular groove (Sulcus reticuli): an obligatory adaptation in ruminant-like herbivores. Mammalia, **34**: 294–302.

Blainville, H.M.D. de (1816): Prodrome d'une nouvelle distribution systématique du règne animale. Bull. Sci. Soc. Philom. Paris, ser. 3, **3**: 105–124.

Blainville, H.M.D. de (1839–1864): Ostéographie, ou, description iconographique comparée du squelette et du système dentaire des mammifères...(tome 1–4). Paris.

Blancou, L. (1958a): Distribution géographique des Ongulés d'Afrique Équatoriale Française en relation avec leur écologie. Mammalia, **22**: 294–316.

Blancou, L. (1958b): Note sur le statut actuel des Ongulés en Afrique Équatoriale Française. Mammalia, **22**: 399–405.

Blanford, W.T. (1869): On the species of *Hyrax* inhabiting Abyssinia and the neighbouring countries. Proc. zool. Soc. London, **1869**: 638–642.

Boas, J.E.V. (1912): Ohrknorpel und äußeres Ohr der Säugetiere. Kopenhagen.

Boas, J.E.V. (1931): Krallen (inkl. Nägel, Hufe, Klauen). – In: Bolk, L., E. Göppert, E. Kallius & W. Lubosch (Hrsg.): Handbuch der vergleichenden Anatomie der Wirbeltiere (Bd. **1**), 521–544. Urban & Schwarzenberg, Berlin & Wien. (752 S.)

Bodenheimer, F.S. (1958): The present taxonomic status of the terrestrial mammals of Palestine. Bull. Res. Counc. Israel Zool. **7B**: 165–190.

Böker, H. (1931): Beobachtungen und Untersuchungen zur Umwandlung der Arten an brasilianischen Meerschweinchen (Caviidae) und afrikanischen Klippschliefern (Hyracoidea). Forsch. Fortschr., **7** (14): 203–204.

Böker, H. (1935): Einführung in die vergleichende biologische Anatomie der Wirbeltiere. G. Fischer, Jena. (228 S.)

Böker, H. & R. Pfaff (1931): Die biologische Anatomie der Fortbewegung auf dem Boden und ihre phylogenetische Abhängigkeit vom primären Baumklettern bei den Säugetieren. Gegenbaurs morphol. Jahrb., **68**: 496–540.

Bonhote, J.L. (1909): On a small collection of mammals from Egypt. Proc. zool. Soc. London, **1909**: 788–798.

Bothma, J. du P. (1963a): On the general embryology of the Hyracoidea and its affinity with the Proboscidea and Sirenia. Biologica Pretoria, **1**: 16–17.

Bothma, J. du P. (1963b): The call of the rock hyrax (*Procavia capensis*). Afr. Wild Life, **17**: 203.

Bothma, J. du P. (1966a): Preliminary identification manual for African mammals. 1. Hyracoidea. Smithsonian Institution Press, U.S. Nat. Mus. Washington D.C.

Bothma, J. du P. (1966b): Color variation in Hyracoidea from Southern Africa. J. Mammal., **47**: 687–693.

Bothma, J. du P. (1966c): Behavior of a young *Procavia capensis*. J. Mammal., **47**: 545–546.

Bothma, J. du P. (1967): Recent Hyracoidea (Mammalia) of Southern Africa. Ann. Transvaal Mus., **25** (8): 117–152.

Bothma, J. du P. (1971): Part 12, Order Hyracoidea. – In: Meester, J. & H.W. Setzer (Eds.): The mammals of Africa: an identification manual, 1–8. Smithsonian Institution Press, Washington D.C.

Braestrup, F.W. (1936): Report on the mammals collected by Harry Madsen during Professor O. Olufsen's expedition to French Sudan and Nigeria in the years 1927–1928. Vidensk. Medd. Dansk. naturh. Foren. København, **99**: 72–130.

Brand, D.J. (1963): Records of mammals bred in the National Zoological Gardens of South Africa during the period 1908–1960. Proc. Zool. Soc. London, **140**: 617–659.

Brandt, J.F. (1863): Bericht über eine Abhandlung, Untersuchung der Gattung *Hyrax* in anatomischer und verwandtschaftlicher Beziehung. Bull. Acad. imp. Sci. St. Petersbourg, **5**: 508–510.

Brandt, J.F. (1869): Untersuchungen über die Gattung Klippschliefer. Mem. Acad. imp. Sci. St. Petersbourg, ser. 7, **14** (2): 1–127.

Brandt, J.F. (1869): Zweiter Bericht über eine Abhandlung unter dem Titel: Untersuchungen über die Gattung der Klippschliefer (*Hyrax* Herm.) besonders in anatomischer und verwandtschaftlicher Beziehung nebst Bemerkungen über ihre Verbreitung und Lebensweise. Bull. Acad. imp. Sci. St. Petersbourg, **13**: 342–344.

Brauer, A. (1913a): Zur Kenntnis des Gebisses von *Procavia*. Sitzungsber. Ges. naturf. Freunde Berlin, **1913**: 118–125.

Brauer, A. (1913b): Weitere neue *Procavia*-Arten aus dem Kgl. Zoologischen Museum in Berlin. Sitzungsber. Ges. naturf. Freunde Berlin, **1913**: 125–141.

Brauer, A. (1916): Die Verbreitung der Hyracoiden. Sitzungsber. Preuss. Akad. Wiss. Berlin, **1916** (1. Halbband): 436–445.

Brauer, A. (1917): Neue Procaviiden. Sitzungsber. Ges. naturf. Freunde Berlin NF, **1917**: 294–303.

Brauer, A. (1934): Über die zur Unterscheidung der Procaviiden wichtigen Merkmale. Z. Säugetierk., **9**: 198–206.

Brehm, A. (1862): Der abyssinische Klippschliefer. Zool. Garten, **3**: 270–274.

Brehm, A.E. (1883): Brehms Tierleben. Allgemeine Kunde des Thierreiches. (2. Aufl., Bd. 3). Bibliograph. Institut, Leipzig.

Brinkmann, A. (1912): Die Hautdrüsen der Säugetiere. Ergeb. Anat. Entwickl.-gesch., **20**: 1173–1231.

Broman, I. (1929): A mammal (*Procavia*) with intraabdominal yolk-sack. Lunds Univ. Årsskrift. N.F. Avd. 2, **25** (10): 3–8.

Broman, I. (1946a): Über die Entstehung der Rückendrüse bei *Procavia*. Kungl. Fysiograf. Sällsk. Lund Förh., **16** (8): 57–74.

Broman, I. (1946b): Über die Entstehung der Tasthaare und der von diesen unabhängigen Fellhaare bei *Procavia*-Embryonen nebst Bemerkungen über einige phylogenetische Konsequenzen dieser Befunde. Lunds Univ. Årsskrift. N.F. Avd. 2, **42** (9): 1–50.

Broom, R. (1898): On the organ of Jacobson in the *Hyrax*. J. Anat. Physiol., **32**: 709–713.

Broom, R. (1926): On the mammalian presphenoid and mesethmoid bones. Proc. zool. Soc. London, **1926**: 257–264.

Broom, R. (1934): On the fossil remains associated with *Australopithecus africanus*. S. Afr. J. Sci., **31**: 471–480.

Broom, R. (1937a): Notices of a few more mammals from the caves of the Transvaal. Ann. Mag. Nat. Hist., **10** (20): 509–514.

Broom, R. (1937b): On some new Pleistocene mammals from limestone caves on the Transvaal. S. Afr. J. Sci., **33**: 750–768.

Broom, R. (1948): Some South African Pliocene and Pleistocene mammals. Ann. Transv. Mus., **21**: 1–38.

Broom, R. & G.H.W. Schepers (1946): The South African fossil apemen, the Australopithecinae. Mem. Transv. Mus., **2**: 1–272.

Brown, L.H. (1963): Observation on East African birds of prey. E. Afr. Wildl. J., **1**: 5–17.

Brown, R.E. (1985): The primitive ungulates: orders Tubulidentata, Proboscidea, and Hyracoidea. – In: Brown, R.E. & D.W. Macdonald (Eds.): Social odours in Mammals (Vol. 1), 235–244. Oxford.

Bruce, J. (1790): Travels to discover the source of the nile. (Vol. V.). G.G.J. & J. Robinson, London. (S.: 139–146)

Brücher, C. (1884): Abhandlungen über die Vertheilung und Anordnung der Geschmackspapillen auf der Zunge der Säugethiere speciell der Huftiere. Diss. Univ. Hannover.

Brunet, M., E. Heintz & B. Battail (1984): Molayan (Afghanistan) and the Khaur Siwaliks of Pakistan: an example of biogeographic isolation of Late Miocene mammalian faunas. Geol. Mijbouw, **63**: 31–38.

Buettner-Janusch, J., V. Buettner-Janusch & J. B. Sale (1964): Plasma proteins and haemoglobins of the African elephant and the hyrax. Nature, **201**: 510–511.

Buffon, G.-L. L. de (1776): Histoire naturelle, générale et particulière. (Suppl. 3, 177–180: De la marmotte du Cap de Bonne-Espérance). L'imprimérie royale, Paris.

Buffon, G.-L. L. de (1782): Histoire naturelle, générale et particulière. (Suppl. 6, 276–282: Du daman-Israël). L'imprimérie royale, Paris.

Buffon, G.-L. L. de (1789): Histoire naturelle, générale et particulière. (Suppl. 7, 308–312: Á l'article de la marmotte du cap de Bonne-Espérance). L'imprimérie royale, Paris.

Buffon, G.-L. L. de (1789): Histoire naturelle, génerale et particulière. (Suppl. 7, 125–139: Le loris de Bengale). L'imprimérie royale, Paris.

Campana-Rouget, Y. (1950): Répertoire d'espèces de genres nouveaux. Ann. Parasitol., **25**: 238–248.

Cansdale, G. (1948): Provisional checklist of Gold Coast Mammals. Government Printer, Accra.

Caro, T. M. & R. M. Alawi (1986): Comparative aspects of behavioural development in two species of free-living hyrax. Behaviour, **95**: 87–109.

Chapman, A. (1921): Savage Sudan: its wild tribes, big – game and bird – life. Gurney & Jackson: London & Edinburgh. (452 p.)

Christy, C. (1911): Some mammals from Uganda. Proc. zool. Soc. London, **1911**: 672–673.

Chubb, E. C. (1909): The mammals of Matabeleland. Proc. zool. Soc. London, **1909**: 113–125.

Churcher, C. S. (1956): The fossil Hyracoidea of the Transversal and Taungs deposits. Ann. Tranv. Mus., **22**: 477–501.

Cifelli, R. L. (1982): The petrosal structure of *Hyopsodus* with respect to that of some other ungulates, and its phylogenetic implications. J. Paleont., **56**: 795–805.

Clemens, E. T. (1977): Sites of organic acid production and patterns of digesta movement in the gastrointestinal tract of the rock hyrax. J. Nutr., **107**: 1954–1961.

Clemens, E. T. & G. M. O. Maloiy (1978): Cyclic changes in the osmolality and electrolyte composition in the gastrointestinal tract of the rock hyrax. J. Nutr., **108**: 988–993.

Coe, M. J. (1962): Notes on the habits of the Mount Kenya hyrax (*Procavia johnstoni mackinderi* Thomas). Proc. zool. Soc. London, **138**: 639–645.

Coe, M. J. (1965): Mount Kenya Hyrax. Animals: 171–175.

Coe, M. J. (1972): The South Turkana expedition. Geogr. J., **138**: 316–338.

Coe, M. J. (1975): Mammalian ecological studies on Mount Nimba, Liberia. Mammalia, **39**: 523–587.

Coe, M. J. & J. B. Foster (1972): The mammals of the northern slopes of Mt. Kenya. J. E. Afr. nat. Hist. Soc. natn. Mus., **131**: 1–18.

Coetzee, C. G. (1966): The relative position of the penis in Southern African dassies (Hyracoidea) as a character of taxonomic importance. Zoologica Afr., **2**: 223–224.

Coetzee, C. G. (1969): The distribution of mammals in the Namib desert and adjoining inland escarpement. Commemorative volume to Dr. V. Fitzsimons. Scient. Pap. Namib Desert Res. Stn., **40**: 23–36.

Coiffait, P. E., B. Coiffait, J. J. Jaeger & M. Mahboubi (1984): Un nouveau gisement à mammifères fossiles d'âge Eocène supérieur sur le versant sud des Nementcha (Algérie orientale): découverte des plus anciens rongeurs d'Afrique. C. R. Acad. Sci. Paris, sér. II, **299** (13): 893–898.

Colbo, M. H. & J. Macleod (1976): Ecological studies of ixodid ticks (Acari, Ixodidae) in Zambia. II. Ticks found on small mammals and birds. Bull. ent. Res., **66**: 489–500.

Cope, E. D. (1882): Classification of the Ungulate Mammalia. Proc. Amer. Philos. Soc., **20**: 438–461.

Corbet, G. B. (1978): The mammals of the palaearctic region: a taxonomic review. British Museum Natural History, Cornell University Press, London.

Corbet, G. B. (1979): The taxonomy of *Procavia capensis* in Ethiopia, with special reference to the aberrant tusks of *P. c. capillosa* Brauer (Mammalia, Hyracoidea). Bull. Brit. Mus. Nat. Hist. (Zool), **36**: 251–259.

Corbet, G. B. & J. E. Hill (1980): A world list of mammalian species. British Museum (Natural History), London. (226 p.).

Corbet, G. B. & J. E. Hill (1986): A world list of mammalian species. (2nd edition). British Museum (Natural History), London.

Cordier, C. (1949): Our Belgian Congo expedition comes home. Animal kingdom, New York, **52**: 99–114.

Crawford, R. J. M. & N. Fairall (1984): Male rock hyraxes *Procavia capensis* return to former home ranges after translocation. Koedee, **27**: 151–153.

Creutzfeldt, H. G. (1912): Über das Fehlen der Epiphysis cerebri bei einigen Säugern. Anat. Anz., **42**: 517–521.

Crochet, J. Y. (1986): s. Mahboubi, M. et al., 1986.

Crusafont Pairo, M. & J. M. Golpe Posse (1974): Biozonation des Mammifères néogénes d'Espagne. Mém. B. R. G. M., **78**: 121–129.

Cunningham-van Someren, G. R. (1973): Albino tree hyrax at Karen. Bull. E. Afr. nat. Hist. Soc.: 6.

Cuvier, F. (1824): Le Daman d'Ethiopie. – In: Geoffroy-Saint Hillaire, E. & F. Cuvier (eds.): Histoire naturelle des mammifères. (3. sér. (**III**. volume), t. VI, livraison 54, No. 305, 1–3). A. Berlin, Paris.

Cuvier, G. (1800) Leçons d'anatomie comparèe. (t. II). Baudoin, Paris.

Cuvier, G. (1804): Description ostéologique et comparative du daman. *Hyrax capensis*. Ann. Mus. Hit. Nat., **3**: 171–182.

Cuvier, G. (1817): Le règne animal. (Vol. 1). Déterville, Paris.

Dalloni, M. (1935): Mission au Tibesti. Vol. 2. Zoologie. Étude préliminaire de la faune du Tibesti. Vertébrés. Mammifères. Mém. Acad. Sci. Inst. Francais, **62**: 41–43.

D'Anchieta, M. (1882): 3. Liste des mammifères envoyés de Caconda „Angola". J. Sci. Math. Phys. Nat. Lisboa, **33**: 25–29.

Daubenton, L. J.-M. (1767): N.° MDII. La tête décharnée d'un animal inconnu au naturalistes. – In: Buffon, G. – L. L. de & L. J.-M. Daubenton (Éds.): Histoire naturelle, générale et particulière, avec description du cabinet du Roi (tome 15). L'imprimerie royale, Paris.

Davies, R. (1989): Where dassies dare. Custos, **17**: 53–56.

Dechaseaux, C. (1958): Hyracoidea. – In: Piveteau, J. (Éd.): Traité de Paléontologie (tom. **6**, vol. 2, 319–332). Masson et Cie, Paris. (962 p.)

De Jong, W. W.; J. T. Gleaves & D. Boulter (1977): Evolutionary changes of α-crystallin and the phylogeny of mammalian orders. J. molec. Evol., **10** (2): 123–135.

De Jong, W. W. & M. Goodman (1982): Mammalian phylogeny studied by sequence analysis of the eye lens protein α-crystallin. Z. Säugetierk., **47**: 257–276.

De Jong, W. W.; E.C. Nuy-Terwindt & M. Versteg (1977): Primary structures of α-crystallin A chains of elephant, whale, hyrax and rhinoceros. Biochimica Biophys. Acta, **491** (2): 573–580.

De Jong, W. W., G. J. Wistow & J. A. M. Leunissen (1990): Eye lens protein sequences and the phylogeny of mammalian orders. Evidence for a macroscelid-paenungulate clade. – In: Szalay, F. S., M. J. Novacek & M. C. McKenna (Eds.): American Museum of Natural History Mammal Phylogeny Conference Abstracts 1990.

De Jong, W. W., A. Zweers & M. Goodman (1981): Relationships of aardvark to elephants, hyraxes and sea cows from α-crystallin sequences. Nature, **292**: 538–540.

DEKEYSER, P.L. (1950): Contribution à l'étude de L'Aïr. Mammifères. Mém. I.F.A.N., **10**: 388–455.

DEKEYSER, P.L. (1955): Les mammifères de l'Afrique Noire Française. Init. afr. IFAN, Dakar, **1**: 1–426. (2e édition.)

DEKEYSER, P.L. (1956): Le Parc National de Niokolo-Koba. III. Mammifères. Mém. I.F.A.N., **48**: 35–77.

DELIBRIAS, G., M.T. GUILIER & J. LABEYRIE (1964): Saclay natural radiocarbon measurements. Radiocarbon, **6**: 233–250.

DE NIRO, M.J. & S. EPSTEIN (1978): Carbon isotopic evidence for different feeding patterns in two hyrax species occupying the same habitat. Science, **201** (4359): 906–908.

DE SMET, K.J.M. (1989): Studie van de Verspreiding en Biotoopkreuze van de grote Mammalia in Algerije in het Kader van het Natuurbehoud. Proefschr. Fak. Landbouwwetenschappen Rijksuniv. Gent.

DE SOUSA DIAS, A. (1970): Mamîferos de Moçambique. Anaïs Servs. Vet. Moçamb., **16**: 125–147.

DEVILLERS, C. (1939): Notes de mammalogie au Sahara central. Mammalia, **3**: 118–121.

DISSELHORST, R. (1904): Ausführapparat und Anhangdrüsen der männlichen Geschlechtsorgane. – In: OPPEL, A. (Hrsg.): Lehrbuch der vergleichenden mikroskopischen Anatomie der Wirbeltiere. G. Fischer, Jena.

DOBRORUKA, L.J. (1973): Yellow-spotted dassie *Heterohyrax brucei* (Gray, 1868) feeding on a poisonous plant. Säugetierk. Mitt., **21**: 365.

DOBSON, G.E. (1876): On peculiar structures in the feet of certain species of mammals which enable them to walk on smooth perpendicular surfaces. Proc. zool. Soc. London, **1876**: 526–535.

DOORN, C. VAN (1972): Zucht von Baumschliefern und Klippschliefern im Rotterdamer Zoo. Z. Kölner Zoo, **15** (4): 67–75.

DORAN, A.H.G. (1876): On the morphology of the Ossicula auditus. Trans. Linn. Soc. London ser. 2. zool., **1**: 371–497.

DRAKE-BROCKMAN, R.E. (1910): The mammals of Somaliland. Hurst & Blackett, LTD., London, (201 S.)

DUBROVO, I.A. (1978): New data on fossil Hyracoidea. Paleont. J., **12** (3): 375–383. (Übers. aus Paleont. Zhur. 1978, no. 3, 97–106)

ECKHARD, C. (1847): Das Zungenbein der Säugethiere, mit Rücksicht auf das Stimmorgan und allgemeinen zoologischen Bemerkungen. Archiv. Anat. Physiol. wiss. Med., **1847**: 39–87.

ECKSTEIN, P. & S. ZUCKERMAN (1956): Morphology of the reproductive tract. – In: PARKER, A.S. (Ed.): Marshall's physiology of reproduction (vol. **1**, part 1, 43–155). Longman & Green, London.

EICHLER, W. (1953): Parasitendifferenzierung. III Klippschlieferhaarlinge. Mh. Vet. Med. Leipzig, **7**: 35–36.

EISENBERG, J.F. (1981): The mammalian radiations. An analysis of trends in evolution, adaption, and behaviour. Univ. Chicago Press, Chicago & London. (610 S.)

EISENTRAUT, M. (1976): Das Gaumenfaltenmuster der Säugetiere und seine Bedeutung für stammesgeschichtliche und taxonomische Untersuchungen. Bonner zool. Monogr., **8**: 1–214.

EISENTRAUT, M. (1984): Das Gaumenfaltenmuster bei Schliefern, Elefanten und Sirenen. Bonner zool. Beitr., **35**: 29–37.

EISMANN, G. (1898): Der Kapsche Klippschliefer (*Hyrax capensis*) in der Gefangenschaft. Der zool. Garten, **39**: 118–120.

ELIAS, H. (1946): The gustatory papillae and the stomach of Hyracoidea, with a discussion of the evolution of the mammalian tongue papillae. J. Morph., **79**: 97–112.

ELLERMAN, J.R. & T.C.S. MORRISON-SCOTT (1951): Checklist of Palaearctic and Indian Mammals 1758–1946. British Museum (Natural History), London.

ELLERMANN, J.R., T.C.S. MORRISON-SCOTT & R.W. HAYMAN (1953): Southern African mammals 1758–1951; a reclassification. British Museum (Natural History), London.

ELOFF, A.K. (1981): The digestion in the hyrax *Procavia capensis* (Pallas 1766). M. Sci. Thesis, Univ. Pretoria.

ELOFF, A.K. (1983): Fibre digestion in the hyrax (*Procavia capensis*). Suid. Afr. Tydskt. Veekde, **13** (1): 28–30.

ELOFF, A.K. & W. VAN HOVEN (1985): Volatile fatty acid production in the hindgut of *Procavia capensis*. Comp. Biochem. Physiol., **80**A: 291–295.

EMERSON, K.C. (1964): Three new species of Mallophaga from Dassies (Hyracoidea). Ann. Mag. nat. Hist. ser. 13, **7**: 689–692.

EMERSON, K.C. & R.D. PRICE (1981): A host-parasite list of the Mallophaga on mammals. Misc. Publ. Entomol. Soc. Amer., **12**: 1–72.

ENGELHARDT, W. VON, S. WOLTER, H. LAWRENZ & J.A. HEMSLEY (1978): Production of methane in two non-ruminant herbivores. Comp. Biochem. Physiol., **60**: 309–311.

EPELU-OPIO, J. (1973): The epithelium of the urinary bladder of rock hyrax. Anat. Anz., **135** (4): 398–407.

EPELU-OPIO, J. (1976): The picric-acid-Schiff's (PAS) reaction in the urinary bladder epithelium in hyrax. Zambia J. Sci. Technol., **2** (3): 5–10.

FAHRENHOLZ, H. (1939/40): Die Anopluren der Procaviidae. Z. Parasitenk., **11**: 1–15.

FAIRALL, N. (1980): Growth and age determination in the hyrax *Procavia capensis*. S. Afr. J. Zool., **15**. 16–21.

FAIRALL, N. & R.J.M. CRAWFORD (1983): Application of the Robson-Whitlock technique to estimate hyrax *Procavia capensis* numbers. S. Afr. J. Wildl. Res., **13** (1): 25–26.

FAIRALL, N., A.K. ELOFF & I.S. MCNAIRN (1983): Integration of metabolism and digestion in the hyrax. S. Afr. J. Anim. Sci., **13** (1): 79–80.

FAIRALL, N. & N. HANEKOM (1987): Population dynamics and possible management options for the rock dassie *Procavia capensis* population in the Tsitsikamma Coastal National park. Koedee, **30**: 139–148.

FAIRALL, N. & I.S. MCNAIRN (1981): A metabolic energy conserving strategy in the hyrax, *Procavia capensis*, Worldwide Furbearers Conference Proc., **1**: 343–354.

FAIRALL, N., P.J. VERMEULEN & M. VAN DER MERWE (1986): A general model of population growth in the hyrax *Procavia capensis*. Ecol. Modell., **34**: 115–132.

FERRIS, G.F. (1951): The sucking lice. Mem. Pacif. Cst. ent. Soc., **1**: 1–320.

FEY, V. (1960): A note on the behaviour of the tree hyrax. J. East. Afr. nat. Hist. Soc., **23**: 244–246.

FIKENTSCHER, L. (1851): Das Hyraceum in historischer, chemischer, pharmazeutischer und therapeutischer Beziehung. Diss. med. Fak. Univ. Erlangen. (48 S.)

FISCHER, E. (1903): Bau und Entwicklung des Carpus und Tarsus von *Hyrax*. Jena. Z., **37**: 691–726.

FISCHER, M.S. (1983): Die Extremitätenmuskulatur der Hyracoidea. Beiträge zur Fortbewegung und Anpassungsgeschichte. Dipl.-Arb. Biol. Fak. Univ. Tübingen. (89 S.)

FISCHER, M.S. (1986): Die Stellung der Schliefer (Hyracoidea) im phylogenetischen System der Eutheria. Zugleich ein Beitrag zur Anpassungsgeschichte der Procaviidae. Cour. Forsch.-Inst. Senckenberg, **84**: 1–132.

FISCHER, M.S. (1989a): Hyracoids, the sister-group of Perissodactyls. – In: PROTHERO, D.R. & R.M. SCHOCH (Eds.): The Evolution of Perissodactyls, 37–56. Oxford Univ. Press, New York. (538 p.)

FISCHER, M.S. (1989b): Zur Ontogense der Tympanalregion der Procaviidae (Mammalia: Hyracoidea). Gegenbaurs morphol. Jahrb., **135** (6): 795–840.

FISCHER, M.S. (1990): Un trait unique de l'oreille des éléphants et des siréniens (Mammalia): un paradoxe phylogénétique. C.R. Acad. Sci. Paris, sér. III, **311**: 157–162.

FISCHER, M.S. (in Vorb.): Cineradiographic studies on the locomotion of hyraxes (*Procavia capensis*).

FISCHER, M.S. (in Vorb.): The first skull of a Neogene hyracoid from China.

FISCHER, M.S. & P. TASSY (1990): The interrelationship of Proboscidea-Sirenia-Hyracoidea-Mesaxonia. Abstract. – In: SZALAY, F.S., M.J. NOVACEK & M.C. MCKENNA

(Eds.): American Museum of Natural History Mammal Phylogeny Conference 1990.

FISCHER, M. S. & P. TASSY (im Druck): The interrelationship between Proboscidea-Sirenia-Hyracoidea-Mesaxonia. – In: SZALAY, F.S., M.J. NOVACEK & M.C. MCKENNA (Eds.): Phylogeny of Mammals. Springer, New York etc.

FITZSIMONS, F.W. (1920): The natural history of South Africa. Mammals. (Vol. III, p.220–241). Longmans, Green & Co., London.

FLEISCHER, G. (1973): Studien am Skelett des Gehörorgans der Säugetiere, einschließlich des Menschen. Säugetierk. Mitt., **21**: 131–239.

FLEISCHMANN, A. (1897): Mitteilungen über die Zahnentwicklung von *Hyrax*, Abh. naturhist. Ges. Nürnberg, **10**: 47–54.

FLOWER, S.S. (1932): Notes on the recent mammals of Egypt, with a list of the species recorded from that kingdom. Proc. zool. Soc. London, **1932**: 369–451.

FLOWER, W.H. (1872): On the organs of digestion in Mammalia. Lectures on the comparative anatomy of the organs of digestion of the Mammalia. Med. Times & Gazette, **II**: 219–221.

FLOWER, W.H. & R. LYDEKKER (1891): An introduction to the study of Mammals living and extinct. A. + C. Black, London. (763 p.)

FOLEY, H.U. & M. LESOURD (1938): Notes sur un Daman (*Procavia*) du Tassili des Ajjer. Bull. Soc. Hist. nat. Afr. Nord, **29**: 461–465.

FORSTER-COOPER, C. (1924): The Anthracotheriidae of the Dera Bugti deposits of Baluchistan. Mem. Geol. Surv. India, Palaeont. Indica, **8** (2): 1–60.

FORSYTH, D. (1908): The comparative anatomy, gross and minute, of the thyroid and parathyroid glands in mammals and birds. J. Anat. Physiol. 3. ser, **III**: 164.

FORSYTH MAJOR, C.I. (1891): Considérations nouvelles sur la faune des vertébrés du Miocène supérieur dans l'île des Samos. C.R. Acad. Sci. Paris, **113**: 608–610.

FORSYTH MAJOR, C.I. (1891): Sur l'âge de la faune de Samos. C.R. Acad. Sci. Paris, **113**: 708–710.

FORSYTH MAJOR, C.I. (1899a): The Hyracoid *Pliohyrax graecus* (Gaudry) from the upper Miocene of Samos and Pikermi. Geol. Mag. London, new ser., **6**: 547–553.

FORSYTH MAJOR, C.I. (1899b): Note upon *Pliohyrax graecus* (Gaudry) from Samos. Geol. Mag., **4** (6). 507–508.

FOURIE, L.J. (1983): The population dynamics of the rock hyrax, *Procavia capensis* (Pallas, 1766) in the Mountain Zebra National Park. Ph.D. Thesis Rhodes Univ. Grahamstown.

FOURIE, L.J., I.G. HORAK & E. VISSER (1987): Quantitative and qualitative aspects of the parasite burdens of rock dassies (*Procavia capensis* Pallas, 1766) in the Mountain Zebra National Park. S. Afr. J. Zool., **22** (2): 202–106.

FOURIE, L.J. & M.R. PERRIN (1985): Seasonal change in body fat of the hyrax *Procavia capensis* (Pallas, 1766). Using a body fat ranking index. Koedoe, **28**: 61–67.

FOURIE, L.J. & M.R. PERRIN (1987a): Social behaviour and spatial relationships of the rock hyrax. S. Afr. J. Wildl. Res., **17** (3): 91–98.

FOURIE, L.J. & M.R. PERRIN (1987b): Some new data on the reproductive biology of the rock hyrax. S. Afr. Tydskr. Natuurnav., **17**: 118–122.

FOURIE, L.J. & M.R. PERRIN (im Druck): Quantitative and qualitative aspects of the diet of the rock hyrax (*Procavia capensis* Pallas, 1766) in the Mountain Zebra National Park. Rev. Zool. Afr. .

FOURIE, P.B. (1974): Acoustic communication and social behaviour of the rock dassie, *Procavia capensis* (Pallas), in captivity. M. Sc. Thesis Fac. Science Univ. Pretoria.

FOURIE, P.B. (1977): Acoustic communication in the Rock hyrax, *Procavia capensis*. Z. Tierpsychol., **44**: 194–219.

FOURIE, P.B. (1978): The life-span of mammals: estimates for the dassie (*Procavia capensis*). J.S. Afr. Vet. Ass., **49** (2): 143–144.

FOX, H. (1933): Some notes upon the nature, health and maintenance of the hyrax. Proc. Amer. Phil. Soc., **72**: 1–24.

FRANKS, H.A. (1979): Analysis of the rhythmic chewing cycles in the hyrax. Amer. Zool., **19**: 1012.

FRANKS, H.A. (1981): Condyle movements during mastication in the hyrax. Amer. Zool., **21** (4): 971.

FRANKS, H.A., R.Z. GERMAN, A.W. CROMPTON & K.M. HIIEMAE (1985): Mechanism of intra-oral transport in a herbivore, the hyrax (*Procavia syriacus*). Archs. oral. Biol., **30**: 539–544.

FRANZ, V. (1911): Studien zur vergleichenden Anatomie der Augen der Säugetiere. Arch. vergl. Ophthalmol., **2**: 180–218, 269–322.

FRANZ, V. (1924): Geschichte der Organismen. Gustav Fischer, Jena. (948 S.)

FRECHKOP, S. (1936): Notes sur les Mammifères. Remarque sur la classification des Ongulés et sur la position systématique des Damans. Bull. Mus. roy. Hist. nat. Belg., **12** (37): 1–28.

FRECHKOP, S. (1941): Le placenta du Daman et la valeur systématique de cet organe. Ann. Soc. r. zool. Belge, **72**: 150–156.

FRECHKOP, S. (1943): Exploration du Parc National Albert. Mission S. Frechkop (1937–1938). Fascicule I. Mammifères. Bruxelles: Institut des Parcs Nationaux du Congo Belge.

FRIANT, M. (1944): Le télencéphale du Daman. C.R. Acad. Sci. Paris, **218**: 52–54.

FRIANT, M. (1945a): Les molaires du Daman (*Procavia*). Rev. Zool. Bot. Afr., **39**: 130–133.

FRIANT, M. (1945b): Sur les affinités du Daman (*Procavia*). C.R. Acad. Sci. Paris, **221**: 384–386.

FRIANT, M. (1954): Les principales charactéristiques du cerveau des ordres actuels d'Ongulés (Ungulata sensu latu): Proboscidea, Hyracoidea, Perissodactyla, Artiodactyla, Sirenia. C.R. Acad. sci. Paris, **239**: 1004–1006.

FRIANT, M. (1957/58): Morphologie et dévelopment du cerveau des mammifères euthériens. III. Série des Ongulès. Ann. Soc. zool. Belg., **88**: 321–367.

FRIANT, M. (1965): Sur les dents jugales du *Dendrohyrax* (Daman). Acta zool. Stockholm, **46**: 109–117.

FRIANT, M. (1971): Le cerveau des damans (Procaviidae). Folia Morph. Prague, **19**: 147–153.

FUNAIOLI, U. & A.M. SIMONETTA (1966): The mammalian fauna of the Somali Republic: Status and conservation problems. Monitore Zool. Ital. Suppl., **74**: 285–347.

GABE, M. & J. DRAGESCO (1971): Contribution à l'histologie des glandes cutanées des Hyracoides. Ann. Fac. Sci. Cameroun, **7–8**: 173–191.

GABUNIA, L.K. (1968): Kvabebi Fauna of Akchagylian mammals. Int. Geol. Congr., **23** (Czech. Rept. Sect. 10; Proc.): 49–55.

GABUNIA, L.K. & A.K. VEKUA (1966a): Iskopaemyi daman v akchagyle vostochnoi gruzii. (Fossil hyraxes from Akchagylian deposites of Eastern Georgia). – In: Davitashvili: Cainozoic Fauna of Georgia and its geohistorical significance, 93–100. Mec'niereba Press, Tbilisi.

GABUNIA, L.K. & A.K. VEKUA (1966b): A fossil Hyrax in the Akchagylian of Eastern Georgia. Akad. Nauk. GSSR Inst. Paleobiol. trudy, 93–100.

GABUNIA, L.K. & A.K. VEKUA (1966c): An unusual member of the Hyracoidea from the upper Pliocene of Eastern Georgia. Soobsch. Akad. Nauk. GSSR., **42** (3): 643–647.

GABUNIA, L.K. & A.K. VEKUA (1974): On the mode of life and systematic position of the giant hyrax from Kvabebi. Soobsch. Akad. Nauk., GSSR., **73**: 489–492.

GABUNIA, L.K. & A.K. VEKUA (1978): K'vabebis giganturi damani. Mec'niereba, T'bilisi. (57 S.)

GAMBARIAN, P.P. (1974): How animals run: anatomical adaptations. (Translated from Russian). Jerusalem & London. (367 S.)

GARGETT, V. (1972): Observations at a black eagle nest in the Matopos, Rhodesia. Ostrich, **43**: 77–108.

GARNHAM, P.C.C. (1951): A new piroplasm from the rock hyrax. J. Parasit., **37**: 528–532.

GARTON, G.A. & W.R.H. DUNCAN (1971): Fatty acid distribution in triglycerides of the tree hyrax. Comp. Biochem. Physiol. (B), **39**: 1049–1051.

Gaudry, J.A. (1862): Animaux fossiles et géologie de l'Attique. (Vol. I). Paris.

Geoffroy Saint-Hilaire, E. & G.L.C.F.D. Cuvier (1795): Mémoire sur une nouvelle division des mammifères, et les principes qui doivent servir de base dans cette sorte de travail, lu à la société d'Histoire naturelle le premier floréal de l'an troisième. Magazin encyclopédique ou Journal des Sciences, des Lettres et des Arts, **2**: 164–190.

George, H. (1875): Monographie anatomique et zoologique des mammifères du genre Daman. Ann. Sci. nat. Paris, **1** (9): 1–260. (auch: Masson, Paris).

Gerhardt, U. (1909): Der gegenwärtige Stand der Kenntnisse von den Copulationsorganen der Wirbeltiere, insbesondere der Amniota. Erg. Fortschr. Zool., **1**: 307–402.

Gerhardt, U. (1933): Kloake und Begattungsorgane. – In: Bolk, L.; E. Göppert; E. Kallius & W. Lubosch (Hrsg.): Handbuch der vergleichenden Anatomie der Wirbeltiere (Band **6**, 267–350). Urban & Schwarzenberg, Berlin und Wien.

Gevin, P., R. Lavocat, N. Mongereau & J. Sudre (1975): Découverte de mammifères dans la moitié inférieure de l'Eocène du nord-ouest du Sahara. C. R. Acad. Sci. Paris, **280** D: 967–968.

Giebel, C.G.A. (1855): Die Säugethiere in zoologischer, anatomischer und paläontologischer Beziehung umfassend dargestellt. Ambrosius Abel, Leipzig.

Gill, T.N. (1872): Arrangement of families and subfamilies of mammals and synoptical tables of characters of the subdivision of mammals. Smithsonian Misc. Coll., **11** (230): 1–98.

Ginsburg, L. (1977): L'Hyracoïde (Mammifère subongulé) du Miocène de Beni Mellal (Maroc). Géol. Méditerr., **4** (3): 241–253.

Glover, T.D. (1973): Aspects of sperm production in some East African mammals. J. Repr. Fert., **35**: 45–53.

Glover, T.D. & L. Nicander (1971): Some aspects of structure and function in the mammalian epididymis. J. Repr. Fert. suppl., **13**: 39–50.

Glover, T.D. & J.B. Sale (1968): The reproductive system of male rock hyrax (*Procavia* and *Heterohyrax*). J. zool. London, **156**: 351–362.

Gmelin, (1892): Zur Morphologie der Papilla vallata und foliata. Arch. mikroskop. Anat., **40**: 1–28.

Golpe-Posse, J.M. & M. Crusafont-Pairo (1981): Presencia de un Hirácido en el Vallesiense de Can Llobateres (Sabadell), cuenca del Vallès; depresión catalana, Espana). Bol. R. Soc. Espanola Hist. Nat. (Geol.), **79**: 265–276.

Gombe, S. (1983): Reproductive cycle of the rock hyrax (*Procavia capensis*). Afr. J. Ecol., **21** (2): 129–134.

Gombe, S., R.B. Heap & J.B. Sale (1976): Endocrinology of pregnancy in the hyrax plasma progesterone concentration and erythrocyte metabolism. J. Physiol. London, **254**: 13p–14p.

Gourmain, J. (1967): Le plexus lombo-sacré de quelques mammifères non Primates. Mammalia, **31**: 148–155.

Granvik, H. (1925): On mammals from the eastern slopes of Mount Elgon, Kenya colony. Mammals collected by the Swedish Mount Elgon expedition 1920. Lunds Univ. Årsskr. N.F. (2), **21** (3): 1–32.

Grassé, P.-P. (1955): Ordre des hyracoïdes ou hyraciens. – In: Grassé, P.-P. (Éd.): Traité de zoologie (Vol. **17**, fasc. 1, 878–898). Masson et Cie, Paris. (1170 p.)

Gray, J.E. (1868): Revision of species of hyrax, found on the specimens in the British Museum. Ann. Mag. nat. Hist., **1**: 35–51.

Gray, J.E. (1873a): On the Boomdas (*Dendrohyrax arboreus*). Ann. Mag. Nat. Hist. London, **11** (4): 154–155.

Gray, J.E. (1873b): Handlist of edentate, thickskinned and ruminant mammals in the British Museum. British Museum (Natural History), London.

Gray, J.E. (1874): On *Dendrohyrax bakeri*, a new species from tropical Northeastern Africa. Ann. Mag. Nat. Hist., **14**: 132–136.

Gregory, W.K. (1910): Orders of mammals. Bull. Amer. Mus. Nat. Hist., **27**: 1–524.

Grimwood, I.R., C.W. Benson & W.F.H. Ansell (1958): The present-day status of ungulates in Northern Rhodesia. Mammalia, **22**: 451–468.

Griner, L.A. (1968): The rock hyrax (*Procavia capensis*) a potential laboratory animal. Laboratory animal care, **18** (2): 144–150.

Grobler, J.H., V.J. Wilson (1972): Food of the leopard *Panthera pardus* (Linn.) in the Rhodes Matopos Nat. Park, Rhodesia, as determined by faecal analysis. Arnoldia (Rhodesia), **5**: 1–9.

Gyldenstolpe, W. (1928): Zoological results of the Swedish expedition to Central Africa 1921. Vertebrata. 5. mammals from the Birunga Volcanoes, north of Lake Kivu. Ark. Zool., **20A** (4): 1–76.

Haeselbarth, E., J. Segerman & F. Zumpt (1966): The arthropod parasites of vertebrates in Africa south of the Sahara (Ethiopian region). Vol. III (Insecta excl. Phthiraptera). Publ. South Afr. Inst. med. Res. Johannesburg, **13** (52).

Hahn, H. (1933): *Dendrohyrax arboreus braueri* subsp. nov. Z. Säugetierk., **8**: 278–279.

Hahn, H. (1934): Die Familie der Procaviidae. Z. Säugetierk., **9**: 207–358.

Hahn, H. (1936): Noch einmal die Familie der Procaviidae. Z. Säugetierk., **11**: 340–341.

Hahn, H. (1959): Vom Baum-, Busch- und Klippschliefern, den kleinen Verwandten der Seekühe und Elefanten. (Die neue Brehm-Bücherei, Heft 246). A. Ziemsen Verlag, Wittenberg (Lutherstadt).

Hall, B.P. (1958): Albino hyrax. Uganda Wild Life, **1**: 65.

Hamilton, W.R., P.J. Whybrow & H.A. McClure (1978): Fauna of fossil mammals from the Miocene of Saudi Arabia. Nature, **274**: 248–249.

Hanks, J. (1977): Comparative aspects of reproduction in the male hyrax and elephant. – In: Calaby, J.H. & C.H. Tyndale-Biscoe (Eds.): Reproduction and Evolution, 155–164. Australian Academy of Science, Canberra City. (380 p.)

Hanse, W.A. (1962): Preliminary studies on the dassie. Its relations to farming and methods of control. Provincial Administration of the Cape of Good Hope, Capetown, South Africa, **19**: 108–121.

Hanström, B. (1952): The hypophysis in some South African Insectivora, Carnivora, Hyracoidea, Proboscidea, Artiodactyla and Primates. Ark. Zool. Stockholm, **4**: 187–204.

Hanström, B. (1953): The neurohypophysis in the series of mammals. Z. Zellforsch., **39**: 241–259.

Happold, D.C.D. (1973): Large mammals of West Africa. (West African nature handbooks). Longman & Co., London. (105 p.)

Happold, D.C.D. (1973): The distribution of large mammals in West Africa. Mammalia, **37**: 88–93.

Happold, D.C.D. (1987): The mammals of Nigeria. (Chapter 12. Hyraxes. pp: 193–196). Oxford science publication Clarendon press, Oxford. (402 p.)

Harding, R.S.O. (1973): Predation by a troop of olive Baboons. Am. J. Phys. Antrop., **38**: 587–591.

Hardy, E. (1947): The biblical coney. Zoo Life London, **2**: 62–63.

Harris, J.M. & R. Watkins (1974): New early Miocene vertebrata locality near lake Rudolf, Kenya, Nature, **252**: 576–577.

Harrison, D.L. (1968): The mammals of Arabia 2: Carnivora, Hyracoidea, Artiodactyla. Ernest Benn Lim., London.

Harrison, D.L. (1980): The mammals obtained in Dhofar by the 1977 Oman flora and fauna survey. J. Oman. Stud. Spec. Rep., **2**: 387–397.

Harrison, D.L. (1982): An unusual dental anomaly in the Arabian Hyrax, *Procavia capensis jayakari* (Hyracoidea: Procaviidae). Mammalia, **46**: 395–396.

HARTENBERGER, J. L., C. MARTINEZ & A. B. SAID (1985): Découverte de mammifères d'âge Eocène inférieur en Tunisie centrale. C. R. Acad. Sci. Paris, sér II, **301**: 649–652.

HARTMANN, R. (1868): Geographische Verbreitung der im nordöstlichen Afrika wild lebenden Säugethiere. Z. Gesell. Erdk. Berlin, **3**: 28–69; 232–270; 345–368; 404–420.

HATT, R. T. (1933): An annotated catalogue of the Hyracoidea in the American Museum of Natural History, with description of a new species from the Lower Congo. Amer. Mus., **594**: 1–13.

HATT, R. T. (1936): The Hyraxes collected by the American Museum Congo expedition. Bull. Am. Mus. Nat. Hist., **72**: 117–141.

HAUSER, W. (1951): Beobachtungen an einigen Tierformen Angolas in der Natur und nach dem Fang. Zool. Garten (N. F.), **18**: 208–210.

HAYMAN, R. W. (1935): On a collection of mammals from the Gold Coast. Proc. zool. Soc. London, **1935**: 915–937.

HAYMAN, R. W. (1963): Mammals from Angola, mainly from the Lunda District. Serv. Cult. Comp. Diamantes Angola, Lisboa, **66**: 81–140.

HEAP, R. B., S. GOMBE & J. B. SALE (1975): Pregnancy in the hyrax and erythrocyte metabolism of progesterone. Nature, **257**: 809–811.

HEIM DE BALSAC, H. (1934): Notes complémentaires sur les damans de l'A'Haggar. Bull. Mus. natn. Hist. nat. Paris, 2. sér., **6**: 224–227.

HEINTZ, E., M. BRUNET & B. BATTAIL (1981): A cercopithecoid primate from the late Miocene of Molayan, Afghanistan, with remarks on *Mesopithecus*. Int. J. Primatol., **2**: 273–284.

HEMPRICH, F. G. & C. G. EHRENBERG (1828): Symbolae physicae seu icones et descriptiones corporum naturalism novorum aut minus cognitorum quae ex itineribus. (pars zool 1). Berlin.

HEMPRICH, F. W. & C. G. EHRENBERG (1899): Symbolae physicae seu Icones adhuc ineditae etc. Zoologica. (Posthume Veröffentlichung der osteologischen Tafeln, erklärt durch Paul Matschie.). Berlin, G. Reimer.

HENDEY, Q. B. (1978): Preliminary report on the Miocene vertebrates from Arrisdrift, South west Africa. Ann. S. Afr. Mus, **76** (1): 1–41.

HENDRICHS, H. (1963): Wiederkauen bei Klippschliefern und Känguruhs. Naturwissenschaften, **50** (12): 454–455.

HENDRICHS, H. (1965): Vergleichende Untersuchungen des Wiederkauverhaltens. Biol. Zentralblatt, **84** (6): 681–751.

HENNIG, W. (1983): Stammesgeschichte der Chordaten. – In: HENNIG, WOLFGANG (Hrsg.): Fortschr. zool. Syst. Evolutionsforsch. (Heft 2, 1–208). Paul Parey, Hamburg Berlin.

HERMANN, J. (1783): Tabula affinitatum animalium. J. G. Treuttel, Argentorati. (370 S.)

HILL, J. E. & T. D. CARTER (1941): The mammals of Angola, Africa. Bull. Amer. Mus. Nat. Hist., **78**: 1–164.

HOECK, H. N. (1974): *Heterohyrax brucei* (Procaviidae) – Mating behavior (Open air shots). (Film E 2474). IWF Göttingen.

HOECK, H. N. (1975): Differential feeding behaviour of the sympatric hyrax, *Procavia johnstoni* and *Heterohyrax brucei*. Oecologia, **22**: 15–47.

HOECK, H. N. (1976a): „Teat order" in Hyrax (*Procavia johnstoni* and *Heterohyrax brucei*). Z. Säugetierk., **42**: 112–115.

HOECK, H. N. (1976b): *Procavia johnstoni* (Procaviidae) – Nahrungsaufnahme (Freilandaufnahmen). (Film E 2177/1976). IWF Göttingen.

HOECK, H. N. (1976c): *Procavia johnstoni* (Procaviidae) – Hautpflegeverhalten (Freilandaufnahmen). (Film E 2176/1976). IWF Göttingen.

HOECK, H. N. (1976d): *Procavia johnstoni* (Procaviidae) – Paarungsverhalten (Freilandaufnahmen). (Film E 2178/1976). IWF Göttingen.

HOECK, H. N. (1976e): Sozialverhalten der Schliefer. Bild der Wissenschaft, **76**: 58–64.

HOECK, H. N. (1977): *Heterohyrax brucei* (Procaviidae) – Fortbewegung im Geäst und Nahrungsaufnahme (Freilandaufnahmen). (Film E 2266). IWF Göttingen.

HOECK, H. N. (1978): Systematics of the Hyracoidea: Towards a clarification. Bull. Carnegie Mus. nat. Hist., **6**: 146–151.

HOECK, H. N. (1978): Young playing with each other (*H. brucei*) and with young *P. johnstoni*. I. W. F. Göttingen. (E 2473)

HOECK, H. N. (1980): Ethologie von Busch- und Klippschliefern. Ethology of the Bush and Rock Hyrax. (Film D 1338). IWF Göttingen.

HOECK, H. N. (1982a): Population dynamics, dispersal and genetic isolation in two species of Hyrax (*Heterohyrax brucei* and *Procavia johnstoni*) on habitat islands in the Serengeti. Z. Tierpsychol., **59**: 177–210.

HOECK, H. N. (1982b): Feeding ecology in the bush and rock hyraxes living sympatrically. Publ. Wiss. Film, Sekt. Biol, Ser. 15 32 / D **1371**: 1–19.

HOECK, H. N. (1984): Hyraxes. – In: MACDONALD, D. (Ed.): The Encyclopaedia of mammals (**2**, 462–465). Allen & Unwin, Sydney. (895 p.)

HOECK, H. N. (1987): Schliefer. – In: GRIZMEK, B. (Hrsg.): Grizmeks Enzyklopädie Säugetiere (Band **IV**, 539–547), Kindler Verlag, München. (648 S.)

HOECK, H. N. (1989): Demography and competition in hyrax. A 17 years study. Oecologia, **79**: 353–360.

HOECK, H. N., H. KLEIN & P. HOECK (1982): Flexible social organisation in hyrax. Z. Tierpsychol., **59**: 265–298.

HOFMANN, R. R. & D. R. M. STEWART (1972): Grazer or Browser: A classification based on the stomach-structure and feeding habits of East African ruminants. Mammalia, **36**: 226–240.

HOLLISTER, N. (1922): A new hyrax from East Africa. Proc. Biol. Soc. Washington, **35**: 135–136.

HOLLISTER, N. (1924): East African mammals in the United States National Museum. Bull. Unit. Stat. natn. Mus., **99** (3): 138–147.

HOLMGREM, N. (1952): An embryological analysis of the mammalian carpus and its bearing upon the question of the origin of the tetrapod limb. Acta Zool., **33**: 1–115.

HOMMEL, F. (1879): Die Namen der Säugetiere bei den südsemitischen Völkern. J. C. Hinrichs'sche Buchhandlung, Leipzig. (472 S.)

HOOGSTRAAL, D. A. (1964): A brief review of the contemporary land mammals of Egypt (including Sinai). 3. Carnivora, Hyracoidea, Perissodactyla, and Artiodactyla. J. Egypt. Publ. Hlth. Assoc. **39**: 205–239.

HOOGSTRAAL, H. (1954a): A preliminary, annotated list of ticks (Ixodoidea) of the Anglo-Egyptian Sudan. J. Parasit. **40**: 304–310.

HOOGSTRAAL, H. (1954b): Noteworthy African tick records in the British Museum (Natural History) collections. Proc. entom. Soc. Washington, **56**: 273–279.

HOOGSTRAAL, H. (1956a): Notes on African *Haemaphysalis* ticks. III The hyrax parasites, *H. bequaerti* sp. nov., *H. orientalis* N. and W., 1915 (new combination), and *H. cooleyi* Bedford 1929 (Ixodoidea, Ixodidae). J. Parasit. **42**: 156–172.

HOOGSTRAAL, H. (1956b): African Ixodoidea. (Vol. 1: Ticks of Sudan (with special reference to Equatoria province and with preliminary reviews of the genera *Boophilus*, *Margaropus*, and *Hyalomma*)). Research report, Dept. of the Navy, Bureau of Medicine and Surgery.

HOOGSTRAAL, H., K. WASSIF & M. N. KAISER (1957): Results of the Namru-3 Southeastern Egypt expedition, 1954. 6. Observations on non-domesticated mammals and their ectoparasites. Bull. Zool. Soc. Egypt, **13**: 52–75.

HOOGSTRAHL, H., J. B. WALKER & W. O. NEITZ (1971): Notes on African Haemaphysalis ticks. 7. *H.* (*Rhipistoma*) *hyracophila* sp. n. (Ixodoidea: Ixodidae), a parasite of hyraxes in South Africa. J. Parasit. **57** (2): 417–425.

HOOIJER, D. A. (1963): Miocene Mammalia of Congo. Ann. Mus. r. Afr. Centr. Tervuren, Sci. Geol. **46**: 1–77.

HOPKINS, G. H. E. (1942): Notes on the Mallophaga of Procaviidae. Rev. Brasileira Bio., Rio de Janeiro, **2**: 391–397.

HOPKINS, G. H. E. (1945): Lice of the hyraxes especially *Procavia capensis*. J. entom. Soc. South. Afr. **8**: 1–12.

HOPKINS, G. H. E. (1949): The host-associations of the lice of mammals. Proc. zool. Soc. London, **119**: 387–604.

HOPWOOD, A. T. (1929): New and little known mammals from the Miocene of Africa. Amer. Mus. Novit., **344**: 1–9.

HORAK, I. G. & L. J. FOURIE (1986): Parasites of domestic and wild animals in south Africa. XIX. Ixodid ticks and fleas on rock dassies (*Procavia capensis*) in the Mountain Zebra National Park. Onderstepoort J. vet. Res., **53**: 123–126.

HORST, C. J. VAN DER (1941): On the size of the litter and the gestation period of *Procavia capensis*. Science, **93** (2418): 430–431.

HOWELL, F. C. & Y. COPPENS (1974): Les faunes de mammifères fossiles des formations Plio-Pléistocènes de l'Omo en Ethiopie (Tubulidentata, Hyracoidea, Lagomorpha, Rodentia, Chiroptera, Insectivora, Carnivora, Primates). C. R. Acad. Sci. Paris, **278D**: 2421–2424.

HOWES, G. B. (1896): On the mammalian hyoid, with especial reference to that of *Lepus, Hyrax* und *Choloepus*. J. Anat. Physiol., **30**: 513–526.

HÜNERMANN, K. A. (1985): Schliefer (Mammalia, Hyracoidea, Procaviidae) aus dem Neogen Anatoliens. Eclogae geol. Helv., **78**: 693–705.

HUFNAGL, E. (1972): Libyan mammals. Oleander Press, Stoughton Wisconsin & Harrow, England. (85 S.)

HUME, I. D., K. RÜBSAMEN & W. VON ENGELHARDT (1980): Nitrogen-metabolism and urea kinetics in the rock hyrax (*Procavia habessinica*). J. comp. Physiol., **138B**: 307–314.

HUNGERFORD, D. A. & R. L. SNYDER (1969): Chromosomes of the Rock hyrax, *Procavia capensis* (Pallas), 1767. Experientia, **25**: 870.

HUXLEY, T. H. (1869): An introduction to the classification of animals. J. Churchill + Sons, London. (147 S.)

HYRTL, J. (1845): Vergleichend-anatomische Untersuchungen über das innere Gehörorgan des Menschen und der Säugethiere. Paul Ehrlich, Prag. (139 S.)

HYRTL, J. (1852): Über das Vorkommen von Wundernetzen bei *Hyrax syriacus*. Sitzungsber. mathemat. naturwiss. Classe der kaiserl. Akad. Wiss. Wien, **8**: 462–466.

IBRAHIM, M. & W. M. SHANKLIN (1941): The diencephalon of the coney, *Hyrax syriaca*. J. comp. Neurol., **75**: 427–485.

ILLIGER, C. (1811): Prodromus systematis mammalium et avium additis terminis zoographicis utriudque classis. L. Salfeld, Berlin. (301 S.)

IRVIN, A. D., J. B. SALE & R. E. PURNELL (1972): *Babesia thomasi* from rock hyraxes in Kenya. J. Parasitol., **59** (1): 203–204.

JACKSON, G. & J. S. GARTLAN (1965): The flora and fauna of Lolin Island Lake Victoria. A study of vegegation, men and monkeys. J. Ecol., **53**: 573–597.

JACOBSHAGEN, E. (1937): Mittel- und Enddarm. – In: BOLK, L., E. GÖPPERT, E. KALLIUS & W. LUBOSCH (Hrsg.): Handbuch der vergleichenden Anatomie der Wirbeltiere (Band **3**, 353–724). Urban & Schwarzenberg, Berlin und Wien.

JÄGER, G. v. (1860): Ueber das Os interparietale und das Vorkommen von abortiven Schneidezähnen im Oberkiefer bei mehreren Arten der Gattung *Hyrax*. Jh. Ver. vaterl. Naturk. Württ., **16**: 158–174.

JANICKI, C. (1910): Die Cestoden aus *Procavia*. Jenaer Denkschr., **16** (Schultze, Forsch. in Südafrika Bd. IV. Lfg. 3): 48–51.

JANIS, C. M. (1979): Mastication in the hyrax and its relevance to ungulate dental evolution. Paleobiol., **5** (1): 50–59.

JANIS, C. M. (1983): Muscles of the masticatory apparatus in two genera of hyraces (*Procavia* and *Heterohyrax*). J. Morph., **176**: 61–87.

JANIS, C. M. (1987): Fossil ungulate mammals depicted on archaeological artifacts. Cryptozoology, **6**: 8–23.

JANIS, C. M. (1988): New ideas in ungulate phylogeny and evolution. Tree, **3** (11): 291–297.

JANSEN, B. C. (1952): *Babesia thomasi* sp. nov., an intraerythrocyte parasite of the Cape Dassie (*Procavia capensis* (Pallas)). Onderstepoort J. Vet. Res., **25** (3): 3.

JEANNIN, A. (1936): Les mammifères sauvages du Cameroun. Lechevalier, Paris. (250 p.)

JENKINS, F. A. JR. (1971): Limb posture and locomotion in the Virginia opossum (*Didelphis marsupialis*) and in other noncursorial mammals. J. Zool., **165**: 303–315.

JESSUP, J. S. & L. M. SHANKLIN (1940): The hypothalamus of the coney, *Hyrax syriaca*. J. comp. Neurol., **72**: 329–356.

JOHNSON, G. L. (1901): Contributions to the comparative anatomy of the mammalian eye, chiefly based on opthalmoscopic examination. Philos. Trans. r. Soc. London, Ser. B, **194**: 1–82.

JOLEAUD, L. (1937): Sur l'évolution morphologique très récente d'une groupe d'Ongulés archaiques, les damans. C. R. Acad. Sci. Paris, **204**: 791–793.

JONES, C. (1978): *Dendrohyrax dorsalis*. Mammalian species, **113**: 1–4.

JONES, C. (1984): Tubulidentates, proboscideans, and hyracoideans. – In: ANDERSON, S. & J. KNOX JONES JR. (Eds.): Orders and families of recent mammals of the world, 523–535. Chichester etc. (Wiley), New York. (686 p.)

JONES, R. C. & D. DJAKIEW (1978): The role of the excurrent ducts from the testes of testicond mammals. Austr. Zool., **20** (1): 201–210.

JORDAN, K. (1925): New Siphonaptera. Nov. zool. Tring., **32**: 96–112.

JORDAN, K. (1926): On *Xenopsylla* and allied genera of Siphonaptera. Verh. III Intern. Ent. Kongr. Zürich, **2**: 593–627.

JORDAN, K. & N. C. ROTSCHILD (1908): Revision of the non-combed-eyed Siphonaptera. Parasitology (Cambridge), **1**: 1–100.

JOUFFROY, F. K. (1971 a): Tarse du daman des arbres. Biologia Gabon., **7**: 289–293.

JOUFFROY, F. K. (1971 b): Musculature du membre pelvien du daman des arbres (*Dendrohyrax dorsalis*). Biologia Gabon., **7**: 271–288.

KAJAVA, Y. (1923): Die volare Handmuskulatur der Huftiere. Acta Soc. medic. fennicae duodecim. Helsinki, **4** (1): 1–186.

KAMPEN, P. N. VAN (1905): Die Tympanalgegend des Säugetierschädels. Morph. Jb., **34**: 321–722.

KAPPERS, U. A. (1908): Weitere Mittheilungen über die Phylogenese des Corpus striatum und des Thalamus. Anat. Anz., **33**: 321–336.

KAUDERN, W. (1918): Studien über die männlichen Geschlechtsorgane von Sirenia, Hyracoidea und Proboscidea. Zool. Jahrb. Anat., **40**: 203–244.

KAULLA, H. (1830): Monographia Hyracis. Diss. med. Fac. Univ. Tübingen. (23 S.)

KAYANJA, F. J. B. & J. EPELU-OPIO (1973): The fine structure of the thyroid gland in hyrax. Anat. Anz., **136** (4): 305–317.

KAYANJA, F. J. B. & W. B. NEAVES (1972): The fine structure of the corpus luteum in hyrax. Z. Zellforsch. mikroskop. Anat., **144** (4): 475–487.

KAYANJA, F. J. B. & J. B. SALE (1973): The ovary of rock hyrax of the genus *Procavia*. J. Reprod. Fert., **33** (2): 223–230.

KAYANJA, F. J. B. & J. B. SALE (1976): The ovary of rock hyrax of the genus *Heterohyrax*. Anat. Anz., **141** (3): 206–219.

KEIL, A. (1966): Grundzüge der Odontologie. (2. Aufl.). Berlin: Gebr. Bornträger.

KERSHAW, P. S. (1924): Two new mammals from Pemba Island. Ann. Mag. nat. Hist. London, **13**: 556–557.

KIM, K. C. (1988): Evolutionary parallelism in Anoplura and eutherian mammals. – In: SERVICE, M. W. (Ed.): Bio-

systematics of Haematophagous Insects (Syst. ASS. Spec. vol. No. 37, 91–114). Clarendon Press, Oxford.
KIM, K. C. & H. W. LUDWIG (1978): Phylogenetic relationship of parasitic Psocodea and taxonomic position of the Anoplura. Ann. ent. Soc. Amer., **71**: 910–922.
KINGDON, J. (1971): East African mammals. An atlas of evolution. Vol. **1**. (329–351). Academic Press, London & New York. (446 p.)
KITCHING, J. W. (1965): A new giant Hyracoid from the limeworks quarry, Makapansgat, Potgietersrus. Palaeont. Africana, **9**: 91–96.
KLAAUW, C. J. VAN DER (1922): Über die Entwicklung des Entotympanicums. Tijdschr. Ned. Dierk. Ver., **XVIII** (2): 135–176.
KLAAUW, C. J. VAN DER (1922): Über die Entwicklung des Entotympanicums. Acad. Proefschr. Leiden. (pp I–X, 1–50).
KLAAUW, C. J. VAN DER (1930): On mammalian auditory bullae showing an indistinctly complex structure in the adult. J. Mammal., **11**: 55–60.
KLEINSCHMIDT, T. & G. BRAUNITZER (1983): Die Primärstruktur des Hämoglobins vom Abessinischen Klippschliefer (*Procavia habessinica*, Hyracoidea). Insertion von Glutamin in den α-Ketten. Hoppe-Seyler's Z. Physiol. Chem., **364**: 1303–1313.
KLEINSCHMIDT, T., J. CZELUSNIAK, M., GOODMAN & G. BRAUNITZER (1986): A comparison of the hemoglobin sequences from elephant, hyrax, and manatee. Molec. Biol. Evol., **3** (5): 427–435.
KOCK, D. (1979): The identity of a reputed hyrax population in NW-Lybia. African Small Mammal Newsl., **3**: 4–5.
KOENIGSWALD, G. H. R. VON (1932): *Metaschizotherium fraasi*, ein neuer Chalicotheriide aus dem Obermiocän von Steinheim, a. Albuch. Paleontographica suppl., **8**: 1–23.
KOENIGSWALD, G. H. R. VON (1966): Fossil Hyracoidea from China. Nederl. Akad. Wet., ser. B., **9**: 345–356.
KOKWARO, J. C. & E. BECK (1987): The animal threat to Mount Kenya's afro-alpine plants. Swara, **10** (1): 30–31.
KOLBE, F. F. (1967): A plea for dassies. Afr. Wild Life, **21**: 237–248.
KOLBE, P. (1719): Caput bonae Spei hodiernum. (Das ist die vollständige Beschreibung des africanischen Vorgebürges der Guten Hoffnung etc.). Nürnberg.
KOLEBINOVA, M. G. & V. A. YANEVA (1980): New and little known larval Trombiculidae (Acarina) from Africa. Acta Zool. Bulg., **15**: 65–71.
KOLSTER, R. (1901): Vergleichend anatomische Studien über den M. pronator teres der Säugetiere. Anat. H., **1**. Abt. **17**: 670–834.
KOSTANECKI, K. (1922): Le „vrai" caecum du Daman, signification du „vinculum ileo-caecale". Arch. Anat. Histol. Embryol., **1**: 158–183.
KOTSAKIS, T. (1985): Neogene biogeography of Hyracoidea (Mammalia). (Abstract S.: 325–326. VIIIth Congr. of the Regional Commitee on Mediterranean Neogene Stratigraphy Budapest). Hungarian geol surv., Budapest.
KOTSAKIS, T. (1987): Neogene biogeography of Hyracoidea (Mammalia). Ann. Inst. geol. publ. Hungar., **70**: 477–481.
KRABBE, K. H. (1941): Pineal body in *Procavia*. Acta psychiatrica neurol., **16**: 183–190.
KRABBE, K. H. (1947): Studies on the morphogenesis of the brain in Hyracoidea, Ungulata, Carnivora and Pinnipedia. (Morphogenesis of the vertebrate brain IV). E. Munksgaard Copenhagen. (108 S.)
KRABBE, K. H. (1961): La glande pinéale. World Neurol. **2**: 94–102.
KRUEG, J. (1880): Ueber die Furchen auf der Grosshirnrinde der zonoplacentalen Säugethiere. Z. wiss. Zool., **33**: 595–672.
KUHN, H.-J. (1965): A provisional checklist of the mammals of Liberia. Senck. biol., **46**: 321–340.
KUNDAELI, J. N. (1976a): Commercial exploitation of the tree hyrax on Mt. Kilimanjaro. Tanzania Notes Rec., **79/80**: 57–64.
KUNDAELI, J. N. (1976b): Distribution of tree hyrax (*Dendrohyrax validus validus* True) on Mt Kilimanjaro, Tansania. E. Afr. Wildl. J., **14**: 253–264.
KUSS, S. E. (1976): Ein erster Fund von *Pliohyrax* aus dem Vallesian von Kreta/Griechenland. N. Jahrb. Geol. Paläont. Mh. **1976** (3): 157–162.
LAMOTTE, M. (1942): La faune mammalogique du Mont Nimba (Haute Guinée). Mammalia, **6**: 114–119.
LANGER, P. (1986): Large mammalian herbivores in tropical forests with either hindgut- or forestomach-fermentation. Z. Säugetierk., **51**: 173–187.
LANGERON, M. (1946): Répertoire d'espèces et des genres nouveaux. Ann. parasit. hum. comp., **21**: 386–389.
LANGERON, M. (1947): Répertoire d'espèces et des genres nouveaux. Ann. parasit. hum. comp., **22**: 288, 489.
LANGKAVEL, B. (1888): *Hyrax*. Zool. Jahrb. Abt. Syst., **3**: 336–347.
LATASTE, F. (1886a): De l'existence de dents canines à la mâchoire supérieure des Damans; formule dentaire de ces petits pachydermes. C. R. Soc. Biol., **8** (3): 393–396.
LATASTE, F. (1886b): Sur le système dentaire du genre Daman. Ann. Mus. civ. Stor. nat. Genova, **IV** (Ser. 2): 5–40.
LATASTE, F. (1887): Étude de la dent canine, appliquée au cas présenté par le genre Daman et complétée par les définitions des catégories de dents communes à plusieurs ordres de la classe des Mammifères. Zool. Anz., **10**: 265–271, 284–292.
LATASTE, F. (1892): Le système dentaire du genre Daman, à propos du mémoire de M. F. Woodward intitulé: On the milk dentition of *Procavia* (*Hyrax*) *capensis* and of the Rabbit (*Lepus cuniculus*), with remarks on the relation of the milk and permanent dentition of the Mammalia. Acta. Soc. sc. Chili, **2**: 170–172.
LAUER, E. W. (1982): Telencephalon of ungulates. – In: CROSBY, E. L. & H. N. SCHNITZLEIN (Eds.): Comparative correlative neuroanatomy of the vertebrate telencephalon, 501–524. Macmillan, New York. (830 p.)
LAVOCAT, R. (1958): Classification des Ongulés d'après leur origine et leur évolution. Mammalia, **22**: 28–44.
LAVOCAT, R. (1961): Le gisement de vertébrés miocènes de Beni Mellal (Maroc). Notes et Mém. Serv. géol. Maroc, **155**: 1–145.
LAWRENCE, B. & A. LOVERIDGE (1953): Zoological results of a fifth expedition to East Africa. I. Mammals from Nyasaland and Tete. Bull. Mus. comp. Zool. Harvard College, **110**: 3–80.
LEDGER, J. A. (1976): Vectors of leishmaniasis in South West Africa. Proc. int. Symp. S. Afr. 577–583.
LEDGER, J. A. (1980): The arthropod parasites of vertebrates in Africa south of the Sahara. (Vol. IV.). Publication No. 56 of the South African Institute for medical research, Johannesburg.
LEITCH, I., F. E. M. HYTTEN & W. Z. BILLEWICZ (1959): The maternel and neonatal weights of some Mammalia. Proc. Zool. Soc. London, **133**: 11–28.
LENSING, J. E. (1979): Feeding habits of the rock hyrax, *Procavia capensis* (Pallas, 1766) in southern South West Africa. Ph. D. Thesis Fac. Sci. Univ. Pretoria.
LENSING, J. E. (1981): Die Dassie en die Karakoelboer se Weiding. Swalurama, **1** (8): 9–16.
LENSING, J. E. (1983): Feeding strategy of the rock hyrax and its relation to the rock hyrax problem in southern South West Africa. Madoqua, **13**: 177–196.
LENSING, J. E. & E. JOUBERT (1977): Intensity distribution for five species of problem animals in South-West-Africa. Madoqua, **10**: 131–142.
LENSING, J. E. & C. J. G. LE ROUX (1982): Herbage availability inventories in rock hyrax habitat in southern South West Africa. Madoqua, **13**: 45–57.
LEON, B. (1980): Fermentation and the production of volatile fatty acids in the alimentary tract of the rock hyrax *Procavia capensis*. Comp. Biochem. Physiol., **65A**: 411–420.
LEON, B. & P. C. BELONJE (1979): Calcium, phosphorus and

magnesium excretions in the rock hyrax, *Procavia capensis*. Comp. Biochem. Physiol., **64A**: 67–72.

LEWIS, R. E., J. H. LEWIS & S. J. ATALLAH (1968): A review of Lebanese mammals. Carnivora, Pinnipedia, Hyracoidea and Artiodactyla. J. Zool. London, **154**: 517–531.

LINDAHL, P. E. (1948): Über die Entwicklung und Morphologie des Chondrocraniums von *Procavia capensis* Pall. Acta Zool., **29**: 281–376.

LINDAHL, P. E. & M. LUNDBERG (1946): On the arteries in the head of *Procavia capensis* Pall. and their development. Acta Zool., **27**: 101–153.

LINNÉ, C. VON (1768): Systema naturae per regna tria naturae. (Appendix tomi I). . (223 S.)

LÖNNBERG, E. (1912): Some new mammals from British East Africa. Ann. Mag. nat. Hist., **9**: 63–67.

LÖNNBERG, E. (1916): Mammals collected by H. R. H. Prince Vilhelm's expedition to British East Africa 1914. Ark. Zool., **10** (12): 1–32.

LÖNNBERG, E. & N. GYLDENSTOLPE (1925): Zoological results of the Swedish Expedition to Central Africa 1921. Vertebrata. 3. Preliminary diagnoses of four new mammals. Ark. Zool., **17B** (9): 1–5.

LONSKY, T. (1903): Beiträge zur Anatomie und Entwicklungsgeschichte des Darmrohrs und des Urogenitalsystems von *Hyrax*. Jena. Z. Naturw., **37**: 579–652.

LOUW, E., G. N. LOUW & C. P. RETIEF (1972): Thermolability, heat tolerance and renal function in the dassie or hyrax, *Procavia capensis*. Zool. Afr., **7**: 451–469.

LOUW, G. N. (1971): Water economy of certain Namib desert animals. S. Afr. J. Sci., **67**: 119–123.

LOVERIDGE, A. (1923): Notes collected on East African mammals, collected 1920–1923. Proc. zool. Soc. London, **1923**: 685–739.

LUBOSCH, W. (1911): Das Kiefergelenk von *Hyrax*. Archiv mikro. Anat. Bonn, **78** (Abt. 1): 353–367.

LUCKETT, W. P. (1990): Developmental evidence for dental homologies in the mammalian order Hyracoidea. Anat. Rec., **226**: 60A.

LUDWIG, H. W. (1968): Zahl, Vorkommen und Verbreitung der Anoplura. Z. Parasitenk., **31**: 254–265.

LYAL, C. H. C. (1985): A cladistic analysis and classification of Trichodectid mammal lice (Phthiraptera: Ischnocera). Bull. Brit. Mus. nat. Hist. (Ent.), **51** (3): 187–346.

LYDEKKER, R. (1907): The „Coney" of the Bible. Knowl. Sci. News, London, **4**: 248–250.

LYNE, A. G. (1959): The systematic and adaptive significance of the vibrissae in the marsupialia. Proc. zool. Soc. London, **133**: 79–133.

MADDEN, C. T. (1972): Miocene mammals, stratigraphy and environment of Muruarot Hill, Kenya. Paleobios, **14**: 1–12.

MAGIN, C. D. (1987): Behavioural development in two species of hyrax, living in the Serengeti National Park, Tanzania. Ph. D. Thesis Emmanuel College, Cambridge. (150 S.)

MAHBOUBI, M., R. AMEUR, J. Y. CROCHET & J. JAEGER (1986): El Kohol (Sahara atlas, Algeria): A new Eocene mammal locality in Northwestern Africa. Paleontographica Abt. A, **192**: 15–49.

MAHBOUBI, M., R. AMEUR, J. Y. CROCHET & J. J. JAEGER (1984): Implication paléobiogéographique de la découverte d'un nouvelle localité Eocène à vertébrés continentaux en Afrique Nord-occidentale: El Kohol (Sud-Oranais, Algerie). Géobios, **17**: 625–629.

MAKAWITI, D. & S. GOMBE (1981): Steroid dehydrogenases in the blood of the rock hyrax (*Procavia capensis*). J. Animal. Sci. suppl. 1, **53**: No. 536.

MALBRANT, R. & U. MACLATCHY (1949): Faune de l'Équateur Africain Français. (tome 2: Mammifères. Encyclopédie biologique 36). P. Lechevalier, Paris. (323 S.)

MALOIY, G. M. & J. B. SALE (1976): Renal function and electrolyte balance during dehydration in the hyrax. Israel J. Med. Sci., **12**: 852–853.

MARTIN, W. (1835): Notes of the dissection of the specimen of *Hyrax capensis*. Proc. zool. Soc. London, **3**: 14–16.

MAS BAKAL, P., L. KARSTAD & N. IN'T VELD (1980): Serological evidence of toxoplasmosis in captive and free-living wild mammals in Kenya. J. Wildl. Dis., **16**: 559–564.

MATSCHIE, P. (1893a): Beitrag zur Kenntnis der Lebensweise von *Procavia*. Sitzungsber. Ges. naturf. Freunde Berlin, **1893**: 228–231.

MATSCHIE, P. (1893b): Über anscheinend neue afrikanische Säugethiere. Sitzungsber. Ges. naturf. Freunde Berlin, **1893**: 107–114.

MATSCHIE, P. (1895): Die Säugethiere Deutsch-Ost-Afrikas: XXVII. – In: K. Möbius: Deutsch-Ost-Afrika, Wissenschaftliche Forschungsresultate über Land und Leute unseres ostafrikanischen Schutzgebietes und der angrenzenden Länder (Bd. **III** (1) 1–157): Die Thierwelt Ost-Afrikas und der Nachbargebiete. Wirbelthiere. Geograph. Verlagshandlung D. Reimer, Berlin.

MATSCHIE, P. (1899): Beschreibung eines anscheinend neuen Klippschliefers *Procavia kerstingi*. Sitzungsber. Ges. naturforsch. Freunde Berlin, **1899**: 59–64.

MATSCHIE, P. (1919): Bemerkungen über F. A. A. Meyers systematisch-summarische Übersicht der im fünften Bande von Bruces Reisen beschriebenen Tiere. Sitzungsber. Ges. naturforsch. Freunde Berlin, **1919**: 98–103.

MATSUMOTO, H. (1921): *Megalohyrax* Andrews and *Titanohyrax* gen. nov.. A revision of the genera of hyracoids from the Fayûm Egypt. Proc. zool. Soc. London, **1921**: 839–850.

MATSUMOTO, H. (1926): Contribution to the knowledge of the fossil Hyracoidea of the Fayûm, Egypt, with description of several new species. Bull. Amer. Mus. Nat. Hist., **56** (4): 253–350.

MATTHEW, W. D. (1910): Schlosser on Fayum mammals. A preliminary notice of Dr. Schlosser's studies upon the collections made in the Oligocene of Egypt for the Stuttgart Museum, by Herr Markgraf. Amer. Nat., **44**: 700–703.

MATTHEW, W. D. (1937): Paleocene Faunas of the San Juan basin, New Mexico. Trans. Amer. Phil. Soc. Philadelphia, **30**: I–III, 1–510.

MAURER, F. (1905): Untersuchungen zur vergleichenden Muskellehre der Wirbeltiere. Die Musculi serrati postici der Säugetiere und ihre Phylogenese. G. Fischer, Jena.

MAYNARD SMITH, J. & R. J. G. SAVAGE (1959): The mechanics of mammalian jaws. School Sci. Rev., **141**: 289–301.

MAYR, E. (1982): The growth of biological thought. The Belknap Press, of Harvard University Press, Cambridge, Mass. & London. (974 p.)

MCKENNA, M. C. (1975): Toward a phylogenetic classification of the Mammalia. – In: LUCKETT, W. P. & F. S. SZALAY (Eds.): Phylogeny of the primates: a multidisciplinary approach, 21–46. Plenum Press edit., New York.

MCKENNA, M. C. & E. MANNING (1977): Affinities and palaeobiogeographic significance of the Mongolian Paleogene genus *Phenacolophus*. Géobios. Mém. spéc. Lyon, **1**: 61–85.

MCNAIRN, I. S. & N. FAIRALL (1979): Relationship between heart rate and metabolism in the hyrax (*Procavia capensis*) and guineapig (*Cavia porcellus*). S. Afr. J. Zool., **14**: 230–232.

MECKEL, J. F. (1828): System der vergleichenden Anatomie. (3. Theil: Besondere Anatomie). Halle.

MEESTER, J. A. J., J. L. RAUTENBACH, N. J. DIPPENAAR & C. M. BALKER (1986): Classification of Southern African Mammals. Transvaal Mus. Monogr., **5**: 1–359.

MELENTIS, J. K. (1965): Neue Schädel- und Unterkieferfunde aus dem Pont von Pikermi (Attica) und Halmyropotamos (Euböa). Praklika Akad. Athenon, **40**: 424–459.

MELENTIS, J. K. (1966): Studien über fossile Vertebraten Griechenlands. 12. Neue Schädel- und Unterkieferfunde von *Pliohyrax graecus* aus dem Pont von Pikermi (Attica) und Halmyropotamos (Euböa). Ann. Geol. Pays. Helleniques, **7**: 182–210.

MELLIN, W. GRAF VON (1782): Der Klipdas. Schriften Berlinischen Ges. naturf. Freunde, **3** (21): 271–284.

MELTZER, A. (1967): The Rock Hyrax (*Procavia capensis syriaca* Schreber 1784). M. Sci. Thesis, Tel Aviv Univ.

MELTZER, A. (1971): Heat regulation, metabolism and conductance in the hyrax at different temperatures (*Procavia capensis syriaca*). Int. J. Biomet., **15**: 90.

MELTZER, A. (1973): Heat balance and water economy of the rock hyrax (*Procavia capensis syriaca* Schreber 1784). Ph. D. Thesis, Univ. Tel Aviv.

MELTZER, A. (1976): Water economy of the hyrax. Israel. J. Med. Sci., **12**: 862–863.

MENDELSSOHN, H. (1965): Breeding the Syrian hyrax, *Procavia capensis syriaca* Schreber 1784. Int. Zoo Yearb., **5**: 116–125.

MERTENS, R. (1929): Liste der von der zweiten Deutschen Zentral-Afrika-Expedition mitgebrachten Klippschliefer, Hyracoidea. Senckenbergiana biol., **11**: 119–122.

MERWE, M. VAN DER & J. D. SKINNER (1982): Annual reproductive pattern in the dassie *Procavia capensis*. S. Afr. J. Zool., **17**: 130–135.

METTRICK, D. F. & J. S. WEIR (1959): Speciation within the cestode genus *Inermicapsifer*. Rev. Biol. Lisboa, **2**: 137–149.

MEYER, G. E. (1973): A new Oligocene hyrax from the Jebel el Qatrani formation Fayum, Egypt. Postilla, **163**: 1–11.

MEYER, G. E. (1978): Hyracoidea. 284–314:– In: MAGLIO, V. J. & H. B. S. COOKE (Eds.): Evolution of African mammals. Harvard Univ. press, Cambridge.

MILLAR, R. P. (1971): Reproduction in the rock hyrax (*Procavia capensis*). Zoologica afr., **6**: 243–261.

MILLAR, R. P. (1972): Reproduction in the rock hyrax (*Procavia capensis*) with special reference to seasonal sexual activity in the male. Ph. D. Thesis University of Liverpool.

MILLAR, R. P. (1972): Degradation of spermatozoa in the epididymis of a seasonally breeding mammal, the rock hyrax, *Procavia capensis*. J. Reprod. Fert., **30**: 447–450.

MILLAR, R. P. (1973): An unusual light-shielding structure in the eye of the dassie, *Procavia capensis* Pallas (Mammalia, Hyracoidea). Ann. Transv. Mus., **28** (11): 203–205.

MILLAR, R. P. & N. FAIRALL (1976): Hypothalamic, pituitary and gonadal hormone production in relation of nutrition in the male hyrax (*Procavia capensis*). J. reprod. Fert., **47** (2): 339–344.

MILLAR, R. P. & T. D. GLOVER (1970): Seasonal changes in the reproductive tract of the male rock hyrax, *Procavia capensis*. J. Repr. Fert., **23**: 497–499.

MILLAR, R. P. & T. D. GLOVER (1973): Regulation of seasonal activity in an ascrotal mammal, the rock hyrax *Procavia capensis*. J. Reprod. Fert. Suppl., **19**: 203–220.

MILNE-EDWARDS, A. (1844): Considération sur quelques principes rélatifs à la classification naturelle des animaux. Ann. Sci. nat., 3. sér., **1**: 65–99.

MITCHELL, P. C. (1905): On the intestinal tract of mammals. Trans. zool. Soc. London, **17**: 437–536.

MITCHELL, P. C. (1916): Further observations on the intestinal tract of mammals. Proc. zool. Soc. London, **1916**: 183–251.

MOELLER, H. (1974): Nagezähne bei Eutheria und Metatheria. Ein Beitrag zur Kenntnis von Konvergenzerscheinungen bei Säugern. Säugetierk. Mitt., **228**: 112–122.

MOHNIKE, O. (1879): Über das Vermögen verschiedener Säugethiere sich mittels des atmosphärischen Druckes an glatten, mehr oder weniger senkrechten Flächen festhalten und aufwärts bewegen zu können. Z. wiss. Zoologie, **32**: 388–406.

MOLLARET, C. (1958): Le Daman (*Dendrohyrax* Gray. 1898), animal du laboratoire. Thêse du Doctorat en Mèdicine, Fac. de Mèdicine de Paris, Paris.

MOLLARET, H. H. (1962): Naissance de Damans en captivité. Mammalia, **26** (4): 530–532.

MOLLARET, H. H., P. FRIEZ & M. L. FRIEZ (1964): Remarques sur la dentition et la denture de daman. Mammalia, **28**: 373–377.

MOLLISON, T. (1905 a): Die Rückendrüse von *Dendrohyrax terricola*. Morph. Jahrb., **34**: 240–245.

MOLLISON, T. (1905 b): *Dendrohyrax* nova species, aff. *D. Neumanni*. Zool. Anz., **29** (13): 417–424.

MONARD, A. (1935): Mammalogie d'Angola. VII. Hyracoides. Arquiv. Mus. Bocage Lisboa, **6**: 246–248.

MONARD, R. (1951): Résultats de la mission zoologique Suisse au Cameroun. Mém. IFAN, **1**: 1–85.

MONOD, TH. & P. L. DEKEYSER (1968): Sur la glande dorsale de *Procavia ruficeps latastei* Thomas. Bull. IFAN, sér. A, **30** (1): 307–317.

MOOLMAN, L. C. (1984): 'n Vergelyking van die Voedingsgewoontes van die Rooikat *Felis caracal* binne en buite die Bergkwagga Nasionale Park. Koedee, **27**: 121–129.

MORAN, S. (1986): Toxicity of *Brodifacoum* to the rock hyrax, *Procavia capensis*. Phytoparasitica, **14**: 143–145.

MORAN, S., S. SOFER & M. COHEN (1983): Preliminary trials to control *Procavia capensis* in fruit orchards by fluoroacetamide. Phytoparasitica, **11**: 60–61.

MOREAU, L. J. (1905): Note sur le Daman de l'Abyssinie. Bull. Soc. Zool. France, **27**: 212–215.

MORRIS, D. (1963): Homosexuality in the Hyrax (Exhibition title only). Proc. zool. Soc. London, **141**: 629.

MORRISON-SCOTT, T. C. S. (1938/39): Some Arabian mammals collected by Mr. H. St. J. B. Philby, C. I. E. Novit. zool., **41**: 181–211.

MOUSTAFA, Y. S. (1974): Studies on palaeopathology and taxonomic problems of some Fayum fossil vertebrates. Part III: an injured mandible of (?) *Saghatherium*. Ann. geol. Surv. Egypt, **4**: 139–148.

MÜNCH, F. (1896): Die Topographie der Papillen der Zunge des Menschen und der Säugetiere. Morph. Arb., **6**: 605–690.

MURIE, J. & S. G. MIVART (1865): On the myology of *Hyrax capensis*. Proc. zool. Soc. London, **1865**: 329–352.

MURRAY, G. N. (1942): The gestation period of *Procavia capensis* (Dassie). J. South. Afr. Vet. Med. Assoc., **13**: 27–28.

MUTHMANN, E. (1913): Beiträge zur vergleichenden Anatomie des Blinddarmes und der lymphoiden Organe des Darmkanals bei Säugetieren und Vögeln. Anat. Hefte I. Abt., **48**: 67–114.

MUTINGA, M. J. (1975): The animal reservoir of cutaneous leishmaniasis on Mount Elgon, Kenya. East. Afr. med. J., **52**: 142–151.

NASSONOW, N. (1895): Bemerkungen über die Lebensweise von *Procavia (Hyrax) syriaca* Schrb. Zool. Anz., **18**: 459–462.

NASSONOW, N. (1898): Ueber die krallenartige Gebilde an den hinteren Extremitäten bei Lamnungia. Anat. Anz., **14**: 12–16.

NAUMANN, C. F. (1848): Om *Hyrax capensis*. Anatomisk afhandling. (för erhallande af Anatomiae prosectorsbefattn). Lund. (98 S.)

NEAVES, W. B. (1973): Changes in testicular Leydig cells and in plasma testosterone levels among seasonally breeding rock hyrax. Biology Reprod., **9**: 451–466.

NEAVES, W. B. (1979): The annual testicular cycle in an equatorial colony of lesser rock hyrax, *Heterohyrax brucei*. Proc. r. Soc. Lond., ser. B, **206**: 183–190.

NEAVES, W. B. (1980): Asynchronous testicular cycles among equatorial colonies of rock hyrax (*Procavia habessinica*). – In: STEINBERGER, A. & E. STEINBERGER (Eds.): Testicular development, structure and function, 411–418. Raven Press, New York. (536 S.)

NEETHLING, J. H. (1962): Bush dassie and fishowl. Afr. Wild Life, **16**: 169.

NEUMANN, O. (1901): Über Hyracoidea. Sitzungsber. Ges. naturf. Freunde Berlin, **1901**: 238–244.

NEWMAN, K. (1980): Notes from Malawi. Bokmakierie, **32**: 122–123.

NOACK, T. (1894): Neue Beiträge zur Kenntnis der Säugethier-Fauna von Ostafrika. Zool. Jahrb. Abt. Syst. Geogr. Biol. Tiere, **7**: 523–594.

NORTON, P. M.; A. B. LAWSON; S. R. HENLEY & G. AVERY (1986): Prey of leopards in four mountainous areas of the south-western Cape Province (South Africa). S. Afr. J. Wildl. Res., **16**: 47–52.

NOVACEK, M. (1986): The skull of Leptictid insectivorans

and the higher-level classification of Eutherian mammals. Bull. Amer. Mus. Nat. Hist., **183**: 1–112.

Novacek, M. J. (1989): Higher mammal phylogeny: the morphological-molecular synthesis. – In: Fernholm, B., K. Bremer & H. Jörnvall (Eds.): The Hierarchy of Life, 421–435. Elsevier Science Publisher B. V., Amsterdam.

Novacek, M. J. (1990): Morphology, paleontology, and the higher clades of mammals. – In: Genoways, H. H. (Ed.): Current Mammalogy (Vol. **2**, 421–435). Plenum Publishing Corporation, New York.

Novacek, M. J. & A. R. Wyss (1986): Higher-level relationships of the Recent Eutherians orders: Morphological evidence. Cladistics, **2**: 257–287.

Novacek, M. J., A. R. Wyss & M. C. McKenna (1988): The major groups of eutherian mammals. – In: Benton, M. J. (Ed.): The Phylogeny and Classification of the Tetrapods. Vol. **2**. Mammals, 31–72. (The Systematics Association Special Volume No. 35B.). Clarendon Press, Oxford. (329 p.)

O'Donoghue, P. N. (1963): Reproduction in the female hyrax (*Dendrohyrax arborea ruwenzorii*). Proc. zool. Soc. London, **141**: 207–237.

Oduor-Okelo, D., V. O. Musewe & S. Gombe (1983): Electron microscopic study of the chorioallantoic placenta of the rock hyrax (*Heterohyrax brucei*). J. Reprod. Fert., **68**: 311–316.

Oken, L. (1816): Lehrbuch der Naturgeschichte. (3. Teil Zoologie, 2. Abt. Fleischthiere). A. Schmidt & Comp., Jena.

Oken, L. (1838): Allgemeine Naturgeschichte für alle Stände. (7. Bd., 2. Abt., 885–894). Hoffmann'sche Verlags-Buchhandlung, Stuttgart.

Olds, N. & J. Shoshani (1982): *Procavia capensis*. Mamm. Spec., **171**: 1–7.

Oppel, A. (1896): Der Magen. – In: Lehrbuch der vergleichenden mikroskopischen Anatomie der Wirbeltiere (Band I). Gustav Fischer, Jena. (543 S.)

Osborn, D. J. & I. Helmy (1980): The contemporary land mammals of Egypt (including Sinai). Fieldiana Zool., **5**: 1–579.

Osborn, H. F. (1889): The Mammalia of the Uinta Formation. IV. The evolution of the ungulate foot. Trans. Amer. Phil. Soc., N. S., **16**: 531–569.

Osborn, H. F. (1899): On *Pliohyrax kruppii* Osborn, a fossil hyracoid from Samos, Lower Pliocene in the Stuttgart collection. A new type and first known Tertiary hyracoid. Proc. 4th. Intern. Congr. Zool. Cambridge, 172–173.

Osborn, H. F. (1906): Milk-dentition of the Hyracoid *Saghatherium* from the upper Eocene of Egypt. Bull. Amer. Mus. Nat. Hist., **22**: 263–266.

Osborne, T. O. (1987): Rock hyrax *Procavia capensis* new to Zamibia. Mammalia, **51**: 327.

Oudemans, J. T. (1892): Die accessorischen Geschlechtsdrüsen der Säugetiere. Natuurk. Verh. Holl. Maatsch. Wetensch., **V** (2): 1–96.

Owen, R. (1832): On the anatomy of *Hyrax capensis* Schreb. Proc. zool. Soc. London, **2**: 202–207.

Owen, R. (1841): Description of the fossil remains of a mammal (*Hyracotherium leporinum*) and of a bird (*Lithornis vulturinus*) from a London clay. Trans. geol. Soc. London, ser. II, **6**: 203–208.

Owen, R. (1847): Description of teeth and portions of jaws of two extinct Anthracotherioid quadrupeds (*Hyopotamus vectianus* and *Hyop. bovinus*) discovered by the Marchioness of Hastings in the Eocene deposits on the N. W. coast of the Isle of Wright: etc... Quart. J. Geol. Soc. London, 4: 103–141.

Owen, R. (1866–1868): On the anatomy of vertebrates. (Vol. 2 (Birds & Mammals), Vol. 3 (Mammals)). Longman, Green & Co., London. (592 p., 915 p.)

Oye, E. van, E. Undritz & E. M. Lang (1956): La réaction peroxydasique des éosinophiles chez le Daman, *Dendrohyrax arboreus adolfi-friederici* Brauer. Contribution à l'hématologie comparée des Ongulés. Biol. Jahrb., **23**: 280–282.

Pakenham, R. H. W. (1984): The mammals of Zanzibar and Pemba Islands. .

Pallas, P. S. (1766): *Cavia capensis*. (Miscellanea zoologica). A. P. van Cleef, Hagae (Den Haag).

Pallas, P. S. (1767): *Cavia capensis*. Spicilegia zoologica., fasc. **2**: 16–32.

Palmgren, A. (1928): Die Insertion des M. biceps brachii und des M. brachialis bei den Huftieren im Lichte der vergleichenden Anatomie. Acta Zool., **9**: 332–364.

Parker, W. K. (1874): On the structure and development of the skull in the pig (*Sus scrofa*). Phil. Trans. r. Soc. London, **164**: 289–336.

Patte, E. (1934): Remarques sur l'évolution des dents molaires chez les mammifères. Actualités scientifique et industrielles, **176**: 1–49.

Patterson, B. (1965): The fossil elephant shrews (family Macroscelidae). Bull. Mus. comp. Zool. Harvard, **133** (6): 295–335.

Patzelt, V. (1956): Über die Caeca der Hyraciden. Jahrb. Morph. mikrosk. Anat. 2. Abt., **62**: 106–113.

Paul-Murphy, J. R., C. J. Murphy, H. F. Hintz, P. Meyers & H. F. Schryver (1982): Comparison of transit time of digesta and digestive efficiency of the rock hyrax, the Barbados sheep and the domestic rabbit. Comp. Biochem. Physiol., **72**: 611–613.

Paulli, S. (1900): Über die Pneumaticität des Schädels bei den Säugethieren. Eine morphologische Studie. III Über die Morphologie des Siebbeins und die der Pneumaticität bei den Insectivoren, Hyracoideen, ... Gegenbaurs Morphol. Jahrb., **28**: 483–564.

Paulys Realencyclopädie der classischen Altertumswissenschaft (1956): . (Suppl. Bd. VII). A. Druckenmüller Verlag, Stuttgart.

Pei, W. C. (1939): New fossil material and artifacts collected from the Choukoutien region during the years 1937 to 1939. Bull. geol. Soc. China, **19**: 207–234.

Pernkopf, E. (1937): Die Vergleichung der verschiedenen Formtypen des Vorderdarms der Cranioten. – In: Bolk, L., E. Göppert, E. Kallius & W. Lubosch (Hrsg.): Handbuch der vergleichenden Anatomie der Wirbeltiere (Band **3**, 477–562). Urban & Schwarzenberg, Berlin & Wien.

Pernkopf, E. & J. Lehner (1937): Vorderdarm. – In: Bolk, L., E. Göppert, E. Kallius & W. Lubosch (Hrsg.): Handbuch der vergleichenden Anatomie der Wirbeltiere (Band **3**, 349–476). Urban & Schwarzenberg, Berlin & Wien.

Perret, J.-L. & V. Aellen (1956): Mammifères du Cameroun de la collection J.-L. Perret. Rev. Suisse Zool., **63**: 395–450.

Perry, J. S. (1974): Implantation, foetal membranes and early placentation of the African elephant, *Loxodonta africana*. Phil. Trans. r. Soc. London, ser. B, **269** (879): 109–135.

Peter, B. (1894): Die Ohrtrompete der Säugethiere und ihre Anhänge. Archiv mikroskop. Anat., **43**: 327–376.

Peters, L. U. (1966): Kehlkopf und Zungenbein des Klippschliefers, *Procavia capensis* Pallas 1766 (Procaviidae, Hyracoidea, Mammalia). Diss. med. Fak. Univ. Frankfurt. (35 S.)

Peters, N. (1906): Bibel und Naturwissenschaft nach den Grundsätzen der katholischen Theologie. F. Schöningh, Paderborn. (66 S.)

Petit, G. (1937): Matériaux de la mission d'études de la biologie dea Acridiens. Vertébrés de l'Ennedi. Bull. Soc. Hist. nat. Afr. Nord, **28**: 392–405.

Petter, A. J. (1962): Synonymie de *Grassenema procaviae* Petter, 1959, *Cobboldina longicauda* Köhler & Supperer, 1960 et *Acanthostephanocephalus cabbaleroi* Kreis, 1960. Ann. Parasit. hum. comp., **37**: 172–173.

Pickford, M. (1981): Preliminary Miocene mammalian biostratigraphy for Western Kenya. J. Human Evol., **10**: 73–97.

Pickford, M. (1986a): Première découverte d'une faune mammalienne terrestre paléogène d'Afrique subsaharienne. C.R. Acad. Sci. Paris. ser. II, **302** (19): 1205–1210.

PICKFORD, M. (1986b): Première découverte d'un hyracoide paléogène en Eurasie. C.R. Acad. Sci. Paris, sér II, **303**: 1251–1254.

PICKFORD, M. (im Druck): *Prohyrax hendeyi*, a new middle Miocene hyracoid from Arrisdrift, Namibia.

PICKFORD, M., T. FERNANDES & S. ACO (1990): Nouvelles découvertes de remplissage de fissures à primates dans le „Planalto da Humpata", Huíla, Sud de l'Angola. C.R. Acad. Sci. Paris, sér. II, **310**: 843–848.

PICKFORD, M. & M.S. FISCHER (1987): *Parapliohyrax ngororaensis*, a new hyracoid from the Miocene of Kenya, with an outline of the classification of Neogene Hyracoidea. N. Jahrb. Geol. Paläont. Abh., **175**: 207–234.

PIENAAR, U. DE V. (1964): The small mammals of the Kruger National Park – a systematic list and zoogeography. Koedoe, **7**: 1–25.

POCOCK, R.J. (1916): Scent-glands in mammals. Proc. zool. Soc. London, **1916**: 742–755.

PREISWERK, H. (1895): Beiträge zur Kenntnis der Schmelzstruktur bei Säugethieren, mit besonderer Berücksichtigung der Ungulaten. Basel.

PROTHERO, D., E.M. MANNING & M.S. FISCHER (1988): The phyologeny of ungulates. – In: BENTON, M. (Ed.): Phylogeny of tetrapodes. Vol. **2**. Mammals, 201–234. (The Systematics Association Special Volume No. 35 B) Clarendon Press, Oxford. (329 p.)

PROTHERO, D.R. & R.M. SCHOCH (1989): Origin and evolution of the Perissodactyla: Summary and synthesis. – In: PROTHERO, D.R. & R.M. SCHOCH (Eds.): The evolution of Perissodactyls, 504–529. Oxford University Press. New York. (537 p.)

QIU ZHANKIANG (Chiu Chansiang) (1981): Notes on a lower jaw of *Postschizotherium*. Vertebrata Palasiatica, **19**: 11–20.

QUAY, W.B. (1971): A mid-aqueductal ependymal organ in the brain of the hyrax (*Procavia capensis*). J. comp. Neurol., **142**: 249–256.

QUAY, W.B. & R. MILLAR (1971): Organization and histology of the pineal region in the hyrax (*Procavia capensis*). Am. J. Anat., **130**: 377–391.

RAHM, S. (1980): Makroskopische und mikroskopische Untersuchungen des Magen-Darm-Traktes beim Klipp-, Busch-, und Baumschliefer. Diss. Vet.-Med. Fak. Univ. Zürich. (72 S.)

RAHM, S. & J. FREWEIN (1980): Zur Anatomie des Magen-, Darm-Traktes beim Klipp-, Busch- und Baumschliefer (Hyracoidea). Zentralblatt Vet. Med. C, **9** (4): 307–320.

RAHM, S. & J. FREWEIN (1982): Zur arteriellen Blutversorgung des Magen-Darm-Traktes der Schliefer (Hyracoidea). Acta anat., **113**: 202–210.

RAHM, U. (1954): La Côte d'Ivoire centre de recherches tropicales. Acta Tropica, **11** (3): 1–73.

RAHM, U. (1957): Der Baum- oder Waldschliefer, *Dendrohyrax dorsalis* (Fraser). Zool. Gart. Leipzig, **23**: 67–74.

RAHM, U. (1961): Esquisses mammalogiques de basse Côte d'Ivoire. Bull. I.F.A.N., **23**: 1229–1265.

RAHM, U. (1964): Das Verhalten der Klippschliefer. – In: HELMCKE, J.-G., H. VON LENGERKEN, D. STARCK & H. WERMUTH (Hrsg.): Handbuch der Zoologie (Bd. 8, 37. Liefer., 10. Teil, 23. Beitrag, 1–23). Walter de Gruyter & Co., Berlin.

RAHM, U. (1966): Les mammifères de la forêt aequatoriale de l'Est du Congo. Ann. Mus. r. Afr. cent., **149** (8): 37–121.

RAHM, U. (1969): Notes sur le cri du *Dendrohyrax dorsalis* (Hyracoidea). Mammalia, **33** (1): 68–79.

RAHM, U. (1972): Die Schliefer. – In: GRZIMEK, B. (Hrsg.): Enzyklopädie des Tierreichs (Band **12** (3), 515–524). Kindler Verlag, Zürich. (660 S.)

RAHM, U. (1972): Zur Verbreitung der Ökologie der Säugetiere des afrikanischen Regenwaldes. Acta Tropica, **29** (4): 452–473.

RAHM, U. & A. CHRISTIAENSEN (1963): Les mammifères de la région occidentale du Lac Kivu. Ann. Mus. r. Afr. cent., **118**: 1–83.

RAINEY, W.E., J.M. LOWENSTEIN, V.M. SARICH & D.M. MAGOR (1984): Sirenian molecular systematics – including the extinct Steller's Sea cow (*Hydrodamalis gigas*). Naturwissenschaft, **71**: 586–588.

RASMUSSEN, T.R. (1989): The evolution of the Hyracoidea: A review of the fossil evidence. – In: PROTHERO, D.R. & R.M. SCHOCH (Eds.): The evolution of Perissodactyls, 57–78. Oxford Univ. Press, New York. (537 p.)

RASMUSSEN, T.R., M. GAGNON & E.L. SIMONS (1990): Taxeopody in the carpus and tarsus of Oligocene Pliohyracidae (Mammalia: Hyracoidea) and the phyletic position of Hyraxes. Proc. natl. Acad. Sci. USA, **87**: 4688–4691.

RASMUSSEN, T.R. & E.L. SIMONS (1988): New Oligocene Hyracoids from Egypt. J. Vert. Paleont., **8**: 67–83.

READ, W.H.R. (1835): The habits of the *Hyrax capensis*, Pall., as observed at the Cape of Good Hope, and also during a voyage thence to England in a specimen brought home by the Rev. Mr. Hennah of H.M.S. Isis. Proc. zool. Soc. London, **1835** (3): 13–14.

RENSCH, B. (1929). Das Prinzip geographischer Rassenkreise und das Problem der Artbildung. Bornträger, Berlin.

RICHARD, P.B. (1964): Notes sur la biologie du Damans des arbres (*Dendrohyrax dorsalis*). Biol. Gabonica, **1**: 73–84.

RICHTER, H. (1923): Physiologische Bedeutung und Erklärung des Luftsackes (divertix tubae auditivae Eustachii) bei den Equiden und verwandten Tierarten (Tapiren, Rhinoceren, Hyracoiden) und bei Babirussa. Schweizer Archiv Tierheilk., **65**: 61–74.

RIO, B. & G. GALAT (1982): Locomotion arboricole d'un *Dendrohyrax dorsalis* (Temminck, 1853). Mammalia, **46** (4): 449–456.

ROBERTS, A. (1946): Description of numerous new subspecies of mammals. Ann. Transv. Mus, **20**: 303–328.

ROBERTS, A. (1951): The mammals of South Africa. „The mammals of South Africa" Book Fund.

ROCHE, J. (1962): Nouvelles données sur la reproduction des Hyracoides. Mammalia, **26**: 517–529.

ROCHE, J. (1972): Systématique du genre *Procavia* et du Daman en général. Mammalia, **36** (1): 22–49.

ROCHE, J. (1978): Denture et âge des Damans de rochers (genre *Procavia*). Mammalia, **42** (1): 97–103.

RODE, P. (1936): Note sur le Daman du Fouta-Djalon (*Procavia ruficeps oweni* Thos.). Bull. Mus. natn. Hist. nat. 2. série, **8**: 478–482.

RODE, P. (1944): Mammifères ongulés de l'Afrique Noire. Larose, Paris. (209 p.)

ROSEVEAR, D.R. (1939): The hoofed mammals of Nigeria (Suborder Hyracoidea). Nigerian Field, **8**: 136–138.

ROSEVEAR, D.R. (1953): Checklist and atlas of Nigerian mammals. Government Printer, Lagos. (131 p.)

ROTH, H.H. & G. MERZ (1986): Vorkommen und relative Häufigkeit von Säugetieren im Tai-Regenwald der Elfenbeinküste. Säugetierk. Mitt., **33**: 171–193.

ROTHSCHILD, N.C. (1903): A collection of fleas received from Baron Carlo von Erlanger und Mr. Oscar Neumann. Nov. zool., **10**: 312–315.

ROTHSCHILD, N.C. (1904): Further contributions to the knowledge of the Siphonaptera. Nov. zool., **11**: 602–653.

ROUND, M.C. (1968): Check list of the helminth parasites of African mammals of the orders Carnivora, Tubulidentata, Proboscidea, Hyracoidea, Artiodactyla and Perissodactyla. Technical Communication No. 38 of the Commonwealth Bureau of helminthology, St. Albans – Commonwealth Agricultural Bureaux. (252 p.)

RUDNAI, J. (1984a): Suckling behaviour in captive *Dendrohyrax arboreus* (Mammalia: Hyracoidea). S. Afr. J. Zool., **19** (2): 121–123.

RUDNAI, J. (1984b): Activity cycle and space utilization in captive *Dendrohyrax arboreus*. S. Afr. J. Zool., **19**: 124–128.

RÜBSAMEN, K., R. HELLER, H. LAWRENZ & W. VON ENGELHARDT (1979): Water and energy metabolism in the rock hyrax (*Procavia habessinica*). J. Comp. Physiol., **131**: 303–309.

RÜBSAMEN, K., I.D. HUME & W. VON ENGELHARDT (1982): Physiology of the rock hyrax. Comp. Biochem. Physiol., **72A** (2): 271–277.

RÜBSAMEN, K. & S. KETTEMBEIL (1980): Effect of water restriction on oxygen uptake, evaporitive water loss and body temperature in the rock hyrax. J. comp. Physiol, **138B**: 315–320.

RUSSEL, D.E. (1963): Les mammifères paléocènes d'Europe. Mém. Mus. Hist. nat., sér. C., Sci. de la terre, **13**: 1–324.

SA E MELO CRISTINO, J.J. DE (1958): Statut des Ongulés en Guinée portugaise. Mammalia, **22**: 387–389.

SALE, J.B. (1960): The Hyracoidea. A review of the systematic position and biology of the Hyrax. J. East Afr. nat. Hist. Soc., **23** (5): 185–188.

SALE, J.B. (1965a): Observations on parturition and related phenomena in the hyrax (Procaviidae). Acta tropica, **22** (1): 37–54.

SALE, J.B. (1965b): The feeding behaviour of rock hyraces (genera *Procavia* and *Heterohyrax*) in Kenia. E. Afr. Wildl. J., **3**: 1–18.

SALE, J.B. (1965c): Hyrax feeding on a poisonous plant. E. Afr. Wildl. J., **9**: 127.

SALE, J.B. (1965d): Some aspects of the behaviour and ecology of the rock hyraces (Genera *Procavia* and *Heterohyrax*) in Kenya. Ph. D. Thesis London University.

SALE, J.B. (1965e): Gestation period and neonatal weight of the hyrax. Nature, **205**: 1240–1241.

SALE, J.B. (1966a): Daily food consumption and mode of ingestion in the hyrax. J.E. Afr. nat. Hist. Soc., **25** (3): 215–224.

SALE, J.B. (1966b): The habitat of the rock hyrax. J.E. Afr. nat. Hist. Soc., **25** (3): 205–214.

SALE, J.B. (1969): Breeding season and litter size in Hyracoidea. J. Repr. Fert. suppl., **6**: 249–263.

SALE, J.B. (1970a): The behaviour of the resting rock hyrax in relation to its environment. Zoologica Africana, **5** (1): 87–99.

SALE, J.B. (1970b): Unusual external adaption in the rock hyrax. Zool. Afr., **5** (1): 101–113.

SANDERSON, I. (1940): The mammals of the north Cameroon Forest area. Trans. zool. Soc. London, **24**: 623–725.

SAVAGE, R.J.G. (1969): Early tertiary mammal locality in southern Libya. Proc. geol. Soc. London, No. **1657**: 167–171.

SAVAGE, R.J.G. (1971): Review of the fossil mammals of Libya. – In: Symposium on the Geology of Libya, 216–225.

Savage, R.J.G. & W.R. Hamilton (1973): Introduction to the Miocene mammal faunas of Gebel Zelten, Lybia. Bull. Brit. Mus. Nat. Hist. Geol., **22**: 515–527.

SCHAFFER, J. (1940): Die Hautdrüsenorgane der Säugetiere. Urban & Schwarzenberg, Berlin & Wien. (464 S.)

SCHEIL, H.-G. & H.N. HOECK (1985): Elektrophoretische Untersuchungen der Serum-Amylasen (E.C. 3.2.1.1.) des Klippschliefers *Procavia johnstoni matschie* Neumann 1900 und des Buschschliefers *Heterohyrax brucei diesene-ri* (Vic. Njansae) Brauer 1917 – Hyracoidea: Mammalia. Zool. Anz. Jena, **215**: 129–132.

SCHIEFER, H.C. (1968): Die Morphologie der oberflächlichen Facialismuskulatur beim Klippschliefer *Procavia capensis* Pallas 1766. Gegenbaurs morphol. Jahrb., **112**: 369–406.

SCHLOSSER, M. (1886): Beiträge zur Kenntnis der Stammesgeschichte der Hufthiere und Versuch einer Systematik der Paar- und Unpaarhufer. Morph. Jahrb., **12**: 1–136.

SCHLOSSER, M. (1899): Über neue Funde von *Leptodon graecus* Gaudry und die systematische Stellung dieses Säugethieres. Zool. Anz., **22**: 378–380, 385–387.

SCHLOSSER, M. (1910): Über einige fossile Säugethiere aus dem Oligocän von Ägypten. Zool. Anz., **35** (1): 500–508.

SCHLOSSER, M. (1911): Beiträge zur Kenntnis der oligocaenen Landsäugetiere aus dem Fayum, (Ägypten). Beitr. Paläont. Geol. Österreichs, Ungarns und des Orient, Wien, **24**: 51–167.

SCHLOSSER, M. (1923): Mammalia. – In: ZITTEL, K.A. von (Hrsg.): Grundzüge der Paläontologie (4. Aufl. II. Abt. Vertebrata; neubearb. v. F. Broili & M. Schlosser, 402–689). R. Oldenbourg, München & Berlin. (706 S.)

SCHMIDT, G.D. & G. WERTHEIM (1988): *Inermicapsifer beveridgei*, new species (Cestoidea: Anoplocephalidae) from *Procavia capensis* (Hyracoidea) in Israel, with notes on two species of *Hymenolepis*. J. Parasitol., **74** (3): 487–488.

SCHMIDT-HOENSDORF, F. (1943/44): Begegnungen mit dem Klippschliefer und anderen Tieren in Libyen. Der zool. Garten (N.F.), **15**: 262–265.

SCHNEIDER, R. (1963): Der Larynx der Säugetiere. – In: HELMCKE, J.G., D. STARCK & H. WERMUTH (Hrsg.): Handbuch der Zoologie **8**. Band, 35. Lief., 5. Teil., 7. Beitr., 55–64. Berlin: de Gruyter & Co.

SCHNUR, L.F. (1972): Observations on cestodes of the genera *Anoplocephala* Blanchard, 1848 and *Inermicapsifer* Janicki, 1910 from hyraxes in East Africa. J. Helminth., **46** (3): 251–269.

SCHOUTEDEN, H. (1948): Faune du Congo Belge et du Ruanda-Urundi. I Mammifères. Ann. Mus. Congo belge Tervuren, sér. 8 (Sci. Zool.), **1**: 1–331.

SCHREBER, J.C.D. VON (1792): Die Säugethiere in Abbildungen nach der Natur mit Beschreibungen. (4. Theil). W. Walter, Erlangen.

SCHROEDER, C.R. (1967): Potential species new to laboratory investigation. Fedn. Proc. Fedn. Am. Soc. exp. Biol., **26**: 1157–1161.

SCHUBOTZ, H. (1908): *Pycnothrix monocystoides*, nov. gen. nov. spec. ein neues ciliates Infusor aus dem Darm von *Procavia (Hyrax) capensis* (Pallas). Denkschr. Med. Naturwiss. Ges. Jena, **13**: 1–18.

SCHUURMANS-STEKHOVEN, J.H. JR. (1937): Parasitic Nematoda. Expl. Parc. nat. Albert, Mission de Witte (1933–1935), **4**: 1–40.

SCHWARZ, E. (1933): The hyrax of the Central Sahara. Ann. Mag. nat. Hist., **12** (10): 625–626.

SCHWEINFURTH, G. (1871): Streifzüge zwischen Tondj und Rohl im nordöstlichen Central-Afrika. Z. Gesell. Erdkunde, **6**: 193–234.

SCLATER, W.L. (1900): The mammals of South Africa. (Vol. I: Primates, Carnivora, Ungulata). R.H. Porter, London. (324 p.)

SCORTECCI, G. (1939): Gli Iracidi in Libia. Ann. Mus. Libico Stor. nat. Tripoli, **1**: 381–392.

SEIBT, U.; H.N. HOECK & W. WICKLER (1976): *Dendrohyrax validus* True, 1896, in Kenya. Z. Säugetierk., **42**: 115–118.

SENZOTA, R.B.M. (1983): A baboon-hyrax feeding facilitation. Mammalia, **47** (3): 421–423.

SERGI, G. (1915): Intorno all' origine polifiletica delle forme animali. Monit. Zool. ital. Firenze, **26**: 53–62.

SETZER, H.W. (1956): Mammals of the Anglo-Egyptian Sudan. Proc. U.S. natn. Mus., **106**: 447–587.

SHAW, J.C.M. (1937): Evidence concerning a large fossil Hyrax. J. dent. Res. Baltimore, **16**: 37–40.

SHAW, T. (1738): Travels, or observations relating to several parts of Barbary and the Levant. The Theatre, Oxford. (442 p.)

SHORTRIDGE, G.C. (1909): An account of the geographical distribution of the marsupials and monotremes of South-West Australia, having special reference to the specimens collected during the Balston expedition of 1904–1907. Proc. zool. Soc. London, **1909**: 803–848.

SHORTRIDGE, G.C. (1934): The mammals of South West Africa. A biological account of the forms occurring in that region. London.

SHOSHANI, J. (1986): Mammalian phylogeny: Comparison of morphological and molecular results. Mol. Biol. Evol., **3**: 222–242.

SHOSHANI, J., M. GOODMAN, J. CZELUSNIAK & G. BRAUNITZER (1985): A phylogeny of Rodentia and other Eutherian orders: Parsimony analysis utilizing amino acid sequences of alpha and beta hemoglobin chains. – In: LUCKETT, W.P. & J.-L. HARTENBERGER (Eds.): Evolutionary relationships among Rodents, 191–210. Plenum press, New York London. (721 p.)

SHOSHANI, J., M. GOODMAN, W. PRYCHODKO & K. MORRISON (1978): A survey of the contemporary Paenungulata

– an immunodiffusion approach. Congr. Theriol. int. **2**: 75.

SICKENBERG, O. & H. TOBIEN (1971): New Neogene and lower Quaternary vertebrate faunas in Turkey. Newsl. Stratigr., **1** (3): 51–61.

SIEGFRIED, W. R. & GELDENHUYS (1965): Dassies killing crowned cranes. Afr. Wild Life, **19**: 337–338.

SIEPI, J. (1925): Observations sur quelques mammifères figurant pour la première fois au Jardin zoologique de la Ville de Marseille (1898–1924). Ann. Mus. Hist. nat. Marseille, **20**: 107–115.

SIGMUND, L. (1968): Das Gehirn der Schliefer (Hyracoidea Huxley, 1869) als anatomische Grundlage für den Vergleich mit den Ungulaten. (Ein Beitrag zur quantitativen Hirnforschung). Acta Soc. zool. Bohemoslov., **32**: 262–271.

SIKES, S. K. (1360): Habitat and cardiovascular disease: observations made on elephants (*Loxodonta africana*) and other free-living animals in East Africa. Trans. zool. Soc. London, **32**: 1–104.

SIMONS, E. L. (1968): Early Cenozoic Mammalian Faunas Fayum Province, Egypt. Part I. African Oligocene Mammals: Introduction, History of Study, and Faunal succession. Peabody Mus. nat. Hist. Yale Univ. Bull., **28**: 1–21.

SIMPSON, G. G. (1945): The principles of classification and a classification of mammals. Bull. Amer. Mus. Nat. Hist., **85**: I–XVI, 1–350.

SKEAD, C. J. (1972): Dassies at Robben Island. Afr. Wild Life, **26** (2): 54–57.

SKINNER, J. D., J. A. J. NEL & R. P. MILLAR (1977): Evolution of time of parturition and differing litter sizes as an adaptation to changes in environmental. – In: CALABY, J. H. & C. H. TYNDALE-BISCOE (Eds.): Reproduction in Evolution, 39–44. Australian Acad. Sci., Canberra City.

SLABY, O. (1963): Vývoj a morfologická interpretace karpu u *Procavia capensis* Pall. Zsf. engl.: Development and morphologic interpretation of the carpus in *Procavia capensis* Pall. Čsl. Morfologie, **7**: 305–313.

SLABY, O. (1967): Die Morphogenese und phylogenetische Morphologie des Carpus der Paarhufer. Rozpr. česk. Akad. Věd. Rada Mat. Přírod. Věd., **77** (7): 1–59.

SMITH, A. (1827): Descriptions of two Quadrupeds inhabiting the South of Africa, about the Cape of Good Hope. Trans. Linn. Soc. London, **15**: 460–470.

SMITH, G. E. (1902): Descriptive and illustrated catalogue of the physiological series of comparative anatomy contained in the Museum of the Royal College of Surgeons of England. Vol. II. (2nd Edition). Taylor & Franics, London. (518 p.)

SMITH, J. M. & R. J. C. SAVAGE (1956): Some locomotory adaptations in mammals. Zool. J. Linn. Soc., **42**: 603–622.

SMITHERS, R. H. N. (1971): The mammals of Botswana. Mus. Mem. Trus. natn. Mus. Monum. Rhodesia, **4**: 1–340.

SMITHERS, R. H. N. (1983): The mammals of the southern African subregion. (Order Hyracoidea, S. 541–552). University of Pretoria.

SMITHERS, R. H. N. & J. L. P. LOBAO TELLO (1976): Check list and atlas of the mammals of Moçambique. Mus. Mem. Trust. natn. Mus. Monum. Rhodesia, **8**: 1–184.

SMITHERS, R. H. N. & V. J. WILSON (1979): Check list and atlas of the mammals of Zimbabwe Rhodesia. Mus. Mem. natl. Mus. Monum. Rhod., **9**: 1–147.

SOKOLOV, V. E. & D. SALE (1981): Struktura koznogo pokrova damanov (Mammalia, Hyracoidea). (The structure of skin in the Hyracoidea (Mammalia)). Zool. Zh., **60**: 1695–1703.

SOMA, H., T. SPRAKER & K. BENIRSCHKE (1976): Macerated monozygotic twins in quadruplet pregnancy of the Cape hyrax (*Procavia capensis*). J. Mammal. Soc. Japan, **6** (5–6): 210–213.

SONNTAG, C. F. (1922): On the vagus and sympathetic nerves of *Hyrax capensis*. Proc. zool. Soc. London, **1922**: 149–156.

SPASSOV, N. & J. ROCHE (1988): Découverte du daman de Johnston, représentant du genre *Procavia*, au Mozambique. Mammalia, **52**: 169–174.

SPATZ, P. (1938): Ueber nordafrikanische Procaviidae. Z. Säugetierk., **12**: 325–326.

SPINAR, Z. V. & Z. ROCEK (1978): New findings of Tertiary fauna in Jabal Hasáwnah Central Libya. Second Symposium on the geology of Libya, University of Al-Fateh: 59–60.

STARCK, D. (1967): Le crâne des mammifères. – In: GRASSÉ, P. P. (Éd.): Traité de zoologie (Vol. **16**/1, 405–549). Masson et Cie, Paris. (1162p.)

STARCK, D. (1974): Die Stellung der Hominiden im Rahmen der Säugetiere. – In: HEBERER, G. (Hrsg.): Die Evolution der Organismen (Bd. **3**, 1–131). G. Fischer, Stuttgart. (661 S.)

STARCK, D. (1975): Embryologie. (3. Aufl.). G. Thieme, Stuttgart.

ŠTĚRBA, O. (1968): Comparative anatomy of M. trapezius and M. sternocleidomastoideus. Přírodov. práce ústavů Česk. Akad. věd Brně (Acta sc. nat. Brno), **2** (9): 1–27.

STEYN, D. (1980): Reproduction in the hyrax (*Procavia capensis*) in relation to environmental factors. M. Sc. Thesis University of Natal.

STEYN, D. & J. HANKS (1983): Age determination and growth in the hyrax *Procavia capensis* (Mammalia: Procaviidae). J. Zool. London, **201**: 247–257.

STOBBE, R. (1913a): Mallophagen. 1. Beitrag: Neue Formen von Säugetieren (*Trichophilopterus und Eurytrichodectes* nn.gg.). Entomol. Rd. Leipzig, **30**: 111–112.

STOBBE, R. (1913b): Mallophagen. 3. Beitrag: Die Trichodectiden des Berliner Museums für Naturkunde. Sitzungsber. Gesell. naturf. Freunde Berlin, **1913**: 365–383.

STODDART, D. M. & N. FAIRALL (1981): Electrocardiographic technique for studying olfactory response in the rock hyrax *Procavia capensis* L. (Mammalia: Hyracoidea). J. chem. Ecol., **7**: 257–263.

STORR, G. C. C. (1780): Prodromus methodi mammalium. Diss. med. Fac. Univ. Tübingen. (43 S.)

STROMER, E. (1924): Ergebnisse der Bearbeitung mitteltertiärer Wirbeltier-Reste aus Deutsch-Südwest-Afrika. Sber. bayer. Akad. Wiss. **1923**: 253–270.

STROMER, E. (1926): Reste land- und süßwasser-bewohnender Wirbeltiere aus den Diamantenfeldern Deutsch-Südwestafrikas. – In: KAISER, E. (Hrsg.): Die Diamantenwüste Südwestafrikas, 102–153. D. Reimer, Berlin.

STUART, C. T. (1984): Abnormal dental development in male hyrax, *Procavia capensis capensis* (Hyracoidea, Procaviidae). Säugetierk. Mitt., **31**: 268–269.

STUART, C. T. & T. D. STUART (1984): The breeding season of the rock hyrax *Procavia capensis*, a lesson in adaptation. Naturalist (Port Elizabeth), **28** (1): 37–39.

STUCKENBERG, B. R. (1978): Two new species of *Nemopalpus* (Diptera Psychodidae) found in rock hyrax abodes in South-West-Africa. Ann. Natal. Mus., **23**: 367–374.

STURGESS, I. (1948): The early embryology and placentation of *Procavia capensis*. Acta Zoologica, **29**: 393–479.

SUDRE, J. (1979): Nouveaux mammifères eocènes du Sahara occidental. Palaeovertebrata, **9** (3): 83–115.

SUPER, S. J. (1974): Optometric examination of the Kudu *Tragelaphus strepsiceros*. Madoqua (ser. 1), **8**: 25–29.

SWART, J., M. R. PERRIN, J. W. HEARNE & L. J. FOURIE (1986): Mathematical model of the interaction between rock hyrax and caracal lynx, based on demographic data from populations in the Mountain Zebra National Park, South Africa. S. Afr. J. Sci., **82**: 289–294.

SWART, P. S. (1970): The vascular anatomy of the lower abdomen, pelvis and upper hindleg in *Procavia capensis*. Madoqua, **2**: 3–18.

SWEENEY, R. C. H. (1959): A preliminary annotated check list of the Mammals of Nyasaland. The Nyasaland Society, Blantyre. (71 p.)

SWYNNERTON, G. H. (1945/46): A revision of the type-localities of mammals occuring in the Tanganyika territory. Proc. zool. Soc. London, **115**: 49–84.

SWYNNERTON, G. H. (1958): Fauna of the Serengeti National Park. Mammalia, **22**: 435–450.

SWYNNERTON, G. H. & R. W. HAYMAN (1951): A checklist of the land mammals of the Tanganyika territory and the Zanzibar Protectorate. J. East. Afr. nat. Hist. Soc., **20**: 274–392.

TAFT, A. E. (1912): On the brain of hyrax and the first traces of the visual cortex. Folia neurobiol., **6**: 182–195.

TASSY, P. (1981): Le crâne de *Moeritherium* (Proboscidea, Mammalia) de l'Eocène de Dor el Talha (Libye) et le problème de la classification phylogénétique du genre dans les Tethytheria McKenna, 1975. Bull. Mus. natn. Hist. nat. Paris, 4. sér., 3, sect. C, no. **1**: 87–147.

TASSY, P. & J. SHOSHANI (1988): The Tethytheria: elephants and their relatives. – In: BENTON, M. (Ed.): Phylogeny of tetrapods. Clarendon Press, Vol. **2**. Mammals, 283–315. The Systematics Association Special Volume 35 B, Oxford. (329 p.)

TAYLOR, C. R. & J. B. SALE (1969): Temperature regulation in the hyrax. Comp. Biochem. Physiol., **31**: 903–907.

TEILHARD DE CHARDIN, P. (1938): The fossils from locality 12 of Choukoutien. Palaeontologia Sinica, **114**: 1–50.

TEILHARD DE CHARDIN, P. (1939): New observations on the genus *Postchizotherium* von Koenigswald. Bull. geol. Soc. China, **19**: 257–267.

TEILHARD DE CHARDIN, P. & E. LICENT (1936): New remains of *Postchizotherium* from S. E. Shansi. Bull. geol. Soc. China, **15**: 421–427.

TEILHARD DE CHARDIN, P. & W. C. PEI (1934): New discoveries in Choukoutien 1933–34. Bull. geol. Soc. China, **13**: 369–389.

TEILHARD DE CHARDIN, P. & J. PIVETEAU (1930): Les mammifères fossiles de Nihowan (Chine). Ann. Paléont., **19**: 1–134.

THENIUS, E. (1969): Stammesgeschichte der Säugetiere (einschließlich der Hominiden). – In: HELMCKE, J.-G., D. STARCK & H. WERMUTH (Hrsg.): Handbuch der Zoologie. Band **8**, 2. Teil, 1–722. Walter de Gruyter & Co., Berlin. (722 S.)

THENIUS, E. (1979): Die Evolution der Säugetiere. UTB, Stuttgart. (294 S.)

THENIUS, E. (1980): Grundzüge der Faunen- und Verbreitungsgeschichte der Säugetiere. Fischer Verlag, Stuttgart. (375 S.)

THENIUS, E. (1988): Zur systematischen Stellung von *Pliohyrax occidentalis* (Mammalia, Hyracoidea) aus dem Pliozän Europas. Anz. Österr. Akad. Wiss. Math.-Naturwiss. Klasse, **1**: 1–8.

THENIUS, E. (1989): Zähne und Gebiß der Säugetiere. – In: NIETHAMMER, J., H. SCHLIEMANN & D. STARCK (Hrsg.): Handbuch der Zoologie Bd. **8**, Teilbd. 56, 1–513. Walter de Gruyter, Berlin & New York.

THOMAS, A. D. (1964): The Cape dassie. Afr. Wildl., **1**: 64–68.

THOMAS, H., S. SEN, M. KHAN, B. BATTAIL & G. LIGABUE (1982): The lower Miocene fauna of Al-Sarrar (Eastern province, Saudi Arabia). Atlal (J. Saudi arab. Archeol.), **5** (3): 109–136.

THOMAS, O. (1891): *Procavia pallida* n. sp.. Ann. Mus. civ. Stor. nat. Genova, **2** (10): 908.

THOMAS, O. (1892): On the species of Hyracoidea. Proc. zool. Soc. London, **1892**: 50–76.

THOMAS, O. (1900a): List of mammals obtained by Mr. H. J. Mackinder during his recent expedition to Mount Kenya, British East Africa. Proc. zool. Soc. London, **1900**: 173–180.

THOMAS, O. (1900b): On the mammals obtained in Southwestern Arabia by Messrs. Percival and Dodson. Proc. zool. Soc. London, **1900**: 95–104.

THOMAS, O. (1904): On mammals from Northern Angola collected by Dr. W. J. Ansorge. Ann. Mag. nat. Hist. ser., **7** (13): 405–421.

THOMAS, O. (1910): Further new African mammals. Ann. Mag. nat. Hist., **5**: 191–202.

THOMAS, O. & M. A. C. HINTON (1921): Captain Angus Buchanan's Aïr expedition. II. On the mammals (other than ruminants) obtained during the expedition to Aïr (Asben). Novit. Zool., **28** (1): 1–13.

THOMAS, O. & M. A. C. HINTON (1923): On mammals collected by Captain Shortridge during the Percy Sladen and Kaffrarian Museum Expedition to the Orange River. Proc. zool. Soc. London, **1923**: 483–499.

THOMSON, S. C. (1938): The extrahepatic biliary tract of the hyrax. Anat. Rec. Philadelphia, **72**: 445–449.

THURSBY-PELHAM, D. (1924): The placentation of *Hyrax capensis*. Phil. Trans. r. Soc. London, ser. B. **213**: 1–20.

TOLDT JUN., K. (1916): Bemerkungen über das lokale Auftreten von Sinushaaren am Säugetierkörper. Zool Anz., **46**: 300–311.

TOLDT, K. (1935): Aufbau und natürliche Färbung des Haarkleides der Wirbelsäugetiere. Verlag: Deutsche Gesellschaft für Kleintier- und Pelztierzucht, Leipzig. 2915.

TRISTRAM, H. B. (1884): The survey of Western Palestine. The Fauna and Flora of Palestine. London: The Commitee of the Palestine Exploration Fund.

TRUE, F. W. (1892): An annotated catalogue of the Mammals collected by Dr. W. L. Abbot in the Kilimajaro region, East Africa. Proc. Unit. Stat. natn. Mus., **15**: 445–480.

TUNG YUNG-SCHENG & WAN-PO HUANG (1974): A new *Pliohyrax* from Shansi. Palasiat., **12** (3): 212–216.

TURNER, M. I. M. & R. M. WATSON (1965): An introductory study on the ecology of Hyrax (*Dendrohyrax brucei* and *Procavia johnstoni*) in the Serengeti National Park. E. Afr. Wildl. J., **3**: 49–60.

TURNER, W. (1875–76): Note on the placentation of *Hyrax*. Proc. r. Soc. London, **24**: 151–155.

TUZET, O.; M. VOGELI; J. F. MANIER (1957): La spermatogenèse du daman arboricole *Dendrohyrax dorsalis*. Ann. Sci. nat. (zool.), **19** (11): 15–21.

URSING, B. (1934): Untersuchungen über Entwicklung und Bau des Hand- und Fuß-Skeletts bei Mammalia. II: *Procavia daemon*. Acta Univ. Lund, **30** (12); auch Lunds Univ. Arsskr. N. F. Avd. 2, Bd. **30**, Nr. 12; und Kungl. Fysiograf. Sälkskapets Handl. N. F. Bd. **45**, Nr. 12, : 1–43.

VAN DER BERGHE, L. (1943): Helminthes parasites. Expl. Parc. nat. Albert et du Parc nat. de la Kagera, Mission L. van der Berghe (1936)., fasc. **2**: 1–30.

VAN VALEN, L. (1971): Adaptive zones and the orders of mammals. Evolution, **25**: 420–428.

VEKUA, A. K. (1972): The Kvabebi fauna of Akchgylian invertebrates. Nauka Press, Moskau. (351 S.)

VERHAART, W. J. C. (1967): The non-crossing of the pyramidal tract in *Procavia capensis* (Storr) and other instances of absence of the pyramidal crossing. J. comp. Neurol., **131**: 387–392.

VERHAART, W. J. C. & J. VOOGD (1968): Cortical projections to the brain stem and the spinal cord in *Procavia*. Acta Morph. Neerl.-Scandinavia, **7**: 10.

VERSCHUREN, J. (1958): Ecologie et biologie des grands mammifères (Primates, Carnivores, Ongulés). Exploration du Parc national de la Garamba., Fasc. **9**: 1–225. Inst. Parcs National Congo Belge, Brussels.

VERSCHUREN, J. (1972): Contribution a l'écologie des Primates, Pholidota, Carnivora, Tubulidentata et Hyracoidea (Mammifères). Exploration Parc. natn. Virunga Mission F. Boulière J. Verschuren, **3**: 1–61.

VINCENT, J. (1962): The distribution of ungulates in Natal. Ann. Cape Prov. Mus., **2**: 110–117.

VIRET, J. (1947). Découverte d'un nouvel Ancylopode dans le Pontien de Soblay (Ain.). C. R. Acad. Sci. Paris, **224**: 353–354.

VIRET, J. (1949a): Observations complémentaires sur quelques mammifères fossiles de Soblay. Eclog. Geol. Helvet., **42**: 469–476.

VIRET, J. (1949b): Sur le *Pliohyrax rossignoli* du Pontien de Soblay (Ain). C. R. Acad. Sci. Paris, **228**: 1742–1744.

VIRET, J. & G. MAZENOT (1948): Nouveaux restes de mammifères dans le gisement de lignite Pontien de Soblay. Ann. Paléont., **34**: 19–58.

VIRET, J. & E. THENIUS (1952): Sur le présence d'une nouvelle espèce d'hyracoide dans le Pliocène de Montpellier. C. R. Acad. Sci. Paris, **235**: 1678–1680.

VOSMAER, A.(1766–1774): Africaan Breedsnuitig Varken of Besch zwyn. (darin: Beschreibung van een Africaan Basterd-Mormeldier). Amsterdam.

VOSSELER, J. (1902): Aus dem Leben ostafrikanischer Säuger. Zool. Beob. (Zool. Garten), **48** (7): 193–206.

WADMAN, J. B. (1973): A histological investigation of the pituitary gland of the hyrax, *Procavia capensis*. S. Afr. J. Sci., **69** (2): 59–62.

WAGNER, J. A. (1844): Die Säugethiere in Abbildungen nach der Natur mit Beschreibungen von Dr. Johann Christian Daniel von Schreber. Fortgesetzt von Dr. Johann Andreas Wagner. (Supplementband, 4. Abtheilung). W. Walter, Erlangen.

WAGNER, J. A. (1855): Die Säugethiere in Abbildungen nach der Natur mit Beschreibungen von Dr. Johann Christian Daniel von Schreber. Fortgesetzt von Dr. Johann Andreas Wagner. (Supplementband, 5. Abtheilung). T. D. Weigel, Leipzig.

WALKER, A. (1969): Fossil mammal locality on Mount Elgon, Easter Uganda. Nature, **223**: 591–593.

WALKER, A. (1979): Scanning electron microscope analysis of microwear and its correlation with dietary patterns. Am. J. Physiol. Antrop., **50**: 489.

WALKER, A., H. N. HOECK & L. PEREZ (1978): Microwear of mammalian teeth as indicator of diet. Science, **201**: 908–910.

WALKER, E. P. (1983): Mammals of the world. – In: NOWAK, R. M. & J. L. PARADISO (Eds.): Mammals of the world (4th ed., vol. 2). The John Hopkins University Press, Baltimore & London. (1362 p.)

WALKER, E. P., F. WARNICK, S. E. HAMLET, K. I. LANGE, M. A. DAVIS, H. E. UIBLE & P. F. WRIGHT (1964): Mammals of the world. (3 vols. I p: 1–646; II p: 647–1500; III p: 769). John Hopkins Press, Baltimore.

WALLACH, J. D., K. LAGARDE & M. S. SILBERMANN (1976): Hematological and serum chemistry values of the rock hyrax (*Procavia capensis*). J. Zoo Anim. Med., **8** (3): 30–34.

WASSIF, K. & H. HOOGSTRAAL (1954): The mammals of South Sinai, Egypt. Proc. Egypt. Acad. Sci., **9**: 63–79.

WATSON, J. M. (1949): The wild animals of Teso and Karamoja. Uganda J., **13**: 199–201.

WEBB, C. S. (1946): An interesting birth at the zoo. Zoo life, **1** (1): 9–10.

WEBB, J. E. (1949): The evolution and host-relationship of the sucking lice of the Ferungulata. J. Zool., **119**: 133–188.

WEBER, M. (1898): Ueber den Descensus testiculorum der Säugethiere. – Studien über Säugethiere 2 (1–132). G. Fischer, Jena. (152 S.)

WEBER, M. (1904): Die Säugetiere. Gustav Fischer, Jena. (866 S.)

WEBER, M. (1927): Die Säugetiere. (Band 1. Anatomischer Teil). Gustav Fischer, Jena. (444 S.)

WEBER, M. (1928): Die Säugetiere. (Band 2. Systematischer Teil). Gustav Fischer, Jena. (898 S.)

WEITZ, B. (1953): Serological relationships of hyrax and elephant. Nature, **171** (4345): 261.

WELKER, W. J. & M. CARLSON (1976): Somatic sensory cortex of hyrax (*Procavia*). Brain, Behav. Evolution, **13** (4): 294–301.

WELLS, L. H. (1939): The endocranial cast in recent and fossil Hyraces (Procaviidae). S. Afr. J. Sci. Johannesburg, **36**: 35–373.

WERNECK, F. L. (1941): Os malófagos dos Procaviideos. Mem. Inst. Oswaldo Cruz, **36** (4): 445–576.

WERTHEIMER, L. (1885): Le carpe des Hyracoides. C. R. hebdo. Séances Soc. Biol., **37**: 281–282.

WETTSTEIN, O. VON (1916): Neue Nager und ein neuer Klippschliefer aus Kordofan. Anz. Akad. Wiss. Wien, **1916**: 160–163.

WHITTALL, E. (1961): Tree-hyrax (*Dendrohyrax arboreus* (Smith)). J. E. Afr. nat. Hist. Soc., **23**: 305.

WHITWORTH, T. (1954): The Miocene hyracoids of East Africa. Brit. Mus. Nat. Hist., Fossil mammals of Africa, **7**: 1–58.

WIBLE, J. R. (1986): Transformation in the extracranial course of the internal carotid artery in mammalian phylogeny. J. Vert. Paleont., **6**: 313–325.

WIEDEMANN, C. R. W. (1802): Beschreibung des Schädels vom Daman (*Hyrax capensis*). Arch. Zool. Zootomie, **3** (1): 42–51.

WIGHT, A. W. R. (1980): Paleogene vertebrate fauna and regressive sediments of Dur at Talhal, southern Sirt Basin, Lybia. – In: SALEM, M. J. & M. T. BUSREWIL (Eds.): The Geology of Lybia (**1**, 309–325). Academic Press, London.

WILLIAMSON, P. G. & R. J. G. SAVAGE (1986): Early rift sedimentation in the Turkana basin, northern Kenya. – In: Frostrick, L. E. et al (Eds.): Sedimentation in the African Rifts, 267–283. Geol. Soc. Spec. Publ., 25.

WILSON, V. J. (1968): Weights of some mammals from eastern Zambia. Arnoldia (Rhodesia), **3** (32): 1–20.

WINDLE, B. C. A. & F. G. PARSONS (1901): On the muscles of the Ungulata. Part I: Muscles of the head, neck and fore limb. Proc. zool. Soc. London, **1901**: 656–704.

WINDLE, B. C. A. & F. G. PARSONS (1903): On the muscles of the Ungulata. Part II: Muscles of the hind-limb and trunk. Proc. zool. Soc. London, **1903**: 261–298.

WINTON, W. E. DE (1900): On the mammals obtained in Southern Abyssinia by Lord Lovat during an Expedition from Berbera to the Blue Nile. Proc. zool. Soc. London, **1900**: 79–84.

WISLOCKI, G. B. (1928): The placentation of Hyrax (*Procavia capensis*). J. Mamm., **9**: 117–126.

WISLOCKI, G. B. (1930): On an unusual placental form in the Hyracoidea: its bearing on the theory of the phylogeny of the placenta. Contr. Embryologie, **21** (122): 83–96.

WISLOCKI, G. B. (1940): The topography of the hypophysis in the elephant, manatee and hyrax. Anat. Rec., **77**: 427–439.

WISLOCKI, G. B. & O. P. VAN DER WESTHUYSEN (1940): The placentation of *Procavia capensis*, with discussion of the placental affinities of the Hyracoidea. Contrib. Embryol., **38** (171): 665–88. (Carnegie Inst. Wash. Publ. no. 518)

WOODWARD, M. F. (1892): On the milk dentition of *Procavia (Hyrax) capensis* and of the rabbit (*Lepus cunniculus*), with remarks on the relation of the milk and permanent dentitions of the Mammalia. Proc. zool. Soc. London, **1892**: 38–49.

WROUGHTON, R. C. (1910): New African mammals of the genera *Cricetomys* and *Procavia*. Ann. Mag. nat. Hist, **5**: 106–110.

WYSS, A. R., M. F. NOVACEK & M. KCKENNA (1987): Amino acid sequence versus morphological data and the interordinal relationships of mammals. Mol. Biol. Evol., **4** (2): 99–116.

YALDEN, D. W. (1971): The functional morphology of the carpus in ungulate mammals. Acta Anat., **78**: 461–487.

ZUCKERMAN, S. (1952/53): The breeding seasons of mammals in captivity. Proc. zool. Soc. London, **122**: 827–950.

ZUMPT, F. (1958): Die Klippschliefer Südafrikas. Kosmos, **8**: 328–330.

ZUMPT, F., J. R. AUDY, J. GAUD, R. F. LAWRENCE, G. THEILER, W. M. TILL & G. P. VERCAMMEN-GRANDJEAN (1961): The arthropod parasites of vertebrates in Africa south of the Sahara (Ethiopian region). Vol. **I**: Chelicerata. Publications of the South African Institute for medical research, Johannesburg. (No. 1, Vol. IX)

Index

Halbfett gedruckte Seitenzahlen verweisen auf Abbildungen

Informationen für Autoren

Handbuch der Zoologie, Band VIII Mammalia

Verlag: Walter de Gruyter, Berlin
Herausgeber: D. Starck, H. Schliemann, J. Niethammer
Schriftleiter: H. Wermuth

Das Handbuch der Zoologie, Band VIII Mammalia (Säugetiere) behandelt das gesamte Gebiet der Speziellen Zoologie der Säugetiere. Es wird der gegenwärtige Stand der Kenntnisse in kurzer Form dargestellt, wobei vor allem die wesentlichen Tatsachen Berücksichtigung finden und auf offene, noch zu klärende Fragen hingewiesen wird.

Der Band VIII erscheint in Teilbänden mit fortlaufender Numerierung entsprechend dem Eingang der Beitragsmanuskripte.

Der Umfang der Manuskripte und der Termin für deren Ablieferung wird gemeinsam mit Autoren, Herausgebern und Verlag vertraglich festgelegt.

Jeder Teilband umfaßt
- Inhaltsübersicht
- Text
- Abbildungen (fortlaufend numeriert)
- Abbildungslegenden
- Tabellen (fortlaufend numeriert)
- Verzeichnis der Gattungs- und Artnamen mit Autor und Jahreszahl
- Sachregister mit Seitenzahl
- Literaturverzeichnis

Text: Das Manuskript soll mit Schreibmaschine (2facher Zeilenabstand) auf DIN-A-4-Blättern geschrieben sein. Links soll ein 3 cm breiter Rand frei bleiben. Wissenschaftliche Namen der Gattungen, Arten und Unterarten sind im Manuskript gewellt zu unterstreichen und werden kursiv gesetzt. Vorschläge für Kleindruck werden durch einen senkrechten Strich am linken Rand mit dem Zusatz „Petit" gekennzeichnet. Im Text sollen Autorennamen der Taxa vermieden werden. Literaturhinweise erfolgen durch Nennung des Autors in eckigen Klammern evtl. mit Zusatz der Jahreszahl und bei Mehrfachzitierung verschiedener Arbeiten des gleichen Autors mit dem Zusatz a, b, c. Für die endgültige Vorbereitung des Manuskriptes für den Satz ist der Schriftleiter verantwortlich.

Information for Authors

Handbook of Zoology, Volume VIII Mammalia

Publishers: Walter de Gruyter, Berlin
Editors: D. Starck, H. Schliemann, J. Niethammer
Managing Editor: H. Wermuth

The Handbook of Zoology, Vol. VIII, Mammalia treats the whole field of the zoology of the mam mals. It briefly outlines current knowledge, laying particular emphasis on the most essential facts. Reference is made to important questions that are still open.

Volume VIII will be published in parts, numbered consecutively according to the receipt of the manuscripts.

The size of the manucripts as well as the data of submittance will be determined by the editors together with the contributors and the publisher.

Each part comprises
- Table of contents
- Text
- Illustrations (numbered consecutively)
- Legends to illustrations
- Tables (Numbered consecutively)
- Index of generic and species names with author and year
- Subject Index in alphabethical order
- References

Text: The manuscript should be typed double-spaced on DIN A4 paper (21 × 29,7 cm) with a left margin of 3 cm. Scientific names of genera and species should be marked with a wavy underline and will be set in italics. Suggestions for small type may be made by a vertical line in the left margin with the note "Petit". The names of authors of taxa should be avoided in the text. Literature citations should be made by giving the name of the author in square brackets, together with the year of publication, if desired. (In the case of citations for several works of the same author, they are to be distinguished by the addition of a, b, c, etc.) The Managing Editor is responsible for the final preparation of the manuscript for typesetting.

Das Literaturverzeichnis enthält alle Veröffentlichungen, die im Text zitiert werden, sie werden nach dem folgenden Muster in alphabetischer Reihenfolge aufgeführt.

Zeitschriftenbeiträge: Schildknecht, H., Maschwitz, V. & Winkler H. (1968): Zur Evolution der Carabiden-Wehrdrüsen-Sekrete. – Die Naturwissenschaften, Berlin, 3: 112–117.

Bücher oder andere selbständige Veröffentlichungen: Riedl, R. (1975): Die Ordnung des Lebendigen. Systembedingungen der Evolution. Paul Parey, Hamburg und Berlin.

Handbuchbeiträge: Stell, F.F. (1971): Mechanism of synaptic transmission. In: Neurosciences Research. (S. Ehrenpreis, ed.). Academic Press, New York, London. pp. 1–27

Unveröffentlichte Arbeiten sollen nur zitiert werden, wenn sie zur Veröffentlichung angenommen sind, und zwar unter Angabe der Zeitschrift, die die Arbeit angenommen hat:
Kuhn, H.-J. (1976): Antorbitaldrüse und Tränennasengang von Neotragus pygmaeus. – Z. Säugetierkunde (im Druck).
Periodica sollen im Literaturverzeichnis nach der „World list of scientific periodicals, published in the years 1900–1960" und folgende (Butterworths, London) zitiert werden.

Abbildungsvorlagen (Zeichnungen, Photos) sollen in reproduktionsfähigem Zustand geliefert werden. Die Abbildungen werden soweit wie möglich verkleinert, entweder auf die Breite einer Spalte (76 mm) oder auf die gesamte Satzbreite (157 mm). Die Höhe einer Spalte ist 238 mm. Für Abbildungen, die auf ¼ ihrer Größe (½ Breite oder Höhe) verkleinert werden sollen, werden Strichstärken von 0,5 bis 0,8 mm und eine Schriftgröße von 8 mm empfohlen. Es sollten Schriftschablonen benutzt werden (keine Schreibmaschinenschrift). Photos müssen kontrastreich sein, da im Druck etwas Kontrast verlorengeht.

Das Manuskript soll in drei gesonderten Teilen eingereicht werden:

1. Text
2. Abbildungen, Tabellen und Diagramme
3. Abbildungslegenden

The reference section must contain an alphabetical list of all references mentioned in the text. Please note the following examples.

Articles in journals: Schildknecht, H., Maschewitz, V. & Winkler, H. (1968): Zur Evolution der Carabiden-Wehrdrüsen-Sekrete. – Die Naturwissenschaften, Berlin, 3: 112–117

Books or other publications: Riedl, R. (1975): Die Ordnung des Lebendigen. Systembedingungen der Evolution. Paul Parey, Hamburg und Berlin.

Articles in reference works: Stell, F.F. (1971): Mechanism of synaptic transmission. In: Neurosciences Research. (S. Ehrenpreis, ed.). Academic Press, New York, London. pp. 1–27.

Unpublished material should only be cited when it has been accepted for publication. The name of the journal where the paper is to appear must be given:
Kuhn, H.-J. (1976): Antorbitaldrüse und Tränennasengang von Neutragus pygmaeus. – Z. Säugetierkunde (in press)
In the reference section scientific periodicals should be cited according to the "World list of Scientific Periodicals, Published in the Years 1900–1960" (Butterworths, London) and later listings.

Illustrations (drawings and photos) must be submitted in camera-ready form. The figures will be reduced as far as possible, either to the width of one column (76 mm) or two columns (157 mm). The length of a column is 238 mm. For a figure that is to be reduced to ¼ its size (½ length of side), lines of 0,5 to 0,8 mm and letters 8 mm high are recommended. A lettering device should be used (no typing). Photographs must be of good contrast as there is a loss of contrast in printing.

The manuscript should be submitted in 3 separate sections:

1. complete text
2. illustrations, tables and diagrams
3. legends to the illustrations

Das Manuskript für das Sachregister, das alle sachdienlichen Hinweise auf den Text enthalten soll, ist nach Erhalt der umbrochenen Seiten zu erstellen.

Der Autor wird gebeten, eine Manuskriptkopie zurückzubehalten.

Als Sprache sind Deutsch und Englisch zugelassen.

Manuskripte, korrigierte Fahnen und Umbruch sind an den Herausgeber zu senden.

The manuscript of the subject index recording all pertinent statements made within the body of the text is to be prepared on receipt of the page proofs.

The author is requested to retain a copy of the manuscript.

The manuscripts are to be written in English or German.

Manuscripts, galley-proofs and page proofs should be sent to the editor.

Herausgeber/Editors

Professor
Dr. Jochen Niethammer
Zoologisches Institut der
Universität Bonn
Poppelsdorfer Schloss
D-5300 Bonn
Tel. (0228) 735457

Professor
Dr. Harald Schliemann
Zoologisches Institut und
Zoologisches Museum
Martin-Luther-King-Platz 3
D-2000 Hamburg 13
Tel. (040) 41 23 39 17

Professor
Dr. med. Dr. phil. h.c.
Dietrich Starck
Balduinstr. 88
D-6000 Frankfurt am Main 70

Schriftleiter/Managing Editor

Dr. Heinz Wermuth
Falkenweg 1
D-7149 Freiburg
Tel. (07141) 74977

Verlag
Walter de Gruyter & Co.
Genthiner Str. 13
D-1000 Berlin 30
Tel. (030) 26005-0

Walter de Gruyter, Inc.
Scientific Publishers
200 Saw Mill River Road
Hawthorne, N.Y. 10532
USA
Tel. (914) 747-0110

Handbuch der Zoologie

Band VIII Mammalia

Band VIII Mammalia wird von nun an in Teilbänden mit einer fortlaufenden Numerierung erscheinen, die an die bisherige Zählung der Lieferungen anschließt. Jeder Teilband wird von 55 an gebunden geliefert.

Handbook of Zoology

Volume VIII Mammalia

Volume VIII Mammalia will appear from now on in parts with consecutive numeration in connection with the previous numeration of the instalments. Each part will be delivered bound from part 55 on.

Bisher sind erschienen/Already published

Lieferung instalment	Autor, Titel Author, Title	Erscheinungsjahr Publication date
1	K. Herter: Winterschlaf G. Lehmann: Das Gesetz der Stoffwechselreduktion.	1956
2	M. Meyer-Holzapfel: Das Spiel bei Säugetieren W. Fischel: Haushunde E. Mohr: Das Verhalten der Pinnipedier H. Pilters: Das Verhalten der Tylopoden.	1956
3	H. Mies: Physiologie des Herzens und des Kreislaufs H. v. Hayek: Die Lunge.	1956
4	W. Schoedel: Die Atmung.	1956
5	F. Tischendorf: Milz H.E. Voß: Der Einfluß endokriner Drüsen auf den Stoffwechsel der Säugetiere.	1956
6	C. Heidermanns: Physiologie der Exkretion E. Heinz & H. Netter: Wasserhaushalt.	1956
7	G.P. Baerends: Aufbau des tierischen Verhaltens P. Leyhausen: Das Verhalten der Katzen H. Frick: Morphologie des Herzens. Vergriffen.	1956
8	K. Lorenz: Methoden der Verhaltensforschung I. Eibl-Eibesfeldt: Ausdrucksformen der Säugetiere. M. Meyer-Holzapfel: Das Verhalten der Bären. Vergriffen.	1957
9	K. Herter: Das Verhalten der Insektivoren. G. Tembrock: Das Verhalten des Rotfuchses. Vergriffen.	1957
10	L. v. Bertalaffny: Wachstum.	1957
11	G. Siebert & K. Lang: Energiewechsel A. Kuritz: Das Autonome Nervensystem.	1958
12	I. Eibl-Eibesfeldt: Das Verhalten der Nagetiere.	1958
13	W. Krüger: Der Bewegungsapparat.	1958

Lieferung instalment	Autor, Titel Author, Title	Erscheinungsjahr Publication date
14	W. Krüger: Der Bewegungsapparat. Abschluß von Lieferung 13.	1958
15	W. Krüger: Bewegungstypen E.J. Slijper: Das Verhalten der Wale (Cetacea).	1958
16	Th. Haltenorth: Klassifikation (Monotremata) Th. Haltenorth: Klassifikation (Marsupialia).	1958
17	P.O. Chatfield: Physiologie der peripheren Nerven H. Brune: Rohstoffe der Haussäugetiere.	1958
18	L.S. Crandall: Über das Verhalten des Schnabeltieres in der Gefangenschaft H. Hediger: Verhalten der Marsupialier C.R. Carpenter: Soziologie und Verhalten freilebender nichtmenschlicher Primaten.	1958
19	H. Bartels: Physiologie des Blutes E.H. Hess: Lernen und Engramm.	1959
20	J.H. Schuurmans Stekhoven: Biologie der Parasiten der Säugetiere P. Cohrs & H. Köhler: Tod und Todesursachen bei Säugetieren.	1959
21	Th.H. Schiebler: Morphologie der Nieren.	1959
22	D. Starck: Ontogenie und Entwicklungsphysiologie der Säugetiere.	1959
23	G. Birukow: Statischer Sinn M. Watzka: Superfecundatio, Superfedatio, multiple Ovulation, Zwillinge, Mehrlinge bei Säugetieren.	1959
24	B. Kummer: Biomechanik des Säugetierskeletts.	1959
25	H. Grau & Boessneck: Der Lymphapparat E.J. Slijper: Die Geburt der Säugetiere.	1960
26	R. Ortmann: Die Analregion der Säugetiere.	1960
27	H. Hediger & H. Kummer: Das Verhalten der Schnabeligel H. Krieg & U. Rahm: Das Verhalten der Xenarthren (Ameisenbären, Faultiere und Gürteltiere); Das Verhalten der Schuppentiere U. Rahm: Das Verhalten der Erdferkel O. Kalela: Wanderungen.	1961
28	H.W. Matthes: Verbreitung der Säugetiere in der Vorzeit.	1962
29	K. Neubert & E. Wüstenfeld: Morphologie des akustischen Organs.	1962
30	J. Aschoff: Spontane lokomotorische Aktivität.	1962
31	J. Eibl-Eibesfeldt: Technik der vergleichenden Verhaltensforschung.	1962
32	Th. Haltenorth: Klassifikation: Artiodactyla.	1963
33	H. Elias: Leber- und Gallenwege.	1963
34	H. Hofer & J. Tigges Makromorphologie des Zentralnervensystems 1. Teil.	1964
35	R. Schneider: Larynx der Säugetiere.	1965
36	F. Strauss: Weibliche Geschlechtsorgane, 1. Teil.	1965
37	F. Goethe: Das Verhalten der Musteliden U. Rahm: Das Verhalten der Klippschliefer.	1965

Lieferung instalment	Autor, Titel Author, Title	Erscheinungsjahr Publication date
38	G. Dücker: Das Verhalten der Viverriden.	1965
39	J.F. Eisenberg: The Social Organization of Mammals.	1966
40	F. Strauss: Weibliche Geschlechtsorgane, 2. Teil.	1966
41	H. Schriever: Physiologie des akustischen Organs.	1967
42	H. Frädrich: Das Verhalten der Schweine (Suidae, Tayassuidae) und Flußpferde (Hippotamidae).	1967
43	D. Müller-Using & R. Schloeth: Das Verhalten der Hirsche (Cervidae).	1967
44	M. Montjé: Physiologie des Auges.	1968
45	L. Róka: Intermediärer Stoffwechsel.	1968
46	R. Schenkel & E.M. Lang: Das Verhalten der Nashörner.	1969
47	E. Thenius: Stammesgeschichte der Säugetiere (einschließlich der Hominiden), 1. Teil.	1969
48	E. Thenius: Stammesgeschichte der Säugetiere (einschließlich der Hominiden), 2. Teil.	1969
49	H. Klingel: Das Verhalten der Pferde (Equidae).	1972
50	W. Platzer: Morphologie der Kreislauforgane.	1973
51	M.R.N. Prasad: Männliche Geschlechtsorgane.	1975
52	W. Schober & K. Brauer: Makromorphologie des Zentralnervensystems, 2. Teil.	1975
53	W. Schultz: Der Magen-Darm-Kanal der Monotremen und Marsupialier.	1976
54	F.R. Walther: Das Verhalten der Hornträger (Bovidae).	1979
55	F. Strauss: Der weibliche Sexualzyklus	1986
56	E. Thenius: Zähne und Gebiß der Säugetiere	1989
58	M.S. Fischer: Hyracoidea	1992

Kolibri 360 GmbH
Ferdinand-Jühlke-Straße 7
99095 Erfurt, Deutschland
produktsicherheit@kolibri360.de